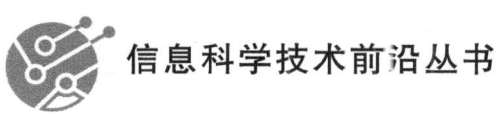
信息科学技术前沿丛书

老年人洗浴辅助技术及机器人

李 剑 孙 昊 编著

北京邮电大学出版社
www.buptpress.com

内 容 简 介

本书梳理了人口老龄化的影响、老年人群体的基本特征、老年人的康养需求、养老相关国家政策、未来养老发展趋势，探究了智能养老辅助技术、智能养老机器人的定义、技术体系，分析了智能养老机器人的国内外研究现状，并在此基础上，以老年人洗浴辅助机器人为例，从结构、控制、在线学习、安全防护、集成及验证、发展趋势等方面系统阐述了半失能老年人洗浴机器人的设计实践，为其他智能养老辅具及机器人的设计与研发提供了参考。

本书总结了研究团队在养老机器人设计、研发、系统集成、实验验证等方面的实践成果，适合作为理工科设计实践教材和科研参考书籍，也适合民生科技从业者和对养老感兴趣且具有高中以上水平的普通读者阅读。

图书在版编目（CIP）数据

老年人洗浴辅助技术及机器人 / 李剑，孙昊编著.
北京：北京邮电大学出版社，2025. -- ISBN 978-7-5635-7609-8
Ⅰ. TP242.3
中国国家版本馆 CIP 数据核字第 2025MC3911 号

策划编辑：姚　顺　　责任编辑：刘春棠　　责任校对：张会良　　封面设计：七星博纳
出版发行：北京邮电大学出版社
社　　址：北京市海淀区西土城路 10 号
邮政编码：100876
发 行 部：电话：010-62282185　传真：010-62283578
E-mail：publish@bupt.edu.cn
经　　销：各地新华书店
印　　刷：保定市中画美凯印刷有限公司
开　　本：787 mm×1 092 mm　1/16
印　　张：17.25
字　　数：439 千字
版　　次：2025 年 8 月第 1 版
印　　次：2025 年 8 月第 1 次印刷

ISBN 978-7-5635-7609-8　　　　　　　　　　　　　　　　　　　　　　定　价：79.00 元

· 如有印装质量问题，请与北京邮电大学出版社发行部联系 ·

前　　言

随着人口老龄化程度的日益加剧,如何解决养老、护理、康复、医疗等典型问题,已经成为当前以及未来必须考虑的重大民生问题之一。2024 年国务院办公厅文发布了 1 号文件《国务院办公厅关于发展银发经济增进老年人福祉的意见》,打破了 1 号文件与农业相关的历史惯例。2025 年 1 月 7 日新华社电,中共中央、国务院发布了《中共中央　国务院关于深化养老服务改革发展的意见》,为更好地满足老年人多层次、多样化的养老服务需求提供了政策指导。由此,加快智能养老辅具及机器人等技术的研发、推广及应用,势在必行。同时,ChatGPT、Sora、大模型、具身智能、人形机器人等技术的进步和发展标志着全球已迈入智能化时代。养老也必将受其影响,全面进入智慧养老、智能康复、智享未来的阶段。

综上所述,本书以此为契机 实施积极应对人口老龄化国家战略,在国家重点研发计划项目及课题研究的基础上,梳理了人口老龄化的影响、老年人群体的基本特征、老年人的康养需求、养老相关国家政策、未来养老发展趋势,探究了智能养老辅助技术及智能养老机器人的定义、分类、技术体系,分析了智能养老机器人的国内外研究现状,并以半失能老年人洗浴机器人为例,阐述了其基本研发过程和实验,对于类似养老辅具及机器人的设计具有积极的意义。本书内容涉及多个学科,以实际案例为基础,实用性强,对于实施积极应对人口老龄化国家战略具有重要意义。

本书共 10 章,主要内容如下。

第 1 章为人口老龄化及养老康复需求,分析了我国的老龄化现状、老年人群体的基本特征、老年人的康养需求、养老相关国家政策及未来养老发展趋势,从宏观层面介绍了养老。

第 2 章为智能养老辅助技术,介绍了康复辅助器具及养老机器人、人工智能等典型的智能养老辅助技术,从中观层面阐述了养老。

第 3 章为智能养老机器人,初步定义了智能养老机器人,梳理了其分类及应用范畴,并就智能养老机器人的技术体系、国内外研究现状、未来发展趋势进行了分析,从微观层面剖析了养老。

第 4 章为洗浴辅助技术及机器人,介绍了洗浴的作用、洗浴的文化、洗浴的方式、洗浴辅具、洗浴机器人。由面到点,从养老辅具、机器人引申到洗浴辅具、机器人,梳理了其国内外研究现状和存在的问题。

第 5 章为半失能老年人洗浴机器人结构设计,以半失能老年人洗浴为例,介绍了洗浴机器人的总体设计方案、主要功能模块的结构设计及优化等。

第 6 章为半失能老年人洗浴机器人的控制策略,介绍了洗浴机器人的控制系统,多位姿洗浴椅、多角度喷淋臂、辅助擦洗装置的控制策略等。

第 7 章为半失能老年人洗浴机器人的在线学习策略，介绍了洗浴机器人的洗浴模式设计与推荐、控制终端设计、洗浴模式管理设计等。

第 8 章为半失能老年人洗浴机器人的安全防护策略，介绍了洗浴椅的人机工程学分析、重心随动调节机构设计、多传感器融合控制、水温调节与预警设计，及擦洗臂的恒力跟踪等安全防护策略。

第 9 章为半失能老年人洗浴机器人系统集成及验证，介绍了洗浴机器人的系统集成与相关的验证实验。

第 10 章为老年人洗浴机器人的发展趋势，结合以上实践，探讨了洗浴机器人的未来发展趋势。

本书由李剑、孙昊编著。感谢宣伯凯、王建文、庄超、莫亚东、徐悦轩、马添翼、吕明翰、袁泽铧、张向燕、赵子晨等同学在课题执行过程中的辛苦付出；感谢张子琦、潘越、陈凯、闫晓磊、迟春晓、吕登奥、赵鑫杨、聂孝鸥、陈梓航、蒋世杰、王嘉贺、谢锐升等同学对书籍出版的帮助。

本书是团队协作的结果，是对国家科研项目的反思和审视，也是在人工智能技术盛行背景下的一次尝试。在本书编写过程中，每一个人都在积极思考未来养老的基本形态，每一个人都贡献了自己的理解和智慧，每一个人都付出了大量的时间和精力。

在此，诚挚感谢国家重点研发计划"面向老人进食、洗浴和情感陪护的智能辅具技术与系统研发（2020YFC2007700）"项目的支持，感谢"全方位洗浴辅具技术研发（2020YFC2007702）"课题团队的辛苦付出，感谢智能机器人及养老康复领域各位专家的指导。

由于作者水平有限，书中难免有不当之处，敬请读者批评指正。

李　剑
北京邮电大学

目 录

第1章 人口老龄化及养老康复需求 ································· 1

1.1 人口老龄化 ··· 1
1.1.1 老龄化的界定与我国的老龄化现状 ································· 1
1.1.2 我国老龄化加速的原因 ·· 2
1.1.3 老龄化对社会经济和社会结构的影响 ····························· 4
1.2 老年人群体的基本特征 ·· 5
1.2.1 老年人的生理特点 ·· 5
1.2.2 老年人的心理特点 ·· 7
1.2.3 老年人价值观的特点 ··· 10
1.2.4 老年人的性格特点 ·· 10
1.2.5 老年人的消费特点 ·· 11
1.3 老年人的康养需求 ·· 11
1.3.1 老年人的康养需求迫切 ··· 11
1.3.2 社会供需矛盾突出 ·· 12
1.3.3 应对供需矛盾的策略与建议 ··· 13
1.4 养老相关国家政策 ·· 14
1.5 未来养老发展趋势 ·· 16
1.5.1 当前养老行业现状 ·· 16
1.5.2 养老发展趋势 ··· 17
1.5.3 未来养老模式 ··· 18
1.5.4 国外养老模式借鉴 ·· 20
1.5.5 养老产业前景广阔 ·· 20
本章小结 ··· 21

第2章 智能养老辅助技术 ·· 22

2.1 康复辅助器具 ··· 22
2.1.1 康复辅助器具的定义及分类 ··· 22
2.1.2 康复辅助器具的发展概况 ·· 23
2.1.3 康复辅助器具的创新设计 ·· 25
2.2 智能养老辅助技术 ·· 27
2.2.1 机器人技术 ·· 28

2.2.2　人工智能技术 … 29
　　2.2.3　3D打印技术 … 31
　　2.2.4　虚拟现实技术 … 33
　　2.2.5　物联网技术 … 35
　本章小结 … 36

第3章　智能养老机器人 … 37
　3.1　智能养老机器人的定义 … 37
　3.2　智能养老机器人的分类及应用场景 … 38
　　3.2.1　精神慰藉机器人 … 39
　　3.2.2　评估防护机器人 … 40
　　3.2.3　功能辅助机器人 … 41
　　3.2.4　康复训练机器人 … 42
　　3.2.5　智能照护机器人 … 43
　3.3　智能养老机器人的技术体系 … 44
　　3.3.1　基础科学问题 … 44
　　3.3.2　共性关键技术 … 45
　3.4　智能养老机器人的国内外研究现状 … 47
　　3.4.1　国外的智能养老机器人 … 47
　　3.4.2　国内的智能养老机器人 … 52
　3.5　我国智能养老机器人的发展 … 56
　　3.5.1　发展机遇及挑战 … 56
　　3.5.2　发展思路及措施 … 57
　　3.5.3　重点发展产品目录 … 60
　本章小结 … 60

第4章　洗浴辅助技术及机器人 … 61
　4.1　洗浴的作用 … 61
　4.2　洗浴的文化 … 63
　4.3　洗浴的方式 … 64
　4.4　洗浴辅具 … 65
　4.5　洗浴机器人 … 69
　　4.5.1　躺浴式洗浴机器人 … 70
　　4.5.2　坐浴式洗浴机器人 … 71
　　4.5.3　便携式洗浴机器人 … 73
　4.6　洗浴辅具及机器人的研究现状 … 74
　　4.6.1　国外 … 75
　　4.6.2　国内 … 77
　　4.6.3　存在的问题 … 78

本章小结 ··· 79

第5章　半失能老年人洗浴机器人结构设计 ································· 80
5.1　洗浴机器人系统方案设计 ··· 80
5.1.1　半失能老年人洗浴特点分析 ·· 80
5.1.2　半失能老年人洗浴过程分析 ·· 81
5.1.3　洗浴机器人总体方案构思 ··· 81
5.2　多位姿洗浴椅的结构设计与优化 ··· 85
5.2.1　多位姿洗浴椅的结构设计 ··· 85
5.2.2　多位姿洗浴椅的结构优化 ··· 87
5.2.3　多位姿洗浴椅的静力学、运动学仿真分析 ····················· 89
5.3　多角度淋浴臂的结构设计与优化 ··· 95
5.3.1　多角度喷淋臂的结构设计 ··· 95
5.3.2　多角度喷淋臂的结构优化 ··· 98
5.3.3　多角度喷淋臂的静力学与工作空间分析 ······················· 101
5.4　辅助擦洗装置设计 ·· 103
5.4.1　辅助擦洗系统搭建 ·· 103
5.4.2　擦洗臂选择与擦洗滑轨设计 ······································· 104
5.4.3　人体三维信息采集 ·· 105
5.4.4　擦洗臂的运动学与动力学分析 ··································· 107
　　本章小结 ··· 111

第6章　半失能老年人洗浴机器人的控制策略 ································· 113
6.1　多位姿洗浴椅的控制 ··· 113
6.1.1　多位姿洗浴椅的电气控制 ·· 113
6.1.2　多位姿洗浴椅的多位姿柔顺转换控制 ··························· 117
6.2　多角度喷淋臂的控制 ··· 120
6.2.1　多角度喷淋臂的电气系统设计与优化 ··························· 120
6.2.2　多角度喷淋臂的控制系统设计 ··································· 121
6.3　辅助擦洗装置的控制 ··· 126
6.3.1　人体三维点云处理、提取与分割 ································· 126
6.3.2　擦洗臂的擦洗路径规划 ··· 135
6.3.3　擦洗臂的轨迹跟踪与柔顺控制 ··································· 154
　　本章小结 ··· 160

第7章　半失能老年人洗浴机器人的在线学习策略 ·························· 161
7.1　智能洗浴机器人的洗浴模式设计 ··· 161
7.1.1　洗浴范式设计 ·· 161
7.1.2　老年人洗浴难点 ··· 162

- 7.1.3 洗浴模式建模 ………………………………………………… 163
- 7.2 洗浴模式推荐 ……………………………………………………… 164
  - 7.2.1 洗浴模式分类 ………………………………………………… 164
  - 7.2.2 XGBoost 多分类原理 ………………………………………… 165
  - 7.2.3 基于 XGBoost 的模式推荐 …………………………………… 166
  - 7.2.4 洗浴模式在线学习 …………………………………………… 168
- 7.3 洗浴系统控制终端设计 …………………………………………… 168
  - 7.3.1 服务端设计 …………………………………………………… 169
  - 7.3.2 客户端设计 …………………………………………………… 170
- 7.4 洗浴系统洗浴模式管理设计 ……………………………………… 172
  - 7.4.1 MVC 框架实现 ………………………………………………… 172
  - 7.4.2 洗浴功能界面设计 …………………………………………… 174
  - 7.4.3 系统运行结果 ………………………………………………… 176
- 本章小结 ………………………………………………………………… 176

第8章 半失能老年人洗浴机器人的安全防护策略 …………………… 178

- 8.1 人机安全防护简介及策略分类 …………………………………… 178
  - 8.1.1 人机安全防护简介 …………………………………………… 178
  - 8.1.2 安全防护重要性分析 ………………………………………… 179
  - 8.1.3 安全防护策略的分类 ………………………………………… 179
- 8.2 人机工程学分析 …………………………………………………… 181
  - 8.2.1 人机工程学简介 ……………………………………………… 181
  - 8.2.2 洗浴椅人机工程学分析 ……………………………………… 182
- 8.3 多位姿洗浴椅的重心随动调节机构设计 ………………………… 185
  - 8.3.1 机构设计准备工作 …………………………………………… 185
  - 8.3.2 重心随动调节机构的设计思路 ……………………………… 186
  - 8.3.3 重心随动调节机构的设计、制造和优化 …………………… 186
- 8.4 多位姿洗浴椅的多传感器融合 …………………………………… 187
  - 8.4.1 多位姿洗浴椅多传感器融合原理 …………………………… 187
  - 8.4.2 洗浴椅多传感器融合控制技术 ……………………………… 188
- 8.5 多角度喷淋臂的水温调节与预警 ………………………………… 191
  - 8.5.1 水温调节与预警原理 ………………………………………… 191
  - 8.5.2 水温调节系统的设计与实现 ………………………………… 191
  - 8.5.3 预警装置的设计与实现 ……………………………………… 193
- 8.6 擦洗臂的恒力跟踪 ………………………………………………… 194
  - 8.6.1 稳定误差分析 ………………………………………………… 194
  - 8.6.2 自适应控制算法 ……………………………………………… 195
  - 8.6.3 联合仿真 ……………………………………………………… 196
- 本章小结 ………………………………………………………………… 201

第9章 半失能老年人洗浴机器人系统集成及验证 202

9.1 系统集成 202
9.1.1 样机集成 202
9.1.2 设备标定 205
9.1.3 通信系统搭建 211
9.1.4 电气系统搭建 211
9.1.5 控制系统搭建 213
9.1.6 监控系统搭建 214

9.2 验证实验 216
9.2.1 洗浴椅和喷淋臂协同淋浴实验 216
9.2.2 擦洗臂模拟人擦洗实验 217
9.2.3 洗浴擦洗真人演示实验 222

本章小结 225

第10章 老年人洗浴机器人的发展趋势 226

10.1 模块化 226
10.1.1 易于维护和更换 227
10.1.2 3D打印技术用于个性适配 228
10.1.3 模块功能拓展与组合创新 228

10.2 个性化 229
10.2.1 身体差异化设计 230
10.2.2 数据监测结果个性化定制 231
10.2.3 服务场景拓展个性化 231

10.3 家庭化 232
10.3.1 便于运输与安装 233
10.3.2 家庭操作简易化 234
10.3.3 与智能家居生态融合 235

10.4 信息化 235
10.4.1 数据交互与共享 236
10.4.2 医疗服务信息化 237
10.4.3 信息安全保障 238

10.5 智能化 240
10.5.1 自适应学习 241
10.5.2 多模态传感器融合 241
10.5.3 交互体验优化 243

本章小结 244

参考文献 245

第1章
人口老龄化及养老康复需求

在全球人口老龄化进程不断加速的当下,人口结构的重大转变深刻影响着社会的各个层面。在我国,党的十九届五中全会明确提出"健全多层次社会保障体系""全面推进健康中国建设""实施积极应对人口老龄化国家战略"[1],将老龄化背景下的养老问题提到了前所未有的高度。老年人由于生理机能衰退、心理需求转变,有着独特的身心特点,在健康维护、生活照料、精神慰藉等方面衍生出多样化的康养需求。为有效应对人口老龄化挑战,满足老年人康养需求,国家适时出台了一系列相关政策,引导养老产业稳健发展。与此同时,养老模式与产业形态也在不断革新,未来养老发展趋势正在朝着数字化、智能化、多元化方向快速发展。基于以上要点,本章着眼于人口老龄化、老年人群体的基本特征、老年人的康养需求、养老相关国家政策及未来养老发展趋势等方面,帮助读者了解当前养老事业的时代背景和社会需求。

1.1 人口老龄化

1.1.1 老龄化的界定与我国的老龄化现状

在全球化的大背景下,人口老龄化已成为世界各国普遍关注的重大社会问题。依据联合国所制定的关于老龄化的划分标准[2],若一个国家或地区的60岁及以上老年人口占总人口的比例达到10%,或65岁及以上老年人口占比达到7%,则该国家或地区被视为进入老龄化社会;若65岁及以上老年人口占比超过14%,则表明其已进入深度老龄化社会;而当这一比例超过20%时,则意味着该国家或地区已陷入超级老龄化社会的困境。

我国作为人口大国,庞大的人口基数使得老龄化带来的问题愈发凸显。国家统计局权威发布的《中华人民共和国2023年国民经济和社会发展统计公报》[3]中的数据显示,截至2023年年末,我国60周岁及以上的老年人口数量多达29 697万人,占据了全国总人口的21.1%,如图1.1(a)所示。其中,65岁及以上的老年人口达21 676万人,占15.4%,如图1.1(b)所示。由此可见,我国已步入深度老龄化社会,且正在朝着超级老龄化社会快速演进。

此外,专家预测[4],2030—2070年,我国65岁及以上人口占总人口的比例将持续上升;

预计2030年将达到19.5%,2035年将增长至24.2%,2045年将达到30.1%,与当前日本的老龄化程度相近;2050年将飙升至32.6%,并持续增长;2065年将达到40.5%,届时每10人中将有近4人超过65岁;2070年将稳定在41.3%左右。

国家统计局发布的人口数据显示,2024年年末全国总人口为14.08亿人,比上年年末减少139万人,其中60岁及以上人口为3.1亿人,占全国总人口的22.0%,65岁及以上人口为2.2亿人,占全国总人口的15.6%。

由上述数据可知,当前及未来几十年我国老龄化进程不断加速,严峻的老龄化形势将对社会保障体系、医疗资源配置、劳动力市场以及社会家庭结构等带来全方位的巨大挑战。如何妥善应对老龄化浪潮,确保老年群体的生活质量与社会的可持续发展,是当前亟待解决的重大课题。

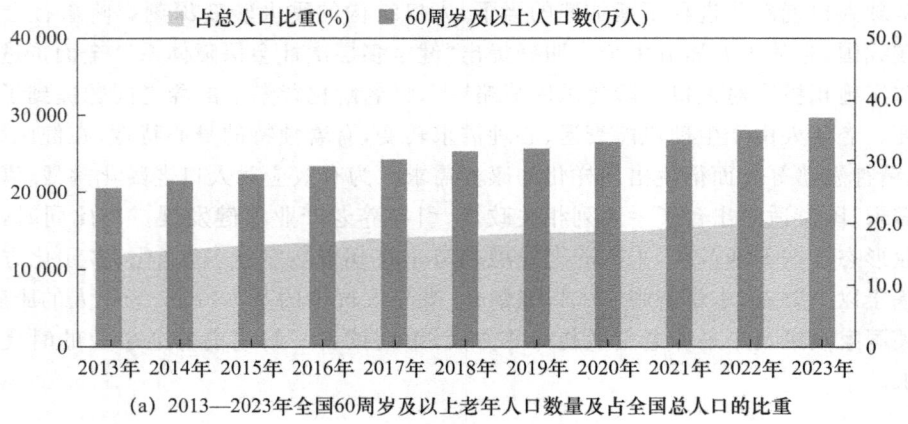

(a) 2013—2023年全国60周岁及以上老年人口数量及占全国总人口的比重

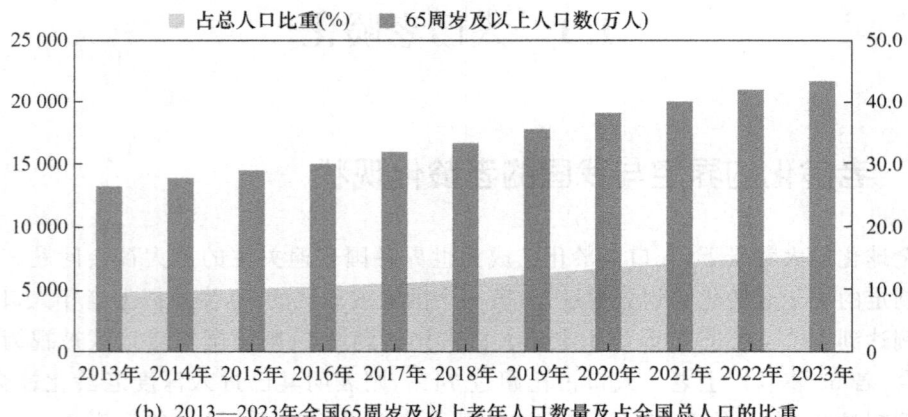

(b) 2013—2023年全国65周岁及以上老年人口数量及占全国总人口的比重

图1.1 中国人口老龄化现状

1.1.2 我国老龄化加速的原因

在全球人口发展格局深度调整的当下,我国加速步入超级老龄化社会的态势愈发显著。深入探究背后原因可知,这是由长期社会演进中的经济领域变革、生育观念演变以及城镇化进程加速等多重复杂因素共同作用诱发的,如图1.2所示。

第1章 人口老龄化及养老康复需求

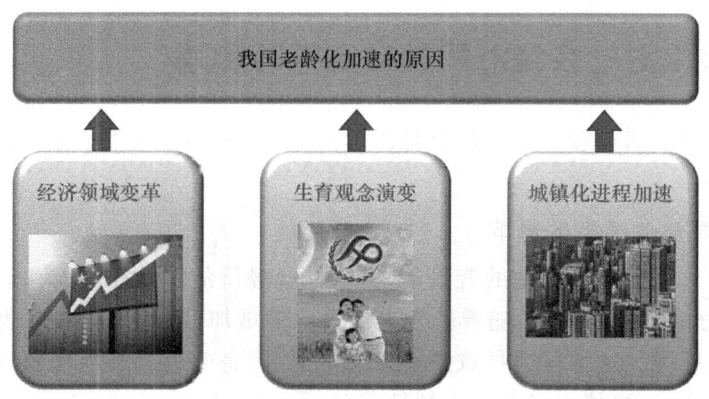

图 1.2 老龄化加速的原因

1. 经济领域变革

经济领域的变革是推动人口老龄化的首要因素[5]。改革开放后,我国经济迎来高速增长期,这直接带动了医疗卫生条件的飞跃式进步。一方面,大量资金持续注入医疗行业,从先进医疗设备的引进与研发到医学人才的培养,全方位的投入促使医疗技术不断改善,一系列疑难病症被攻克;另一方面,逐步完善的公共卫生体系深入城乡各个角落,加之健康教育的广泛普及,民众健康意识大幅提升,生活方式愈发科学合理。这些因素相互叠加,使得我国人均寿命显著延长[6],老年群体规模逐步壮大,加速了老龄化进程。

2. 生育观念演变

生育观念的演变也是老龄化加速的重要原因。20世纪70年代末,我国实施计划生育政策[7],该政策在实施期间有效缓解了由人口快速增长引发的资源压力,并在实质上重塑了人口结构的分布。在当代社会,生育观念发生了显著转变,从二孩政策到多胎政策,再到目前年轻一代少生、优生,甚至不生的思想盛行,自由生育已成为众多家庭的主流思想。这一转变是由多重复杂因素所驱动的,这些因素包括个人对于职业发展的追求、人们对高品质生活的需求,以及育儿成本不断攀升的影响等。在抚养子女的过程中,家庭不仅需要承担昂贵的教育费用和医疗开支,还需要投入大量的时间和精力。在综合权衡之下,许多普通家庭倾向于减少生育数量,提升生活质量,从而出现了新生儿出生率持续下降的情况。这一趋势使得老年人口在总人口中的比重逐年上升,从而进一步加速了老龄化进程。

3. 城镇化进程加速

我国城镇化进程的加速也是推动老龄化社会形成的重要原因[8]。伴随着工业化和现代化的蓬勃发展,我国农村地区大量的青壮年劳动力纷纷涌入城市,寻求更好的生活条件和发展机遇。在人口流动过程中,大量年轻人涌入城市工作,许多老年人也随着子女一同迁移到城市生活,从而享受到了更好的医疗条件。这种大规模的人口流动现象使得原本在农村地区相对分散居住的老年人口逐渐集中到了城市地区,城市地区的老年人口数量激增,老年人口在城市总人口中的比重也随之大幅上升,从而进一步加剧了城市老龄化的严重程度。

经济领域变革、生育观念演变以及城镇化进程加速三者紧密交织,构成我国人口老龄化加速的核心因素。厘清这些因素是制定有效应对策略、缓解老龄化压力的关键前提。

1.1.3 老龄化对社会经济和社会结构的影响

人口老龄化对我国社会产生了广泛且深远的影响,尤其体现在社会经济与社会结构这两大层面上。

1. 老龄化对社会经济的影响

在人口老龄化进程不断加速的背景下,其对社会经济的影响广泛而深远。

① 从劳动力供给方面来看,随着老年人口占比的增加,适龄劳动人口数量逐渐减少,劳动力市场规模收缩[9]。这不仅会导致劳动力成本上升、企业用工成本增加,以及削弱劳动密集型产业的竞争力,还可能引发劳动力短缺现象,影响制造业、农业和医疗卫生服务等基础产业和公共服务部门的正常运转。

② 从经济增长角度来看,老龄化会降低消费意愿和投资活力。老年群体的消费意愿相对较低,且消费结构主要集中在医疗保健、养老服务等领域,对传统消费市场的拉动作用减小。同时,投资主体的年龄结构老化也会使投资决策更为保守,从而减少对新兴产业和创新领域的投资,这在一定程度上困扰经济的创新驱动发展[10]。

③ 从社会保障体系方面来看,老龄化使得养老金、医疗保障等社会保障支出大幅增加[11]。以养老金为例,随着退休人口增多,养老金领取人数逐渐增加,养老保险基金支付压力增大,部分地区甚至出现基金收支失衡的情况,给当地财政带来沉重负担[12],影响社会保障体系的可持续发展。

2. 老龄化对社会结构的影响

在社会结构维度,人口老龄化引发多方面的深刻变革。

① 在家庭结构层面,随着老龄化进程推进,传统大家庭模式逐步瓦解,核心家庭与空巢老人家庭数量持续增长[13]。受限于工作时间和精力,子女难以全面承担对老人的日常照料,这加速了养老模式从家庭养老向社会化养老的转变。在此过程中,社区养老和机构养老的需求急剧增加,进而推动养老服务设施的大规模购置、建设、改造,以及养老服务人员专业培训体系的完善。同时,也对社区功能多元化拓展与邻里互助协作提出了新的要求。

② 从城乡人口流动角度来看,老龄化使得城乡人口流动呈现新态势[14]。我国是农业大国,农村地区老龄化程度普遍高于城市,且养老资源相对匮乏。为了获取更好的生活保障,大量农村老人选择与在城市就业的子女共同生活,这一现象改变了城乡人口分布格局。城市在养老服务和基础设施配套方面承受的压力迅速增大,而农村则面临人口空心化问题。此外,土地闲置情况愈发严重,给城乡统筹发展带来了巨大的挑战,振兴乡村建设势在必行。

③ 代际关系在老龄化背景下发生了显著变化[15]。不同年龄群体在就业选择、婚姻理念、消费观念等方面存在明显差异,由此引发了观念冲突[16]。例如,老年人的节俭、储蓄观念与年轻人的超前消费观念形成鲜明对比,这种矛盾在家庭、职场以及社会舆论环境中引发了广泛讨论。

由上述分析可知,老龄化对社会经济和结构的影响广泛而深远。面对这一趋势,社会各界需积极探索有效应对策略,如完善养老保障制度、促进养老产业发展、推动代际沟通与融合等,以减小老龄化带来的不利影响,实现社会的可持续发展。

1.2　老年人群体的基本特征

老年人群体是一个特殊的群体,其在生理、心理、价值、性格、消费等方面都具有明显的特征。由于相关生理功能的衰亡或退化,其日常的生活起居与年轻人相差甚远,无论是活动范围、活动时间还是活动频率、活动强度[17],都明显区别于年轻人。很多看似简单的动作或工作,对于老年人来说,都是极大的挑战和困难。很多在年轻人眼里看似合理的事情和要求,对于老年人来说都是内心的伤害和打击。老年人的精神世界是复杂的,他们时常有着各种各样的不解和无奈。老年人的精神世界是丰富的,他们时常想着儿孙的点点滴滴。失落和孤独是老年群体的一大基本心理特征[18],尤其对于那些患病在身、离异、丧偶、独居、失独的老年人,心志消极是比较普遍的现象。

随着我国老龄化进程的加剧,老年群体的占比不断上升,其生活与需求已经成为社会关注的焦点。步入老年阶段,人的生理和心理发生复杂变化,这些变化与个体衰老、社会环境、生活方式紧密相关,不仅关乎老年人的生活质量,也给家庭、养老体系及公共服务带来了新的挑战。剖析老年人生理、心理特点,对于了解老年群体,制定养老政策、社会服务及健康干预措施等都具有重要意义[11]。老年人的生理、心理特点如图1.3所示。

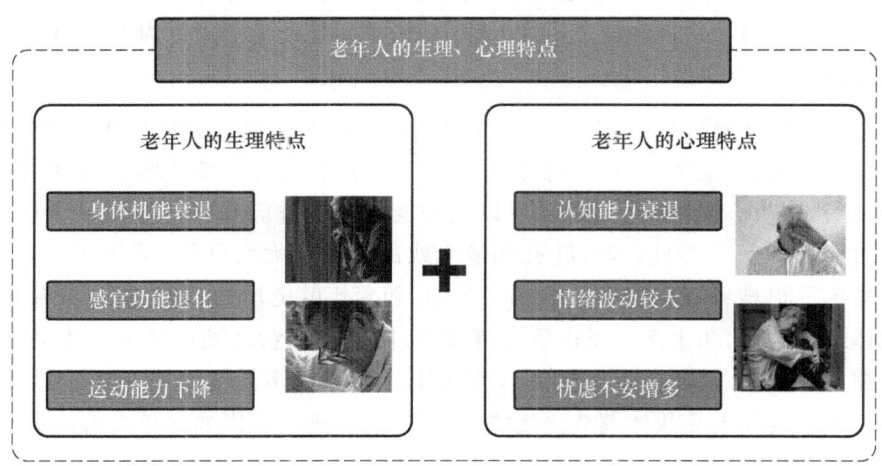

图1.3　老年人的生理、心理特点

1.2.1　老年人的生理特点

人体相关生理机能会随着年龄的增长逐渐发生一系列的衰退和病变。尤其对于老年人来说,这种衰退和病变表现得尤为明显。对于老年人,视觉、听觉、嗅觉、触觉、记忆等能力的衰退是不可逆的,从科学上讲,这种衰退不能完全治愈和消除,只能尽量延缓它的速度。同时,由于免疫能力、适应能力等的下降,老年人身体的病变极为常见,因此医疗和康复在养老的过程中具有不可替代的作用。其不仅维系着老年人的健康,也逐渐演变成为老年人生活的一部分。在生理上,老年人身体机能衰退,各器官功能逐渐退化。在心血管系统中,心脏收缩能力减弱,血管弹性降低,易引发高血压、冠心病等心血管疾病[19];在呼吸系统中,肺功能减退,肺活量减小,呼吸功能受限,对环境变化的适应能力变弱;在消化系统中,吸收功能下降导致营养难以吸收,消化能力减弱容易引发便秘。同时,老年人的感官功能也在退化。视觉上,晶状体老化,出现老花眼、白内障等视力问题,影响阅读、出行等日常活动;听觉上,听力逐渐下降,高频听力损失最为明显,导致沟通障碍,容易产生孤独感[18,20]。此外,老年人运动能力下降,肌肉萎缩,骨骼钙质流失,骨质疏松风险增加,关节灵活性和稳定性降低,行动迟缓,平衡能力变差,跌倒等意外发生的概率增加[17]。

1. 神经系统

神经系统是人体主要的调节系统,人体各骨骼、肌肉及器官的活动都直接或间接地受神经系统的控制和调配[21]。当人进入老年时期后,随着体内蛋白质代谢速度的逐渐减慢,脑蛋白,特别是其中的磷脂、高密度脂蛋白含量会减少25%~33%。这种蛋白质代谢的减缓会使老年人脑内血液循环阻力增大且流量不足,从而导致老年人出现智力衰退、注意力不集中、睡眠质量欠佳、记忆力下降、对外界环境的适应能力下降、性格多变等症状。

另外,随着年龄的不断增长,老年人的脑重量会逐渐减轻[22]。据相关统计,25岁时,人的脑重量约为1 400 g,60岁时,约减轻6%,80岁时,约减轻10%。造成老年人脑重量减轻的主要原因是脑内神经细胞数量的减少。由于脑内神经细胞的减少,老年人对于各种刺激的反应敏感度降低,因此出现反应迟钝、行动缓慢、协调性下降等现象。同时,脑部合成多种神经递质能力的下降导致神经信息传递效率下降,进而导致老年人行为异常和不协调。

2. 视觉系统

在人类接收的外界信息中,有83%以上是通过眼睛接收的。视觉功能的衰退是老年人感觉系统衰退最明显、最常见、最早的特征之一。一方面,随着年龄的增长,瞳孔肌肉会逐渐萎缩,导致瞳孔缩小。据相关报道,60岁以上的老年人明适应和暗适应条件下的瞳孔直径约为壮年时期的50%。受此影响,瞳孔调节光线的能力会大大降低,使得老年人在光线条件较差的情况下很难看清楚物体[23]。另一方面,随着年龄的增长,晶体蛋白糖基化加剧,老年人晶状体纤维增多,非水溶性蛋白质比例增大,使整个晶状体硬度增加而不易变形,加之睫状肌收缩能力减弱、晶状体囊弹性减小等原因,使晶状体不易增加其表面凸度。这种生理改变直接造成了老年人晶状体调节聚焦能力的降低,并进一步影响老年人的视觉[24]。

3. 听觉系统

在人类接收的外界信息中,有11%要借助听觉。随着人年龄的增长,组成耳蜗的毛细胞会减少,相应的鼓膜会变薄,混浊程度也会逐渐加重,听神经功能相应会减弱,致使老年人听力出现明显的减退[25]。据报道,在60岁以上老年人中,约有27.4%的老年人存在听力减退的情况。同时,大多数60岁以上老年人都会丧失4 000 Hz(指音叉振动次数)以上高频音的有效听力。由于内耳里的毛细胞和听神经通道的细胞凋亡,老年人对语音的鉴别能力会降低,听觉反应时间也会延长。

4. 嗅觉系统

人能够辨别2 000~4 000种不同的气味。嗅觉与人的心理和神经系统都有着密切的关系。许多研究结果表明,人类嗅觉的最佳时期是20~40岁,60岁以后嗅觉就开始出现明显的衰退,80岁以后,仅有大约22%的老年人嗅觉功能正常[26]。

5. 痛觉系统

老年人神经细胞不断衰化,敏感性降低,对外界刺激的反射时间变长,大多数老年人对疼痛刺激的敏感性明显减退。因而,如果出现划伤、刺伤、皮肤物理刺激等现象,其无感觉或感受时间会加长[27]。

6. 运动系统

运动系统是人体完成各种动作的器官系统,老年人的运动系统衰退主要体现在以下3个方面。

(1) 骨功能老化

骨功能老化的特征是骨密度降低和骨内碳酸钙含量减少,致使骨质疏松和骨脆性增加,非常容易发生骨裂、骨折等疾病。人到了中老年,骨骼的大小和外形不变,但其重量会逐渐减轻。从50岁到80岁每增加10岁,女性的骨重量减轻7%,男性的骨重量减轻5%。随着年龄的增长,骨质会逐渐萎缩,松质骨中的骨小梁减少并变细,骨密度减小,长骨和扁骨的内面骨质逐渐疏松。到70~80岁时,其密度可从正常的0.22下降到0.11。从50岁开始,第4腰椎骨梁会出现横行骨梁减少,纵行骨梁变粗,终板和骨皮质增强,尤其是男性。同时,老年人出现退行性椎间盘病变,以及脊椎骨骨质疏松与塌陷,使脊柱后凸与侧弯,最终导致老年人身高相对变矮[28]。

(2) 骨关节老化

随着年龄的增长,关节滑膜萎缩变薄,关节软骨含水量和亲水性黏多糖会减少,基质减少,关节软骨和滑膜钙化纤维会失去弹性,滑膜液分泌减少。毛细血管会逐渐硬化,使关节供血不足,进一步加重了关节软骨变性。同时,连接和支持骨与前节的韧带、腱膜、关节囊因纤维化和钙化而僵硬,使关节活动受到严重影响。有时关节软骨可能全部磨损退化,活动时关节两端骨面直接接触引起剧痛。关节软骨常发生退行性病变,其边缘常有骨质增生,形成骨刺,导致不可逆的关节老化改变、严重的活动障碍[29]。

(3) 肌肉老化

调查发现,年龄的增加对人体肌肉的影响特别明显。在20~40岁,肌肉的变化不大,到了50岁,肌肉量就开始快速走下坡路,男性大约减少1/3,女性大约减少1/2。随着年龄的增长,人体肌肉细胞的含水量逐渐减小,肌肉纤维逐渐萎缩并且变细,肌肉的弹性和胶原蛋白的含量都有不同程度的降低。由于肌肉及其周围韧带组织的萎缩,肌肉耗氧量减少,不但使老年人肢体的施力范围减小,而且使肌肉疲劳感增强。另外,随着老年人脊髓和大脑功能的衰退,肌肉的兴奋性和传导性都会有所减弱,老年人肢体的动作速度和动作频率大大降低,具体表现为肌肉动作反应迟钝、行动迟缓等[30],如图1.4所示。

1.2.2 老年人的心理特点

每个人在不同的年龄,都会呈现出不同的心理特征,尤其是老年人,其经历了人生的多半里程,随着家庭结构关系的改变和家庭角色的转移,他们的心理总会有一定的起伏,情绪变化会很大。一般老年人的心理承受能力比较弱,遇到困难和挫折时,情绪反应非常激烈,

图1.4 老年人身体机能衰退

这对于其身心健康的影响尤为明显。同时,随着人们物质生活水平的提高,老年人对精神生活的追求也明显提高。老年人普遍感到孤独,担心受到社会和亲人的冷落。大多数老年人希望得到经济上的赡养、生活上的照顾,更希望得到精神上的慰藉。老年人一般都比较固执,不愿改变多年来养成的生活习惯,较难适应新的环境;容易焦虑、发怒;想要受到关注,需要被了解,也常常希望得到别人的赞扬,需要被尊重;有时做事过于谨慎,唯恐出错,心理负担比较重。

在心理层面,老年人有着区别于其他年龄段人的显著特征。随着认知能力下降,记忆力衰退,老年人容易遗忘近期发生的各类事件;注意力难以长时间集中,容易分神;思维的灵活性和敏捷性下降,但基于丰富的生活经验,在解决复杂问题时,仍能运用经验性知识。同时,老年人情绪情感波动较大,由于生活角色转变,如退休、子女独立等,老年人易产生失落感、孤独感,情绪稳定性变差,可能出现焦虑、抑郁等负面情绪[31];人格特征相对稳定,在长期生活中形成的人格特质基本保持不变,但可能会更加固执、保守,对新事物的接受度低,习惯遵循旧有的生活模式和观念。此外,老年人焦虑不安的情绪会增加。经济收入的减少会加剧老年人的不安,会使老年人为节省开支而降低生活品质,也会增加老年人对医疗费用支出的担忧[32]。具体表现在以下方面,如图1.5所示。

1. 记忆力衰退

人老了,大脑记东西和事情越来越不好使,常常忘记刚刚随手放下的东西在哪里。但同时,对于过去的一些人、地点或事情,老年人又常常铭记、回想及怀念。

2. 想象力衰退

随着年龄的增大,想象和幻想的东西越来越少,老年人逐渐丧失了活力和创造力。同时,在一些疾病的伴随下,大脑时常不太清醒,对于一些新鲜事物缺乏好奇心,学习能力越来越弱,常常不能集中注意力做一件事情,因此失去了以往的耐心[33]。

3. 暮年感增强

老年人犹如秋天的树叶,生命接近黄昏,对于衰老和死亡存在着矛盾心理。对于死亡,有时候表现得非常坦然和无惧,但有时候又很避讳,不愿意面对现实,产生恐惧心理[34]。

4. 性格变化无常

老年人的性格比年轻人更容易受疾病、心理及社会因素的影响。老年人易变得倔强、暴躁、易怒、忧郁、孤僻、古怪,甚至不近人情,通常所说的"倔老头子""老糊涂"正是出于此[35]。

5. 容易焦虑不安

很多人过了更年期后,情绪逐渐趋于稳定,但是焦虑不安的情绪常常不会减少,会一直持续到老年阶段,老年人常常会为自己、儿孙的事情而焦虑。

6. 敏感多疑

老年人有着孩子般的心理,有时候如孩童般活泼,有时候又"小心眼",争风吃醋,怀疑别人在议论他(她),还经常把自己听错、看错的事当作对他(她)的伤害,并为此感到伤心,甚至流眼泪。同时,很多老年人由性格外向逐渐变为性格内向,深居简出,懒于交际[36]。

7. 容易自卑

由于时代的不同,隔代之间的争议频频出现,老年人真实地感到自己老了、不中用了,自卑情绪随之而来。同时,由于生活习惯被疾病等因素打破,老年人往往会感觉自尊被剥夺,因此而自卑[37]。

图 1.5 老年人内心不安的影响因素

8. 个性心理明显

人的个性心理特点是在社会实践中形成的。老年人比起青年人与中年人更具个性化特征。例如,顽固地坚持自己的观点和习惯,固执地喜欢某种生活方式,不赞成别人的意见和看法等[38]。

此外,老年人的生理与心理特点会相互影响,生理变化会对心理产生影响,如身体疾病带来的不适和疼痛可能引发焦虑、抑郁情绪[20];感官功能退化,限制社交活动,导致孤独感增强。反之,心理状态也会作用于生理健康,长期的负面情绪会影响神经内分泌系统,降低身体免疫力,增加患病风险。

1.2.3 老年人价值观的特点

古语曰:"三十而立;四十不惑;五十知天命;六十花甲;七十古稀;八十九十耄耋;一百期颐。"[39]随着每个人年龄的增长,他的生活价值和人生意义会有不同阶段的转变和侧重。对于老年人来说,在经历了童年的天真、青年的不羁、中年的稳重之后,事业相对有所成就,子女也都已成人。一辈子的奔波操劳已消耗了他们太多的心思和激情。因此,处于这个阶段的老年人往往不再追求更高的人生价值,他们更多地倾向于享受生活和亲情。健身、带孩子、练书法、画画、旅游等逐渐成为他们生活的主题。但随着现代化社会生活压力的增大,以往老年人的价值观也在悄悄地发生改变。有很多 60 岁以上的老人,出于家庭生活压力或为了尽量减轻子女的生活压力而不得不重新对人生进行定位和拼搏。这对于未来老年群体的影响会越来越明显,而且必将影响整个老年群体[40]。

同时,在情感方面,由于生理功能的逐渐老化、各种疾病的出现、社会角色与地位的改变、社会交往的减少,以及丧偶、子女离家、好友病故等负性生活事件的冲击,老年人经常会产生消极的情绪体验和反应。

1.2.4 老年人的性格特点

在性格方面,老年人有着正反两面的性格[41]。在积极的一面,老年人有着老小孩般的性格,处于这个年龄段的他们大多衣食无忧,常常会因为一些小事情而争宠或吵架。他们珍惜生命里的最后时光,也在用他们独特的怀旧情结回忆着儿时的亲人、故事。在消极的一面,老年人又是倔强的。由于生活时代的不同和社会角色的转变,老一辈和年轻一代之间往往存在着代沟,因此在交流的过程中,他们之间就难免会出现一些误解或不解。很多老年人不愿面对家庭角色的改变、放弃或交出家庭的决策权,因此常常会出现一些隔代之间的矛盾,如典型的婆媳矛盾等。

同时,在生理意志方面,老年人是弱势群体,由于生理结构的变化,对于很多以往能够完成的工作或动作,他们现在已无法独立完成,这在一定程度上限制了老年人的创造力。但在心理意志方面,老年人又是坚毅的,尤其是那些曾经经历过无数坎坷的老年人,他们的心理意志无比坚定。以往的经历磨砺了他们的意志和品格,使他们形成了一种无畏无惧的精神,这种精神在很大程度上支撑着他们。人们常说的"不服老,老不惧"的精神正体现了老年人的这一特征[42]。

1.2.5 老年人的消费特点

老年人有着几十年的消费实践,积累了丰富的经验。在以往的消费生活中,他们形成了比较稳定的态度倾向和行为方式,对于品牌的偏爱一旦形成就很难改变。另外,老年消费者通常把商品的实用性作为购买商品的首要原则。老年消费者心理成熟度和稳定程度高,比较注重实际,很少追赶时髦。他们在消费时强调质量可靠、方便实用、经济合理、舒适安全[43]。

老年人对消费品的种类有特殊的需求,当代老年人越来越注重健康和舒适,因此生活辅助类产品和医疗保健类产品具有很好的老年口碑。同时,大量的生活经验和消费经验使老年人在消费时更加理性,他们更注重产品的性价比,即产品造型、功能、材料等与价格的比例关系。

1.3 老年人的康养需求

1.3.1 老年人的康养需求迫切

在全球人口老龄化进程不断加速的大背景下,我国老龄化程度持续加深,老年人的康养需求愈发凸显。老年人康养需求的迫切性主要体现在老年人口基数大、康养需求多元化和康养挑战大等方面,如图1.6所示。

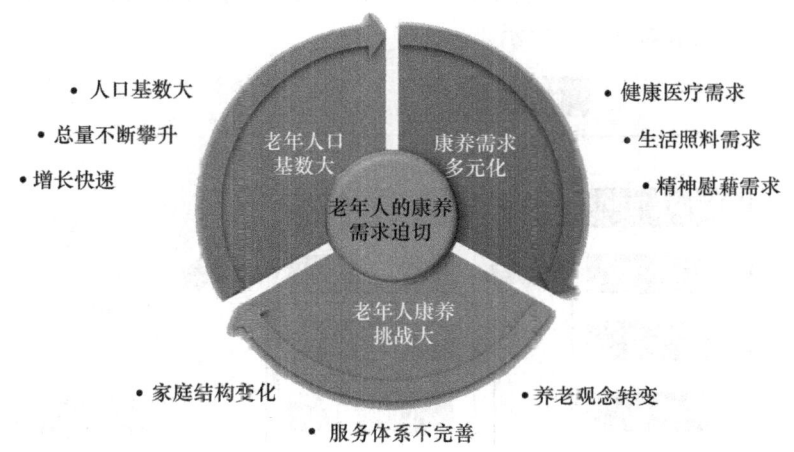

图1.6 老年人的康养需求迫切

1. 老年人口基数大

由1.1节可知,我国老龄化程度不断加剧,老年人群体数量持续增长,使得康养需求在总量上不断攀升。老年人口基数大,增长快速,使得康养服务的覆盖范围扩大且其面临巨大挑战。

2. 康养需求多元化

由 1.2 节对老年人生理、心理的分析可知,老年人的康养需求主要包括健康医疗、生活照料及精神慰藉等。

① 在健康医疗需求上,由于老年人身体机能衰退,各类慢性疾病多发,这使得他们对日常健康监测、疾病预防、康复护理以及医疗服务有着较高的需求[44,46]。

② 在生活照料需求上,对于半失能及失能老人,起居协助、饮食照料、个人卫生护理成为生活必需[47]。

③ 在精神慰藉需求上,老年人由于社交圈减小、角色转变等原因,极易陷入孤独、失落情绪,因此老年人的心理健康不容忽视,精神慰藉需求同样不容忽视[48]。

3. 老年人康养挑战大

老年人的身心健康与家庭的和谐稳定及社会的可持续发展紧密相关,然而目前老年人康养面临诸多挑战。

① 家庭结构变化:家庭结构的小型化削弱了家庭养老的能力,年轻一代工作压力大,生活负担重,难以全身心照顾家中的老年人[49]。

② 养老观念转变:部分老年人对自身生活质量有了更高的追求,不再满足于基本的生存需求,而是期望在康养过程中实现自我价值,享受高质量的晚年生活。

③ 服务体系不完善:社会养老服务体系在部分地区尚不完善,服务供给与需求之间存在很大差距,这进一步凸显了老年人康养需求的迫切性。

1.3.2 社会供需矛盾突出

随着人口老龄化进程的加速,老年人养老方面的社会供需矛盾日益凸显,成为亟待解决的关键问题。供需关系如图 1.7 所示。

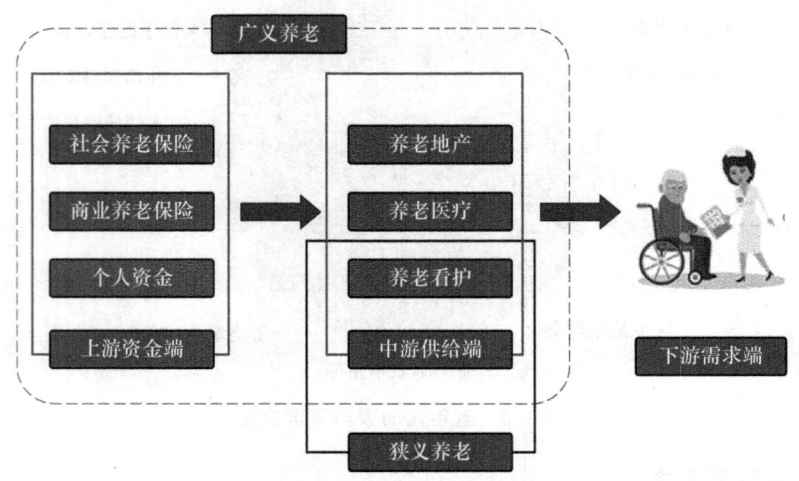

图 1.7 养老中的供需关系

1. 需求端

从需求端来看,老年人的养老需求呈现出多元化且持续增长的态势。最新相关统计数据显示,截至2024年年底,我国60岁及以上老年人口已超过3亿,占总人口的比重达到20%左右。在医疗需求方面,约70%的老年人患有至少一种慢性疾病,高血压、心脏病等疾病的患病率居高不下,这使得他们对专业、便捷医疗服务的渴望愈发迫切。在康复需求领域,每年有近2000万老年人在经历疾病或手术后需要进行康复训练,以恢复身体机能和生活自理能力[50]。同时,情感慰藉需求也不容忽视,调查表明,超过60%的老年人表示退休后时常感到孤独,期望家人陪伴时间能达到每周10小时以上,老友相聚交流频率每月不少于3次,并且渴望社会能为他们提供更多参与活动、展现自我价值的机会[51-52]。

2. 供给端

反观供给端,当前的养老服务供给难以满足老年人的诸多需求。医疗资源分配不均是一大突出问题,在大城市、大医院,人均医疗资源相对充足,但在偏远地区、农村基层,每千人拥有的医生数量可能不足1人,专业老年医学人才更是稀缺,许多基层医疗机构缺乏针对老年人慢性疾病的系统治疗方案。在康复设施方面,全国专业康复机构数量有限,平均每10万老年人口仅拥有3~4家康复机构,且大部分康复机构设备陈旧、专业康复师配备不足,难以提供高质量康复服务[53]。至于情感关怀供给,社区组织的老年活动参与率较低,平均参与率不足30%,专业的老年心理咨询服务更加稀缺,仅有不到5%的社区配备了专职心理咨询师[54]。

3. 供需矛盾

在供需矛盾的综合表现上,这种失衡带来了诸多负面影响。一方面,由于医疗资源紧张,老年人看病难、看病贵的问题长期存在,平均每次就医候诊时间长达3~4小时,导致部分老年人延误病情。康复服务的短缺使得许多有康复需求的老年人无法得到及时有效的训练,身体机能恢复缓慢,进一步降低了生活质量。情感慰藉的缺失容易导致老年人心理问题频发,如抑郁症等心理疾病在老年群体中的发病率逐年上升,达到10%~15%。另一方面,养老供需矛盾也加重了家庭负担,子女为照顾老人耗费大量精力,甚至影响工作。同时,家庭在医疗、养老、康复等支出上不堪重负,对于许多患有慢性病的老年患者,家庭每年用于老年人养老的相关费用支出占家庭总收入的30%以上[55]。

老年人养老的社会供需矛盾突出,迫切需要政府、社会、家庭等各方协同发力,优化资源配置,增加有效供给,以满足老年人日益增长的养老需求,提升其晚年生活质量。

1.3.3 应对供需矛盾的策略与建议

有效缓解老年人康养需求与社会供给之间的尖锐矛盾,构建和谐、可持续的养老服务体系,需要政府、社会和个人共同努力,形成合力,从多个方面采取切实可行的策略。

1. 发挥政府主导作用

政府应发挥主导作用,加大对养老服务行业的政策支持和资金投入。

① 提高护理人员的待遇水平,制定合理的薪酬标准,建立健全薪酬增长机制,确保护理人员的付出与收入成正比,降低人员流失率。改善工作环境,加大对养老机构和照护中心基础养老设施建设的投入,完善无障碍设施及设备,优化居住空间布局,加强卫生管理,为老年人和护理人员创造一个舒适、安全、温馨的环境。

② 加大对养老服务行业的监管力度,建立严格的服务质量标准和评估体系,规范养老机构和照护中心的运营管理,对违规行为予以严厉惩处,切实保障老年人的合法权益。

③ 积极推进养老服务相关专业的教育和培训体系建设,开展科普宣传,提升护理人员的专业素养和服务技能,鼓励高校和职业院校开设养老服务相关专业,加大招生力度,培养更多高素质的专业人才,为行业发展提供坚实的人才支撑[56-62]。

2. 加强社会宣传引导

社会应加强宣传引导,消除对护理职业的偏见,弘扬尊老敬老的传统美德,营造尊重和关爱老年人的良好社会氛围。

① 鼓励社会组织和志愿者参与养老服务,开展形式多样的关爱老年人活动,如陪伴服务、文化娱乐活动、健康讲座等,丰富老年人的精神生活,给予他们更多的情感慰藉。

② 企业应积极履行社会责任,加大对养老产业的投资力度,推动养老服务产品和技术的创新研发,提高养老服务的智能化、信息化水平,为老年人提供更加便捷、高效、个性化的服务。例如,开发智能健康监测设备、适老化家居产品等,满足老年人的多样化需求。

3. 增强个人养老意识

个人应增强养老意识,提前规划自己的养老生活,注重健康管理,积极参加社会活动,保持良好的心态。

① 家庭成员应承担起照顾老年人的责任,给予他们更多的陪伴、关心和爱护,传承中华民族尊老敬老的优良传统。

② 老年人自身应积极调整心态,主动参与社会活动,学习新的知识和技能,提高自我保健意识和生活自理能力,以更加积极乐观的态度面对晚年生活。

通过政府、社会和个人的共同努力,逐步改善养老服务行业的现状,提高养老服务的供给质量和效率,满足老年人日益增长的康养需求,让每一位老年人都能在晚年享受到优质、舒适、有尊严的生活。

1.4 养老相关国家政策

我国高度重视老龄化问题,近年来出台了一系列政策法规,以应对人口老龄化带来的挑战,提升老年人的生活质量,促进养老产业的健康发展。以下是部分重要政策的梳理,如表1.1所示。

表1.1 近10年老龄化相关政策

年份	政策
2015	《关于推进医疗卫生与养老服务相结合的指导意见》[63]
2016	《关于加快发展康复辅助器具产业的若干意见》[64]
2017	《关于制定和实施老年人照顾服务项目的意见》[65]
2018	《中华人民共和国老年人权益保障法》[66]
2019	《国家积极应对人口老龄化中长期规划》[67]

续 表

年份	政策
2020	《关于建立完善老年健康服务体系的指导意见》[68]
2021	《关于加强新时代老龄工作的意见》[69]
2022	《"十四五"健康老龄化规划》[70]
2023	《积极发展老年助餐服务行动方案》[71]
2024	《国务院办公厅关于发展银发经济增进老年人福祉的意见》[72]
2025	《中共中央 国务院关于深化养老服务改革发展的意见》[73]

从产业发展维度进行分析，国务院《关于加快发展康复辅助器具产业的若干意见》[64]具有重大引领意义。该政策以国务院的名义开展顶层规划，明确提出增强自主创新能力、推动产业优化升级等关键任务，并建立部际联席会议制度，以此凝聚各方力量，大力推动康复辅助器具产业向前发展。在此政策推动下，市场上适配老年人的辅助器具种类愈发丰富。例如：智能助行器除具备辅助行走功能外，还能够实时监测老年人身体各项数据，在便利出行的同时有效保障出行安全；护理床也实现功能进阶，具备多种体位调节功能，极大地提升了卧床老人的生活舒适度，切实帮助老年人提升生活自理能力。

着眼于健康服务领域，《"十四五"健康老龄化规划》[70]发挥着举足轻重的作用。其设定了到2025年的阶段性目标，着力构建综合连续、覆盖城乡的老年健康服务体系。以老年人健康需求为导向，从健康教育环节切入，借助社区讲座、线上课程等多样化形式，向老年人广泛传播健康知识，提升其健康素养与自我保健意识；在预防保健层面，通过增加体检频次、推广疫苗接种等举措，提前预防疾病发生；疾病诊治方面，着重强化老年医学科建设，加大专业人才培养力度，确保患病老年人能够及时获得精准有效的治疗；康复护理与长期照护环节紧密协同，为术后康复或患有慢性病的老人提供悉心照料；安宁疗护为临终老人提供人文关怀。如此全方位、多层次的健康服务体系充分满足了老年人的健康需求。

《国务院办公厅关于发展银发经济增进老年人福祉的意见》[72]涉及范畴广泛，涵盖发展民生事业、培育潜力产业等诸多领域。在民生保障方面，持续加大对养老服务设施的投入力度，新建社区严格依据标准配套居家养老服务站点，老旧小区改造工程也将养老设施更新纳入规划范畴，力求确保老年人在居住区域周边即可便捷获取养老服务。从产业培育视角出发，积极鼓励企业研发高端先进的养老产品，如可穿戴式的健康监测设备、智能家居养老系统等，这些智能化产品显著提升了老年人的生活品质。与此同时，大力推进数字化应用进程，老年人能够借助手机App预约上门护理、医疗服务等，在家即可解决生活难题。此外，通过强化金融支持手段，创新推出各类养老金融产品，为老年人的财富管理拓展更多途径，全方位为老年人营造安心舒适的生活环境。

《中共中央 国务院关于深化养老服务改革发展的意见》[73]坚持尽力而为、量力而行，增强科学预判，做好前瞻部署，加快建全养老服务网络，优化居家为基础、社区为依托、机构为专业支撑、医养相结合的养老服务供给格局，强化以失能老年人照护为重点的基本养老服务，健全分级分类、普惠可及、覆盖城乡、持续发展的养老服务体系，加强老年健康促进，推动养老服务扩容提质，进一步激发养老事业和养老产业发展活力，更好地满足老年人多层次、多样化养老服务需求。到2029年，养老服务网络基本建成，服务能力和水平显著提升，扩容提质增效取得明显进展,基本养老服务供给不断优化;到2035年,养老服务网络更加健全,服务供给与需求更加协调适配,全体老年人享有基本养老服务,适合我国国情的养老服务体系成熟定型。

上述政策既各具特色,又相互协同。一方面聚焦于提升老年人生活质量,凭借推动辅助器具产业发展、完善健康服务体系等举措,让老年人的日常生活更为便利、健康状态得以保障;另一方面注重资源整合与优化配置,引导社会资本参与,优化医疗资源布局,致力于缩小城乡、区域之间在养老服务方面的差距,确保公平性与可及性。积极促进养老产业创新升级,催生出一系列新业态、新模式,创造新的经济增长点,有力地应对人口老龄化带来的诸多挑战,为实现社会的和谐稳定发展奠定坚实基础。

1.5 未来养老发展趋势

1.5.1 当前养老行业现状

当前,我国养老行业正处于快速发展与深刻变革的时期。从整体发展态势来看,养老行业在机构数量增长、服务领域拓展等方面取得了一定进展,但仍面临着养老机构运营、养老服务供给及人才储备等方面的问题,如图1.8所示。

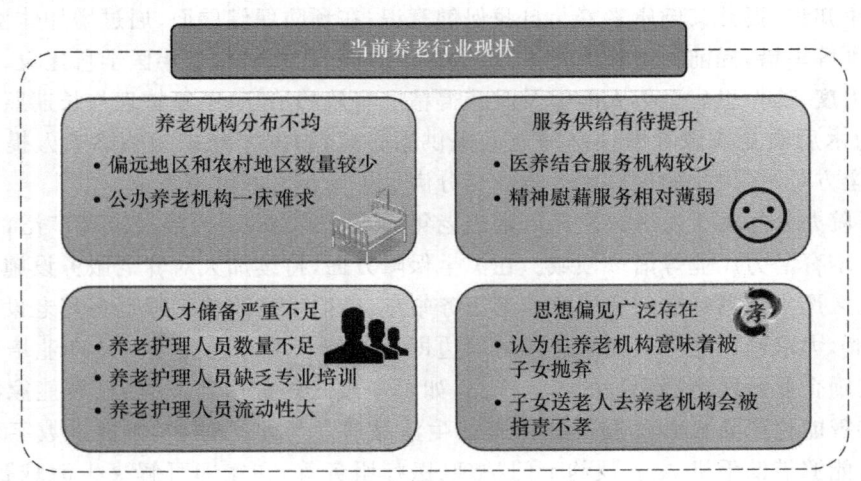

图1.8 当前养老行业现状

1. 养老机构分布不均

目前,我国养老机构的数量呈增长趋势,但其区域分布不均衡。大城市和经济发达地区养老机构相对集中,而偏远地区和农村地区养老机构数量较少。部分公办养老机构因政府支持,设施完善、收费合理,但往往一床难求,如北京的四季青养老院等;民办养老机构发展迅速,然而部分民办养老机构存在资金短缺、运营成本高的问题,导致服务质量参差不齐,长期生存困难。一些小型民办养老机构设施简陋,无法满足老年人的多样化需求;少数高端民办养老机构虽然服务优质,但收费高昂,超出普通老年人的承受能力[74]。

2. 服务供给有待提升

养老服务涵盖生活照料、医疗护理、精神慰藉等多个领域。在生活照料方面，家政服务、送餐服务等基本能满足老年人日常需求，但服务标准和质量有待规范。医疗护理是养老服务的关键环节，然而专业的医养结合服务机构较少。多数养老机构仅能提供基础医疗服务，对于患有复杂疾病的老年人，难以提供全面、持续的医疗护理。精神慰藉服务相对薄弱，老年文化活动场所不足，活动形式单一，一些性格内向的老年人无法充分满足类似家庭的社交和精神需求。

3. 人才储备严重不足

养老行业人才短缺是制约其发展的重要因素。养老护理员数量不足，且从业人员通常年龄偏大、文化程度较低、缺乏专业培训。数据显示，我国养老护理人员供给缺口达550万人，但由于工资待遇、工作环境等因素，新增老年护理人员的流失率为40%~50%，且50岁以上的护理人员占比超64%。基层的养老机构基本是半老年人在照护老年人。我国养老护理人员缺口达数百万，与实际需求相差甚远。同时，专业的老年医学、康复治疗、心理咨询等人才也较为匮乏，难以满足养老服务的专业化需求。养老行业工作强度大、待遇偏低，导致人员流动性大，进一步加剧了人才短缺问题[75]。

4. 思想偏见广泛存在

在养老机构发展中，部分老年人及其家庭存在"弃养"偏见。尤其在传统养老文化浓厚的地区，受"养儿防老"等观念影响，老年人觉得住养老机构意味着被子女抛弃，子女送老人去养老机构也会被指责不孝[76]。此外，从心理学来看，老年人对熟悉环境的依赖使其抵触陌生的养老机构，这进一步加剧了偏见。这种文化差异和偏见有碍于养老机构拓展业务，限制老年人享受专业养老服务，不利于养老服务行业发展。

1.5.2 养老发展趋势

尽管当前养老行业面临着诸多挑战，如养老机构分布不均、服务供给不足、人才短缺等问题，但养老行业也正处于快速变革与创新的关键时期，新的理念、模式和技术不断涌现。养老行业呈现出多元化养老模式融合发展、养老服务智能化升级、养老服务专业化与标准化建设，以及与其他产业的深度融合的发展趋势。

1. 多元化养老模式融合发展

随着社会观念的转变及养老需求的多样化，未来养老模式将朝着多元化融合方向发展[77]。居家养老作为传统养老方式，仍会是大多数健康、可以生活自理的老年人的首选。但为弥补家庭养老功能的不足，居家与社区养老相结合的模式将得到大力推广。社区将提供日间照料、助餐、助浴、康复护理等上门服务，让老年人在家门口就能享受到专业养老服务。此外，机构养老也会不断创新升级，高端养老社区、医养结合型养老院、老年园等将满足不同层次老年人的需求，形成多种养老模式优势互补的格局。

2. 养老服务智能化升级

科技的快速发展将为养老服务带来深刻变革。智能化养老设备将不断被开发并得到广泛应用,智能手环、智能床垫等可实时监测老年人的心率、血压、睡眠质量等健康数据,并及时将异常数据反馈给医护人员或家人,实现疾病的早发现、早治疗[78]。智能护理机器人将逐渐走进养老机构和家庭,协助护理人员完成搬运、翻身、清洁等基础护理工作,减轻护理人员的工作负担,提高服务效率和质量。此外,远程医疗服务将更加普及,老年人足不出户就能与专家进行视频问诊,获得专业的医疗建议。

3. 养老服务专业化与标准化建设

为提升养老服务质量,专业化与标准化建设将成为关键。养老服务人员将接受更系统、专业的培训,培训内容涵盖老年护理、康复治疗、心理咨询等多个领域,以提高他们的专业素养和服务能力[79]。同时,国家和地方会出台一系列养老服务标准,对养老机构的设施设备、服务流程、安全管理等方面进行规范,确保养老服务的质量和安全。例如,制定统一的服务评估标准,根据老年人的身体状况、生活需求等进行精准评估,为其提供个性化、标准化的服务。

4. 养老产业与其他产业深度融合

未来养老产业将与医疗、旅游、教育、文化等产业深度融合。医养融合将进一步深化,医疗机构与养老机构建立合作关系,实现资源共享、优势互补,为老年人提供全方位的医疗保健和养老服务[80]。养老旅游也将成为新的热点,针对老年人设计的康养旅游线路让他们在旅游中享受休闲、养生服务,丰富晚年生活。老年教育产业也将蓬勃发展,老年大学、社区老年教育机构等将不断丰富课程内容,满足老年人终身学习的需求,促进老年人的社会参与和自我实现。

1.5.3 未来养老模式

传统养老模式已难以满足老年人日益增长的多样化需求,未来的养老模式将充分融合现代科技、人文关怀以及地域特色,旨在为老年人提供更优质、更个性化、更具幸福感的晚年生活体验。未来的新型养老模式包括智慧养老、社区互助养老、抱团养老及旅居养老等,如图1.9所示。

1. 智慧养老模式

智慧养老模式利用先进的物联网、云计算、大数据、智能硬件等新一代信息技术产品,实现个人、家庭、社区、机构与健康养老资源的有效对接和优化配置[81],如图1.9(a)所示。例如,通过智能腕表、智能手环等可穿戴设备以及移动蓝牙式穿戴设备,实时监测老年人的健康状况,并将数据同步至信息平台,一旦出现异常,系统会自动报警并通知相关医护人员或家属。家中还可安装各类传感器,当传感器检测到异常时,能及时发出警报并触发相应措施。各类养老辅具或者人形机器人也将进驻家庭,以提供更加专业的养老服务,如打扫家务、清洁护理、聊天交互等,维护老人的身心健康。此外,智慧养老平台还能提供服务预约、物品代购、精神慰藉等多元化服务,为老年人打造便捷、高效、智能的养老生活。

2. 社区互助养老模式

社区互助养老模式以社区为平台,鼓励社区内的老年人相互帮助、相互支持,如图1.9(b)所示。社区可以组织成立互助小组,让有能力的老年人帮助那些行动不便或有特

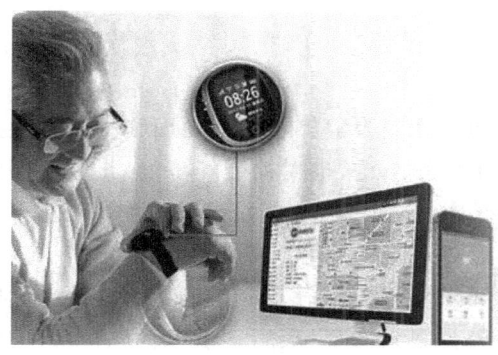
(a) 智慧养老模式

(b) 社区互助养老模式

(c) 抱团养老模式

(d) 旅居养老模式

图 1.9 未来养老模式

殊需求的老人,提供如陪伴聊天、代购生活用品、协助就医等服务[82]。同时,社区也会定期开展各类文化活动、健康讲座等,增进老年人之间的交流与互动,增强社区的凝聚力和归属感。此外,社区还可以引入专业的养老服务机构,为老年人提供上门护理、康复治疗等专业服务,形成社区居民与专业机构相结合的互助养老模式,提高老年人的生活质量。

3. 抱团养老模式

抱团养老模式不同于社区互助养老模式,几个文化水平相近、兴趣爱好相似、性格相投的老年人共同居住在一套环境良好、设施齐全的住所,共同分担生活费用和家务劳动[83],相互照顾,相互陪伴,如图 1.9(c)所示。在日常生活中,一起做饭、聊天、娱乐,分享彼此的生活经验和快乐。当有人生病或遇到困难时,其他人也能及时给予帮助和关心。这种模式有助于解决空巢老人的孤独感和心理问题,让老年人在相互关爱中度过晚年。

4. 旅居养老模式

旅居养老作为一种新型养老模式,是指老年人在自身健康条件、经济能力及个人意愿的综合驱动下,于不同地理空间进行阶段性迁徙居住,从而实现养老与休闲旅游融合发展的养老模式[84],如图 1.9(d)所示。这种模式契合老年人社会参与的需求,为老年人提供了新的社交场景与活动空间,使老年人在晚年能够持续拓展社会关系,增强社会融入感。旅居过程中的多元体验也有助于刺激老年人的认知功能,符合认知刺激理论,能够延缓认知衰退,促进心理健康。

1.5.4　国外养老模式借鉴

在全球人口老龄化加速的时代背景下,养老问题已成为世界各国共同面临的重大挑战与关键研究课题。老龄化进程的加快,不仅改变了人口结构,也对社会经济发展、社会保障体系等带来了深远影响。由于国外一些地区,如日本、欧洲、美国,相较于我国更早经历了人口老龄化问题,因此国外的一些养老经验对我国应对人口老龄化具有借鉴意义。

日本推行的"医养结合"模式高度成熟。日本的养老机构大多与周边医疗机构建立紧密合作关系,专业的医生和护士定期上门为老年人进行健康检查、疾病诊治,确保老年人的医疗需求能得到及时响应[85]。同时,机构内配备齐全的康复设施,由专业康复师根据老年人个体状况制订康复计划,这种深度融合的医养模式极大地提升了老年人的生活质量与健康保障水平。此外,日本注重老年科技产品的研发与应用,如智能穿戴设备能实时监测老年人心率、血压等生命体征,一旦出现异常可立即自动报警,有利于实时保证老年人的安全。

北欧国家丹麦侧重于社区养老的精细化发展。社区被打造成"老年友好型社区",公共设施充分考虑老年人的行动便利性,道路平坦宽阔,扶手随处可见。社区内设有老年活动中心,每天组织丰富多样的活动,像手工制作、文化研讨、健身课程等,满足老年人的不同兴趣爱好,促进社交互动。此外,丹麦还推行"居家养老帮扶计划",政府培训大量专业护理人员,为居家养老的老年人提供家务协助、个人护理、医疗护理等全方位上门服务,让老年人在熟悉的家中也能享受到专业照料[86]。

美国的养老模式特色在于多元化的养老社区选择。高端养老社区风景优美、设施齐全,同时提供个性化的医疗保健、营养餐饮等服务,满足高收入老年群体追求高品质生活的需求;面向中低收入老年人的普通养老社区聚焦于基本生活保障与必要医疗服务的供给,通过政府补贴、慈善捐赠等多种方式降低入住成本。此外,美国大力发展老年教育,各类高校、社区学院开设丰富的老年课程,涵盖艺术、历史、科技等多个领域,鼓励老年人持续学习,融入社会发展潮流[87]。

1.5.5　养老产业前景广阔

在人口老龄化持续深化的时代背景下,养老产业已然成为社会经济发展的重要领域。从当前态势及未来走向来看,养老产业呈现出极为广阔的发展前景,包括市场规模的扩大,政策支持的加强、产业融合的深化以及科技创新的推动等方面。

1. 市场规模持续增长

随着全球人口老龄化趋势的加剧,老年人口数量不断攀升,为养老产业带来了庞大的消费群体。据权威机构预测,在未来几十年内,我国老年人口占比将持续上升,这意味着养老服务和产品的需求将呈现刚性增长。从养老服务市场来看,养老机构、居家养老服务、社区养老服务等领域的市场规模都在不断扩大。在养老产品方面,老年保健品、老年用品、老年康复辅助器具等市场需求日益旺盛。以老年保健品市场为例,消费者对具有调节血脂、增强免疫力等功能的保健品的需求持续增长,推动了该细分市场的快速发展[88]。

2. 政策支持力度加大

为应对人口老龄化挑战,促进养老产业发展,国家和地方政府出台了一系列扶持政策。在资金支持方面,政府通过财政补贴、税收优惠等方式,鼓励社会资本投入养老产业。在土地供应方面,优先保障养老用地需求,降低养老机构的建设成本。在行业规范方面,制定并完善养老服务标准和规范,加强对养老机构和服务的监管,为养老产业的健康发展营造良好的政策环境[89]。

3. 产业融合趋势增强

养老产业与医疗、旅游、房地产、金融等产业深度融合。医养融合是目前的发展重点,医疗机构与养老机构合作,实现资源共享、优势互补,为老年人提供集医疗、康复、护理、养老为一体的服务。旅居养老也成为新的增长点,结合各地的自然风光和文化特色,开发适合老年人的康养旅游线路和产品。在养老地产方面,开发建设适老化住宅、养老社区等项目,满足老年人的居住需求。金融机构也推出了养老理财、养老保险等金融产品,为老年人的养老生活提供资金保障[90]。

4. 科技创新推动发展

科技的快速发展为养老产业注入了新的活力[91]。智慧养老技术的应用,如物联网、大数据、人工智能等,提高了养老服务的效率和质量。智能设备可以实时监测老年人的健康状况,为个性化的健康管理提供数据支持。智能家居系统可以实现家居设备的自动化控制,方便老年人的日常生活。远程医疗技术让老年人在家中就能享受到专业的医疗服务。科技创新不仅提升了老年人的生活品质,也为养老产业的创新发展提供了广阔的空间。

本章小结

在当今全球化背景下,人口老龄化已成为世界各国面临的重大社会问题。在我国,人口老龄化现象日益凸显,截至 2024 年年末,我国 60 周岁及以上老年人口占全国总人口的 22%,我国已步入深度老龄化社会且加速迈向超级老龄化阶段。这一局面由经济领域变革、生育观念演变与城镇化进程加快等多因素共同促成,对我国社会经济与结构产生广泛而深远的影响。在社会经济层面,劳动力市场供需失衡、成本攀升,企业经营困难,社保体系承压,消费、储蓄模式转变;在社会结构层面,家庭架构小型化、空巢化,养老模式社会化,城乡人口流动与分布失衡,代际关系变迁。

面对老龄化挑战,了解老年人身心特点、满足康养需求迫在眉睫。老年人身体机能衰退,慢性病高发,心理上孤独、失落感增强,对医疗、康复、照护及情感慰藉的需求迫切,然而当前养老服务供需矛盾突出。在此背景下,我国政府出台系列政策推动养老产业发展,涵盖康复辅助器具、健康老龄化、银发经济等多个领域,助力提升老年人生活质量。展望未来,智慧养老、医养融合、银发经济等将成为趋势,国外养老模式也提供诸多借鉴,养老产业前景广阔,但需各方协同努力,优化资源配置,以应对老龄化危机,保障老年人安享晚年,促进社会平稳发展。

第 2 章
智能养老辅助技术

由第 1 章可知,随着全球人口老龄化的不断加剧,社会养老压力日益增大,我国的人口红利逐渐消退,老龄化持续加剧、出生率低、护理人员短缺、工作强度大等问题凸显。在这一背景下,借助相关的工具、设备及技术来辅助护理人员进行养老服务逐渐成为积极应对人口老龄化的关键策略。因此,本章以康复辅助器具为切入点,全面介绍康复辅助器具的定义、分类、国内外概况及创新设计方法,并进一步结合具体的实例,从机器人技术、人工智能技术、3D 打印技术、虚拟现实技术及物联网技术等方面阐述智能养老辅助技术。

2.1 康复辅助器具

工具在人类社会发展过程中起着至关重要的作用。原始人为了获得更多的食物,发明了石器、弓箭、长矛等工具,极大地提高了环境适应能力。近代人为了提升效率,减少劳动力,发明了锄头、镰刀、蒸汽机、电等,极大地推动了农业、工业的快速发展。现代人为了促进交流与合作,发明了电话、手机、计算机、互联网等,极大地推动了信息社会的发展。

在养老领域,为了应对生理功能的衰退、缺失,护理人员的高强度、低效率重复工作,康复辅助器具出现了。其涉及康复工程、生物力学、机械工程、心理学、医学等众多学科,以老年人、残疾人、伤病人等残障者为服务对象,利用现代科学技术使残障者重拾生活信心、回归社会成为可能。康复辅助器具与医疗器械既有所区别,又有所联系,有些甚至具有两面性。例如,同样是拐杖,手杖属于生活用品,而腋杖、前臂杖属于医疗器械。此外,从技术层面讲,康复辅助器具涵盖多个技术等级,有些可能就是简单的结构件,如老年助食筷子、助食勺等;而有些则是复杂的产品系统,如电动轮椅、康复机器人等。

2.1.1 康复辅助器具的定义及分类

根据 GB/T 16432—2016《康复辅助器具分类和术语》,康复辅助器具的定义为:功能障碍者使用的,特殊制作或一般可得到的有助于参与性,对身体功能(结构)和活动起保护、支撑、训练、测量或替代作用,防止损伤、活动受限或参与限制的任何产品(包括器械、仪器、设备和软件)[92]。这些器具旨在支持、辅助或替代患者的日常活动,帮助他们尽可能独立地生活。康复辅助器具是典型的养老辅助工具,作为老年人康复训练的主要辅助工具,在老年人的康复过程中发挥着至关重要的作用,不仅能够弥补老年人的身体功能缺陷,还能提高其独立生活能力。

康复辅助器具又称辅助器具、康复辅具、辅具,其核心目的在于改善患者的功能状态,促进其身体和心理的全面康复。根据患者的具体需求和损伤情况,康复辅具可以分为多种类型,包括行走辅助、日常生活辅助、功能训练和体能恢复等。在 GB/T 16432—2016《康复辅助器具分类和术语》中,康复辅具由 3 个层次组成,即主类、次类和支类,其中描述产品的广义功能的康复辅具为主类,描述主类包括的广义范围内的一种特定功能的康复辅具为次类,描述次类包括的特定产品的康复辅具为支类。康复辅具的第一层分类(主类)用于描述产品的广义功能,如表 2.1 所示。康复辅具在 12 个主类下设置了 93 个次类和 538 个支类,有上万个品种。

2016 年,世界卫生组织用中文、阿拉伯文、俄文、法文、西班牙文、英文制定出版了《重点辅助器具清单》(参考编号:WHO/EMP/PHI/2016.01)[93],旨在增进全世界获得高质量、可负担得起的康复辅具及全球辅助技术合作。康复辅助器具在现代养老康复和老年人护理中发挥着至关重要的作用。通过合理地使用辅具,患者和老人能够在日常生活中获得更大的独立性,从而提高生活质量,促进全面康复。随着科技的进步,康复辅具的种类和功能也在不断扩展,为更多患者提供了便利和支持。

表 2.1 康复辅具的第一层分类-主类

代码	主类名称	代码	主类名称
04	个人医疗辅助器具	18	家庭和其他场所的家具和适配件
05	技能训练辅助器具	22	沟通和信息辅助器具
06	矫形器和假肢	24	操作物品和器具的辅助器具
09	个人生活自理和防护辅助器具	27	环境改善和评估辅助器具
12	个人移动辅助器具	28	就业和职业培训辅助器具
15	家务辅助器具	30	休闲娱乐辅助器具

2.1.2 康复辅助器具的发展概况

在国外,康复辅具最早可追溯到公元前 218 年到前 210 年的布匿战争,罗马将军马克思·赛尔盖斯失去右手后,装配了铁手继续战斗。公元前 4 世纪,希腊名医希波克拉底采用支具和夹板来治疗骨折、脱臼和先天畸形,开创了矫形器的先河;公元前 2 世纪,希腊著名医师和教师盖仑(公元 129 年到 200 年)记载了希波克拉底教学的脊柱矫形器;公元前 300 年,在意大利卡普里岛出土了铜腿和木腿的假肢[94]。目前,国外的康复辅具及服务发展处于领先地位。其中,日本由于严重的老龄化问题,对于康复辅具的研发极为重视,助行器、假肢、轮椅等处于世界领先水平[95]。此外,日本具有完善的老年福利政策,看护险等政策极大地刺激了康复辅具的普及和发展[96]。在欧洲,德国 Otto Bock[97]、冰岛 Össur、英国的英中耐等企业积累了先进的技术,占据了中国假肢类康复辅具进口的前几名。在美国,芝加哥康复中心是全球著名的康复研究机构,开发了神经假肢、康复机器人等多项先进技术[98]。

在我国,康复辅具历史悠久。图 2.1(a)所示的陶制假脚(新石器晚期—齐家文化时期的随葬品(距今 4 000 多年))很有可能是世界上发现最早的实物假肢。此外,《晏子春秋》记载晏婴为劝诫齐景公削减酷刑而说的"踊贵而屦贱"(公元前 539 年,齐景公九年)中的"踊"即春秋时期受刖足之刑后所用的一种鞋,即现代假肢。另外,还有南北朝时期的轮椅石刻(图 2.1(b))、汉代的白玉龙凤拐杖(图 2.1(c))等。

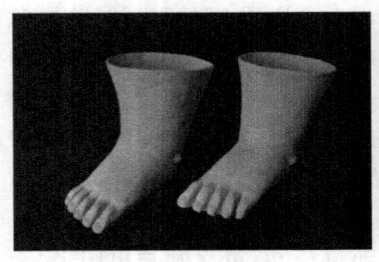  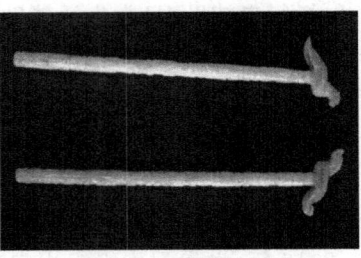

(a) 陶制假脚　　　　　　　　(b) 轮椅石刻　　　　　　　　(c) 白玉龙凤拐杖

图 2.1　中国古代的康复辅具

目前,我国的康复辅具尚处于发展阶段,设计水平、创新机制、研发能力等都落后于日本及欧美等发达国家。这主要体现在以下几个方面[99]。

1. 品种少,品质差

与发达国家相比,我国的康复辅具在种类上还很单一,主要以假肢、矫形器、轮椅、拐杖等常见简单辅具为主,很多老年人的需求无法得到相应的满足。以老年视障患者为例,目前市场上较为常见的有盲杖、眼镜及放大镜之类,但国外市场除此之外还有盲用计算机、点字机、语音箱、扩视机、触控式屏幕等新型辅具。在产品品质方面,我国的康复辅具还存在很大的差距。品质的塑造是人性化的极大体现,它是从物质和精神两方面出发,对康复辅具进行的全方位优化与设计。康复辅具面向的是老年人等弱势群体,这些群体是有着巨大个体差异性的特殊群体,在辅具的设计过程中,要考虑的问题要远远多于其他产品,因此"以人为本"的品质塑造极为关键。

2. 研究少,研发少

康复辅具属于交叉领域,涉及学科众多。我国近现代康复辅具发展缓慢,与之相关的研究还很欠缺。首先,在数量上,康复辅具研究机构还不是很多,无论是大型研究机构还是地方性服务机构都很欠缺。其次,从性质上讲,我国康复辅具研究机构大多是研究院所或高等院校,缺乏转化研究成果的大型企业。"产—学—研—用"的分散在很大程度上限制了高水平康复辅具的研发。再次,从研究能力上讲,我国的研究能力还相对有限。近年来,国家康复辅具研究中心、中国康复研究中心、北京航空航天大学、上海交通大学、清华大学、浙江大学、北京大学等相关单位在"十一五"到"十四五"期间取得了一些成果,但很多成果仍停留在实验室状态,缺乏成果的转化和应用。最后,从人才培养方面来讲,我国康复辅具的从业人员总体基数小,学历普遍较低,且研发人才欠缺,直接相关的本科教育和研究生教育比较滞后。

3. 设计少,创新少

21 世纪是创新的时代,康复辅具的创新设计极为关键。相比于国外的康复辅具,我国的设计水平还处于初级的结构设计和仿造阶段,工业设计等思想的引入和应用非常滞后。

当前很多辅具,无论在结构方面还是在外观方面都非常类似,以至于不同厂家的产品除了 LOGO 不同外,其他完全相同或相似。另外,从设计学的角度来看,康复辅具器具设计绝不是简单的外观美化,而是先于结构设计的总体规划和服务设计。

2.1.3 康复辅助器具的创新设计

康复辅具的服务对象是老年人、残疾人、伤病人等,与正常人相比,他们在生理、心理、情感等方面都具有极大的群体特殊性和个体差异性。因此,以残障者需求为着眼点的康复辅具设计既是残障者生理特征、文化背景、生活环境的个体化需求功能实现,也是残障者心理反应、精神需求、情感特征的全方位需求满足。

在外观方面,康复辅具倡导简洁、含蓄的设计。如前面章节所述,老年人具有强烈的自卑感,他们不希望被过分关注,也不希望太过招摇。在交互识别方面,康复辅具要易于识别和操作,适合各种残障人群使用。过分复杂的设置和操作只会给残障者带来不必要的麻烦。此外,立足于视觉、听觉、触觉、嗅觉等多感官信息交互模式的创建,对于康复辅具的设计极为关键。

此外,康复辅具不仅是对生理功能的补偿(如助行器)或替代(如假肢),而且是对内在心理的安慰和激励。虽然辅具本身没有"生命",但经过有意识的情感设计和体验设计,可以实现与人的"交流",从而引导使用者形成乐观积极的生活态度,激发生活激情。安全性是康复辅具不可或缺的内在属性,它以功能安全、结构安全、使用安全为基础,逐步扩展至形态安全、人机交互安全等,是残障者身心健康的首要保证。这具体体现在以下几个方面[100]。

1. 功能的安全设计

功能是辅具存在的意义。功能的安全设计是对于辅具存在意义的明确和完善,是立足于残障者需求的完全创新和概念优化。辅具功能的安全设计包括合理性、适度性两个方面。合理性指辅具本身是不是残障者所需要的,是不是能够满足残障者的需要,是不是给残障者带来的益处大于害处。辅具可以提升残障者的生存质量,但功能的不合理不仅不会提供帮助,反而可能造成二次伤害。对于此,可以借鉴人类学家马林诺夫斯基和布朗的功能分析法,如图 2.2 所示。适度性指辅具的功能恰好符合残障者的需求,不偏不倚,不多不少。小辅具,大公益,辅具功能的安全设计是功能的整合和集成,提倡功能的适度、简化及优化。

2. 结构的安全设计

结构是辅具功能的物质载体。结构的安全设计包括辅具自身安全设计和使用安全设计。辅具结构的安全涉及使用周期、稳定性、强度等问题,是辅具可用、耐用、易用的保障。对于结构的安全设计,稳定性是最基本的原则。它不仅指本身结构的力学稳定性,而且指动态转换与使用的系统结构稳定性。对于力学稳定性,可以通过相关的理论计算,并结合三维建模及分析软件(如 Pro/e、Solidworks、Ansys、Adams 等)进行有

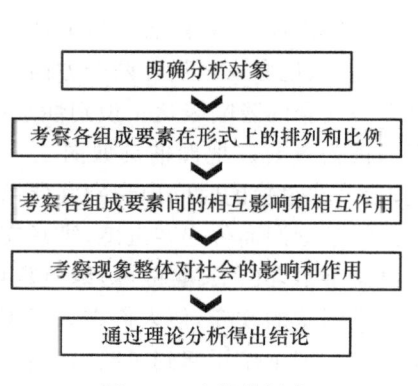

图 2.2 功能分析法

限元分析后确定。对于系统结构稳定性,可以采取单片机、程序控制、计算机编码等方式进行硬件控制。另外,耐用性对于辅具结构来说十分重要,由于服务对象的特殊性和不确定性,辅具的生命周期具有模糊性。耐用性设计并非仅指使用寿命的简单延长,而是对相关因素的综合考虑。在结构安全方面,安全系数法是最常用的设计方法,但对于辅具,它存在一定的局限性。因此,倡导基于概率论和统计学的可靠性设计方法。相比于安全系数法,该方法能得到恰如其分的设计,能得到较小的零件尺寸、体积和重量。

3. 操作与使用的安全设计

辅具的操作和使用是主动的,也是被动的,当老年人操作辅具时,这是一种主动,当老年人在辅具的带动下进行相关的活动时,这是一种被动。首先,在辅具的使用过程中,容错性是必不可少的属性,它是对预期危险的即时处理与化解。安全的辅具设计必须是容许犯错的设计。自锁、报警、急停等机构的应用是辅具容错性设计的有效手法。其次,保护装置的设计也是必要的。在机械结构中,齿轮啮合、电机转轴、链条、带轮等都是常见的危险装置,因此在相关的部位,必须设置防护板、隔离板、保护罩等。最后,操作和使用的舒适性也是安全设计的一部分。例如,橡胶把套的设计不仅让残障者把持时感到舒适,而且避免了人与金属的直接接触,减小了摩擦,降低了伤害发生的概率。在辅具设计中,硅胶、天然纤维、EVA、海绵、PVC、橡胶等高分子材料的应用对于安全性的提升具有不可忽视的作用,如图 2.3 所示。

图 2.3　柔性高分子材料在康复辅具中的应用

4. 形态的安全设计

形态传递着物质的功能。辅具的安全设计首先是形态的安全设计,只有在达到外在视觉安全的前提下,残障者才可能从心理上接受和使用辅具。辅具形态的安全设计包括形状安全设计、色彩安全设计两个方面。其中,"形"是主体,是形态安全的载体,而"色"是辅助,是形态安全的隐喻表达。识别性是形态安全的前提,简洁、易懂的产品语义对于辅具的安全识别极为重要。把握辅具如图 2.4 所示,其通过可爱、简洁的形态准确地传达了辅具的功能,使人在很短的时间内识别并使用。其次,形状和色彩是一种符号,具有隐喻性。例如:圆形因线条圆润而传递亲近感,寓意安全;多边形因棱角分明容易引发伤害联想,暗示危险;黄色寓意警示,红色寓意故障,绿色寓意正常等。如图 2.5 所示,按摩器通过局部结构的凸凹、色彩及形状的改变,使人们在无意识中了解了产品的关键部位及操作方式,这对于辅具的正确操作和安全使用起到了暗示和警示作用。

5. 人机交互的安全设计

"人—机(辅具)—环境"是一个不可分离的整体,在辅具的设计和使用过程中,人机交互的方式及过程与老年人的生理与心理安全紧密相关。同时,辅具自身的科学性和安全性直接影响残障者的健康和安全。由此,基于残障者个体的人体参数获取和交互安全设计极为重要。模块设计、通用设计、可调性设计等是解决辅具个体人机差异性的办法,为人机关系的安全优化提供了保证。

彩图 2.4

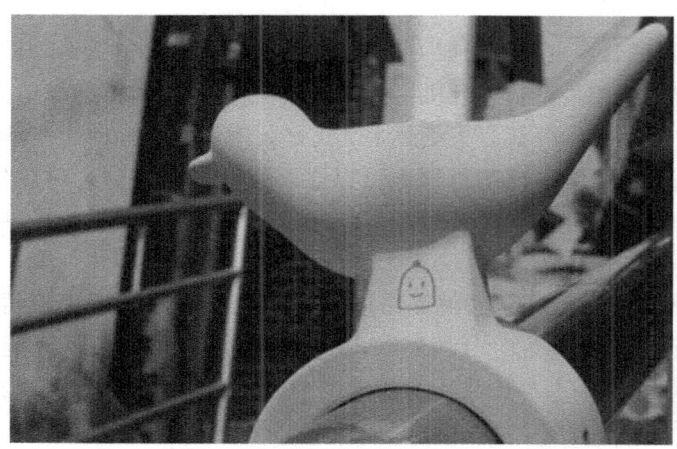
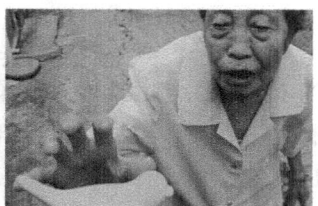

图 2.4 把握辅具

6. 心理的安全设计

辅具作为老年人等残障者生理功能的替代和重建,必须考虑残障者特殊的心理反应。辅具安全设计是对辅具产品安全性能的评估和完善,也是对残障者群体心理反应、精神需求、情感特征的全方位安全需求的满足。

彩图 2.5

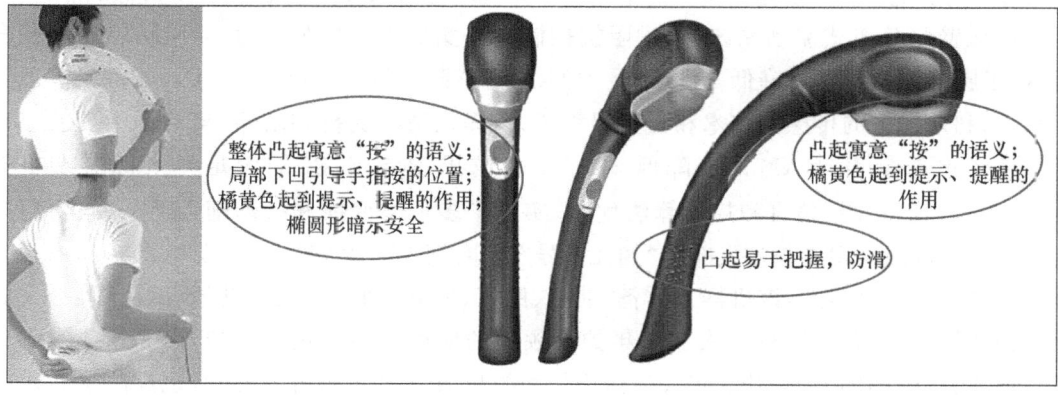

图 2.5 洗浴按摩器

2.2 智能养老辅助技术

康复辅具等辅助工具、设备及技术为老年人、残疾人、伤病人的日常生活提供了诸多便利,有效提升了他们的生活自理能力。科技的飞速发展和智能养老辅助技术的出现将养老服务推向了一个全新的高度,为老年人的健康与福祉带来了更为全面和深入的保障。本节将从机器人技术、人工智能技术、3D 打印技术、虚拟现实技术、物联网技术 5 个方面介绍智能养老辅助技术。

2.2.1 机器人技术

机器人是一种机械设备,具有完成特定任务的能力,可以在各种环境中自主工作。机器人的功能往往与其所服务的领域密切相关。在养老机器人领域,机器人主要涉及建模仿真、控制算法、传感器技术,以及任务规划技术等核心关键技术。这些技术结合实际的康复辅具或机器人结构,组成现在使用的养老机器人,这些机器人可以显著提升老年人的生活质量,并提高护理工作的效率。尤其是近期兴起的人形机器人,为未来家庭服务、养老护理提供了潜在解决方案。

建模仿真通过动力学模型为康复训练、行为预测和结构优化提供理论基础,确保机器人在养老环境中的安全与高效运行。控制算法如 PID、MPC 和自适应控制等,使机器人能够精确响应外部环境并执行任务,适应老年人个性化康复需求。传感器技术(感知技术)是养老机器人能够感知外界环境的至关重要的技术,赋予机器人触觉和环境感知能力,机器人通过 SLAM 技术结合多传感器数据可以实现精确定位和避障。任务规划技术涵盖技能学习、运动规划和多智能体系统等具体技术,机器人通过任务规划技术可以实现复杂任务的执行和多机器人协同,提升整体服务效率。这些技术的集成显著增强了养老机器人在提升老年人生活质量和护理效率方面的能力。

同时,这些核心技术的融合不仅提升了养老机器人的性能和可靠性,而且为开发更先进、更人性化的养老机器人奠定了坚实的基础。例如,日本 RIBA-Ⅱ 护理机器人(图 2.6(a))采用碳纤维机械臂与分布式驱动系统,通过阻抗控制算法实现人体托举动力学补偿,临床测试表明,护工腰部劳损发生率降低 53%[101]。PARO 情感陪护机器人(图 2.6(b))配备多模态交互系统,利用先进的传感器技术和任务规划能力,提供情感支持和陪伴,实验证明可使老年痴呆患者焦虑量表(GAI)评分降低 37%[102]。腾讯 RoboticsX 的轮足类人机器人小五(图 2.6(c))通过建模仿真和控制算法优化,实现了多形态变换和行动辅助[103]。湖南超能机器人技术有限公司在长沙发布了"湘江 1 号"健康陪护人形机器人(图 2.6(d)),推出了首个养老护理人形机器人,该机器人具备"助医、助行、助兴、助力、助餐、助便、助浴"等七大健康陪护功能,标志着人形机器人在老年护理领域的应用迈出了重要一步[104]。这些实例展示了智能养老机器人在提升老年人生活质量和护理效率方面的潜力,同时也反映了技术融合在推动养老服务创新中的重要作用。

养老机器人领域的技术进步正不断推动着服务质量和效率的提升。通过整合建模仿真、控制算法、传感器技术以及任务规划技术等关键要素,现代养老机器人不仅能满足老年人在身体康复和日常护理方面的需求,还能提供情感支持,增强他们的生活自主性。这些技术的综合应用预示着养老机器人将在未来扮演更加重要的角色,为老年人创造一个更加舒适、便捷和安全的生活环境,同时也为养老服务行业带来创新和变革。

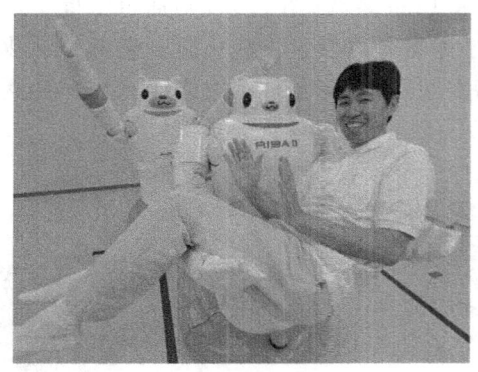
(a) RIBA-Ⅱ护理机器人

(b) PARO情感陪护机器人

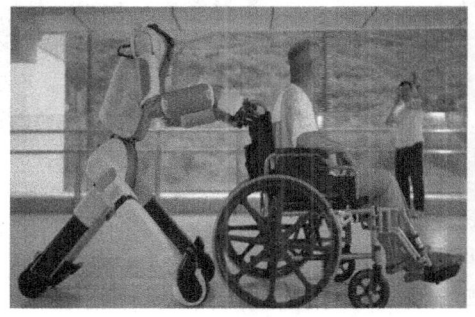
(c) 腾讯RoboticsX机器人

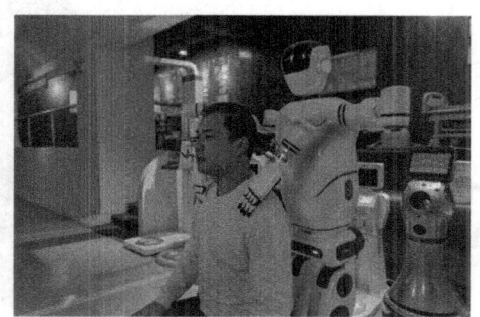
(d) "湘江1号"人形机器人

图 2.6　部分机器人技术在养老领域的应用

2.2.2　人工智能技术

人工智能[105]包括机器学习、神经网络、深度学习等。近几年,随着 ChatGPT、Sora、大模型等技术的发展,人工智能技术在各行各业的应用越来越成熟。尤其是深度学习,其结构类似于人体大脑中上亿神经元的联结,能够通过众多算法合集构造出自我深度学习能力,其学习过程和人类大脑相似或相近。目前,人工智能由于其强大的计算能力、数据处理能力、逻辑推理能力和信息存储能力,已经开始广泛应用于人们的日常生活和传统行业中,节省了人力和物力成本,提高了工作的精准性和效率,推动了新型人工智能养老模式发展,并促使养老行业迈入信息化时代,为解决当前养老困境提供了极大的可行性。

在人工智能养老中,养老服务模型、领域知识模型和养老对象模型是智慧养老的3个核心模型,前两个模型涵盖了养老护理的技巧方法和专业技能体系,而养老对象模型则通过分析老年人的行为动作、健康状况和情绪反馈,实现人机交互。郭倩等[106]设计的智能养老服务模型(图 2.7(a))能够有效解决老年人健康行为预测中的数据多样性、健康状况复杂性、长期依赖性和数据丢失等问题,实现对老年人健康行为的准确预测和动态管理。人工智能可以通过分析来自可穿戴设备的患者生理数据来提供智能建议,用于疾病的诊断和治疗[107]。T. Shaik 等[108]发现支持人工智能技术的远程患者检测架构(图 2.7(b))改变了医疗保健监测应用程序,它们能够检测家庭护理中老年人甚至住院患者健康状况的早期恶化,使用联邦学习个性化个体患者健康参数监测,并使用强化学习等技术学习人类行为模式。

老年人洗浴辅助技术及机器人

清华大学医学院黄天荫团队合作研发的 DeepDR Plus 系统（图 2.7（c））通过深度学习技术预测糖尿病视网膜病变的进展时间，为老年糖尿病患者提供了疾病风险预警和个性化筛查策略，显著降低了筛查成本和漏诊率，延长了筛查间隔，从而实现了对老年糖尿病视网膜病变患者的高效管理和早期干预[109]。

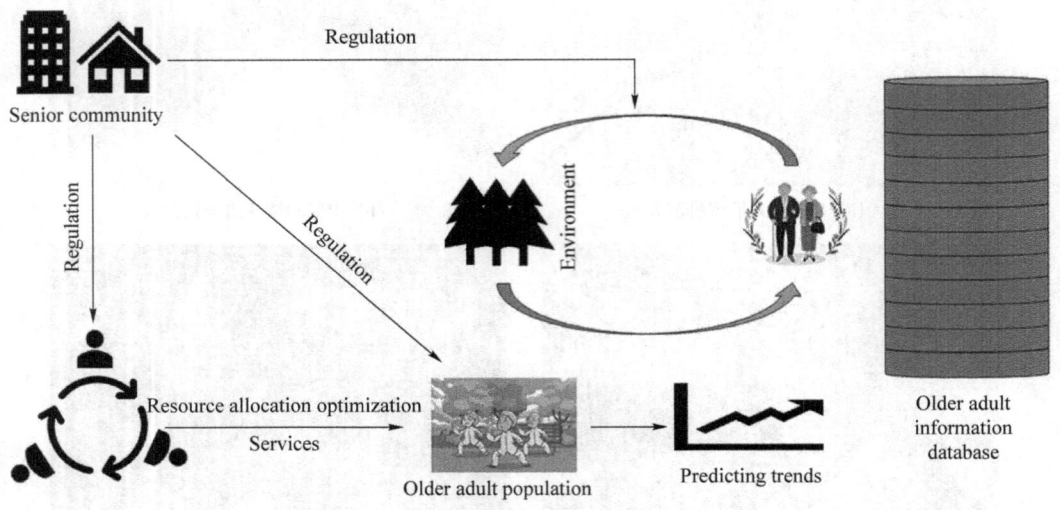

(a) 智能养老服务模型的总体框架结构

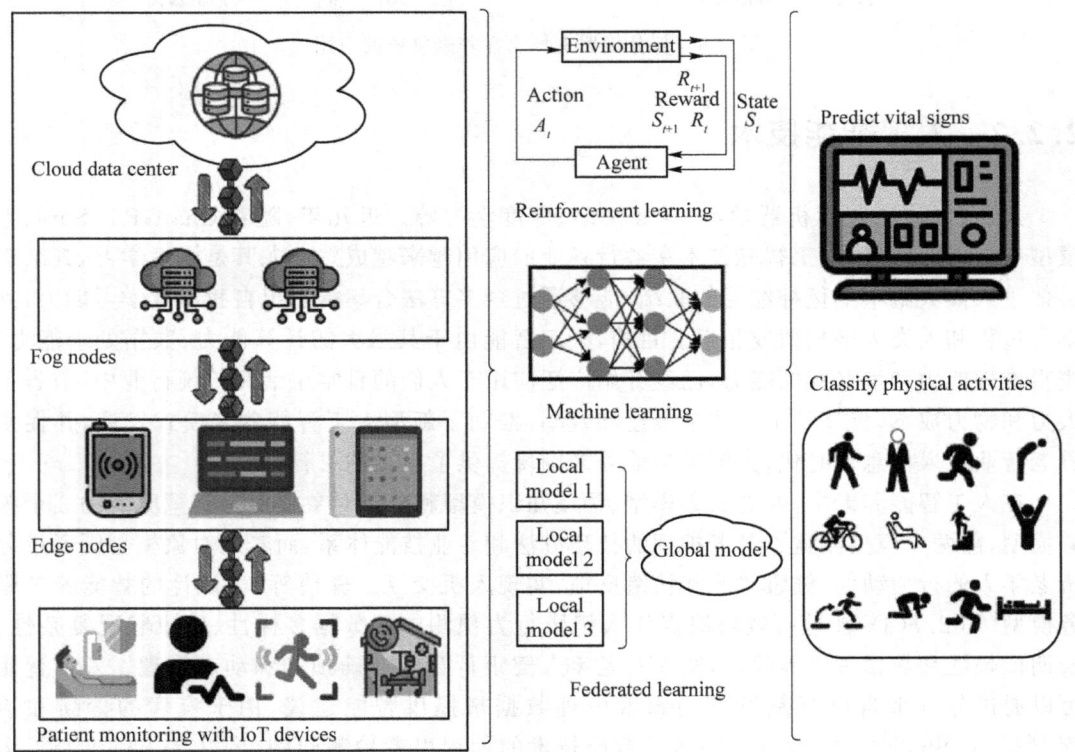

(b) 支持人工智能的远程患者监控架构

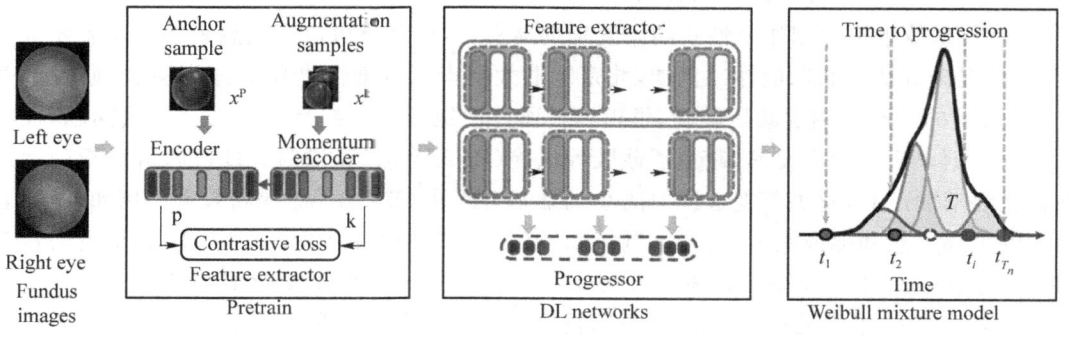

(c) DeepDR Plus 系统的可视化图

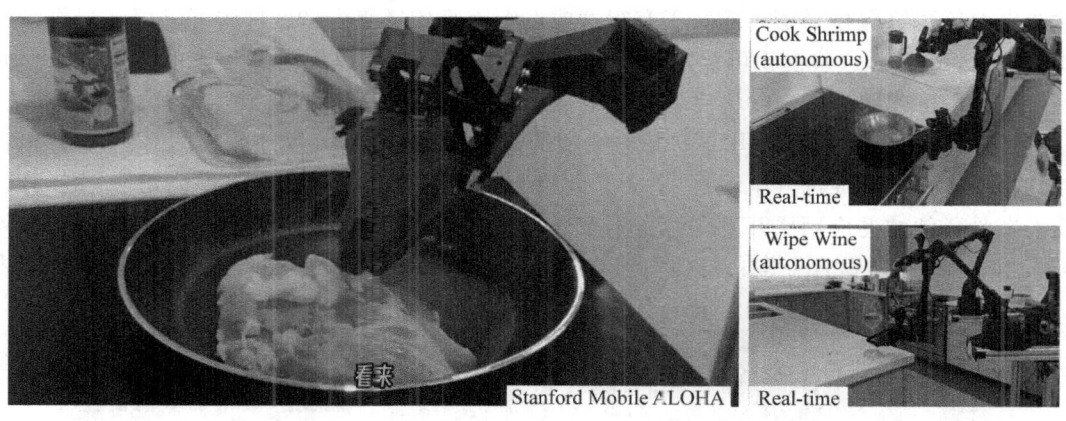

(d) 基于大模型训练的ALOHA家用服务机器人

图 2.7 部分人工智能技术在养老领域的应用

新兴的人工智能技术——大模型技术可以提高养老机器人的智能化水平,使其能够更深入地理解和满足老年人的需求。目前,大模型的发展主要集中在语音、文字处理和图像识别方面。通过神经网络模型等技术模拟人类的行为,实现机器人的自主任务执行,将显著提升机器人服务老年人的效能。例如,斯坦福大学研发的 ALOHA 机器人采用神经网络 Transformers 模型,只需要 15 分钟的演示,机械臂就可以学会一个动作,直接从真实演示中执行端到端模仿学习(图 2.7(d))[110],为家用服务机器人的非结构环境应用奠定了基础。因此,人工智能与机器人产业的深度结合对于改善老年人服务具有重大意义。

2.2.3 3D 打印技术

3D 打印是一种基于数字模型文件的技术,通过逐层打印和增量制造的方式,可以精确地塑造出三维物体[111-112]。而生物 3D 打印作为该领域的新兴分支技术,结合了 3D 打印与生物材料,将活性分子及细胞作为基本构建单元,通过精确控制组装过程,生产出仿生产品、组织乃至器官,在生物医学和康复领域具有广泛的应用。在养老领域,3D 打印技术的应用日益广泛,它不仅能够为老年人提供个性化的康复辅助器具和定制化的营养食品,还能够制作适用于医疗领域的生物材料制品。这些应用显著提升了老年人的生活质量,促进了他们的康复,为老年健康护理带来了新的希望与机遇。

3D 打印技术可以制作个性化的康复辅助器具,这些器具可以根据患者的具体需要进行定制,以提高舒适度和功能性。例如,北京邮电大学李剑等面向老年糖尿病患者,研发了基于 3D 打印的多孔变刚度减压鞋垫,可以因人而异地定制和调控足部的力、湿、热问题,极大地降低了糖尿病足的病发率,避免了截肢等风险(图 2.8(a))。同时,3D 打印可以帮助制造各种生活辅助产品,解决养老过程中的小批量制造问题,节约资源,提高效率。例如,根据老年人的手部力量和抓握能力,打印定制特殊餐具、笔和其他日常用品等,适应老年人的特定需求。伦敦设计工作室 Shiro Studio 与工程公司 Arup 合作开发的 ENEA 3D 打印手杖(图 2.8(b))解决了常见移动辅助设备的视觉和使用问题,采用受骨骼组织启发的多孔结构,既轻便又坚固,同时配备了三叉式手柄,增加了接触面积,减轻了手部压力,并且能让手杖在桌面等边缘保持平衡。而对于有咀嚼或吞咽困难的老年人,3D 打印可以用来制作特殊饮食(图 2.8(c)),这些食物可以定制形状、口感和营养成分,以满足老年人的营养需求。此外,3D 打印可以用于制作骨科手术耗材或假体,以满足老年人骨骼修复、置换的临床需求。3D 打印特有的复杂多孔结构可以促进细胞的黏附、增殖、分化,提高骨植入体的生物相容性,减少排斥反应,促进骨组织再生[113]。北京大学第三医院联合爱康医疗公司,对 3D 打印技术在骨科领域的应用展开系列性探索及研究,先后研发出三大系列应用于关节及脊柱外科手术的 3D 打印钛合金微孔结构内植物产品,同时团队研发应用定制化 3D 打印钛合金内

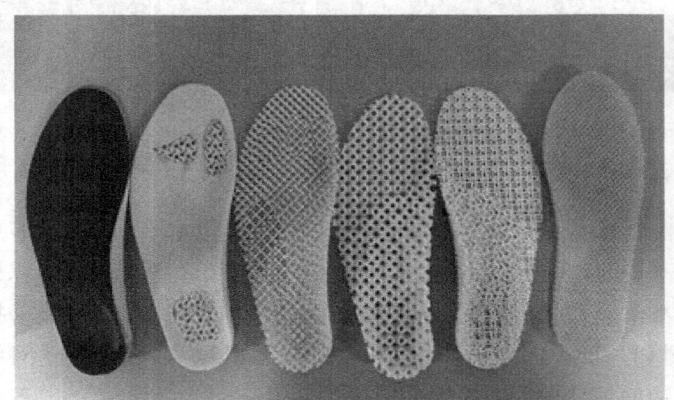
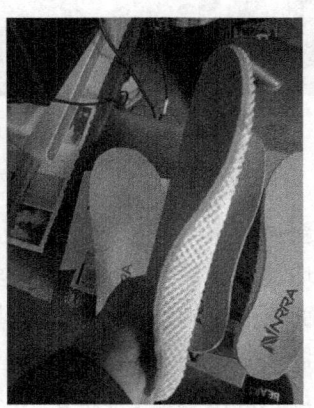

(a) 多孔变刚度减压鞋垫

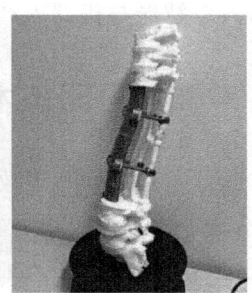

(b) ENEA 3D 打印手杖　　(c) 定制化老年食物　　(d) 世界首例3D打印人工脊椎

图 2.8　部分 3D 打印技术在养老领域的应用

植物成功创造多个"世界首例"(图 2.8(d)),使中国骨科在 3D 打印技术骨科临床应用领域走在世界前列[114]。

3D 打印技术在养老服务中的应用为老年人提供了一种更加便捷、高效且个性化的服务模式,在养老方面的应用具有广泛的前景和潜力。随着技术的不断发展和完善,3D 打印技术有望为老年人带来更多福祉和便利,进一步推动养老服务领域的创新与发展。

2.2.4 虚拟现实技术

2024 年,国务院办公厅印发的《国务院办公厅关于发展银发经济增进老年人福祉的意见》强调了利用虚拟现实(Virtual Reality,VR)等先进技术开展老年用品和服务的展示体验,这一举措凸显了国家对虚拟现实技术在养老服务领域应用的高度重视。虚拟现实技术[115]作为一种融合计算机系统、感觉反馈装置及建模技术的技术,能够生成直接施加于训练者的视觉、听觉和触觉感受,并在专业装备的辅助下,刺激人体对虚拟的环境或物体进行交互控制。目前,VR 技术已经逐渐应用于老年衰弱康复,包括躯体功能训练、认知功能训练、社交互动、情绪管理和放松以及制定个性化康复方案。

在养老服务领域,虚拟现实技术的应用日益广泛,其在提升老年人生活质量、提供娱乐和社交互动,以及促进健康和康复等方面发挥着关键作用。虚拟现实技术的沉浸式特性应用前景广阔,逼真且沉浸式的体验能够适应医疗环境的不断变化,同时,技术的日益成熟也为老年人的生活带来了更多便利。老年人可以通过虚拟现实技术进行虚拟旅游、在线社交、远程教育等活动,从而丰富生活体验。通过虚拟现实设备,老年人可以参观世界各地的名胜古迹,体验虚拟课程,甚至虚拟聚会,增强社交互动,打破地理限制,保持活跃的社交生活。

在全球范围内,众多国家正积极将虚拟现实技术应用于老年人群体。以瑞典为例,该国已将虚拟现实技术广泛应用于老年人的心理健康和认知训练,通过模拟真实场景,助力老年人进行康复训练和娱乐活动。此外,Arlatis 等[116]开发的"Social Bike"双重任务应用程序(图 2.9(a)),要求老年人在虚拟公园场景中骑行,并识别沿途出现的目标动物或物体,以提升老年人的认知能力,同时老年人还可与其他同伴共同进行训练,从而降低了社会孤立的风险[117]。以脑卒中为代表的神经系统疾病患者为例,北京航空航天大学樊瑜波教授团队在虚拟现实康复技术领域取得了系列成果。他们通过构建虚拟立体渲染和平面二维图像显示的视觉刺激,利用脑电图研究了三维感知过程中神经振荡及其功能连通性,发现低频(Delta 频段和 Theta 频段)振荡对三维深度信息特别敏感(图 2.9(b))[118]。此外,该团队搭建了一套便携式上肢康复机器人,实现了视觉、本体感觉和触觉的多感觉协同刺激与精确调控(图 2.9(c))[119]。在此基础上,该团队结合力反馈与虚拟现实技术设计了虚拟盒块任务(Blocks and Box Task),用于评估脑卒中患者的精细运动功能,结果表明该技术在临床有效性、可靠性和功能障碍识别准确性方面均优于传统方法[120]。

虚拟现实技术在养老服务中的应用为老年人提供了一个更加便捷、高效和个性化的养老服务模式。它不仅丰富了老年人的生活体验,还提高了他们的生活质量。随着技术的持续进步和应用的不断深化,虚拟现实技术有望为老年人带来更多福祉和便利,进一步推动养老服务领域的创新与发展。

(a) "Social Bike" 双重任务应用程序

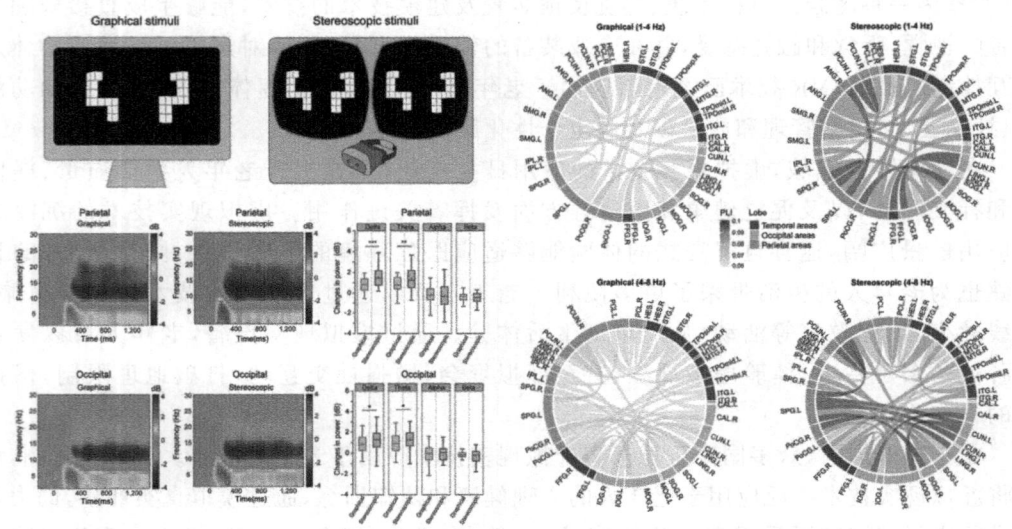

(b) 虚拟现实提供的三维空间线索对神经振荡及视觉通路的功能连通性的影响

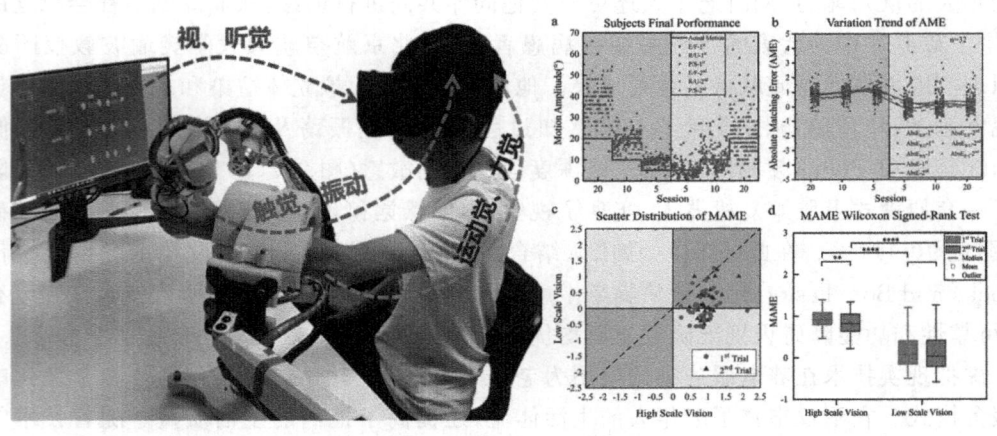

(c) 多感觉刺激与调控的上肢康复机器人及基于"肢体匹配"任务的本体感觉评估

图 2.9 部分虚拟现实技术在养老领域的应用

2.2.5 物联网技术

物联网技术(Internet of Things, IoT)[121]是指通过信息传感设备,按约定的协议,将物体与网络相连接,使物体能够通过信息传播媒介进行信息交换和通信,从而实现智能化识别、定位、跟踪、监管等功能。将物联网应用在养老服务中是借助物联网技术在有需求的老人和服务提供方之间构建一个综合性的服务平台。

物联网的网络架构共分为4层,即物联网应用、应用层、网络层、感知层。其中:物联网应用包括身份证、一卡通、智能设备;应用层主要是一些基础的设施和中间件,包括信息处理、应用集成、云计算、网络管理、Web服务;网络层包括电信网/互联网、专用网络、物联网网关;感知层包括传感器、执行器、RFID、二维码、智能装置。物联网中的信息传感设备包括全球定位系统、激光扫描器、红外感应器、射频识别模块等。

物联网技术在老年人健康生活中的应用日益广泛。日本[122]通过物联网技术开发应用国民健康数据,打造出健康检测系统(图 2.10(a))、智能生活产品(图 2.10(b))、智能家居(图 2.10(c))和出行系统(图 2.10(d))等,涵盖了老年人生活的多方面需求。智能化改造老年人居住环境,使用如智能床垫、智能沙发、智能马桶、智能空调等可联网的设施,及时了解老人居住状况并根据需求进行调节,不仅提高了老年人的生活质量,还能辅助家人和护理人员更好地照顾老年人。此外,Guo K[123]通过毫米波雷达实现了对独居老人生命体征的无感监测。这些技术和应用展示了物联网技术在智慧养老中的重要作用,为老年人提供了更全面、更便捷的健康管理和生活支持。上海交通大学的李佳春等[124]提出了ADDetector,其是一种隐私保护的智能医疗保健系统(图 2.10(e)),利用物联网技术和智能家居环境中的音频数据收集,结合语言特征分析,实现低成本的阿尔茨海默病(AD)的早期检测。北京邮电大学的魏世民、李剑等基于物联网技术,开发了大语言模型的养老信息平台(图 2.10(f)),可以实现护理床等养老辅具及机器人的智能交互和远程控制,并通过数据的积累进一步基

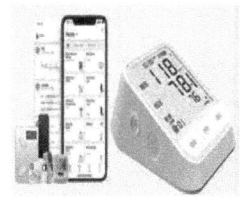

(a) 智能血压器

(b) 跌倒检测传感器

(c) 智能家居系统

(d) 智慧手环

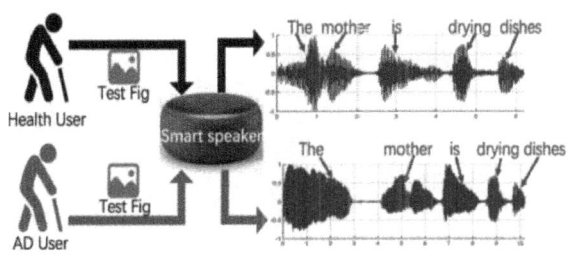

(e) 基于语音的阿尔茨海默病检测图示

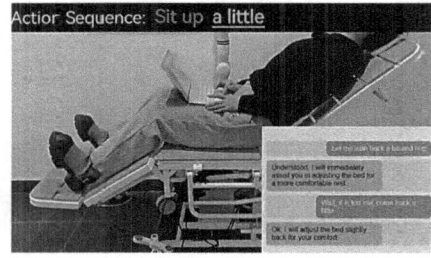

(f) 养老信息平台

图 2.10 部分物联网技术在养老领域的应用

于人工智能算法进行调度优化管理，提升养老服务质量。

物联网技术的引入为老年人的养老方式带来了创新性变革，使得老年人能够在家中享受到便捷的养老服务，而无须入住养老院。子女可以通过智能手机应用程序实时监测老年人在家中的活动情况。一旦老年人的身体状况出现异常，物联网系统会触发报警机制，及时通知专业的医疗团队上门提供必要的健康服务。物联网通过集成多种传感器，将老年人、政府、社区和医疗机构等多方紧密连接在一起，形成了智慧养老模式。这种模式不仅能够有效降低老年人面临的养老风险，还能提升养老服务的多元化和质量，是一种新型的、健康舒适的养老方式。

本章小结

老年人生理功能衰退、缺失，导致其无法像年轻人一样进行日常生活。对于轻度失能老年人，通过一些简单康复辅具的使用，可以代偿或辅助部分生理功能，进而实现基本的生活自理。例如，通过助行器、拐杖、轮椅等，可以基本满足短途的出行需求。而对于中、重度以上的失能老人，单纯通过简单的康复辅具辅助无法实现基本的生活自理，这就必须依靠护理人员的介入。然而，护理人员长期从事高强度护理工作，自身健康面临威胁，需要相应的辅助技术来降低工作强度。例如，通过移位机代替人工搬运，可以有效缓解护理人员的腰肌劳损问题。因此，养老辅助技术本身具有两层含义：一方面，助力老年人弥补生理功能衰退；另一方面，为护理人员提供支持，帮助他们进行高效、低强度的护理工作。

康复辅助器具以老年人、残疾人、伤病人等为服务对象，在养老领域发挥着至关重要的作用，不仅能辅助老年人，也能为护理人员提供便利。基于此，本章以康复辅助器具为切入点，深入剖析了基本养老辅助技术，同时以现代科学技术为契机，详细探讨了几种典型技术在养老领域中的应用，进而阐述了智能养老辅助技术，起到了承上启下的作用。

第 3 章
智能养老机器人

在第 2 章的基础上,本章进一步聚焦智能养老辅具,以机器人技术为切入点,首先提出智能养老机器人的定义和分类,然后分别就智能养老机器人的基础科学问题、共性关键技术及国内外研究现状进行综述,最后剖析我国智能养老机器人面临的发展机遇、挑战、发展思考与相应的措施,并列举未来 5~10 年重点研发的产品目录,为推广智能辅助技术及养老机器人在养老领域中的应用,建立智能养老机器人学科,推动智能养老机器人科学研究及产品研发,促进养老产业高质量发展,积极应对人口老龄化提供参考。

3.1 智能养老机器人的定义

国际机器人联合会在 2012 年的报告中曾对残障辅助机器人有一个较为全面的定义,即残障辅助机器人旨在帮助残障人士进行日常活动或提供治疗以改善身体或认知功能。之后其在 2020 年的报告中对养老机器人进行了简单定义,即养老机器人旨在帮助有年龄限制或残疾的人,其可用于协助日常活动,从而支持独立生活[125]。从上述定义可以看出,对于残障辅助机器人中的助老部分还是以年龄限制为主;对于助残部分,则主要针对身体失能的残障人士。北京航空航天大学陈殿生等的研究[126]首先对老年人进行了细分,即通过对不同的生活常见行为进行定义,设置了不同的失能程度,针对不同的失能程度选择不同的助老机器人类型。同时,2016 年国务院曾下发《关于加快发展康复辅助器具产业的若干意见》,其中定义康复辅助器具是改善、补偿、替代人体功能和实施辅助性治疗以及预防残疾的产品。智能养老机器人作为康复辅助器具的升级,具有以上定义中的部分特征[127]。此外,汉堡工业大学的研究对护理机器人的相关定义为所有为身体/智力有障碍的人部分或完全自主地执行护理相关活动的机器[128-129]。其中,护理机器人旨在简化老年人/残疾人的日常生活任务。这种高度专业化的机器将通过给予用户更多的自主权来提高用户的生活质量,通过保护他们和/或通过以一定的质量标准执行特定的任务(如提供药物、饮料或食物等)。

基于以上相关概念分析,对智能养老机器人初步提出以下定义:智能养老机器人是能够协助老年人进行日常活动或协助护理人员实施辅助性评估、监护、照料,提高老年人生活质量,降低护理人员工作强度的智能系统设备。在该定义之中,智能养老机器人的使用对象主要分为老年人和护理人员两类。其中,对于健康、亚健康、轻度失能老年人的辅助,智能养老机器人具有情感慰藉、评估防护、功能辅助、健康促进等作用，可以提高老年人的生活自理能力和质量；对于养老护理人员的辅助，智能养老机器人具有辅助康复训练、辅助照护、部分功能代偿等作用，可以降低护理人员的工作强度，保护老年人的晚年生命尊严。

3.2 智能养老机器人的分类及应用场景

如图3.1所示，以老年人的自理能力及健康状态为基本准则，按照功能的不同，将智能养老机器人分为精神慰藉机器人、评估防护机器人、功能辅助机器人、康复训练机器人、智能照护机器人5类，对应了健康老年人、亚健康老年人、轻度失能老年人、中度失能老年人、重度失能老年人等群体。智能养老机器人的分类及应用场景如表3.1所示。

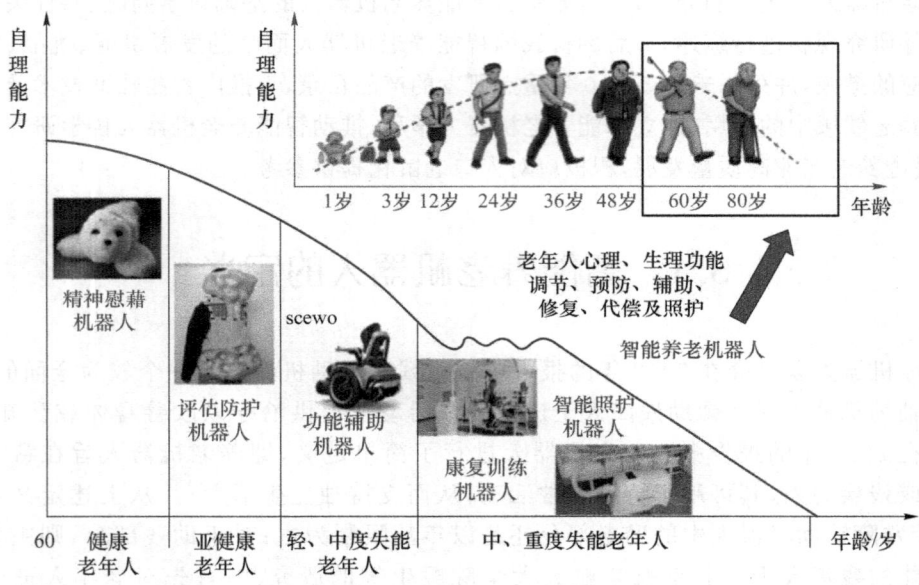

图3.1 智能养老机器人的分类及应用场景

表3.1 智能养老机器人的分类及应用场景

分类	服务人群	使用人员	主要功能	典型产品	应用场景
精神慰藉机器人	健康老年人为主	老年人	提供情感上的支持与慰藉	陪护机器人、远程交流机器人、陪伴宠物机器人、情绪调节游戏机器人	家庭、社区、养老机构
评估防护机器人	亚健康老年人为主	老年人	健康评估、监测、防护	失能/失智风险评估机器人、平衡能力评估机器人、跌倒评测及防护机器人、生理信息监测系统、日常安全监测及管理系统	社区、养老机构、家庭
功能辅助机器人	轻、中度失能老年人	老年人	辅助老年人进行移位、出行、如厕等行为	智能轮椅、无动力助行机器人、助餐机器人、外骨骼式助力机器人、马桶起身助力装置	家庭、社区、养老机构

续表

分类	服务人群	使用人员	主要功能	典型产品	应用场景
康复训练机器人	轻、中度失能老年人	康复技师	生理功能的恢复与重塑	上/下肢功能训练机器人、手部康复训练机器人、踝关节康复训练机器人、其他智能康复训练设备	社区、养老机构
智能照护机器人	中、重度失能老年人	护理人员	生活照护,降低护理人员的工作强度	移动护理机器人、洗浴机器人、智能二便护理机器人、通用人形机器人等	社区、养老机构

3.2.1 精神慰藉机器人

精神慰藉机器人是专为健康老年人设计的一类智能机器人,其核心功能是为老年人提供情感上的支持与慰藉,帮助他们缓解孤独和寂寞,预防因情感问题引发的精神健康问题,如阿尔茨海默病等失智疾病。精神慰藉机器人能够通过智能监控系统、互动娱乐设备和情感支持功能,为老年人提供全方位的精神慰藉,预防因孤独和寂寞引发的心理健康问题。该类机器人主要包括陪护机器人、远程交流机器人、陪伴宠物机器人、情绪调节游戏机器人等(部分精神慰藉机器人如图 3.2 所示),可以应用于老年人家庭、社区及养老机构之中。

(a) 陪护机器人　　　(b) 远程交流机器人　　　(c) 陪伴宠物机器人　　　(d) 情绪调节游戏机器人

图 3.2　部分精神慰藉机器人

1. 陪护机器人

陪护机器人主要为老年人提供语音聊天、健康信息管理及互动娱乐等服务。这些机器人通过自然语言处理和情感分析技术,能够与老年人进行自然流畅的对话,感知情绪变化并给予情感回应,从而缓解老年人的孤独感。此外,陪护机器人还可以协助老年人进行日常生活管理,如提醒服药、测量血压等,减轻护理人员的工作负担。

2. 远程交流机器人

远程交流机器人通过视频通话、语音聊天等功能,帮助老年人与家人或朋友保持联系,缩小因距离产生的心理距离。一些机器人还可以通过智能设备预约情感专家或心理专家,为老年人提供远程心理疏导,预防因孤独导致的心理健康问题。

3. 陪伴宠物机器人

陪伴宠物机器人通过模仿真实宠物的行为和互动,为老年人提供情感慰藉。例如,Ropet 宠物机器人具备多感官交互能力,集成 ChatGPT 技术,可以根据与用户的互动不断演化个性，模仿真实宠物的感觉。这种机器人不仅可以缓解老年人的孤独感，还能通过互动游戏和情感陪伴，降低老年人患阿尔茨海默病的风险[130]。

4. 情绪调节游戏机器人

情绪调节游戏机器人通过设计有趣的游戏和互动活动，帮助老年人调节情绪，提升心理健康水平。一些康复机器人通过游戏化的设计，结合认知康复训练目标，让老年人在娱乐中改善心理状态。以色列的 Intuition Robotics 公司设计推出了 ElliQ[131]，其先后经历了3代，最新的 ElliQ 机器人支持老年人玩各种各样的游戏，让老年人在玩得开心的同时保持敏锐。这些机器人还可以通过情感计算技术，识别用户的情绪并提供相应的心理支持。

3.2.2 评估防护机器人

评估防护机器人是专为亚健康老年人设计的智能机器人系统，主要功能包括老年人健康评估、监测、防护和管理等。评估防护机器人能够为老年人提供全方位的健康评估、监测和防护服务，提升其生活质量并降低护理负担。该类机器人主要包括失能/失智风险评估机器人、平衡能力评估机器人、跌倒评测及防护机器人、生理信息监测系统、日常安全监测及管理系统等（部分评估防护机器人如图 3.3 所示），可以应用于社区及养老机构中，同时也可部分应用于家庭中。

  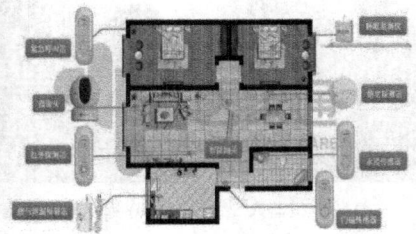

(a) 失智风险评估机器人　　(b) 智能手表　　(c) 日常安全监测及管理系统

图 3.3　部分评估防护机器人

1. 失能/失智风险评估机器人

失能/失智风险评估机器人通过智能化手段对老年人的失能和失智风险进行评估。例如，京大技术有限公司设计研发的小京安心机器人利用人工智能技术，提供包括老年痴呆风险预测、失能风险评估、认知症风险评估等功能，能够预测3～5年后老年痴呆和失能的发生率[132]。

2. 平衡能力评估机器人

平衡能力评估机器人通过检测人体重心变化，辅助诊断平衡功能异常，并提供个性化康复训练。例如，力迈德医疗开发的 E360 平衡机器人支持坐立位和站立位的平衡能力评估与训练，配备悬吊系统以提高训练的安全性和舒适性。

3. 跌倒评测及防护机器人

跌倒评测及防护机器人通过多种技术手段检测老年人的跌倒风险，并在跌倒发生时提供防护措施。例如，智能可穿戴跌倒检测设备（智能手表、智能手环等）能够实时监测老年人的姿态和行动数据,判断跌倒情况并发出警报。北科院智慧养老所研发的便携式老年人步态稳定性评估设备能够准确评估老年人的步态稳定性,并提供针对性干预措施,预防老年人跌倒,降低跌倒伤害风险[133]。

4. 生理信息监测系统

生理信息监测系统通过可穿戴设备或环境传感器对老年人的生理数据(如心电、呼吸、运动参数等)进行实时监测。例如,自供电生理信息监测系统利用运动机械能和光能供电,实现对老年人生理信息的持续监测。

5. 日常安全监测及管理系统

日常安全监测及管理系统通过智能化手段对老年人的生活环境进行监测,确保其安全。例如,智慧养老系统通过智能床带、呼叫器、烟感器、燃气报警器等设备,实时监测老年人的健康状态和生活环境,及时处理火灾、煤气泄漏、意外摔倒等紧急情况。

3.2.3 功能辅助机器人

功能辅助机器人是专为轻、中度失能老年人设计的智能设备,旨在辅助老年人完成移位、出行、如厕等行为,增强其生理功能,提升其生活自理能力。功能辅助机器人为轻、中度失能老年人提供全方位的生理功能支持,不仅提升了老年人的生活自理能力,还减轻了护理人员的工作负担。该类机器人主要包括智能轮椅、无动力助行机器人、助餐机器人、外骨骼式助力机器人、马桶起身助力装置等(部分功能辅助机器人如图 3.4 所示),可以应用于家庭、社区及各种养老机构中。

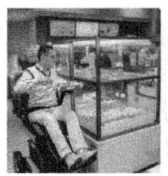    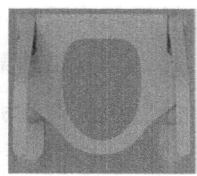

(a) 智能轮椅　　(b) 无动力助行机器人　　(c) 助餐机器人　　(d) 外骨骼式助力机器人　　(e) 马桶起身助力装置

图 3.4　部分功能辅助机器人

1. 智能轮椅

智能轮椅通过适老辅助技术,为失能老年人提供便捷、安全的移动支持。例如,KS1 智能适老功能电动轮椅能够提升护理者的护理能力,为老年人创造舒适、便捷的使用环境。

2. 无动力助行机器人

无动力助行机器人采用轻量化设计,通过人体工程学原理,辅助老年人行走,增强其行动能力。例如,美国 Ekso Bionics 公司开发的 EksoVest 是一种上肢助力外骨骼,通过助力弹簧和传动连杆为穿戴者提供背部及腰部的支撑,减轻疲劳感,尤其适用于老年人及行动不便者[134]。此外,清华大学季林红教授团队研发的下肢外骨骼助力机器人可辅助老年人及残疾人完成站立和行走等日常活动[135]。

3. 助餐机器人

助餐机器人通过机械臂和智能控制系统,帮助老年人完成进食动作,减轻护理负担。例如,深圳作为科技推出的喂饭机器人融入了AI人脸识别技术,能够通过精准算法捕捉嘴部变化,自动夹起食物并送到使用者嘴边。它适用于上肢力量受限的老年人,支持语音功能,可根据老年人的需求调整食物的种类和喂食速度[136]。

4. 外骨骼式助力机器人

外骨骼机器人通过提供外部动力,辅助老年人行走和康复训练。例如,迈步机器人的BEAR-H1外骨骼机器人采用柔性驱动器,降低设备与人体之间的摩擦,优化力控制,提升人机交互的舒适程度[137]。此外,程天科技的外骨骼机器人结合人体工程学和仿生学设计,提升穿戴时的柔性交互[138]。

5. 马桶起身助力装置

马桶起身助力装置通过伸缩踏板和抱人扶手的升降设计,辅助老年人完成起身和坐下动作,提升如厕的安全性和便利性。例如,由厦门尔泰康科技有限公司开发的电动马桶助力起身器通过电动推杆和曲柄摇杆机构,为使用者提供起身辅助,尤其适合老年人和残疾人[139]。

3.2.4 康复训练机器人

康复训练机器人是专为患有脑卒中、神经损伤等疾病的老年人设计的机器人,主要用于辅助老年人恢复生理功能,重塑运动能力。康复训练机器人能够通过智能化、个性化的康复方案,为老年人提供高效、便捷的康复支持,显著提升老年人的康复效率和生活质量。该类机器人主要包括上/下肢体功能训练机器人、手部康复训练机器人、踝关节康复训练机器人及其他智能康复训练设备等(部分康复训练机器人如图3.5所示),可以应用于医养结合的养老机构与社区中,也可以简化设计成家庭中的低配版。

1. 上/下肢功能训练机器人

上肢功能训练机器人通过多种模式(如被动、助力、主动和抗阻模式)帮助患者恢复上肢运动功能。例如,焦宗琪等[140]提出的九自由度的康复与生活辅助上肢机器人,在康复模式下,机器人与人体自由度高度贴合;在生活辅助模式下,二自由度的悬臂可实现正常活动范围及左右手互换。下肢功能训练机器人则通过协调运动训练,帮助患者恢复行走能力。中科院研制的一款新型智能下肢康复机器人Auto-LEE[141]能够在无辅助支撑的情况下维持行走平衡,系统内置3种步态算法。

2. 手部康复训练机器人

手部康复训练机器人专注于手指和手部的精细运动功能恢复。例如,基于力反馈的手部康复机器人结合任务导向性训练,可显著改善脑卒中患者的抓握功能。上海傅利叶智能科技有限公司开发的手功能康复机器人HandyRehab专为中风患者和手功能障碍者设计,旨在通过智能化、轻量化的设计,帮助患者恢复手部精细运动能力。此外,中国科学技术大学张世武教授、金虎副教授和王柳特任教授研制的具备精细动作训练的低成本便携式柔性康复手套机器人可以帮助中风后手部残疾的人实现一组单一和复杂的FMS康复练习,有望服务全球数千万手功能障碍患者的精细动作康复与日常生活辅助[142]。

3. 踝关节康复训练机器人

踝关节康复训练机器人通过模拟日常活动中的运动模式,帮助患者恢复踝关节的灵活性和力量,减少因长期卧床或疾病导致的关节僵硬。F. Tamburella 等研制了脚踝外骨骼,该动力踝关节外骨骼较轻便,在患者行走时给脚踝助力,并降低代谢成本[143]。

4. 其他智能康复训练设备

其他智能康复训练设备包括认知康复训练系统和床旁主被动康复训练系统,这些设备结合虚拟现实和人工智能技术,为患者提供个性化、多样化的康复方案。

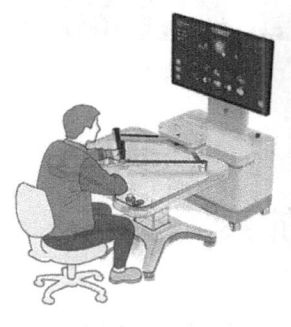 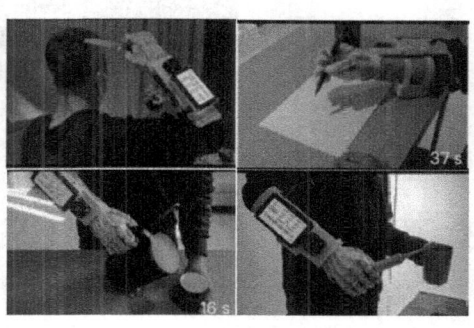 

(a) 上肢功能训练机器人　　(b) 手部康复机器人　　(c) 踝关节康复训练机器人

图 3.5　部分康复训练机器人

3.2.5　智能照护机器人

智能照护机器人是专为中、重度失能老年人设计的智能机器人,主要用于卧床生活照护等,起到降低护理人员工作强度、维护老年人生命尊严的作用。该类机器人包括移动护理机器人、洗浴机器人、智能二便护理机器人、通用人形机器人等(部分智能照护机器人如图 3.6 所示),可以应用于各种养老机构与社区中。

1. 移动护理机器人

移动护理机器人通过自主导航和感知抓取技术,能够协助老年人完成日常护理任务,如递送物品、开关门窗、整理床铺等。这些机器人采用 SLAM(同步定位与建图)技术,结合路径规划算法,能够在复杂环境中高效运行。

2. 洗浴机器人

洗浴机器人通过机械臂和实时轨迹规划技术,能够为失能老年人提供自动化的洗浴服务。其设计包括人体表面轮廓的实时检测和清洗工具的精准控制,能够有效减轻护理人员的工作负担。

3. 智能二便护理机器人

智能二便护理机器人能够自动检测老年人的排泄情况,并完成清洗和烘干等操作。这种机器人通过微电脑控制技术和智能检测技术,有效解决了护理过程中的感染和清洁问题,提升了老年人的使用舒适度。

4. 通用人形机器人

通用人形机器人具备高度仿生的躯干构型和拟人化的运动控制能力,能够完成多种复杂任务,如协助老年人起床、移动、康复训练等。其设计注重人机交互和环境适应性,运用于家庭、社区和养老机构。

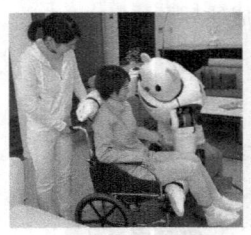
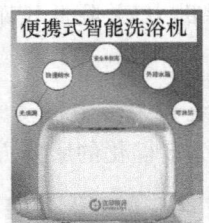
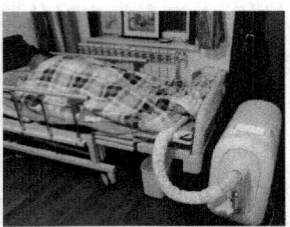
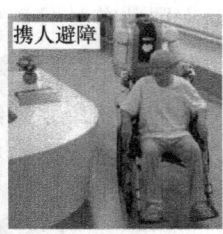

(a) 移动护理机器人　　(b) 洗浴机器人　　(c) 智能二便护理机器人　　(d) 通用人形机器人

图 3.6　部分智能照护机器人

3.3　智能养老机器人的技术体系

智能养老机器人作为助力养老事业发展的新兴科技力量,其技术体系涵盖基础科学问题、共性关键技术、重点研发产品以及典型应用示范等多个层面,各部分相互关联、层层递进,共同构建起一个完整且系统的架构,如图 3.7 所示。本节主要介绍智能养老机器人技术体系中的基础科学问题和共性关键技术。

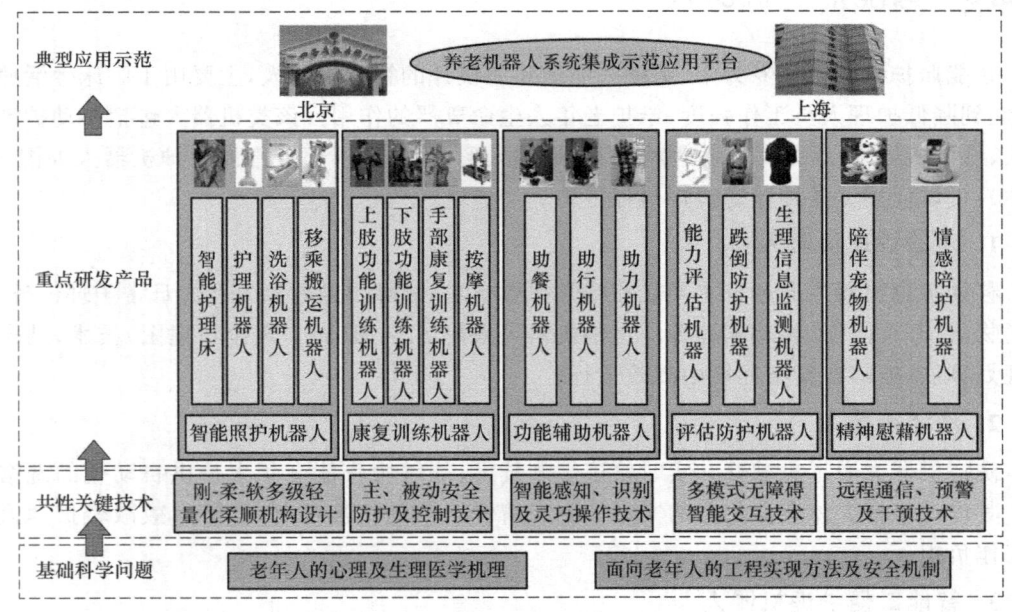

图 3.7　智能养老机器人科学技术图谱

3.3.1　基础科学问题

基础科学问题是智能养老机器人研发的方向和依据,主要包括老年人的心理及生理医学机理和面向老年人的工程实现方法及安全机制。

1. 老年人的心理及生理医学机理

智能养老机器人的研究是以应用需求为导向的研究,其需要以老年人医学及生物机理研究为基础。为了提高养老机器人的可行性和实用性,进一步挖掘智能养老机器人的应用潜力,需要对老年人的生理功能变化及医学机理等进行深入的研究,具体包括老年人运动衰退机理、老年人认知退化规律、老年人复杂心理反应、老年人生理功能恢复机理、老年人体生物力学及力生物学原理、老年人神经状态及行为能力维持原理、养老机器人应用伦理等。

2. 面向老年人的工程实现方法及安全机制

老年人具有一定的特殊性,所以养老服务机器人在工程实现方法及安全机制方面与其他面向工业或特种作业的机器人有所不同。为了在保证智能养老机器人科学性和可实现性的同时提高应用安全性,需要进一步结合老年人生理特点对传统的工程实现方法及安全机制等进行更深入的研究,具体包括复杂机构的有机安全耦合模式、刚柔耦合机构的自适应变换方法、生物仿生机构的设计方法、多模态智能感知机理及控制方法、人机自然交互机制、人机高度相容及协作原理、机器人安全保障机制等。

3.3.2 共性关键技术

共性关键技术是指在特定领域内具有广泛适用性、能够决定产业发展方向与核心竞争力的一系列关键技术集合,其在智能养老机器人研发过程中主要涉及面向养老的刚-柔-软多级轻量化柔顺机构设计,主、被动安全防护及控制技术,智能感知、识别及灵巧操作技术,多模式无障碍智能交互技术,以及远程通信、预警及干预技术等。

1. 面向养老的刚-柔-软多级轻量化柔顺机构设计

老年人身体相对比较虚弱,其力量随着年龄的增长有所下降,同时骨骼、皮肤等组织相对年轻人而言其健康程度也有一定的下降。传统的刚性结构体积笨重,老年人难以独自穿戴及使用。同时,刚性机构的大量应用也容易对老年人身体造成伤害。为了解决这一系列问题,就需要刚-柔-软多级轻量化的柔顺灵巧机构设计,将刚性机构和柔性、软体机构进行有机组合,同时发挥几种机构的优点,避免单一机构的缺点。这能够极大地拓宽智能养老机器人的应用场景,进一步提高相关产业的推广前景。之后,则首先要在重量上进行专业化,加快开发各种轻量化、高功重比驱动部件以降低机器人的基本重量,尽可能提高工作效率。其次,要提高软硬件系统集成化设计的水平,在更小的体积、更轻的质量之下实现更多的功能和更强的性能。

2. 面向养老的主、被动安全防护及控制技术

对于智能养老机器人来说,其实现的功能要以老年人的生理安全和心理安全为前提。在控制方面,一方面需要对智能养老机器人的安全性进行专门的设计,保证基本安全;另一方面也需要设计专门保护老年人的主动防护措施,即养老机器人应具备主、被动多重安全防护措施。其中,主动安全防护措施包括人体位姿识别、轻量化机构设计等,具体的设备如老年人主动跌倒防护设备、老年人运动保护机器人等。被动安全防护策略包括适老化设计语言、机构运动学研究、用户行为意识辨识等。对于被动安全防护策略,需要在主动安全技术的基础上进行进一步的安全设计,即在老年人由于记忆功能、身体机能下降的情况下,某些时刻无法及时完成设备操作或做出某些危险操作时,机器人能够主动终止操作行为。或者,在某些情况下,机器人能够自主继续执行老年人由于自身原因而中止的操作行为等,提高机器人使用的安全性和智能化,降低操作风险,避免意外伤害。

3. 面向养老的智能感知、识别及灵巧操作技术

大部分老年人的生活环境为非结构化环境,且老年人视觉、听觉、触觉等功能都有一定程度的衰退,语言能力、物体识别能力和肢体力量也有一定程度的退化。因此,在研发智能养老机器人时,需要对以上问题进行有针对性的技术攻关。首先,需要攻克非结构环境下的地图自主构建、物体识别、智能导航等技术,这些技术能够提高智能养老机器人在未知环境中的运动自主性,提高机器人的泛用性和实用性。同时,通过研究机器人对复杂环境的全景探测方法,研发面向复杂环境感知的大规模环境信息采集、数据库建立、认知模式和自主风险辨识技术,在一定程度上模拟人脑部分视、听、触觉处理和自主学习功能,提升机器人对环境信息的感知与认知能力。其次,需要攻克复杂物品感知、识别等技术,这些技术主要包括图像识别、语音语义识别、肢体语言识别、接触力识别、物体三维模型重建等,能够有效辅助老年人进行日常生活精准操作。最后,由于智能养老机器人所具有的末端操作机构灵活度越高、自由度越多,那么其能够实现的操作也就越多,能够完成的动作也就更为精细,在日常生活中能够辅助老年人完成的动作、实现的功能性活动也就越多,所以需要攻克机器人灵巧抓取、操控等技术,如细小物体的抓取、按钮的点按、食物表皮的剥取等精细操作等。

4. 面向养老的多模式无障碍智能交互技术

由于老年人身体机能退化,很多成年人常用的人机交互方式都无法简单地直接应用于智能养老机器人上。除此之外,老年人群体学习能力、记忆能力的退化也会导致其对机器人的接受水平下降,极大地影响智能养老机器人的应用范围以及相关产业的推广。因此,多模式无障碍智能交互是下一阶段要重点突破的关键技术。该关键技术可细分为脑机接口技术、生-肌-电一体化感知技术、多通道自然人机交互技术、VR/AR及MR技术、人体姿态识别与情绪辨识技术等几大类。其中,脑机接口技术基于计算机操控可以最大限度地减少老年人在面对新设备时的学习成本,提高老年人群体在机器人使用上的便利性和舒适性。多通道自然人机交互技术基于视觉、听觉、触觉等多模态交互方式,可以实现人机的自然交互和信息传递。VR/AR及MR技术基于虚实结合的原理,可以使使用者身临其境,极大地提高人与环境、人与设备的交互速度和交互效率。人体姿态识别与情绪辨识技术将人本身的动作和情绪作为交互的信号,可以更自然、更便捷地操控养老机器人,提升服务质量。

5. 面向养老的远程通信、预警及干预技术

无论是家庭养老还是社区养老和机构养老,智慧养老已经成为养老事业的必然发展趋势,由此,跨区域、跨时域的远程通信、预警及干预技术将会成为未来智能养老机器人研究要攻克的核心关键技术。尤其是对于护理人员匮乏的机构,基于5G、6G的远程通信及云计算技术,可以实现万物互联和万物智能。通过人、机器人、环境的多维信息联动和传递,可以实现医护人员、家属对老年人的远程监护、远程护理问诊、远程意外告警等。同时,基于老年人全天候监护的生理信息监控和养老过程中的人-机-环境多源数据积累,可以利用人工智能算法因人而异地优化智能养老机器人的配置方案,调节和干预老年人的日常生活,提升养老服务的效率和质量,进而提供更科学、更精准、更智能的养老措施。

3.4 智能养老机器人的国内外研究现状

在老龄化趋势日益严峻、人口红利逐渐消退、养老需求剧增、护理人员短缺的社会背景下,"机器人代替人、服务人"逐渐成为未来社会养老发展的重点方向。养老机器人作为一类特殊的服务机器人,已经成为未来各国解决养老困境问题、应对人口老龄化的一种重要措施、技术及方案。

在国外,日本由于严重的老龄化问题,很早以前就开始关注和重视老龄问题,并于2012年11月发布了"将机器人技术引入老年人护理的4个优先领域"的清单[144],旨在通过引入机器人技术,为护理人员提供帮助,促进新的行业形成。2015年,日本发布了《机器人新战略》,详细制定了"五年行动计划(2016—2020年)",即围绕制造业、服务业、医疗护理业、基础设施建设及防灾、农林水产业等主要领域,推进机器人的应用。同年5月,日本成立了机器人革命和工业物联网倡议办议会(RRI),安排了养老机器人相关的研发项目以及跨部门的活动,如全球标准化、监管改革、机器人奖项等。韩国于2008年3月颁布了《智能机器人开发与供应促进法》,并根据该法第5条,于2009年宣布了"第一个智能机器人基本计划(2009—2013年)"。该计划对不同的产品类别(包括养老机器人等)进行了重点研究与市场推广。2019年,韩国宣布了"第三个智能机器人基本计划(2019—2023年)",其中重点表述了要发展护理、穿戴、医疗等机器人[145]。针对老龄化问题,欧洲提出了"SILVER project"计划,其主要目的是在日常生活中通过机器人技术,协助老年人,让老年人能够独立生活,同时推动相关技术及产业的发展[146]。此外,欧洲还提出了第八框架计划(FP8),即"地平线2020"计划(Horizon 2020),旨在资助不同方向上的机器人项目,以推动机器人相关的研究和创新,所受资助的项目包括制造业、商业、医疗保健(包括养老)、运输和农业食品机器人等。在美国,美国国家科学基金会(NSF)于2016年11月发布了"第2版国家机器人计划",其目的是实现泛在协作机器人的愿景。该基金会同时在2016年发布了《美国机器人路线图》[147],阐述了机器人在不同领域的应用和一些最新的产业技术。该文件用了一章的篇幅来描述服务型机器人(包括养老)的相关内容并阐述了发展该类型机器人的重要性。在我国,为了积极应对人口老龄化问题,解决养老过程中的难点、痛点问题,推广机器人技术在养老领域中的应用,国务院、科技部、工信部、民政部、国家卫生健康委员会等多个部委近年来已相继出台了一系列的相关政策文件。例如,2021年,工信部发布《"十四五"机器人产业发展规划》,明确提出:面向医疗健康、养老助残等领域需求,集聚优势资源,重点推进服务机器人等应用,研制助行、助浴、物品递送、情感陪护、智能假肢等养老助残机器人[148]。2025年,中共中央、国务院发布《关于深化养老服务改革发展的意见》,明确指出:研究设立养老服务相关国家科技重大项目,重点推动人形机器人、脑机接口、人工智能等技术产品研发应用。

3.4.1 国外的智能养老机器人

在亚洲,2004年,在日本政府的资助下,日本筑波大学教授山海嘉之成立了Cybercyne公司,并于2005年在爱知世博会上推出其旗舰产品HAL(Hybrid Assistive Llimb,下肢辅

老年人洗浴辅助技术及机器人

助机器人),旨在帮助老年人和下肢残障者完成正常步行运动。HAL 先后经历了 5 代产品研发,已在市场上销售(图 3.8(a))[149-151]。2006 年,日本 Riken 研究中心研发了世界上首台专为护理而设计的机器人 Ri-Man[152]。Ri-Man 拥有视觉、听觉、嗅觉等感知反馈功能,可以根据指示把老年人抱起来,协助进行护理工作。该中心于 2016 年又开发出了 Robear 机器人[153],提高了护理过程中老年人的舒适性和安全性(图 3.8(b))。日本产业技术综合研究所开发了海豹机器人"PARO"[154],通过肢体接触,可以唤醒老年人过去养育子女、饲养宠物的记忆,进而有助于阿尔茨海默病患者的精神慰藉及治疗(图 3.8(c))。日本东京都市大学研发了名为"PALRO"的人形机器人[155],其可通过语音与人交流,该机器人具有对老年痴呆患者的辅助治疗功能。日本千叶大学 2009 年开发出了一款跌倒防护服(图 3.8(d))[156],采用加速度计和陀螺仪来获取用户的运动数据,并根据运动数据判断是否发生跌倒,能有效地保护头部和腰部等关键部位。日本大阪电子通信大学于 2014 年开发了一款使用加速度计、角速度和安全气囊的可穿戴安全气囊系统(图 3.8(e))[157],当用户穿着带有运动检测带的系统跌倒时,气囊会快速充气实现跌倒防护。2004 年,日本 SECOM 公司开发了一款名为 My Spoon 的助食辅具[158](图 3.8(f)),该机器人整体结构紧凑,能够有效辅助用户进食。松下公司研发了名为"Resyone"的智能护理床[159](图 3.8(g)),该护理床可以快速实现对卧床老人体位的变换,同时可以通过形态变换辅助老年人移动。

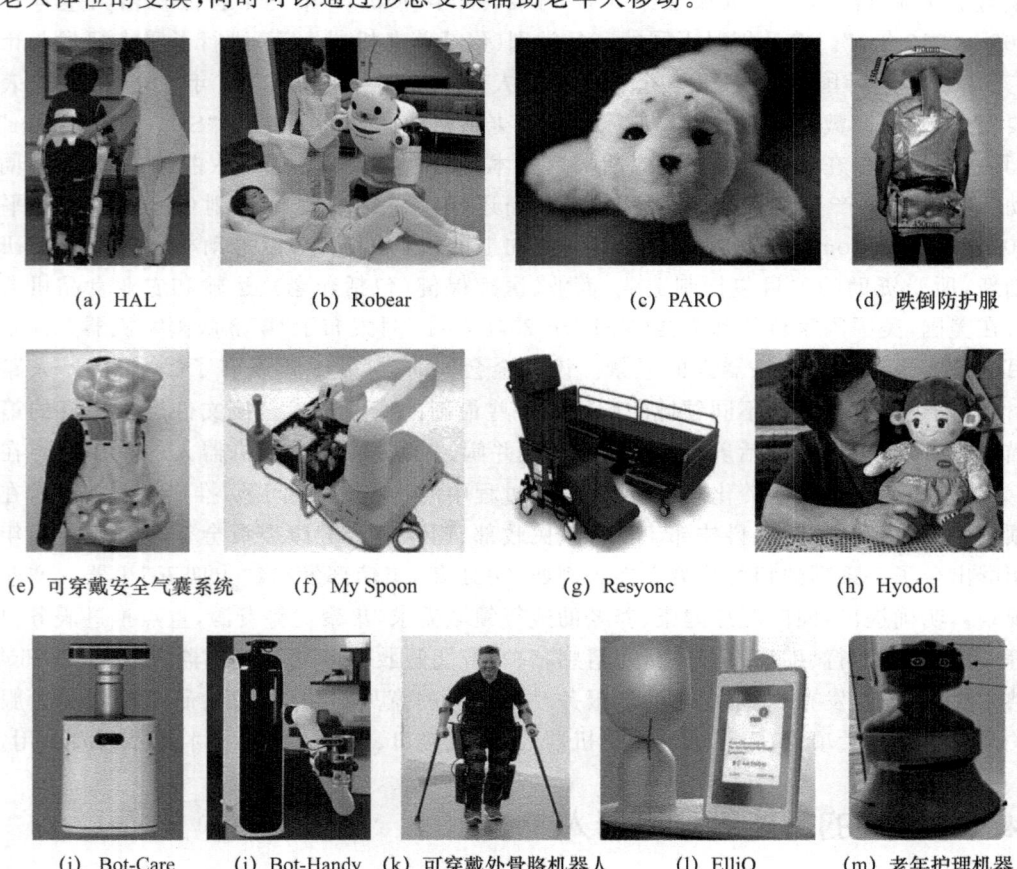

(a) HAL　　(b) Robear　　(c) PARO　　(d) 跌倒防护服

(e) 可穿戴安全气囊系统　　(f) My Spoon　　(g) Resyone　　(h) Hyodol

(i) Bot-Care　　(j) Bot-Handy　　(k) 可穿戴外骨骼机器人　　(l) ElliQ　　(m) 老年护理机器人

图 3.8　亚洲的智能养老机器人研究

2010年，韩国科学技术研究院研发出一款名为Maru-Z的机器人，其拥有视觉信息操控系统，可以用双腿行走，辅助老年人做一些简单的家务活，如操作微波炉、按家电按钮等。2017年，韩国首次发布了一款为韩国独居老年人开发的机器人Hyodol(图3.8(h))，该机器人迄今为止已通过全国各地的福利机构向老年人分发了10 000多台，使用率一直保持在73%的高位。2018年，韩国科技研究院(KIST)设计了用于看护患病老年人的机器人[160]。韩国三星集团于2021年推出了Bot-Care(图3.8(i))和Bot-Handy(图3.8[J])两款机器人，Bot-Care主要用来和老年人进行日常聊天，并根据老年人需要给出很多有意义的建议，Bot-Handy相对于Bot-Care多了一个灵活的机械臂，可以帮助老年人清理杂物并且移动物品。以色列ReWalk公司设计了一款可穿戴外骨骼机器人(图3.8(k))[161-162]，该机器人通过体感感知芯片获取用户的手部动作，从而实现人机交互的功能，于2014年成为第一款通过美国药品与食品管理局(FDA)审批的商用可穿戴外骨骼机器人。2017年，以色列的Intuition Robotics公司设计推出了ElliQ[131](图3.8(l))，其先后经历了3代，具有智能互动功能，它能够根据老年人的行为模式提出活动建议，帮助老年人维持社交联系并减少孤独感。同时，ElliQ具备提醒服药、监测活动量等健康管理功能，能够收集并分析健康数据，进而提供专业见解，助力疾病的早期检测与干预。阿拉伯的A. Elwaly等开发了专门用于老年人连续室内跟踪和跌倒检测的老年护理机器人(图3.8(m))[163]。

在欧洲，德国弗劳恩霍夫(Fraunhofer)协会制造技术和自动化研究所于1998年推出了第一代陪护机器人Care-O-botⅠ，发展至今已经更新了4代[164-167]。最新的Care-O-botⅣ可以自主导航，识别障碍，可以识别语言、人物和手势，并自行选择对象，可以在老年人的家里为其端水，并作为娱乐设施使用(图3.9(a))。2015年，法国Aldebaran Robotics研发的Pepper[168]人形机器人(图3.9(b))配备了语音识别技术及分析表情和声调的情绪识别技术，可以与老年人友好交流，并进行情感陪护。德国慕尼黑工业大学(TUM)的慕尼黑机器人与机器智能研究所(MIRMI)于2018年开始研发的辅助人形机器人GARMI(图3.9(c))[169]经历多次更新和迭代，最新的GARMI能够通过物联网传感器获取健康参数，如心电图、血压和超声波数据，以便在紧急情况下快速采取行动。此外，GARMI还具备辅助康复训练、提供日常护理支持、协助远程医疗诊断等功能，为老年人提供全方位的护理服务。2021年，葡萄牙设计的CHARMIE机器人(图3.9(d))是一种拟人化的协作医疗保健和家庭助理机器人，能够在非标准化的医疗保健和家庭环境中执行服务任务。此外，CHARMIE能够在疗养院、家庭住宅和医疗保健机构独立或协作执行端到端的家务[170]。同年，丹麦设计的SMOOTH-Robot移动机器人(图3.9(e))有助于改善工作环境、释放护理人员的资源[171]。2024年，西班牙PAL Robotics公司设计的TIAGo机器人(图3.9(f))是一款面向研究的移动机械手机器人，之后，马德里卡洛斯三世大学的机器人实验室使用TIAGo机器人进行开发，使得TIAGo机器人可以协助行动不便的人拾取和运送物品[172]。西班牙卡洛斯三世大学和机器人制造商Robotnik联合开发的家庭护理人形机器人——ADAM机器人(图3.9(g))通过在用户指导示范后模仿学习任务的能力，实现环境感知自动导航和避免碰撞，具备与其他家庭智能平台协作的能力，增强了家居系统的整体智能化水平和互操作性[173]。德国Neura Robotics公司发布的4-NE1机器人(图3.9(h))能够与人类用自然语言对话并实时反馈，具备洗衣服、收衣服、浇花、调酒等多任务技能，能够用于智能养老场景[174]。德国机器人初创公司Devanthro推出了最新一代专为家庭护理设计的远程操控人形机器人

老年人洗浴辅助技术及机器人

Robody(图 3.9(i)),其集成了机器人技术、人工智能、虚拟现实和 5G 技术,能够通过远程操作帮助护理人员或家庭成员实时照料老年人,执行如穿衣、拿取物品、打扫卫生等精细任务,同时支持情感陪伴和远程互动,缓解护工短缺问题。

法国 Helite 开发了一款名为"Hip Safe"的老年人跌倒防护设备[175],该设备穿戴舒适,易于使用和可重复使用,在坠落时,跌倒一侧的一个安全气囊会在地面撞击前自动在臀部上方展开以保护臀部。针对中风、老年帕金森等神经系统疾病,德国 Lokohelp[176-177]医疗器械公司开发了 Lokohelp 下肢康复机器人训练系统。该机器人在减重状态下完全模拟人正常步态运行轨迹,可根据不同患者的功能情况调节步态和姿势,带动患者双下肢在运动跑台上进行步态训练。与 Lokohelp 类似,瑞士 Hocomat 医疗器械公司与瑞士苏黎世 Balgrist 医学院康复中心合作研发了 Lokomat 系列下肢康复训练机器人[178],可以用于老年帕金森症

(a) Care-O-bot(Ⅰ、Ⅱ、Ⅲ、Ⅳ)

(b) Pepper　　　(c) GARMI　　　(d) CHARMIE　　　(e) SMOOTH-Robot

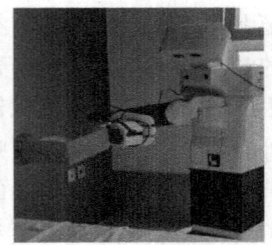  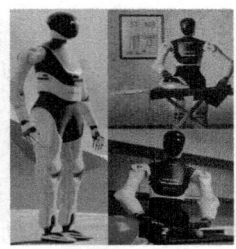 

(f) TIAGo　　　(g) ADAM　　　(h) 4-NE1　　　(i) Robody

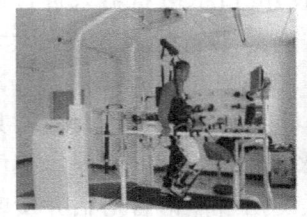  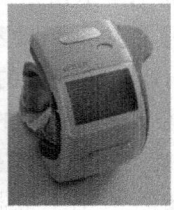 

(j) Lokomat　　　(k) Armeo　　　(l) AMON　　　(m) SCEWO

图 3.9　欧洲的智能养老机器人研究

等患者的行走运动训练(图 3.9(j))。类似的,该公司还设计了 Erigo 系列下肢康复训练机器人[179]。此外,在上肢康复机器人方面,Hocoma 公司研制了外骨骼上肢康复机器人 Armeo[180](图 3.9(k)),其可通过进行游戏最大限度地激发老年患者的康复意识,取得了很好的训练效果。2005 年,瑞士苏黎世大学的 Nef 等开发了上肢康复机器人 ARMin[181-183],可以用于老年脑卒中等患者的上肢康复训练。德国柏林自由大学开发了包括 Mechanical Gait Trainer(MGT)和 Haptic Walker 在内的多款下肢康复机器人[184-185]。在瑞士联邦理工的一项研究中,其设计了便携式远程医疗监护仪 AMON[186](图 3.9(l)),其可以针对高危心脏/呼吸病人实现监护和危险报警。该系统包括多种生命体征的连续采集和评估、智能多参数医疗应急检测,以及与医疗中心的远程连接。此外,瑞士联邦理工还设计了一款名为"SCEWO"的电动轮椅[187](图 3.9(m)),其可以通过自带的折叠式轮式结构实现对楼梯的攀爬,同时其造型相对美观。西班牙的 Morales 等也设计了"CALMOS"爬楼梯轮椅[188]。

在美洲,1991 年麻省理工学院(MIT)设计完成了面向老年脑卒中等患者的 MIT-MANUS 上肢康复训练机器人(图 3.10(a)),其可以精确测量手臂的平面运动参数,并为患者提供视觉反馈,在临床应用中取得了很好的效果[189]。2000 年,MIT-MANUS 的研发者 Lum 教授与斯坦福大学合作开发了上肢康复机器人 MIME,其先后经历了 3 代,实现了单关节运动、前臂平面运动及前臂三维空间运动等[190-191]。美国特拉华大学研制了 ALEX 系列下肢外骨骼康复机器人,其先后经历了 3 代[192-194]。Motorika 公司研发了下肢康复机器人 Ambulator(图 3.10(b))[195],通过大量重复性训练,其可以激活患者脑功能的重塑,诱导老年人形成正确的步态。美国的 DEKA 研发公司开发了名为 iBOT 的智能轮椅[196],该轮椅能够实现两轮自平衡、灵活转向、爬楼、直立行走等多种运动模式。

2010 年,加拿大西蒙弗雷泽大学设计了一种低功耗的无线多生理信息采集的健康监测设备(图 3.10(c))[197],该无线监测设备以一块可折叠的柔性电极为载体,可通过直接贴放于用户胸部上方的方式对用户的多种生理参数进行测量,包括活动强度、心率、体表温度等。2023 年,墨西哥的 Mireles 等开发了用于监测家庭护理患者的生命信号的护理移动机器人设备(图 3.10(d)),其可以测量患者的心电图电位、血氧饱和度、皮肤温度和无创动脉压[198]。2016 年,美国 Design 公司公开了一款名为 Obi 的助食辅具产品(图 3.10(e))[199],该助食辅具可以通过包括按钮在内的多种交互方式,借助机械臂控制执行机构实现取食和送餐。2020 年,美国佐治亚理工团队在 Willow Garage PR2 的基础上通过对机器人的有效控制实现了对用户的有效进食辅助(图 3.10(f))[200]。2022 年,美国特斯拉公司发布了 Optimus 人形机器人[201](图 3.10(g)),其经历了两代更新,可以搬运和组织物品,能够应对一定复杂度的任务,可以应用在养老场景中。2024 年,美国斯坦福设计的 ALOHA[202]双臂机器人(图 3.10(h))能协助老人完成做饭、打扫、洗衣服、浇花、扔垃圾、铺床叠被等家务,为老人提供生活便利。

此外,新西兰奥克兰大学 Bruce MacDonald 教授团队针对老年人的慢性肺炎研制了陪伴型健康护理机器人(图 3.11(a)),它能够提醒老人吃药、帮助他们测量血氧水平和心率,甚至指导他们制定锻炼计划等[203];同时,该团队进一步研究了 HealthBots 机器人(图 3.11(b)),其能够监测老年人居家的生理体征,进行跌倒检测,同时还具备协助他们记忆、辅助社交活动等功能[204]。

  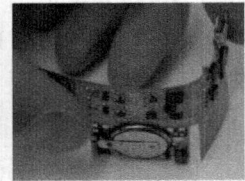 

(a) MIT-MANUS　　(b) Ambulator　　(c) 健康监测设备　　(d) 护理移动机器人设备

 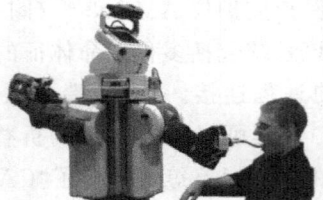  

(e) Obi　　(f) Willow Garage PR2　　(g) Optimus　　(h) ALOHA

图 3.10　美洲的智能养老机器人研究

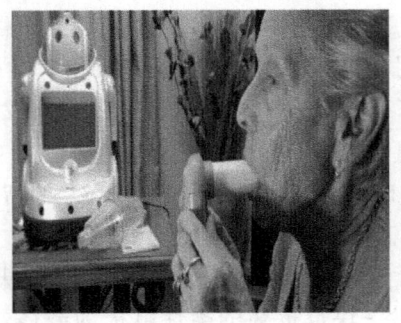 

(a) 健康护理机器人　　(b) HealthBots

图 3.11　其他地区养老机器人研究

3.4.2　国内的智能养老机器人

在我国,"十五"之前,国家层面对于老年人的科研项目布局较少。随着残障人康复辅助器具事业的发展,"十一五"期初,我国开始布局老年人、残障人相关的科技计划,持续到"十二五"期间,科技部先后启动了"残障人生活保障辅具研究""残障人功能康复辅具研究""残疾人康复服务关键技术研发及应用示范""肢体康复训练及语音发声辅具研发""老龄服务关键技术研究及应用示范""服务机器人"等多项科技支撑计划和高技术研究发展计划(863 计划)项目[205-206]。

"十一五"和"十二五"期间,在"973""863""支撑计划""国家自然科学基金"等项目支撑下,先后产出了床椅一体化机、陪护机器人、上/下肢康复机器人、无障碍爬楼梯机、下肢假肢、多功能助行器等一批养老助残的成果。例如,北京航空航天大学机器人所的陈殿生教授研发了床椅一体化机 e-Bed(图 3.12(a)),其可以进行床椅模式互换,满足了卧床老人按摩防疮、生理监测、进餐吃药、情感陪护和开门取物等护理需求,提高了老年人的生活质量,已成功在北京四季青敬老院试用[207]。同时,在国家支撑计划与北京市重大研究计划课题的支持下,陈殿生教授研发了带有机械臂的保姆型陪护机器人(图 3.12(b))和助餐机器人(图 3.12(c)),其可以辅助老年人、残疾人进行开门、取物、拿药、助食等操作。中科院自动化所的侯增广研究员结合老年患者的多模态数据,设计了柔顺的控制方法,先后研发了坐卧式下肢康复机器人(iLeg)、上肢康复机器人(CASIA-ARM)和全周期多位姿下肢康复机器人(iLeg-Ⅱ)等产品样机,从机械结构、控制系统等层面仿生人类肢体功能,优化人机相容性,提高了人机交互柔顺性[208]。其中,iLeg-Ⅱ针对脑卒中患者的下肢康复训练需求,可以支持早、中、后期的全周期康复,具有良好的临床应用前景。清华大学的季林红教授等从2000年开始在国家基金的支持下研究辅助神经康复技术,已经成功研制了老年偏瘫患者卧床康复机器人(图 3.12(d))和上肢康复训练机器人。该机器人实现了上肢多功能的训练模式,并且能够对康复训练效果进行评估,充分发挥患者的肢体残余功能[209]。哈尔滨工业大学的孙立宁教授等研发的上肢康复机器人系统通过人体肌电信号、关节角度变量等实现了机器人神经网络控制和关节位置控制[210],他们还研发了面向偏瘫患者的下肢康复机器人[211]。上海交通大学康复工程研究所和 CAD 模具联合中心共同开发了适用于上肢康复的 FES 附件外骨骼康复机器人[212]。浙江大学与国家康复辅具研究中心合作研发了下肢康复机器人[213-215](图 3.12(e))和 7DOF 上肢康复机器人(图 3.12(f)),该上肢康复机器人主要包括坐姿训练、站姿训练使用方式,规划设计了固定轨迹训练、自我康复训练、医生协助训练、网络规划训练等。浙江大学设计了一种爆炸式髋部跌倒防护装置,当老年人的运动参数达到设计好的阈值之后,装置就会产生跌倒信号,驱动电路就能产生电流引爆火药,推动刺针刺穿气瓶,使得气体能够快速充满气囊,实现对人体的保护功能[216]。针对老年人下肢肌力不足导致的日常出行困难等问题,华中科技大学的黄剑教授与国家康复辅具研究中心合作研发了基于室内导航的全方向多功能助行器[217]。哈尔滨工程大学的张力勋教授等针对老年人下肢力量衰退的问题,研发了老年人助行机器人等[218]。此外,华中科技大学的熊蔡华

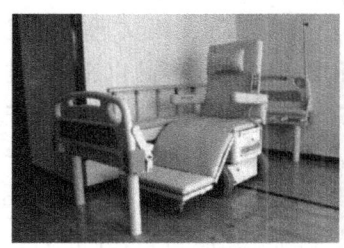
(a) e-Bed

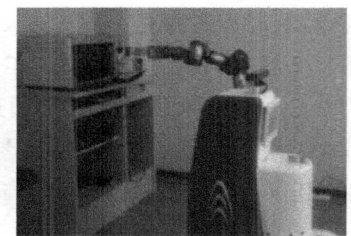
(b) 保姆型陪护机器人

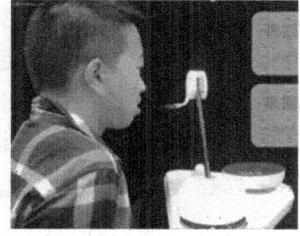
(c) 助餐机器人

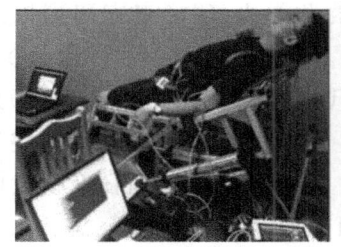
(d) 卧床康复机器人

(e) 下肢康复机器人

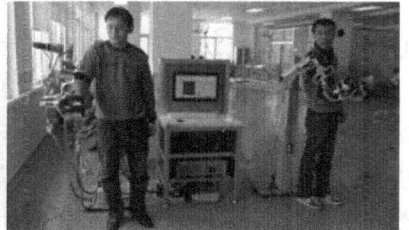
(f) 上肢康复机器人

图 3.12 我国"十一五"和"十二五"期间研发的部分养老机器人

教授研发了上、下肢康复机器人[219],燕山大学的赵铁石教授研发了坐卧式康复机器人等[220]。

"十三五"期间,科技部进行国家科研项目改革,将以往的"973""863""支撑计划"等统一起来,于 2017 年发布了首个国家重点研发计划"智能机器人重点专项",并相继在 2017 年、2018 年、2019 年支持了一批面向辅助出行、医疗康复、家庭陪护的服务机器人项目,进一步推动了养老助残机器人的技术升级和产业发展。同时,"主动健康和老龄化科技应对"重点专项也于 2018 年、2019 年先后发布了肢体康复训练、护理监护系统等多个养老助残的项目,为构建连续性服务的生命全过程危险因素控制、行为干预、疾病管理、健康服务及应对人口老龄化提供了技术产品支撑。例如,在"智能机器人"重点专项的支持下,沈阳新松研发了面向老年人的无动力助行机器人(图 3.13(a)),北京航空航天大学研发了老年人防跌倒步态平衡训练机器人(图 3.13(b));在"主动健康和老龄化科技应对"重点专项的支持下,北京航空航天大学研发了老年人助食机器人(图 3.13(c)),国家康复辅具研究中心研发了老年人洗浴机器人(图 3.13(d))等。此外,国家自然科学基金"共融机器人基础理论与关键技术研究"重大研究计划分别于 2016 年、2017 年、2018 年先后支持了灵巧柔顺下肢康复机器人、多柔体耦合驱动腰部康复机器人、"一源多驱"式外骨骼等多项与养老助残相关的项目,在理论研究方面为助老助残机器人技术的推进奠定了基础。

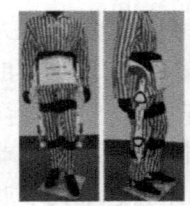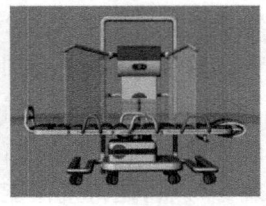

(a) 无动力助行机器人　　(b) 平衡训练机器人　　(c) 助食机器人　　(d) 老年人洗浴机器人

图 3.13　我国"十三五"期间研发的部分养老机器人

"十四五"期间,国家对于养老行业的发展越来越重视,在国家的大力支持下,国内各大机器人公司推出了一些养老机器人。"大头阿亮"(图 3.14(a))是由江苏艾雨文承养老机器人有限公司研发生产的智能养老机器人,该公司自 2020 年开发出第一代产品以来,经过多次迭代升级,于 2024 年推出了 4.0 版本。该机器人能够通过摄像头监测老人是否摔倒并及时呼救,还能连接健康管理设备、燃气报警器等装置,辅助老人按时服药、关门、关燃气,并支持子女远程查看和提醒[221]。2022 年,傅利叶智能首次发布的 GR 人形机器人(图 3.14(b))经历了两次迭代,凭借其 53 个自由度、12 自由灵巧手和强大的负载能力,可在养老领域为老年人提供个性化护理,如协助康复训练、搬运物品、日常陪伴等,显著提升养老服务质量[222]。小惟机器人(图 3.14(c))于 2022 年发布,搭载了激光雷达、环形麦克阵列以及 ALPD 激光投影,为老年人提供全方位的情感陪伴服务,并且具有人体跟随功能[223]。2024 年,腾讯 Robotics X 实验室公布了其最新研究成果——第五代机器人"小五"(图 3.14(d)),该机器人不仅能够适应多变的居家环境,完成行走、搬运物体等基本动作,还能在养老院等特定场景中,为老人提供取快递、抱老人起床等贴心服务[103]。复旦大学多学科团队研发的"光华一号"机器人(图 3.14(e))在外形上与人类相近,能在面部显示屏上做出喜、怒、哀、乐 4 种表情,是一种情感高度仿人的柔性精巧作业机器人,主要用于养老、护理场景,旨在成为老年人身边的"保健医生",目前,这款机器人还处于实验室研发阶段,准备在多地开展测试并不断优化护理功能。星尘智能正式发布的自研AI机器人Astribot S1(图3.14(f))具备叠衣、分拣物品、颠锅炒菜、吸尘清洁、竞技叠杯等多项复杂技能,在养老领域,它能够协助老年人完成日常家务、提供生活照料服务,甚至陪伴老年人进行简单的锻炼和娱乐活动,提升老人的生活质量和安全性[224]。成都人形机器人创新中心研发的"贡嘎一号"(Konka-1)(图3.14(g))凭借其"最强大脑",能够快速理解任务意图、自主观察环境、推理任务流程并准确完成任务,可在养老领域为老人提供个性化服务,如协助日常生活起居、陪伴交流、监测健康状况等,提升老人生活质量[225]。湖南超能机器人技术有限公司于2025年发布了"湘江1号"健康陪护人形机器人(图3.14(h))。该机器人具备助医、助行、助兴、助力、助餐、助便、助浴等七大健康陪护功能,能够为老年人提供全方位的护理支持[104]。

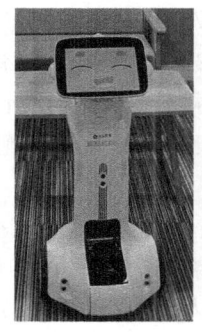

(a) 大头阿亮

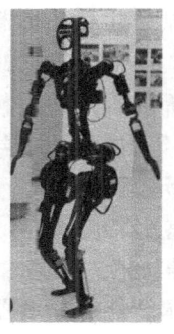

(b) GR-1、GR-2

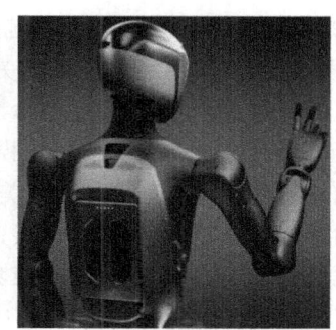

(c) 小惟机器人

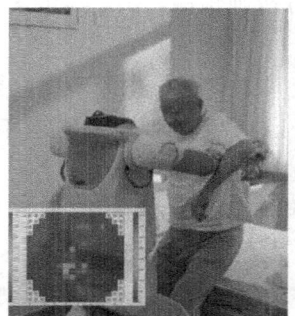

(d) 腾讯Robotics X的"小五"

(e) "光华一号" 机器人

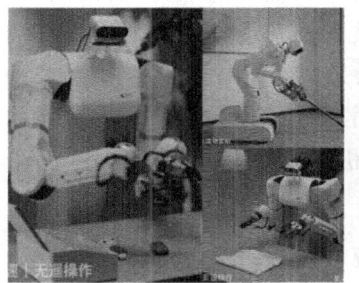

(f) Astribot S1

(g) Konka-1

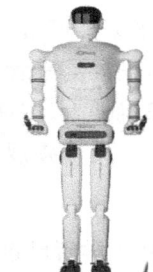

(h) "湘江1号"机器人

图3.14 我国"十四五"期间研发的部分养老机器人

3.5 我国智能养老机器人的发展

3.5.1 发展机遇及挑战

1. 发展机遇

根据 IFR(International Federation of Robots)发布的 2024 年世界机器人——服务机器人报告[226],2023 年全球专业服务机器人(包括自主移动机器人)的销售量超过20.5 万台,比 2022 年增长 30%,医疗机器人的销售量约为 6 100 台,较 2022 年增长了 36%,康复和非侵入性治疗机器人的销售量增长了 128%,诊断机器人的销售量较 2022 年增长 25%。此外,IFR 的数据显示,全球养老机器人市场规模约占服务机器人的 22%,市场规模较小,预计在 2029 年,养老机器人规模将达到 132 亿美元。

随着我国人均预期寿命延长、老龄化发展速度加快、老年人消费能力上升,在长期护工短缺及人口老龄化趋势加速的影响下,智能康养机器人的需求将不断增长,市场规模快速扩大。中商产业研究院发布的《2024—2029 年中国智能康养机器人产业分析及发展战略研究预测报告》[227]显示,2022 年中国智能康养机器人市场规模达到 20 亿元,近五年年均复合增长率达 60.69%。中商产业研究院分析师预测,2024 年中国智能康养机器人市场规模将增至 36 亿元。

在国外,养老机器人技术成为应对人口老龄化的一项重要措施,已经有一定数量的养老机器人产品进入实际应用,形成了一定的产业规模,并在老年人医疗康复、情感慰藉、生活护理等诸多方面发挥了重要的作用。

我国作为世界上人口最多且老年人口最多的国家,具有巨大的养老机器人潜在用户基础,养老产业存在显著的供给缺口。发展智能养老机器人不仅可以有效应对人口老龄化和护理人员短缺等现实挑战,还能催生新的经济增长模式,推动国内经济大循环和国内国外经济双循环。此外,我国政府也在积极推动智能机器人产业的发展,2024 年 1 月,国务院办公厅发布的《国务院办公厅关于发展银发经济增进老年人福祉的意见》明确提出,要完善智慧健康养老产品及服务推广目录,推进新一代信息技术及智能设备在居家、社区、机构等养老场景的集成应用,发展健康管理类、养老监护类、心理慰藉类智能产品,并推广应用智能护理机器人、家庭服务机器人、智能防走失终端等智能设备。因此,未来开展智能养老机器人研究,促进养老产业高质量发展,将面临巨大的时代机遇。

2. 挑战

尽管国内外相关学者已进行了一定的理论研究和产品研发,并相继有部分产品走向了市场,但在基础理论、核心关键技术、产品实用化等方面仍然存在一些挑战和问题,具体如下。

(1) 基础科学问题研究欠缺

人是养老机器人服务的对象和主体,而人体本身又是一个复杂的系统。目前,针对老年人生理机能衰退机理、老年人神经退化规律、老年人复杂心理变化等基础问题的研究还比较欠缺,难以有效指导相关养老机器人的研发,从而导致很多产品功能定位不科学、临床效果不显著、实用性不强。

（2）轻量化柔顺机构设计不足

养老领域不同于工业领域,具有很多非结构化的生活属性。相对于养老实际应用需求,目前的养老机器人本体结构设计存在体积大、笨重、人机相容性差、柔顺性差、适应能力差、可靠性不足、使用灵活性差、亲和力不强等显著问题。同时,目前大多数养老机器人多是基于刚性结构的设计,使用时存在一定的安全隐患,影响了养老机器人的实用性和灵活性。

（3）主、被动安全控制及感知不足

安全性是养老机器人的根本保证。目前的养老机器人在主、被动安全控制方面仍然存在不足:在主动安全方面,尚缺乏精准可靠的感知元器件和安全可靠的力位控制算法及策略,如可靠的可穿戴电子皮肤,高效的动态防碰撞检测算法等;在被动安全方面,尚缺乏刚-柔-软多级耦合的本体结构设计及有效的安全防护措施。

（4）非结构化环境感知及导航不足

非结构化复杂环境感知是养老机器人的重要特征,及时获取环境、物品、人的运动、力、温湿度、情绪等信息,进行深层次的决策控制和灵巧操作是养老机器人走向智能化的必要条件。目前,在力、触觉、视觉、听觉、生物电等多模信号传感,二维、三维空间环境感知,非结构化复杂环境导航方面还存在很多问题需要解决。

（5）人机自然交互及协作不足

养老机器人所面对的对象是老年人,如何实时、准确、高效地实现机器人与人的自然交互和高度协同是保证人身安全,提高机器人鲁棒性,促进产品实用化的重要支撑。目前,在语音识别、表情识别、自然语言理解、生肌电交互、多源信息特征的仿生人机自然交互和人机共融方面仍存在很多问题亟待解决。

（6）远程评估监测及预警不足

远程网络化是未来社会发展的方向,但目前很多养老机器人对于老年人失能失智的远程评估能力不足,无法进行养老服务因人而异的适配。同时,目前的远程监测能力只能实现简单的监控,无法实现无束缚情况下生理信息的全面监测和实时有效的危险预警。

3.5.2 发展思路及措施

1. 发展思路

在2024年,随着"十四五"规划的深入实施,我国积极实施老龄化国家战略,在政策支持方面,《国务院办公厅关于发展银发经济增进老年人福祉的意见》《关于深化养老服务改革发展的意见》等文件为智能养老机器人的发展提供了良好的政策环境。智能养老机器人在服务领域的应用成为未来发展的重点。

在"十五五"期间,对于智能养老机器人,在"十四五"成果的基础上,进一步解决基础科学问题,攻克关键核心技术,提高产品的安全性、可靠性、实用性和环境融合性,推动产品向智能化、专业化、产业化方向发展,夯实产业基础,拓展市场应用,推动养老机器人的应用示范,形成标准规范和应用推广模式,满足社会养老的基本需求成为核心任务。

具体的发展思路如下。

首先,在研究规划方面,针对中、重度失能老年人护理难度大,耗费的人力、物力、财力大的特点,着力解决卧床老年人的二便护理、辅助翻身、移位、医疗康复等主要问题,降低护理人员及康复技师的劳动强度,竭力缓解家庭、社会的养老负担;针对轻、中度失能老年人生理功能衰退、潜在风险大、干预效果明显、意义大的特点,重点解决老年人失能失智评估、安全监测、跌倒防护、健康维持促进等主要问题,降低老年人的失能风险,延缓老年人的衰退进程,提升老年人的健康程度;针对健康、亚健康老年人情感慰藉需求大、易孤独、人群范围大的特点,逐步解决老年人娱乐、精神交流、情感干预与调控等主要问题,降低老年人的失智风险,缓解老年人的心理孤独,促进老年人的心理健康(图3.15)。

其次,在科学研究方面,针对基础科学问题研究不足及核心技术待积累等问题,加强基础科学问题的研究,开展老年人生理功能退化机制、神经调控机制、复杂心理反应机制、轻量化刚-柔-软柔顺机构设计、人机自然交互协作等前沿基础和共性技术研究,初步掌握老年人运动与认知的科学规律,研究机器人轻量化柔顺机构,主、被动智能控制,多模态环境感知等技术,解决养老机器人应用的安全性、可靠性、实用性及环境融合性等问题,积累具有自主知识产权的智能养老机器人核心技术及产品。

再次,在产业发展方面,促进养老机器人产品研发,面向老年人的衣、食、住、行等养老护理需求,研发一批典型的代表性智能养老机器人产品,初步解决产品供需矛盾,基本满足老年人的日常养老需求,找到真正的老年人刚需产品;推动产业发展,面向不同的地区、不同的失能程度、不同的应用场景,开展应用示范,探索相应的产品检测方法、检测标准、检测装置、目录、应用模式及标准规范。

最后,在人才培养方面,建立健全人才培养体系,增强医工融合方向的专业人才培养,完善科研综合创新机制,提高年轻从业者相关待遇,建立相关产业人才蓄水池,从源头上改善相关产业的自我造血功能。

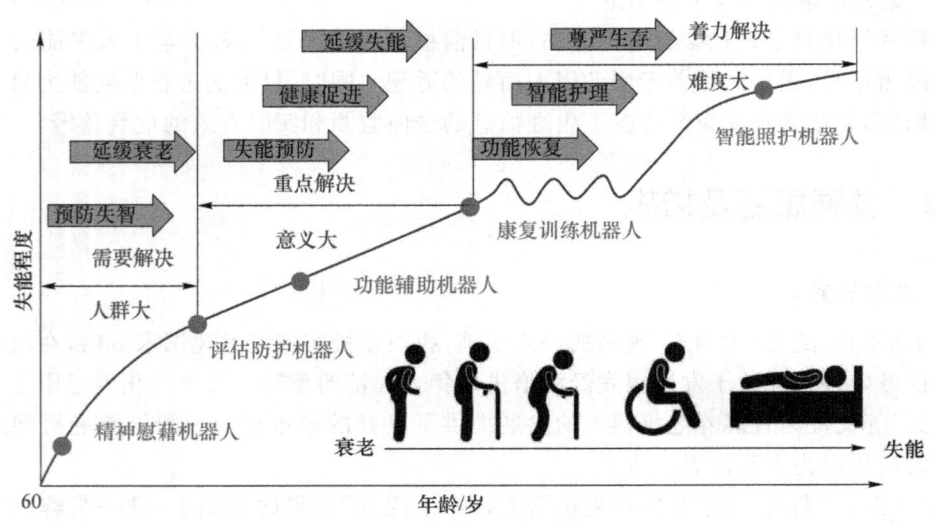

图 3.15 智能养老机器人的发展

2. 措施

(1) 加强顶层设计

围绕国家整体的创新目标,加强对智能养老机器人全产业链的顶层设计,并加强对重点领域的规划指导。建立跨部门、跨行业、跨区域的组织协调机制,推进政府引导、市场配置、模式创新、服务集成的资源配置模式,合理统筹布局机器人基础理论研究、共性关键技术研究、系统集成与示范应用。同时,加大对养老服务机器人产业的政策支持力度,出台税收优惠、研发补贴、政府采购等配套政策,鼓励企业加大研发投入和市场推广力度,加强关键技术研发,推动技术融合创新。加强标准制定和监管,规范市场秩序,保障老年人的合法权益,推动相关法律法规的完善,明确责任界定和隐私保护等法律问题,为产业发展提供法律保障。

(2) 扩展金融募集渠道

加强国家重大科技项目、国家重点研发计划等对机器人研发应用的支持,设立专项产业发展基金,支持企业的技术研发和产品生产。充分利用产业基金引导和培育一批优秀企业,形成产业矩阵,推动产业快速发展。建立健全立体化、分层次的金融保障体系,有效拓宽养老机器人企业的投融资渠道,持续强化企业在科技创新投入中的主体地位。引导和鼓励金融机构、保险机构以及社会力量加大科技投入,充分发挥金融杠杆的优势,继续推动养老机器人融资租赁、金融保险等多源支付模式的发展。

(3) 完善科研创新机制

创新推进"政产学研用"深度融合的科研组织形式,搭建养老机器人行业开放式的资源共享与综合服务平台,建立基于资源共享、利益共享、风险分担的协同创新机制,健全产学研用协同的成果转移转化机制,促进产业链、创新链、人才链、资金链的良性互动。同时,坚持以市场需求为牵引、以技术发展为导向的科技自主创新发展模式,突破机器人重大基础问题与前沿技术、新一代机器人技术等关键技术壁垒,促进养老机器人实现创新应用。

(4) 健全产品标准建设

完善养老机器人产品标准和检测认证体系,加快研究制定机器人产业急需的各项国家标准、行业标准和团体标准,建立企业和产品信用档案制度,规范行业竞争秩序,提高养老机器人检测认证的规范性、一致性和采信度。

(5) 促进人才激励政策

推进机器人领域可持续创新能力建设,建立符合我国养老事业发展的多层次应用型人才教育培训体制,加强科技项目管理专业化队伍建设,加强创新型领军企业的培育,支持校企联合培养定制式人才,支持中小企业创新人才培养与高端人才引进;建立完善机器人行业人才服务机构,健全人才流动、使用、激励和评价机制。

(6) 拓宽国际交流合作

发挥国内市场优势,鼓励国际合作,促进技术和产业交流,为企业间的合作搭建桥梁。鼓励国内的行业协会和企业与国外相关组织和企业共同成立养老服务机器人国际产业联盟。加强人才交流和技术引进,制定国际人才交流与培养计划,鼓励国内专业人才到国外先进企业和科研机构学习交流,同时鼓励国内企业引进国外先进的养老服务机器人技术和经验,吸引国外优秀人才参与我国养老服务机器人产业的发展。

3.5.3 重点发展产品目录

通过调研分析,基于我国养老现状和智能养老机器人的分类,表3.2列出了未来5~10年重点发展的智能养老机器人。

表3.2 未来5~10年重点发展的智能养老机器人

产品分类	产品明细	备注
精神慰藉类	宠物陪伴机器人	失智的防护
	人形陪护机器人	拟人化陪伴
	情感调节机器人	心理状态调节
评估防护类 功能辅助类	无创评估机器人	风险评估
	跌倒防护机器人	预防跌倒
	安全监控系统	远程监护
	健康管理系统	健康状态管理
	轻量化助行机器人	解决出行的刚需问题
	助餐机器人	辅助用户进食
康复训练类	脑卒中下肢康复训练机器人	恢复用户行走等基本功能
	脑卒中上肢康复训练机器人	恢复用户抓握等基本功能
智能照护类	二便智能护理床	解决如厕护理问题
	洗浴机器人	解决洗澡护理问题
	移位机器人	解决卧床搬运问题
	通用人形机器人	解决智能照护问题

本 章 小 结

本章介绍了国际机器人联合会等相关文件中对养老机器人的阐述以及我国智能养老机器人的概念,并以老年人失能程度为基准,对养老机器人进行了细致分类,明确了其基本定义及应用分类,为我国智能养老机器人的学科发展奠定了基础。本章梳理了养老机器人涉及的相关科学问题及核心关键技术,初步构建了智能养老机器人的技术体系,为我国智能养老机器人的科学研究奠定了基础。本章通过对国内外典型养老机器人的研究现状进行综述,为我国智能养老机器人的产品研发提供了参考。此外,本章总结了我国智能养老机器人发展面临的机遇及挑战,提出了未来发展思考及相应措施,列举了潜在的重点产品目录,为我国智能养老机器人的产业发展提供了指导。

综上所述,本章围绕智能养老机器人在应对老龄化社会中的重要作用展开,通过分析其技术、应用、现状及发展挑战,明确了其对改善老年人生活质量、推动相关产业发展的重要意义,同时也指出了需要克服的技术、市场、政策等多方面的问题。中国在这一领域的发展潜力巨大,需要政策支持、产学研用合作以及人才培养等多方面的努力。

第 4 章
洗浴辅助技术及机器人

前面的章节探讨了智能养老辅助技术在养老领域不可或缺的作用。尽管智能养老辅助技术和机器人在许多领域取得了一定的进展，但在老年人的洗浴护理方面，仍然存在诸多未解决的问题。洗浴是老年人日常生活中的一个重要环节，但由于身体机能的衰退和行动不便，许多老年人面临着洗浴困难、安全风险大的问题。因此，开发适合老年人的智能洗浴辅具及机器人显得尤为重要，其不仅能够帮助老年人更安全、更舒适地完成洗浴，还能减轻护理人员的工作负担，提高养老服务的整体质量。

本章将对洗浴的作用、洗浴的文化、洗浴的方式、洗浴辅具，以及洗浴机器人进行阐述，说明洗浴辅具及机器人在养老护理中的重要作用和发展潜力。同时，通过对洗浴辅具及机器人的国内外研究现状分析，探讨洗浴辅具及机器人在设计、制造和应用过程中面临的挑战和问题。

4.1 洗浴的作用

在人类文明的历史长河中，洗浴作为一种基本的生活实践，其重要性远远超越了简单的身体清洁范畴。从古埃及人的宗教仪式到罗马帝国的公共浴场，再到现代的个人卫生习惯，洗浴不仅是清洁身体的行为，也是疾病预防和康复治疗的重要手段，它还与健康、文化、社交等紧密相关。

1. 清洁卫生

清洁卫生是洗浴最直观的功能。洗浴通过物理和化学的双重作用，深入清洁皮肤毛孔，去除污垢、油脂及微生物，为皮肤创造一个健康的微环境。这一过程不仅有助于防止皮肤感染，还能促进皮肤细胞的正常代谢，维持皮肤屏障功能的完整，减少外界有害物质对身体的侵害。

2. 疾病防治

在疾病防治方面，洗浴可以发挥重要作用。洗浴可以有效去除皮肤表面的污垢、细菌和病毒，减少感染的风险。这对于预防皮肤病、隐私部位感染以及其他由细菌引起的疾病至关重要。例如，对于长期卧床的患者，定期洗温水澡可以预防褥疮的发生，因为洗浴有助于减轻压力点的持续压力，促进血液循环，保持皮肤清洁和湿润。此外，良好的洗浴习惯对于空制感染性疾病的传播也至关重要。定期洗手可以减少感冒和流感的传播。

3. 康复理疗

在康复理疗领域,洗浴也发挥了重要作用。热水浴能够放松肌肉,缓解因长时间工作或运动造成的肌肉紧张与疼痛;冷水浴则能刺激神经系统,提高身体的应激反应能力,增强免疫力。对于患有慢性疾病如关节炎、高血压等的人群,适宜的洗浴方式能够作为辅助治疗手段,减轻症状,提高生活质量。同时,洗浴过程中的水温调节、水流按摩等能够刺激皮肤下的血液循环,加速新陈代谢,有助于排毒养颜、延缓衰老。水疗作为一种洗浴形式,已被广泛用于治疗各种疾病和伤害。水疗利用水的压力、温度和浮力特性来促进身体康复。它可以帮助缓解肌肉和关节疼痛,提高关节灵活性,促进血液循环,加速伤口愈合,并且对改善心理健康和减轻压力有积极作用。如图4.1所示,水疗中心的环境通常设计得非常舒适,可以帮助患者放松并专注于康复过程。

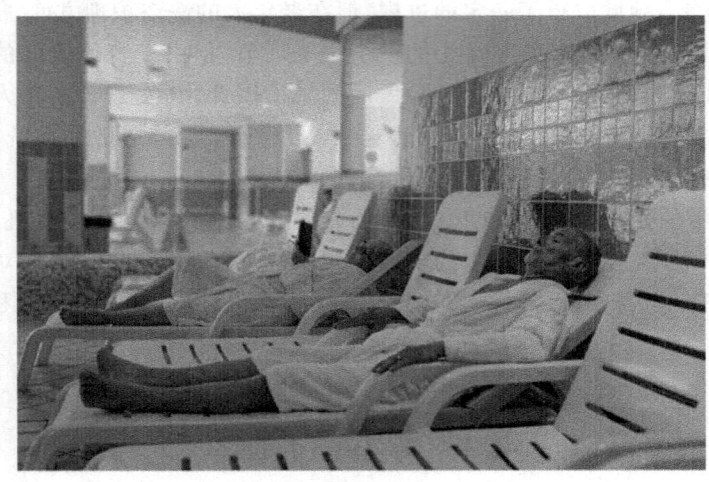

图 4.1 进行水疗的老人

4. 宁神减压

洗浴还与放松和减压有关。热水浴可以促进身体放松,有助于改善睡眠质量。它还能刺激神经系统,释放内啡肽[228]。内啡肽是一种天然的"感觉良好"化学物质,有助于改善情绪,减轻抑郁和焦虑的症状。而冷水浴则可以提神醒脑,增强免疫力。定期的热水浴可以降低血压,改善睡眠质量。定期的洗浴也是自我关怀的一部分,提醒人们花时间照顾自己,关注个人健康和福祉。在忙碌的生活中,洗浴成为一种简单的自我疗愈方式。此外,洗浴过程中的深呼吸、冥想等行为还有助于调节情绪,减轻心理压力。

5. 社交互动

在现代社会,洗浴场所不仅是清洁身体的空间,还成为社交互动的新场所[229]。无论是家庭浴室中的亲子时光,还是健身房淋浴间的短暂交流,甚至是共享浴室中的陌生人相遇,洗浴都为人们提供了一个放松、自然的社交环境。

综上所述,洗浴作为人类生活中不可或缺的一部分,其重要性不仅体现在对身体的呵护上,更体现在对文化的传承、社交的促进、心理的慰藉以及未来的创新与发展上。

4.2 洗浴的文化

洗浴文化作为人类文明的重要组成部分，在历史长河中不断演变，承载着深厚的历史与文化价值。图 4.2 展示了不同时期的洗浴文化。

(a) 原始埃及人洗浴

(b) 宋朝的浴场

图 4.2　不同时期的洗浴文化

在中国，洗浴文化的起源可以追溯到远古时期。当时人们逐水草而居，夏季在河水中浸泡身体以消暑，洗浴文化在此时初步形成。到了西周时期，沐浴被赋予了礼仪和文化内涵，水被视为神圣之物，斋戒沐浴成为祭祀前的重要仪式，旨在祈求福泽、免除灾祸。秦汉之际，全社会性的沐浴习俗已然形成，汉代确立了至少三日一洗头、五日一沐浴的惯例，官吏还会有五日一假用于沐浴更衣[230]。魏晋南北朝时期，洗浴文化进一步发展，成为文明的象征之一。随着宗教的繁荣，沐浴在祭祀仪式中的地位愈发重要，佛教和道教都有香汤灌浴神像的传统。唐代，洗浴文化达到高峰，温泉浴融入人们的生活，皇室贵族在温泉胜地建造浴室，华清池便是唐代帝王的专属沐浴之处[231]。宋代商品经济的发展推动了公共浴室的出现，这些浴室提供揩背、按摩等多元服务，具有商业性。明清时期，商业浴室的服务更加精细完备，浴堂内配备多种设施，可以剃头、修脚等，逐渐发展为社交与休闲的重要场所[232]。近代中国，洗浴文化在物质条件的限制下呈现出多样的形态。多数人就地取材进行洗浴，不同地区因资源、气候和风俗差异形成了不同的洗澡习惯。南方水源充足，气候温暖，在家中洗澡；而北方水资源匮乏，冬季寒冷，洗澡难度较大，部分地区甚至存在多年才洗一次澡的情况。澡堂作为近代兴起的集中洗浴场所，在城市中逐渐增多，尤其在北平、上海等大城市分布密集。淋浴在学校、工厂等人数众多的地方常被采用，可避免交叉感染，但设施相对简单，功能不及澡堂丰富。随着社会发展，澡堂的功能不断拓展，成为社交、休闲场所。

洗浴文化在全球各地呈现出多样化的特色，国外的洗浴文化也历史悠久，反映了各自地域的气候、地理特征以及人们对健康、社交和精神放松的追求。在日本，温泉文化深植于其悠久的历史中，频繁的地壳运动赋予了日本众多的温泉资源。日本温泉[233]种类繁多，从低温泉到高温泉，从单纯温泉到疗养温泉，种类繁多。日本的温泉旅馆不仅是泡汤的场所，更是体验当地美食和文化的平台。在俄罗斯，洗浴文化以其独特的"黑澡堂"而闻名[234]，这种桑拿体验与俄罗斯的民间传统紧密相连，澡堂内部以炉灶供应蒸汽，人们用桦树枝抽打身体以促进血液循环。土耳其的 Hammam 以其社交和庆典功能而闻名。土耳其浴[235]起源于西亚，融合了罗马人的洗澡方式和穆斯林的净身习惯，形成了独特的洗浴文化。在奥斯曼帝国时期，土耳其浴成为城市生活的重要组成部分，几乎每座城市都建有浴场，浴场成为社交和宗教仪式的场所。在印度的洗浴文化中，油浴是一种重要的习俗。阿育吠陀疗法是印度传统医学体系的一部分，通过使用温暖的按摩油来缓解肌肉疲劳和促进循环。印度式按摩 Abhyanga[236]，即涂油按摩，是日常生活中的一部分，也是 Spa 中受欢迎的疗法。在中东地区，洗浴与宗教仪式紧密相关。穆斯林的沐浴习俗不仅是日常生活的一部分，也是宗教仪式的重要组成，如大净和小净。这些沐浴方式不仅包括身体上的清洁，也包含心灵上的清洁，体现了对健康和信仰的重视。

到了现代，洗浴文化已经演变成一种生活方式，洗浴不仅是清洁身体，还是一种养生、保健、轻身的运动。现代洗浴中心提供了多样化的服务，如冲浪浴、脉冲药浴、芬兰浴、冰蒸等，成为年轻人猎奇打卡的场所。洗浴文化在不同地区也有差异，如东北地区的洗浴文化以豪华装修和平民价位著称，而南方则以细腻周到的服务和技术著称。

洗浴文化的发展不仅反映了人们对个人卫生的重视，也体现了社会风俗、文化观念的变迁。从古代的礼仪到现代的养生保健，洗浴文化在不断地丰富和发展。

4.3 洗浴的方式

洗浴作为人们日常生活中不可或缺的清洁和放松方式，其基本方式多种多样，每种方式都有其独特的优势和适用场景，能满足不同人群的需求，如图 4.3 所示。

(a) 淋浴　　　　(b) 浴缸洗浴　　　　(c) 蒸汽洗浴　　　　(d) 温泉洗浴

图 4.3　不同的洗浴方式

淋浴是一种既便捷又环保的洗浴方式。它通过使用花洒的水流直接对身体进行冲洗，有效去除汗水、污垢和细菌，从而保持个人卫生[237]，如图 4.3(a) 所示。淋浴能够促进血液循环、缓解肌肉紧张、改善皮肤健康，并且与传统的浴缸洗浴相比，通常消耗更少的水资源，这使得它成为一种环保的洗浴选择。人们可以根据自己的需求灵活调整水温和水流强度，以适应不同的洗浴体验。

浴缸洗浴是一种深度放松和个性化的洗浴方式，如图 4.3(b) 所示。人们通过在水中浸泡，享受更长时间的水疗体验。使用浴缸时，人们可以根据个人喜好调节水温，添加浴盐、泡沫剂、精油等，以增强放松效果或提供额外的健康益处，如缓解皮肤干燥或改善睡眠质量。浴缸洗浴有助于舒缓肌肉疼痛和压力，促进血液循环，同时温水的包裹感也能带来心理上的安慰和放松，但存在浴缸不容易清理的问题。

蒸汽洗浴，即桑拿，如图 4.3(c) 所示，是一种在封闭房间内利用蒸汽进行理疗的传统洗浴方式，对生理和心理多方面有益。在生理上，通过高温和高湿的环境，桑拿能够有效促进血液循环、加速新陈代谢，有助于降低血脂和胆固醇，提高免疫力和预防动脉硬化。对于肌肉疼痛和慢性疼痛患者，桑拿的温热环境能够显著减轻疼痛，提高生活质量[238]。此外，定期进行桑拿还能提高耐力、降低胆固醇水平，使皮肤更加细嫩光滑，并预防肺炎等呼吸道疾病。在心理上，桑拿可以帮助人们减轻压力、放松神经，并改善睡眠质量。现代桑拿设备通常配备有按摩装置、色彩照明和音乐播放系统，为用户提供全方位的舒适体验。它不仅能够提供独立的洗浴空间，还具有良好的保温作用，尤其在寒冷的天气里。

温泉洗浴也是一种常见的洗浴方式，是一种结合了健康益处和独特环境的休闲养生方式，如图 4.3(d)所示。它通过 45 ℃至 70 ℃的温泉水促进血液循环，缓解肌肉和关节疼痛，改善睡眠质量，以及美容养颜(因其富含的矿物质对皮肤有滋养作用)。

但这些传统的洗浴方式，对于老年人而言，都存在一定的缺点。淋浴需要较长时间的站立，部分老年人可能难以接受。而桑拿需要专门的封闭房间以及蒸汽发生设备，对于老年人来说，不仅设备的使用较为复杂，而且在进入封闭的桑拿房时，可能会因空间狭小、湿热等因素而产生不适，甚至存在安全隐患。温泉和浴缸对老年人也存在诸多不利点。对于温泉，老年人多患有基础疾病，泡温泉时可能会因水温高导致身体不适。而使用浴缸时，老年人易因滑倒或失去意识而溺水，周围电器设备可能引发触电危险，等待充水和放水过程易受凉，且浴缸某些部位不易清洗，影响清洁效果。部分老年人需要相关的辅助才能完成洗浴。

4.4 洗浴辅具

随着我国老龄化问题的加剧，据统计我国轻度失能、中度失能、重度失能、完全失能老人的数量已超过 4 300 万，这一庞大的群体在日常生活照护中面临着诸多挑战。2003 年中国城乡老年人口状况抽样调查数据显示，在日常生活的吃饭、穿衣、上下床、上厕所、洗浴、室内走动 6 项指标中，洗浴不能自理的比例最高，为 90.8%[239]。同时中国老年科学研究中心公布的老人日常活动数据显示，老人在日常生活中最容易发生意外的一项就是洗浴，老人在洗浴时不能得到妥善照护，会严重影响老年人的生活质量，增加失能老人的患病率，甚至影响生命健康[240-243]。因此，洗浴已成为老年人亟待解决的问题。传统的洗浴方式需要独自一个人完成。对无法独立完成洗澡的人，尤其是一些轻度失能、中度失能、重度失能、完全失能的老人，他们缺乏自理能力，无法自己洗澡，只能依靠亲人或护工帮忙，如图 4.4 所示。

近年来，北京、上海、重庆、江苏等多个地区都相继出现了老年人洗浴服务(主要以老年助浴点、流动助浴车、入户助浴等形式存在)。这些助浴服务利用专门的洗浴设施设备，为老年人提供安全、舒适、便捷的洗浴服务。助浴服务主要分为集中助浴和入户助浴两种形式。集中助浴通常借助养老机构、助浴点等公共空间的环境、设施设备、人员等资源，为前来洗浴的老年人提供服务；而入户助浴则是以入户的方式，借助老年人家庭的环境、设施设备等资源，为老年人提供个性化的助浴服务。

然而，无论是助浴服务还是家人帮助洗浴，都离不开洗浴辅具的支持。这些辅具的设计和应用旨在提高洗浴过程的安全性、舒适性和便利性，从而减轻照护者的负担，提升老年人的生活质量。在洗澡过程中，涉及移动、翻身等大幅动作，稍有不慎便会对老人造成危险。

因此,洗浴辅具的研发和应用成为解决这一问题的关键因素。

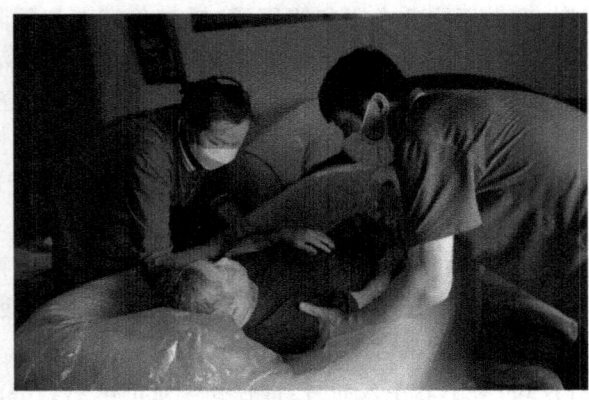

图 4.4 助浴师入户助浴

为适应居家、社区、机构等多种场景的助浴需求,近年来洗浴辅具得到了快速发展。从洗澡椅、移动升降洗浴装置到多功能浴室辅具等,这些辅具不仅提高了洗浴过程的安全性,还提升了老年人的舒适度和便利性。同时,随着科技的进步和人们需求的不断变化,洗浴辅具也在不断创新和完善,为老年人提供更加优质的洗浴服务。

综上所述,洗浴辅具的发展背景与老年人洗浴需求的提升、助浴服务的兴起以及科技进步等因素密切相关。未来,随着老龄化社会的不断发展,洗浴辅具的应用前景将更加广阔。

康复辅具是用于维持、支持、改善自我功能,保持独立性和提高生活质量的技术或设备[244-245]。洗浴辅具则为洗浴时使用的辅助器具,洗浴辅具作为一类重要的康复辅具,根据国际标准[244]及我国标准《康复辅助器具分类和术语》(GB/T 16432—2016)[92],其定义为,洗浴辅具是指能够有效代偿、监测、辅助老年人进行洗浴的产品、器具、设备或技术系统。洗浴辅具作为康复辅具的分支,旨在利用辅助器具帮助丧失洗浴能力的障碍者完成洗浴[246]。这些辅助器具能够提供支撑和稳定功能,帮助老年人更容易地完成洗澡过程。

本书根据辅助洗浴的方式将洗浴辅具分为浸浴辅具和淋浴辅具,浸浴辅具辅助老年人浸泡在水中洗浴,淋浴辅具则辅助其通过水的喷淋洗浴。本书根据功能实现方式将洗浴辅具分为非智能型产品和智能型产品,将无法自主实现功能的产品定义为非智能型产品,其在老年人洗浴时起到的辅助性作用有限,将通过控制可自主实现功能的产品定义为智能型产品,可进一步对老年人洗浴的多个方面进行辅助。

按照国标《康复辅助器具分类和术语》(GB/T 16432—2016)[92],洗浴辅具属于"09 33 清洗、盆浴和淋浴辅助器具 Assistive products for washing, Bathing and showering"次类,主要包含多个支类。

(1) 盆浴或淋浴椅(有轮和无轮)、浴缸坐板、凳子、靠背和座

这些辅助器具为以坐姿进行盆浴或淋浴时使用的支撑器具,为坐着进行盆浴或淋浴的用户提供支撑。有轮设计的椅子便于移动,适合需要频繁移动的用户;如图 4.5(a)所示,无轮设计则更加稳定,适合需要长时间固定在一个位置的用户。浴缸坐板可以放置在浴缸边缘,提供一个稳定的坐姿位置。凳子和靠背设计可以根据用户的体型和需求进行调整,确保洗浴过程中的舒适性和安全性。这些器具通常采用防水材料,易于清洁和维护。

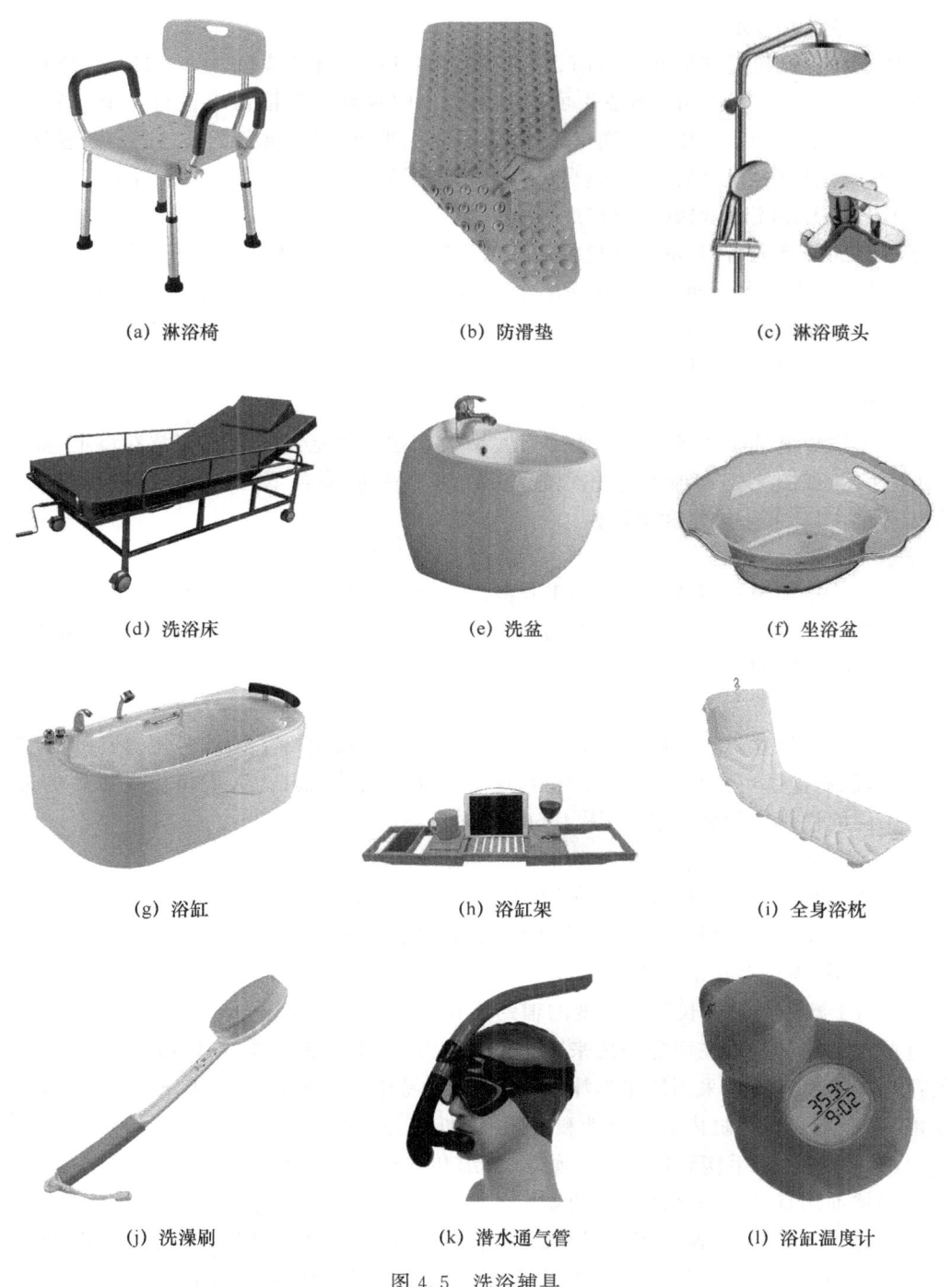

图 4.5 洗浴辅具

(2) 防滑浴盆垫、防滑淋浴垫和防滑带

这些防滑辅具为浴室盆浴或淋浴时起防止人滑倒的辅具,用于浴室地面或浴缸底部,防止用户在湿滑的环境中滑倒。如图 4.5(b)所示,防滑垫通常由橡胶或 PVC 材料制成,底部带有吸盘,确保其牢固地固定在地面或浴缸上。防滑带可以贴在地面或浴缸表面,增加摩擦力,减少滑倒的风险。这些防滑产品易于安装和清洁,是确保浴室安全的重要辅助器。

(3) 淋浴器及其元件

这些辅助器具包括淋浴间的浴门、浴帘、设备和可调节淋浴头(Shower Head)位置的固定装置等。如图 4.5(c)所示,淋浴头可以根据用户的身高和洗浴需求进行调节,提供不同的水流模式。浴门和浴帘用于隔离淋浴区域,防止水溅出,保持浴室干燥。固定装置确保淋浴头稳固,避免使用过程中滑落。这些元件通常采用防锈材料,耐用且易于清洁。

(4) 洗浴床、淋浴桌和更换尿布桌

这些辅助器具为盆浴、淋浴或更换尿布时人躺的固定的或便携的桌子。如图 4.5(d)所示,这些桌子专为行动不便或需要特别护理的用户设计。洗浴床和淋浴桌可以固定或便携,方便用户躺着完成洗浴。更换尿布桌设计有防滑表面和安全带,确保用户在更换尿布时的安全。这些桌子通常采用防水材料,易于清洁和消毒。

(5) 洗盆

洗盆为用于清洗人体各部位的固定或便携的水盆。固定洗盆通常安装在墙上,高度适中,便于使用,如图 4.5(e)所示。便携洗盆可以随时移动,适合不同场景下的使用需求。洗盆设计有排水口,便于排水和清洁。

(6) 坐浴盆

坐浴盆是主要用于清洗生殖器和下身的固定或便携的水盆。坐浴盆通常安装在马桶旁边,带有水龙头和喷头,提供温水清洗功能。如图 4.5(f)所示,便携坐浴盆可以放置在马桶上,使用后易于清洁和存放。

(7) 浴缸

浴缸也称为浴盆,是一种常见的用于沐浴的器具,不仅包含了设计轻便、便于移动和安置的款式,还涵盖了可折叠的澡盆等类型,这些不同类型的浴缸为人们提供了更多的选择,以满足不同的使用场景和需求,如图 4.5(g)所示。

(8) 浴缸架

浴缸架是浴缸上用于摆放洗澡所用物品的装置,也称为浴盆架。如图 4.5(h)所示,浴缸架通常由不锈钢或塑料制成,带有多个隔层和挂钩,方便存放洗浴用品。浴缸架设计有防滑垫,确保其稳固放置在浴缸边缘。

(9) 用于减小浴缸的长度或深度的辅助器具

这些辅助用具是放在浴盆内用来减小长度和/或深度的装置或材料,适合儿童或身材较小的用户使用。其通常采用防水泡沫或塑料制成,易于安装和拆卸。部分装置会设置有按摩功能,确保用户在浴缸内的安全性和舒适性,如图 4.5(i)所示。

(10) 带有把手、手柄和握把的洗澡布、海绵和刷子

这些辅助用具是用来擦洗身体的器具。如图 4.5(j)所示,使用者在洗浴时能够更轻松、更稳固地握住器具,有效避免了在湿滑的洗浴环境中器具滑落的情况,大大提升了使用的安全性。另外,通过这些把手、手柄和握把,使用者能够更好地掌控擦洗的力度与方向,无论是清洁身体的各个部位,还是针对不同敏感程度的皮肤区域,都能做到精准操作,让洗浴过程变得更加高效、舒适。

(11) 肥皂盘、肥皂架和给皂器

这些辅助器具是用来摆放或供给肥皂或清洁剂的器具。肥皂盘和肥皂架通常由不锈钢或塑料制成,设计有排水孔,防止积水。给皂器则可以自动或手动出皂,方便使用。

(12) 自我擦干的辅助器具

这些辅助器具是自己擦干身体用的器具和材料。其包括吸水毛巾和电动干燥器等。吸水毛巾采用高吸水性材料，快速擦干身体；电动干燥器则通过吹风功能，帮助用户快速干燥身体。

(13) 漂浮辅助器具

这些辅助器具是盆浴或游泳时帮助人漂浮的器具。其包括救生圈、膨胀浴帽等。救生圈通常由防水材料制成，提供足够的浮力，确保用户在水中的安全。膨胀浴帽则通过充气提供浮力，适合儿童使用。

(14) 潜水通气管

潜水通气管是盆浴或游泳时人在水下呼吸空气的器具。如图 4.5(k)所示，潜水通气管通常由塑料或硅胶制成，设计有防水阀和舒适的咬嘴，确保用户在水下呼吸顺畅。

(15) 浴缸温度计

浴缸温度计是测量浴缸水温的设备。如图 4.5(l)所示，浴缸温度计通常采用防水设计，带有清晰的温度显示屏，帮助用户确保水温适宜，避免烫伤。

4.5 洗浴机器人

随着科技的发展，洗浴机器人作为智能化的洗浴辅具，为失能及半失能老人辅助洗浴提供了新思路。洗浴机器人应具有功能合理、设计简单、"零"学习要求、安全可靠、定价适当等特点，从而减少护理时间、降低操作难度、及时完成任务。因此，智能机器人辅助洗浴应运而生。

洗浴机器人通过各种传感器、执行器和智能算法等技术，能够准确感知人体的外形和位置，实现对人体的深度清洁和舒适按摩[247]。此外，洗浴机器人可通过升降台等结构辅助护理人员搬运失能老人，减轻护理人员的工作量。随着机器人技术的发展，洗浴机器人开始集成更多的高级功能，如自动检测用户的身体状态、自动调节水温和压力，甚至提供简单的健康监测功能。这些功能不仅提高了洗浴的便利性，也为老年人的健康提供了额外的保障。

洗浴机器人的早期发展以躺式洗浴机器人为主，在洗浴床的基础上加以改造，使其更加便捷，能起到更好的辅助作用，躺式洗浴机器人是目前针对失能老人应用范围最广的一类，同时也是研究较多的一类。此外，还有适用于半失能老人的坐式洗浴机器人，坐式洗浴机器人的可移动性以及便捷性相对较强。近年来，轻巧便携的便携式小型洗浴机器人逐渐进入研发人员的视野。相对于传统的洗浴方式，洗浴机器人能够为老年人提供更加方便、舒适和安全的洗浴服务。

目前对洗浴机器人的研究主要围绕入浴准备、浴中清洁、浴后护理3个方面展开。在入浴准备方面，洗浴辅具及机器人主要解决卧床老人入浴困难的问题，故而洗浴机器人的研究主要集中于机器人本体结构设计，其主要研究内容包括两个方面：其一结合人机工程学等内容优化洗浴机器人本体空间布局，以提升洗浴过程的舒适性；其二设计可移乘、姿态可变换装置，实现洗浴环节无障碍。目前已取得成果有升降转移入浴装置、浴槽升降装置、可移乘助浴床、可移乘助浴椅等装置[248-251]。在浴中清洁方面，洗浴辅具及机器人的研发侧重于控制系统研究,目前已开发的功能包括泡浴、按摩、声控、超声波清洗、水温调节等[252-255]。机器人的控制系统研发是其智能化的核心,其研究涉及多方面内容,如多传感器融合[256]、人体姿态估计[257]、擦洗环节的力位混合控制[258-260]、人机交互[261]以及安全防护[262]等技术,是当下洗浴机器人研究的重要方向。在浴后护理方面,洗浴辅具及机器人主要解决身体烘干以及清洁效果评价等问题[263-264],该阶段是对洗浴效果的评价与反馈。智能化高端洗浴辅具及机器人是全方位涵盖上述3个方面洗浴过程的产品,因此对辅助失能老人洗浴、缓解养老护理压力有着重要作用。

随着国内外众多学者与企业对洗浴机器人的研究,目前洗浴机器人已经具备较为完备的产品体系。洗浴机器人按照使用方式以及适用群体,可大致分为躺浴式洗浴机器人、坐浴式洗浴机器人以及便携式洗浴机器人。

4.5.1 躺浴式洗浴机器人

躺浴式洗浴机器人是一种利用担架或洗浴床等器具、帮助使用者以躺卧的姿势进行洗浴的洗浴机器人。这种机器人通常适用于已经完全失能、不能自主坐立的老人,具备升降台或担架,在护理人员的帮助下,将失能老人移动到合适的位置,进行洗浴清洁。

日本酒井医疗株式会社于1968年研制的世界上第一台具备电动入浴装置的洗浴辅助机器人(ET Bathing System)采用了电动入浴装置辅助入浴,减轻护理人员工作量[265]。该洗浴机器人如图4.6(a)所示。在此基础上,1983年酒井医疗再次优化了入浴方式,研发了具备摇臂(Rocking Arm,RA)式入浴装置的洗浴辅助机器人。RA式指的是通过曲柄摇杆机构将洗浴床置于浴槽内,简化了入浴方式,通过该设备为护理人员提供了一个有效的辅助装置。该洗浴机器人如图4.6(b)所示。

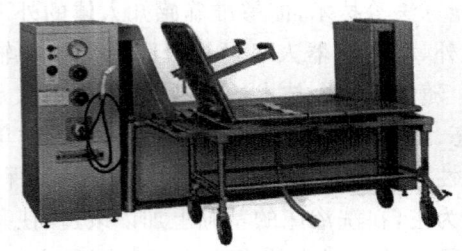 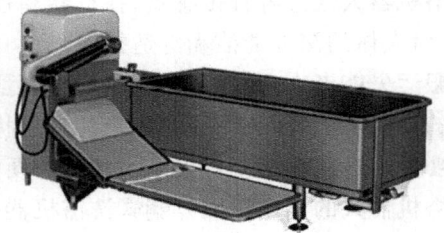

(a) 电动入浴装置　　　　　　　　(b) 摇臂式入浴装置

图4.6　ET Bathing System 和 RA Bathing System 洗浴机器人

而随着对洗浴机器人研究的不断推进,日本酒井医疗公司推出了PAO系列洗浴机器人,如图4.7所示,该款机器人为舱式躺浴洗浴机器人,由淋浴房与担架两部分构成,将担架推入淋浴房即可开展洗浴工作。其搭载自动洗发功能,可自动实现从洗发到冲发的一系列动作。它采用平均 $250\ \mu m$ 的柔和雾状粒子喷雾,不仅实现了高效清洁,还能通过淋浴水雾遍布浴房提升身体温度。另外,该机器人采用了平板式担架以及更易于取下的担架垫来减轻护理人员工作量,大型护板的配备也确保了使用的安全性[266]。

日本酒井医疗公司还推出了多款躺浴式洗浴机器人,如CET-C100型洗浴机器人,如图4.8所示。该机器人具有以下几个特点:一是采用了无须弯腰即可送入担架的半滑动式

第 4 章　洗浴辅助技术及机器人

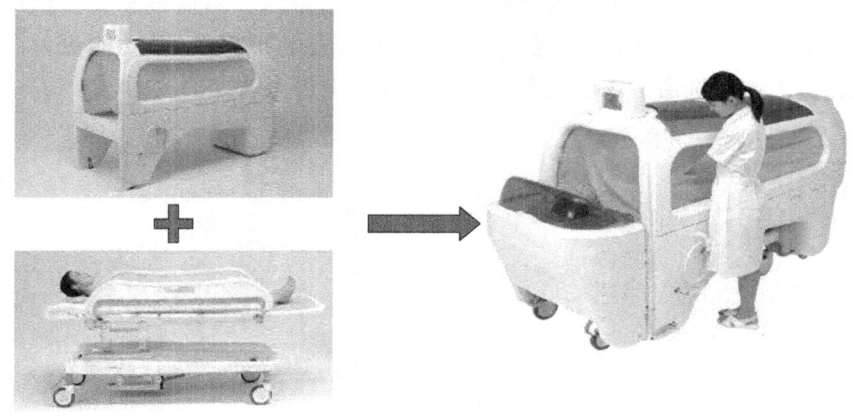

图 4.7　PAO 系列洗浴机器人

设计，以减轻护理人员的工作量；二是采用自动供水系统，可一键操作实现到达适合水位的供水，一键实现温度调节；三是在安全性能方面，配置了侧面大型护板、脚轮限位器以及警示灯，若进入浴缸时担架与浴缸没能正确连接好，担架将不能滑动，只有在正确连接好后，显示灯亮方能继续操作，确保了机器人使用过程的安全性[267]。

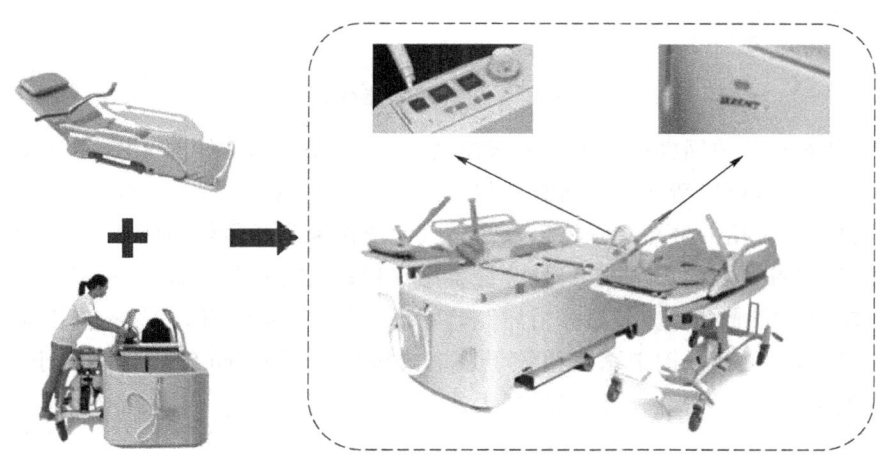

图 4.8　CET-C100 型洗浴机器人

躺浴式机器人清洁效果较为优秀，但其体型往往较大，适用场合较为受限，通常应用于医院以及护理机构，难以居家使用，对于使用者背部的清洁往往也存在一些困难[268]。此外，其造价往往较为昂贵，成本较高，普通家庭很难负担得起此项开支。

4.5.2　坐浴式洗浴机器人

坐浴式洗浴机器人是一种让使用者通过特殊轮椅进入浴缸洗浴的洗浴机器人。该类型洗浴机器人多适用于可保持坐姿且难以站立的失能老人。美国 OASIS 公司推出了一款开门式坐浴洗浴机器人，如图 4.9 所示。其按照开门方式可分为左、右和内 3 种。除了基本的洗浴功能，该款机器人还配备了可选择的气泡按摩、水力按摩、彩灯、芳香疗、微氧疗、恒温泡浴、臭氧消毒等功能[269]。OASIS 公司后续研制了可与开门式浴缸配合的移位装置，主要用

· 71 ·

老年人洗浴辅助技术及机器人

于辅助护理人员将失能、半失能老人和残疾人转移至浴缸内。然而该装置在使用时需等待蓄水，使用结束时需等待排水，造成老人在这两个过程易着凉感冒，其功能更偏向放松舒缓而非清洁皮肤，因此在洗浴护理过程和环境温度控制上仍有改进的空间。

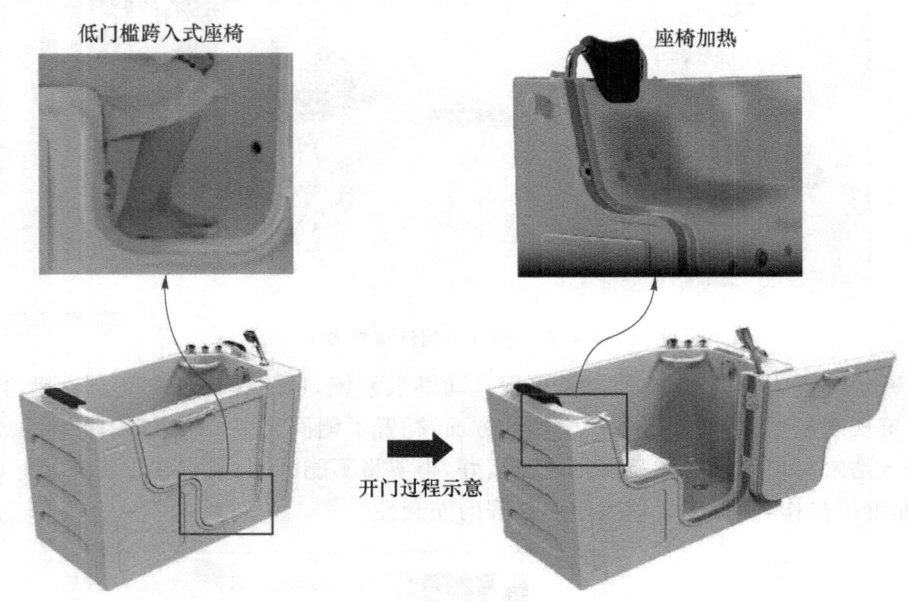

图 4.9 OASIS 智能浴缸

日本酒井医疗公司同样推出了坐浴式洗浴机器人 Araeru。如图 4.10 所示，Araeru 配置全方位淋浴喷嘴，可以清洗全身所有部位，显著减少洗浴护理的时间以及劳动力，减轻护理人员的负担；其采用的淋浴式洗浴以及超微气泡清洗起到了很好的清洁、保湿、保温作用，相比于蓄水浴缸有明显的保温效果，且节约了用水量；操作便捷，配备"自动模式"只需按"自动清洗"按钮即可完成"预洗"、"涂沐浴露"和"清洗"等一系列流程。另外，该机器人配备了杀菌/清洁模式，可进行一键消杀。相较于躺浴式机器人，Araeru 整体体积较小，也较为灵活，总体来说是当前较为优秀的洗浴机器人产品之一[270]。

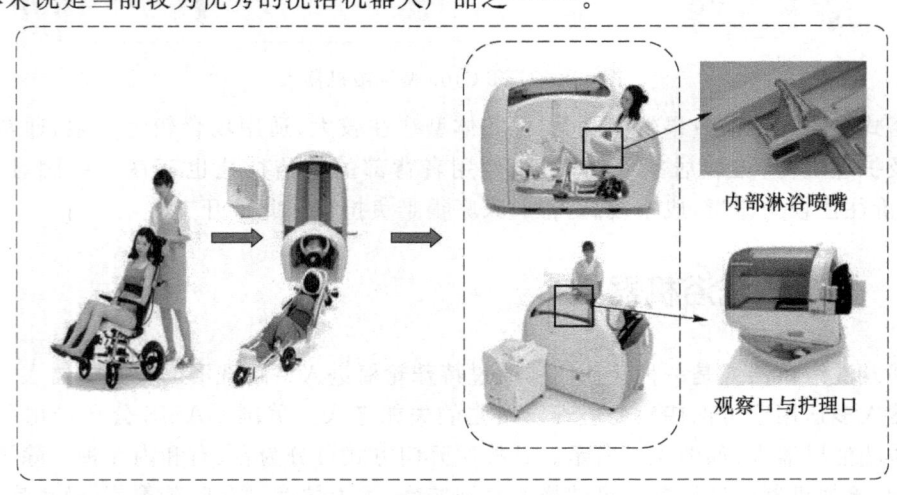

图 4.10 Araeru 洗浴机器人

基于欧盟地平线 2020 计划,德国团队研制出 I-SUPPORT 洗浴机器人系统[271]。该机器人系统基于 Kinect 相机的点云算法识别人体姿态,采用机械臂动态轨迹规划技术对人的身体进行擦洗[272],如图 4.11 所示。该系统包含电动淋浴椅、自动淋浴软管和自动擦洗器,其中,电动淋浴椅负责支撑老年人身体并实现站坐姿势变换。

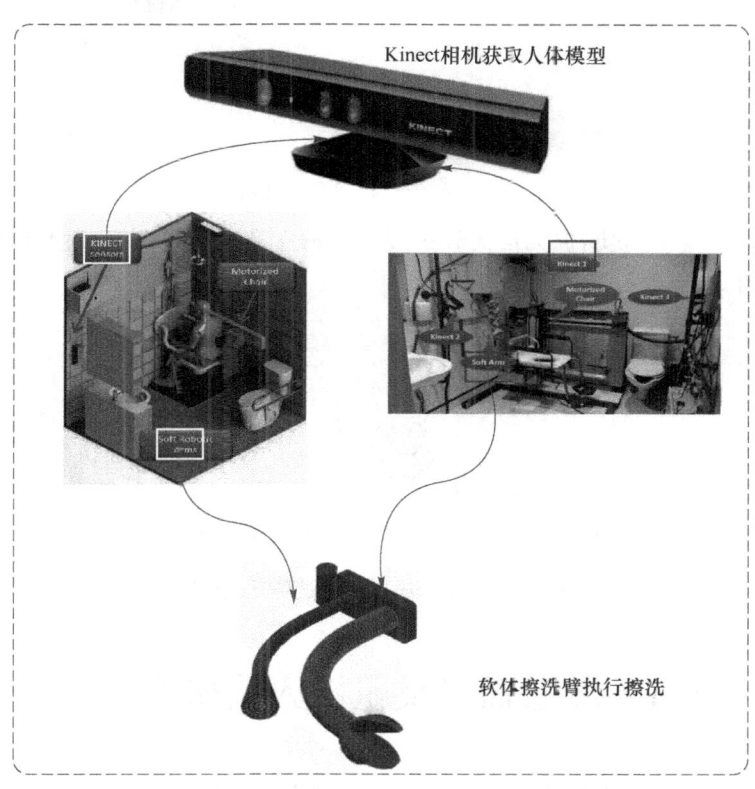

图 4.11　I-SUPPORT 洗浴机器人系统[273]

4.5.3　便携式洗浴机器人

便携式洗浴机器人是近些年新兴的智能洗浴机器人产品。其体积小、重量轻、不受场地限制等特点使其多用于居家老人洗护以及洗护服务人员上门服务。深圳作为科技有限公司研制的便携式洗浴机就是一款专门为老卧残人士等进行头发和全身清洁的产品,适用于医院、养老院、社区服务中心和家庭等多个应用场景,如图 4.12 所示。其根据卧床护理的需求特点,结合人体健康与关怀的护理理念,使卧床人士无须下床和挪动,在床上完成洗澡一条龙流程,将洗浴摔倒风险降低为零;喷头则采用回吸污水无滴漏的创新方式,纳米水粒深达皮肤微表面,实现深层清洁[274]。

杭州中民银创科技有限公司推出了品牌"银汤屋",成功开发出基于雾化纳米水滴技术的智能便携式洗浴机,如图 4.13 所示,其获得欧盟 CE 认证。该产品尺寸较小,重量为 3~6 kg,不受使用场地限制。同时,该产品具备速热控温、环境保温、深层过滤、节能环保、噪声控制等性能,护理人员可单手操作,实现分段洗浴,将老年人的洗浴时间合理控制在 1 小时内[275]。但便携式洗浴机器人相对较为简易,只能起到最基本的辅助护理人员洗护的功能,

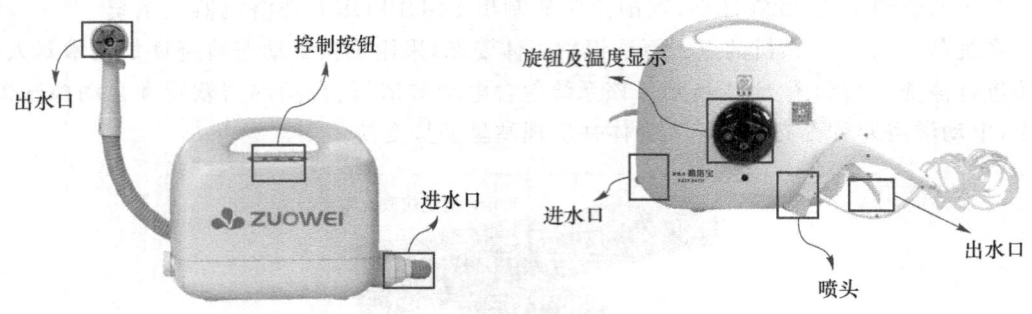

图 4.12 作为科技便携式洗浴机

让清洗身体的环节变得简便,但无法离开护理人员独立实现洗浴功能,对其他功能的辅助仍有待开发与完善。

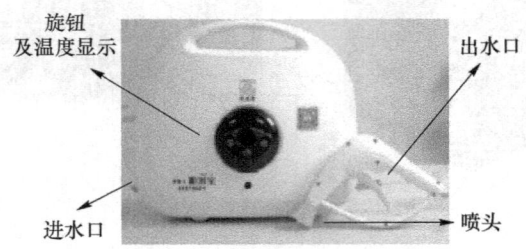

图 4.13 "银汤屋"智能便携式洗浴机

4.6 洗浴辅具及机器人的研究现状

如图 4.14 所示,按照现有洗浴产品的技术水平高低程度,洗浴辅具又可以分为普惠产品、中端产品、高端产品等。其中,普惠产品主要包括洗浴凳、洗浴椅、洗浴床等技术简单、实用性强的洗浴辅具,一般其价格比较亲民,较为常见,常在家庭或养老机构中使用;中端产品主要包括固定位浴缸、步进浴缸、电动洗浴椅等技术中等的洗浴辅具,一般条件较好的养老

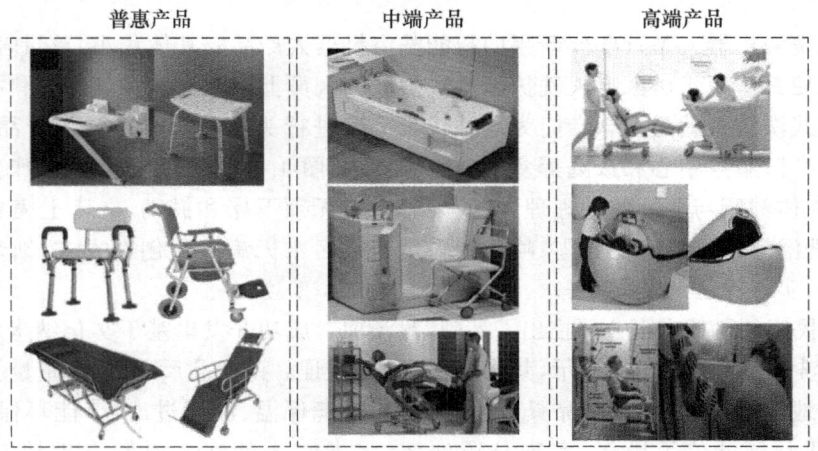

图 4.14 洗浴辅具的分类

院、福利院等公共养老机构配置有相关产品;高端产品主要包括集合了机器人、智能控制、人工智能、柔软体材料等先进技术的智能洗浴设备及系统,现在市场上产品较少,应用也相对较少。

4.6.1 国外

日本、欧美等国家进入老龄化社会的时间较早,其老年人产品市场发展态势良好,拥有多角度、多层次、高技术的老年人辅具设计。部分欧美高级养老机构设有专门的老年人洗浴设施,且浴室面积往往高达上百平方米,能同时为多位老人提供洗浴服务。以下根据入浴方式的不同,着重介绍4款洗浴辅助设施,如表4.1所示。升降吊椅装置可按照不同的入浴移动方式分为升降杆式吊椅装置和轨道式吊椅装置。前者的主要创新点在于利用摇臂将坐姿状态的老人从浴缸外侧水平平顺旋转至浴缸内侧,而后缓慢下降至缸内合适高度。在此过程中,老人可将手臂搭在扶手处,腰部系安全带,进入浴缸在座椅上完成洗浴过程。洗浴结束后摇臂带动转运椅上升至合适高度,再次旋转至浴缸外侧,使得老人下肢跨越过浴缸壁,而后缓慢下降至日常座面高度。轨道式吊椅装置与升降吊椅装置功能目的一致,都是机械补偿人体动力缺失。两者的不同之处在于将老人移动到浴缸内侧面的方式,前者是利用轨道带动转运椅前后平移,后者是利用摇臂旋转座面,在达到目标位置后两者均平缓下降至缸中,而后老人在座椅上完成洗浴过程。这也就造成了老人身体与转运椅接触的部分不能够得到充分清洁。同时,转运老人的过程类似于升降货物,可能会使老人在滞空时感到紧张,并产生一定的抵触和不安心理。

表4.1 国外洗浴辅具产品介绍

洗浴辅具类型		入浴方式	优点	缺点
升降吊椅装置		座椅旋转,再下降	由机械摇臂带动老人自浴缸外进入浴缸中,以机械化方式弥补老人行动力不足	旋转过程中可能会引起老人的紧张心理
边进式浴缸		侧面卷帘门放下后坐着进入	降低了老人进入浴缸的难度	老人洗浴过程中安全性不能得到保障,洗浴后起身不便
斗形浴缸		转运椅从后侧推入,而后浴缸抬升	入浴过程在转运椅和护工帮助下完成,安全可靠	浴缸注水前需要抬升,且身体与座椅接触部分清洁不到位
椅式浴缸		转运椅从后侧推入即可	转运椅全程在地面上运动,无抬升的不适感	失去洗浴主动性,易产生消极心理

边进式浴缸的改良设计着眼于老人"跨入"浴缸的过程,其长边侧面通常采用卷帘门,老

人可以先坐在浴缸凸起座面中再借力移动自己的腿部。卷帘门升起后浴缸注水阀开启，排水孔注水。边进式浴缸降低了老人进入浴室的高度障碍，但弊端是老人在光滑浴缸中易滑到，且洗浴完成后站立困难，产品整体较为适合有自理能力的老年人。

斗形浴缸和椅式浴缸在补偿老人生理障碍上功能类似，均需要护工将坐在转运椅上的老人沿着浴缸后侧导槽推入恰当位置，而后闭合浴缸后侧面门，开始注水洗浴。不同之处在于椅式浴缸闭合后可直接注水，缸内空间为长方体，斗形浴缸需要缸体抬升，老人躺卧倾斜角度变大，缸内实际利用空间为漏斗形。两者均能在护工支持下帮助老人省去自主进入浴缸的步骤，但缺点是转运椅整体没入水中且角度不可调节，老人身体与椅子接触的部分无法全面清洗。同时，全过程的实施十分依赖护工从旁协助，会对老人自尊心造成一定的消极影响。

洗浴辅具不仅能在入浴过程中补偿老人行动力的不足，也能以系统化的方式参与到老人洗浴流程设计中。于介护老人而言，由于自身生理状况衰退，其在洗浴过程中摔倒、打滑、呼吸不畅、体力不支等风险上升，所以采用躺卧方式可以适当避免此类危险发生。以下对躺卧状态下淋浴和盆浴两种洗浴系统的例子进行分析说明。

传统意义上的淋浴多为用户站立或坐姿状态下水流从头顶或侧面发出的模式，老年人用户群体使用不方便。如图 4.15 所示，该淋浴式洗浴系统选择以躺姿为设计出发点，从全自动、智能化角度思考，将淋浴与洗发结合，形成一体化系统设计。其箱体中配备有 16 组超微粒子雾状喷嘴，喷出的超微温水粒子直径仅有 $300\ \mu m$，可为老人提供温润舒适的洗浴体验。在老人躺卧淋浴的同时，护工可以借助洗发托盘进行老人的头发清洁工作。除此之外，该装置可以实现淋浴、烘干、调温等一系列功能，大大提高了老年人的洗浴效率，也降低了护工的劳动强度。

如图 4.16 所示，盆浴式洗浴系统可以视作升降吊椅装置与边进式浴缸的综合体。升

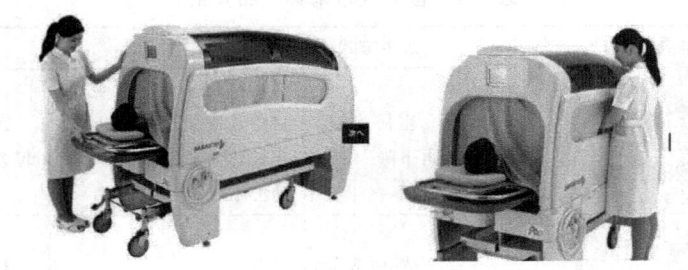

图 4.15　淋浴式洗浴系统

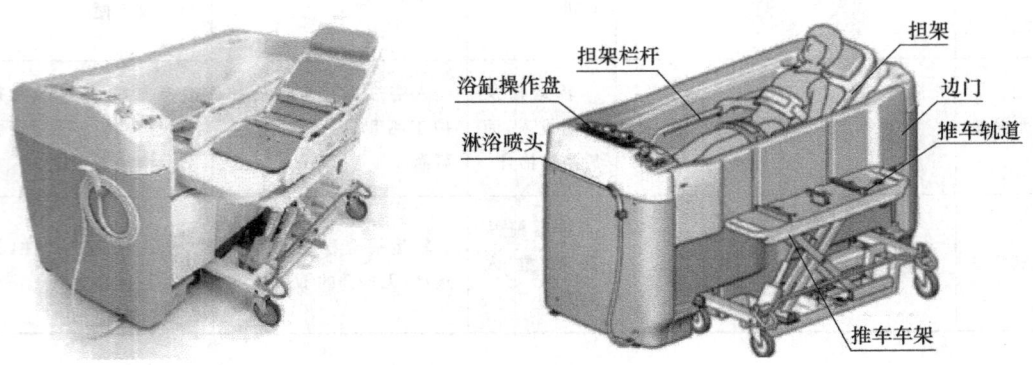

图 4.16　盆浴式洗浴系统

降吊椅装置用机械装置补偿老人行动力的不足,在转运老人进入浴缸的过程中需要摇臂或轨道带动转运椅升降。而该盆浴式洗浴系统将"跨过"浴缸侧面的升降过程转换为浴缸侧面自身的升降,即采用边进式浴缸侧边卷帘门模式的设计,省去机械转运的过程,仅在水平面上平移。

4.6.2 国内

我国老年人现阶段使用的洗浴辅具主要包括洗浴椅、洗浴床和老年人浴缸,如表 4.2 所示。其中应用范围最广的是洗浴椅。

表 4.2 国内洗浴辅具产品介绍

洗浴辅具类型		使用场景	优点	缺点
墙面固定式洗浴椅		固定于浴室墙面	占地面积小,可配合安全扶手一同使用	安全系数低,适用于肢体较为灵活的老人
常规式洗浴椅		淋浴时使用	操作简便,适用范围广	限制了老人洗浴时的坐姿姿态,易于滑动
轮式洗浴椅		淋浴时使用	高度、扶手、脚踏板可调;U形座面方便清洁大腿内侧;便于转移场地	需要护理人员从旁协助转运
常规式洗浴床		大型浴室	高度可调,可在老人躺卧状态下将其转移至浴室	躺卧状态下背部与水接触的面积有限,清洁不到位
辅助翻身式洗浴床		大型浴室	增加辅助翻身功能,可以将老人从床上转移至浴室	尺寸较大,需要充足的转运空间
老人专用浴缸		固定于浴室内	浴缸边侧凹陷设计,方便老人进入	容易滑倒,老人洗浴后站立困难

墙面固定式洗浴椅需要安装于浴室墙面，可配合老年人墙面安全扶手一同使用，但其两侧没有扶手，安全系数较低，适用于肢体较为灵活的老人。常规式洗浴椅的适用范围广且操作简便，其外观与日常椅具类似，区别在于握把及椅脚等处采用了防滑橡胶材质，有效提升了老人洗浴时的安全系数。但椅子框架限制了老人的肢体伸展范围，导致身体某些部分清洁不到位，且在湿滑的浴室环境中易受到外力而滑动，存在一定的安全隐患。相较于常规式洗浴椅，轮式洗浴椅的高度、扶手、脚踏板均可调节，更加适应不同老人的身体情况，从而使其在洗浴过程中更加舒适，底座配备的轮子可供护理人员将老人转移至不同场所，无须占用过多空间。部分轮式洗浴椅采用U形座面，可方便老人或护理人员擦洗大腿内侧。

一些养老机构或老年人社区服务站会配备洗浴床，部分高级养老机构则会引进老人浴缸或机械浴缸来辅助失能、半失能老人进行洗浴活动。常规式洗浴床高度可调，能够将老人在躺卧状态下转移至浴室。不足之处在于，在躺卧状态下老人背部与水接触的面积有限，不能全方位清洁老人身体。辅助翻身式洗浴床的出现解决了如何辅助老人翻身的问题，床面中央书页式折叠的设计可在一定程度上为护工翻动老人身体助力。但以上两种洗浴床均体积较大，且在推动老人时需要充足的转运空间，需要基础环境良好的养老机构[268]。

洗浴椅[276]和洗浴床主要应用于淋浴场景中，老人身体机能下降、体力不足，所以更多选择淋浴模式。针对盆浴模型，市场上目前有老年人专用浴缸。其主要分为两大类：一类是老人自己主动进入的老年人专用浴缸，其侧面开U形口，待老人进入浴缸后提起挡板，开始注水洗浴；另一类是老年人机械浴缸，其特征在于浴缸中增加了可升降的转运椅，老人可以只移动由浴缸外座椅的座面至转运椅的座面之间这段距离，此后转运椅下降，辅以机械浴缸中其他喷淋及擦洗部件，共同帮助老人完成洗浴过程。

4.6.3　存在的问题

在中国，普惠洗浴辅具行业的发展呈现出明显的分层态势。在低端市场，中国的加工制造业发达，价格优势明显，许多产品已经成功出口到欧美等国家。然而，这些产品的利润率相对较低，主要是因为产品附加值不高、技术含量较低。在中端市场，中国已经具备了一定的研发和生产能力，市场上也出现了一些技术含量相对较高的产品。但这些产品中，有不少是通过代工、山寨或模仿而来的，缺乏自主知识产权，这限制了产品附加值的提升和国际竞争力的增强。在高端市场，中国的研究和开发相对较少，整体还处于起步和探索阶段。这表明中国在高端洗浴辅具的技术创新和市场竞争力方面还有较大的提升空间。

同时，目前我国的洗浴辅具在结构设计、控制策略、安全防护等方面均存在一定的问题。其中，在结构方面，洗浴辅具的设计呈现出两极化趋势，要么过于笨重，占地空间大，要么过于简单，功能不全，产品总体设计品质较低，存在产品语义错误等问题，尤其对于半失能老年人洗浴过程中的姿态调整、喷淋覆盖面等考虑较少。在控制方面，洗浴辅具普遍智能化程度不足，无法实时反馈老年人生理特征，缺乏洗浴模式的在线学习及优化[277]，无法满足个性化需求。在安全方面，洗浴辅具缺乏有效的安全预警及洗浴过程中的实时反馈，缺乏多重人机安全防护措施[278]，存在潜在的安全隐患。

本章小结

　　本章探讨了洗浴辅助技术及机器人的应用前景,详细阐述了洗浴的重要性、历史背景以及洗浴辅具的发展现状,强调了洗浴对于老年人的重要性,指出由于身体机能衰退和行动不便,许多老年人面临洗浴困难,因此开发适合老年人的洗浴辅具和机器人显得尤为重要。另外,本章分析了国内外的研究进展和市场应用情况,我国洗浴辅具的发展还处于相对落后的状态。因此,洗浴辅具研发需要加快进度。

　　随着人口老龄化的加剧,老年人的洗浴护理问题已成为制约我国社会发展的一个重要因素。老年人洗浴市场的供需矛盾显著,对适宜的洗浴解决方案提出了迫切需求。在这一背景下,洗浴机器人和洗浴辅具作为应对措施,逐渐受到市场的广泛关注,并在实际应用中展现出其价值。洗浴机器人通过结合先进的传感器技术、执行器和智能算法,能够为老年人提供深度清洁和舒适的按摩体验。它们在入浴准备、浴口清洁和浴后护理等多个环节中发挥作用,有效辅助失能老人的洗浴过程,减轻养老护理行业的压力。尽管洗浴机器人在市场上的应用逐渐增多,但在技术、功能和用户体验等方面仍有待进一步完善和优化。未来,洗浴辅具的发展趋势将更加注重便捷化、智能化和个性化。结构设计的模块化、功能定制的个性化、服务模式的多元化以及技术集成度的智能化,将成为洗浴辅具发展的关键方向。这些创新将有助于提供更优质的洗浴服务,满足老年人多样化的需求,提升他们的生活质量和幸福感。

第 5 章
半失能老年人洗浴机器人结构设计

第 4 章对洗浴的作用、文化、方式及洗浴机器人的发展现状进行了全面的探讨,然而在实际的应用过程中仍存在一定的问题,特别是在面向半失能人群的洗浴需求时,现有的洗浴辅具及机器人在适应性、易用性和人机交互体验方面还有较大的提升空间。针对这一问题,本章从洗浴过程分析入手,提出更符合半失能老年人的洗浴机器人结构设计方案。本章将重点聚焦于半失能老年人洗浴机器人的结构设计,并通过机械结构优化,提升机器人的可靠性和安全性,满足半失能老年人的洗浴需求,探索高效且实用的半失能老年人洗浴方案。

5.1 洗浴机器人系统方案设计

5.1.1 半失能老年人洗浴特点分析

半失能老年人是指因年龄增长、疾病或意外导致身体或认知功能部分丧失,但仍保留一定自理能力的老年人,其除了具备老年人群体的基本特征外,在洗浴方面具有以下特点。

(1) 健康波动较大

对于半失能老年人,慢性疾病(高血压、糖尿病、关节炎等)多发,需长期用药,且由于部分生理功能的衰退和缺失,其健康状态一般相对较差。尤其是很多老年人处于半卧床状态,其在洗浴的过程中,由于温度变化、环境影响,及自身的紧张或恐惧,健康状态会呈现出较大的波动。面对陌生设备和陌生环境,他们第一次洗浴时往往会伴随着血压升高、心率加快、血氧饱和度降低等现象。

(2) 心理状态复杂

半失能老年人经历了生理功能的衰退和缺失,其自身普遍存在沮丧、自卑、焦虑、抑郁等情绪。当面对洗浴这种涉及个人隐私的事情时,半失能老年人又存在无奈、羞涩及没有尊严的情感。尤其是当护理人员的性别与自身性别不一致时,有些老年人会出现对抗、不配合的复杂心理。由此,洗浴时要尽可能减少暴露感,用浴帘或屏风遮挡,尊重老人意愿,耐心与其沟通,逐步建立信任。

(3) 辅助需求明显

半失能老年人只能完成部分日常动作(如简单进食、缓慢行走),需要辅助工具(拐杖、轮椅)或他人帮助才能完成复杂的动作(如洗澡、上下楼梯)。尤其对于洗浴这种复杂的生活实践,其身体机能下降,存在行动不便、体力不支、感知能力下降、皮肤脆弱等问题。具体表现为平衡能力差,无法长时间站立或坐姿洗浴,洗浴易疲劳,无法自己脱衣裤、控制水流,对水温、疼痛反应迟钝,皮肤薄、弹性差等,因此半失能老年人必须在家属或护理人员的辅助下才能完成洗浴。

(4) 安全要求较高

半失能老年人,由于其特殊的生理、心理特点,洗浴时往往存在较大的安全风险,这就要求洗浴的环境、设备具有良好的防滑、防摔性能,预防意外跌倒或滑落。同时,由于洗浴往往在封闭空间,存在意外缺氧的风险,这就要求洗浴时间不能过长,一般需控制在 10~15 分钟,室内温度一般为 24~26 ℃。此外,老年人皮肤敏感性差,对于温度、擦伤等反应迟钝,这就要求洗浴设备具备温度预警(建议 38~40 ℃)、轻柔擦洗的功能。尤其是对于褶皱处(腋下、腹股沟)、会阴部、足部等易滋生细菌的部位,动作要轻柔。

5.1.2 半失能老年人洗浴过程分析

半失能老年人的洗浴大致可分为 7 个步骤,即到达浴室、脱衣、洗浴、干身、穿衣、护肤、离开浴室。同时,护理人员会在老年人到达浴室前先安排好洗浴环境,而后帮助半失能老年人移动到浴室,并辅助其脱衣、洗浴、干身、穿衣、护肤等过程。待洗浴结束后帮助老人重新回到房间,并完成浴室打扫等后续工作。需要注意的是,半失能老人由于身体原因会花费更多的洗浴时间,在此过程中他们可能产生如厕、休息等需求,这也应在洗浴过程分析及洗浴机器人的设计中有所考虑,如图 5.1 所示。

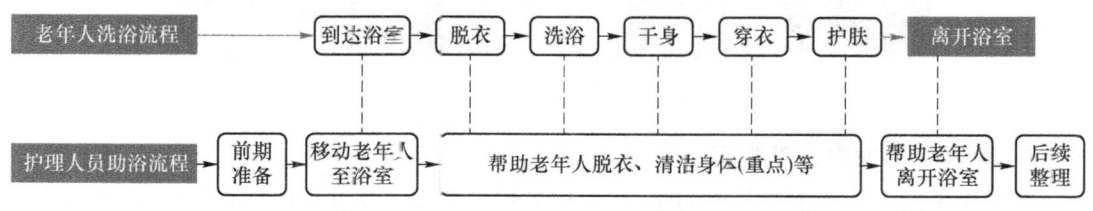

图 5.1 半失能老年人洗浴流程图

5.1.3 洗浴机器人总体方案构思

洗浴机器人系统的目标人群是半失能老年人,综合相关设计[279-281],该设计重点探究以机械代偿用户的生理功能不足,满足半失能老年人在洗浴过程中身体姿态调节、多角度喷淋、辅助擦洗等需求。整个洗浴机器人可以归纳总结为 3 个主要的功能模块[282],即多位姿洗浴椅、多角度喷淋臂、辅助擦洗装置。围绕这 3 个部分,对洗浴机器人进行方案设计。

洗浴机器人的整体设计方案如图 5.2 所示。其中,多位姿洗浴椅是机器人的核心模块,其直接与多角度喷淋臂进行对接固定(图 5.3)。在多位姿洗浴椅上留有对接口,分别支持多位姿洗浴椅在坐姿和躺姿两种姿态时与喷淋臂进行对接、固定。同时,在多位姿洗浴椅的一侧,留有辅助擦洗装置的接口,并安装有滑轨,滑轨上安装有 6DOF 轻型机械臂。

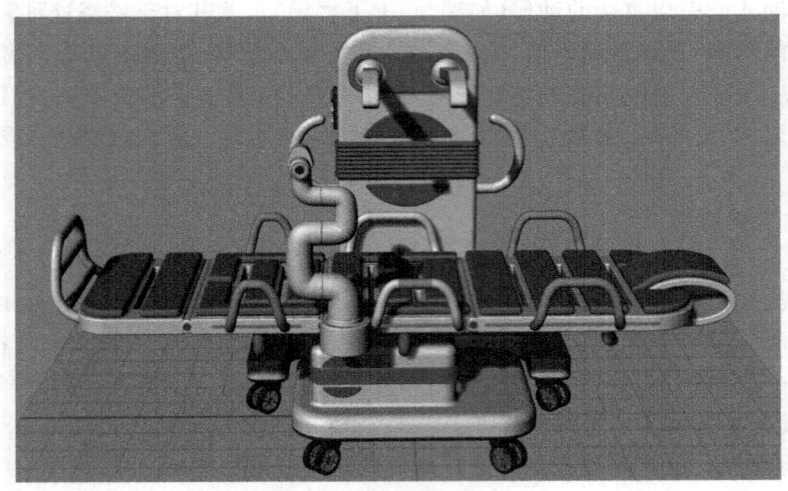

图 5.2　整体方案设计

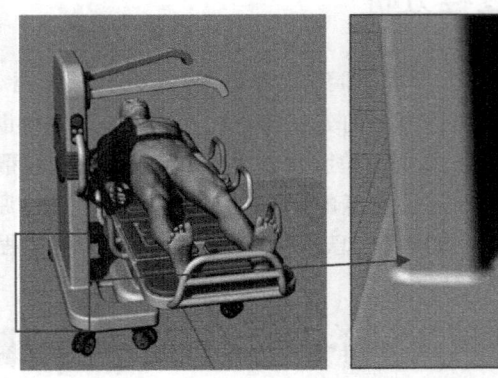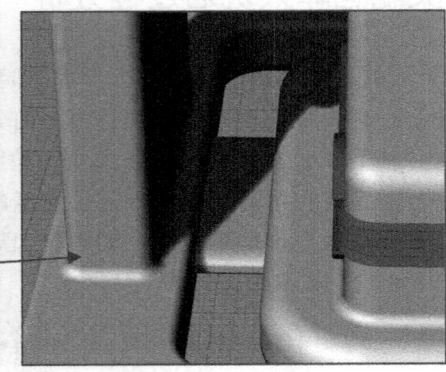

图 5.3　洗浴辅具对接细节图

1. 多位姿洗浴椅方案构思

针对半失能老年人无法长时间站立，一般采用坐姿或躺姿洗浴的特点，设计具有姿态辅助调节功能的多位姿洗浴椅。如图 5.4 所示，将多位姿调节座椅划分为靠背、座面、腿部支撑面、足部支撑面 4 个主要结构模块，通过靠背与座面连接处的轴向转动调节用户的仰姿角度，通过座面大腿板的转动调节用户的大腿抬起角度，通过腿部支撑面与座面连接处的轴向

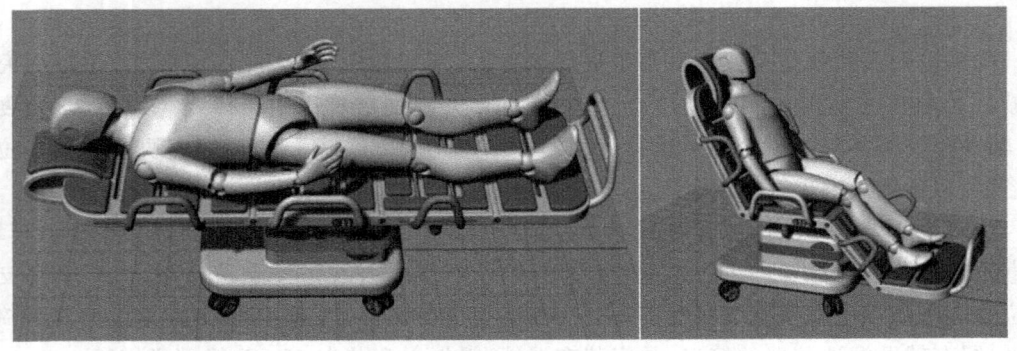

图 5.4　洗浴椅躺姿及半躺姿态示意图

转动调节用户的小腿抬升角度,从而实现用户在洗浴过程中的多种姿态转换,主要包括坐姿、半躺、平躺、抬腿等姿态调节。洗浴椅底座可升降,以适应不同身高护理人员的操作需求,示意图如图 5.5 所示。

同时,针对洗浴前后脱穿衣裤困难的问题,受启发于小孩把尿的动作,设计了辅助脱穿衣裤的结构。洗浴前,在坐姿或平躺状态下,抬起大腿和小腿,通过重心改变,辅助老年人脱衣裤(主要是裤子),其过程如图 5.6 所示。洗浴中,在坐姿或躺姿状态下,通过抬起大腿和小腿,可以辅助清洁腿部与洗浴床相接触的部位,从而进行全面清洁,其过程如图 5.7 所示。在洗浴后,在坐姿或平躺状态下,通过抬起大腿和小腿,辅助老人穿衣裤(主要是裤子),其过程如图 5.8 所示。

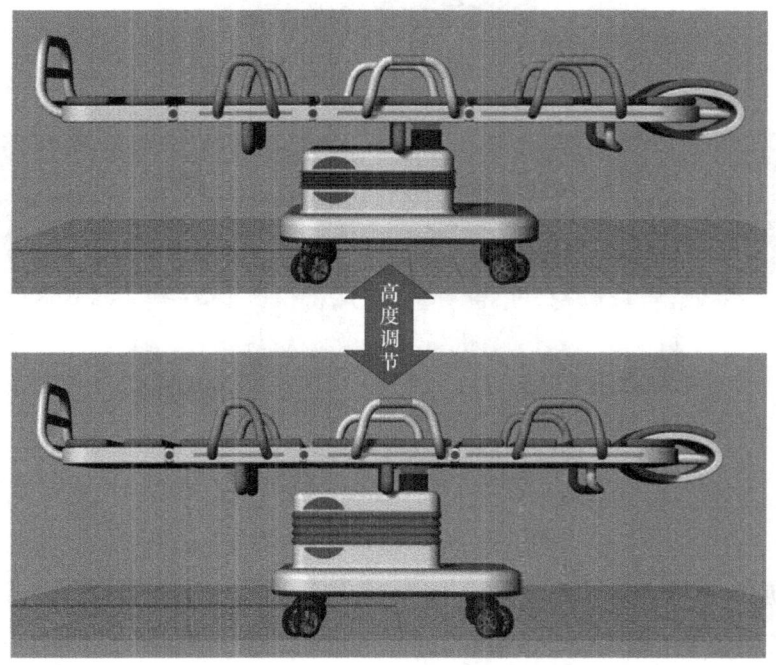

图 5.5 洗浴椅高度调节示意图

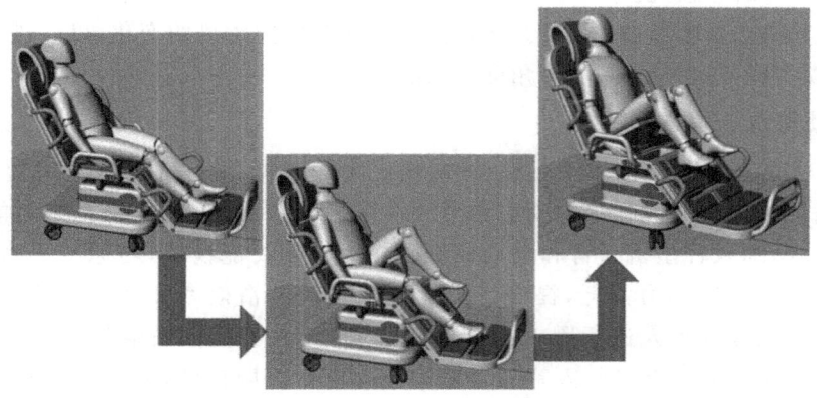

图 5.6 坐姿穿脱衣物过程展示

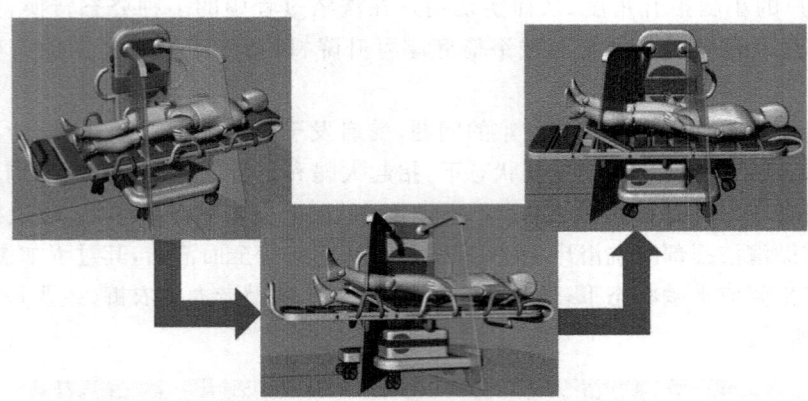

图 5.7 躺姿全面清洁过程展示

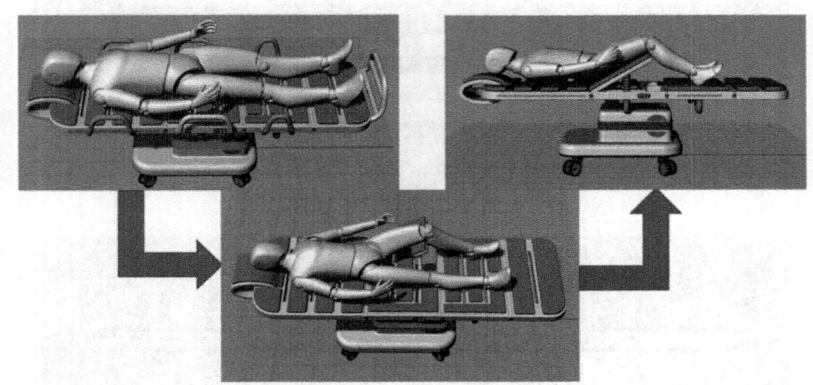

图 5.8 躺姿穿脱衣物过程展示

2. 多角度喷淋臂方案构思

针对半失能老年人固定位淋浴喷淋范围有限、角度单一、护理人员长时间手持花洒人工喷淋劳动强度大等问题,设计可以进行多角度大幅面喷淋的多角度喷淋臂。如图 5.9 所示,利用模块化设计的思想,设计多角度喷淋臂及协同控制系统,使喷淋臂在获取用户现有姿态后自主调节其喷淋高度和喷淋角度。通过两个喷淋臂之间距离的变化,可以进一步调整喷淋的范围,以实现自动的全方位、多角度喷淋洗浴。

3. 辅助擦洗装置方案构思

针对半失能老年人洗浴人工擦洗、搓澡强度大等问题,设计辅助擦洗装置,如图 5.10 所示。在满足用户洗浴过程中的姿态调节和喷淋区调节的基础上,根据半失能老年人的洗浴照护需求,加入轻型机械臂和电动擦洗刷作为辅助功能模块,与原有人力搓澡相比,可以减少护理人员的体力消耗,提升半失能老年人的洗浴效率和洗浴尊严。擦洗前,机械臂可先对半失能老年人进行因人而异的轮廓扫描,并智能分析老年人的姿势状态,根据分析出的数据对半失能老年人施加合适的压力进行柔顺擦洗,避免对老年人皮肤的擦伤和伤害。

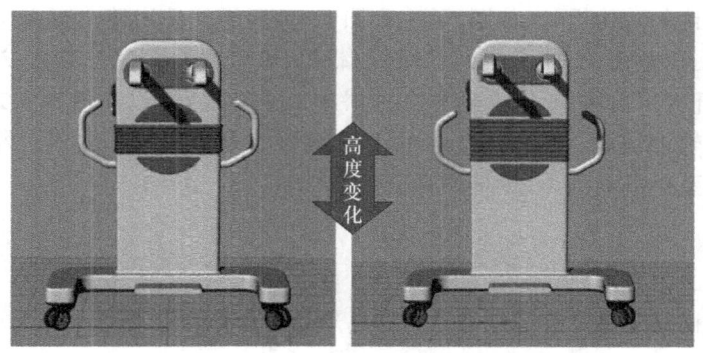

(a) 上下高度调节

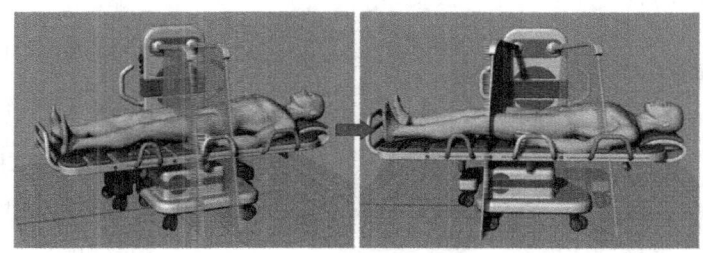

(b) 喷淋范围设计

图 5.9　喷淋臂方案设计

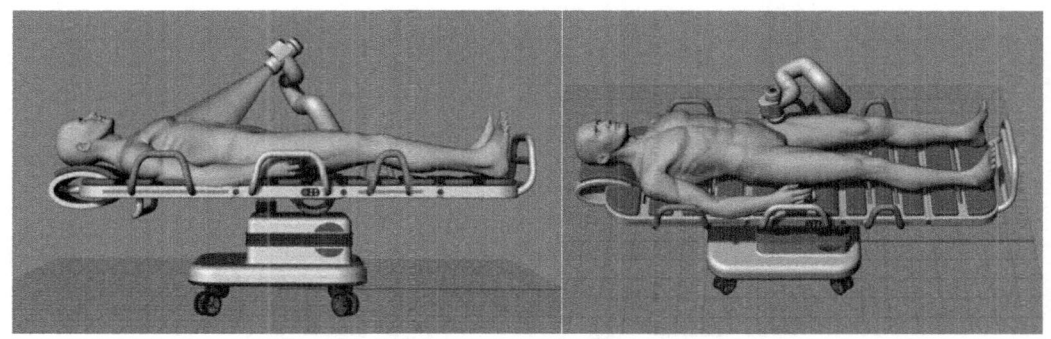

图 5.10　辅助擦洗装置方案设计

5.2　多位姿洗浴椅的结构设计与优化

多位姿洗浴椅是半失能老人洗浴的重要核心组件。本节将深入探讨如何从半失能老人的生理和心理需求出发，设计并开发多位姿洗浴椅，并进一步对多位姿洗浴椅的结构设计进行优化，形成最终的具备多位姿柔顺转换功能的洗浴椅。

5.2.1　多位姿洗浴椅的结构设计

根据多位姿洗浴整体方案设计，参照中国老年人的平均身高及相关人机工程学参数，开展了多位姿洗浴椅的结构设计,如图 5.11 和图 5.12 所示。洗浴椅主要由移动脚轮、X 连杆机构支撑架、大腿承载面、小腿承载面、脚部承载面、靠背、护栏、擦洗装置接口、高度调节推杆、姿态调节推杆等部分组成,兼具转移和洗浴的双重功能,可以灵活地实现从床边到浴室的无障碍转移及辅助洗浴。在整体结构中,该结构设计充分发挥了连杆结构的联动特性,将洗浴椅的动作调整分解为上下、俯仰两部分。

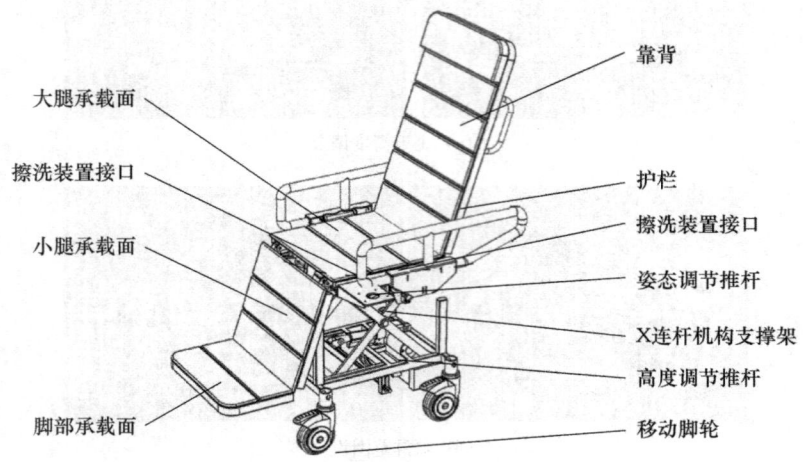

图 5.11 多位姿洗浴椅的结构组成

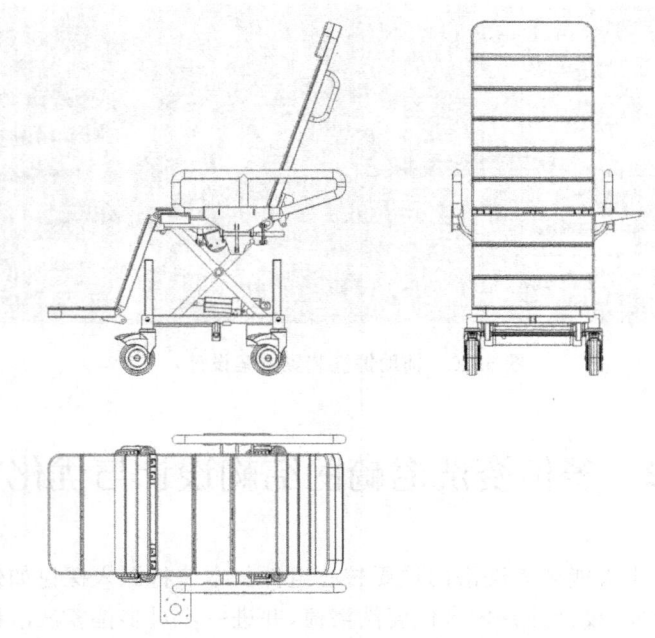

图 5.12 多位姿洗浴椅的三视图

第一部分利用 X 连杆机构的联动特性和受力稳定性,可以将底部电动推杆的横向运动转化为座椅及大腿座面的上下运动,以实现座椅整体高度的上下调节。这种结构形式简单实用,安全可靠,便于老年人洗浴转移时的高度调节与护理人员照护时的弯腰操作。第二部分利用大腿承载面下的连杆机构的联动特性，可以将电动推杆的运动依次传递给靠背、小腿承载面及脚部承载面，以实现洗浴整体姿态的俯仰调节，便于老年人洗浴时的姿态调节。洗浴椅护栏可以抬起或放下，以便与床等的对接，并在洗浴或转运的过程中，防止半失能老年人滑落。擦洗装置接口位于一侧护栏旁边，可以根据使用需求与擦洗机械臂进行对接，以便于洗浴过程中的擦洗等。

同时，如图5.13所示，为了满足半失能老人的洗浴需求，提高洗浴的效率，降低护理人员的照护强度，洗浴椅可以实现坐姿、半躺、平躺等姿态的转换。当老年人洗浴时，可根据不同人的身体健康情况和洗浴爱好，调节洗浴椅姿态。在整个过程中，只需护理人员操作控制器或App，老年人就可以在洗浴椅的辅助下，实现洗浴姿态的柔顺调整和任意切换，解决了人工辅助姿态转换困难、安全性低的问题。

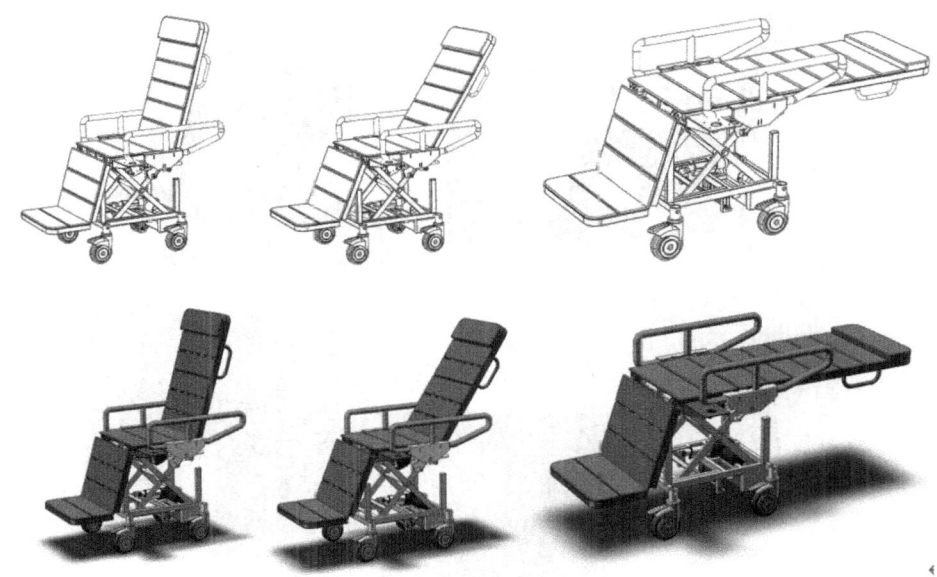

图5.13 多位姿洗浴椅的姿态转换

5.2.2 多位姿洗浴椅的结构优化

虽然上述洗浴椅结构设计方案实现了基本功能，但经过进一步分析发现，其仍然存在重心不稳、安全性低、穿脱衣物不便等问题，因此在以上方案的基础上，进一步对多位姿洗浴椅进行了优化。

1. 原因分析

在以上方案中，多位姿洗浴椅在高度调整过程中，X连杆机构支撑架会随着底部高度调节推杆的运动发生横向的位移，这会导致多位姿洗浴椅的重心移动，进而对使用安全性产生一定的影响。同时，由于X连杆机构体积较大，无法进行整体结构的封装，防水性能不佳。此外，在人体姿态调整过程中（尤其是从坐姿到躺姿的变换过程中），人体与洗浴椅整体的重心会发生变化，而底架结构重心却无法做出相应的变化来适应，对于整体洗浴椅结构的稳定性和安全性影响较大。由此,在以上结构设计方案的基础上,本节对洗浴椅底盘及升降结构进行了优化设计,形成了多位姿洗浴椅结构优化方案。

2. 方案迭代

如图 5.14 所示,在上一代设计方案的基础上,新的底架设计采用垂直升降机构代替了连杆结构,在洗浴椅整体高度的调节过程中,洗浴椅的重心不会发生前后偏移,进而也不会影响使用的安全性,且由于垂直升降机构整体体积相对较小,可以进行封装,以便于多位姿洗浴椅整体系统的防水设置。

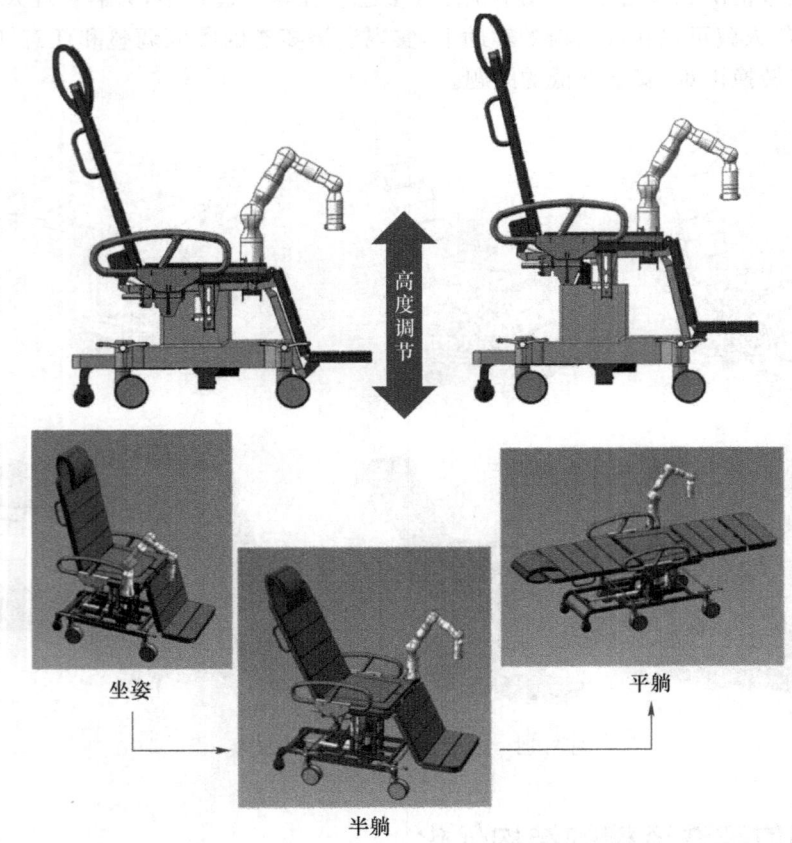

图 5.14 洗浴椅的结构优化

同时,为了方便洗浴前、后老年人脱穿衣裤,优化后的设计方案在洗浴椅臀部支撑面上设计了模拟人双手的抬大腿装置。如图 5.15 所示,其受启发于给小孩子把尿的动作,可以单侧抬腿,也可以协同两边同时抬腿,利用抬起的空间及人体重心的相对变化,可以很容易地帮助老年人脱穿裤子。此外,抬腿机构的设计也可以辅助护理人员进行大腿根部、臀部接触面及隐私部位的喷淋和清洗。

为了避免护理人员频繁弯腰,减少腰肌劳损等职业病的发生,优化后的洗浴椅驻停机构采用脚踏操作的方式,有效地实现了洗浴椅的人性化设计。此外,优化方案从老年人使用的安全性出发,基于人机工程学和产品语义学,更多地考虑局部设计细节的精细化,如将部分直角结构改成圆角结构,且加入了头枕等结构,以提高洗浴过程中的舒适性。

|第 5 章| 半失能老年人洗浴机器人结构设计

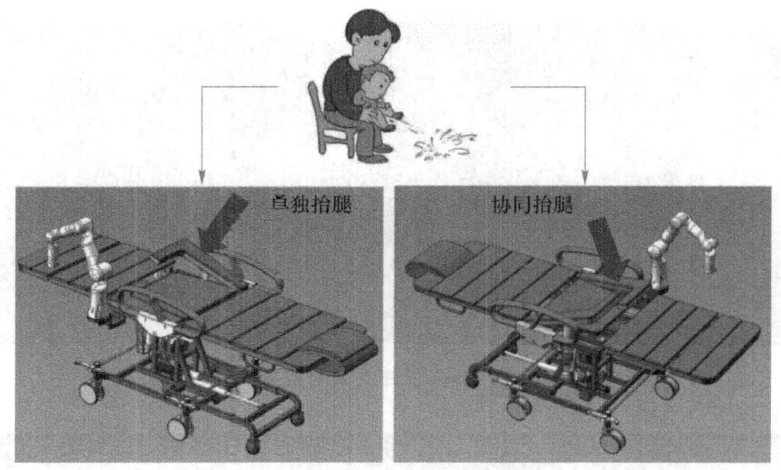

图 5.15 抬腿机构演示

5.2.3 多位姿洗浴椅的静力学、运动学仿真分析

1. 洗浴椅的关键零部件静力学分析

为保证洗浴的安全性和可靠性,针对多位姿洗浴椅的主要受力零部件,利用 CATIA 中的 Generative Structural Analysis 模块,对底架、升降推杆支架、抬腿推杆支架等进行了有限元分析,分析结果如图 5.16、图 5.17、图 5.18 所示;同时,利用 ANSYS/Workbench 软件,对洗浴椅椅背结构件和洗浴椅重心随动结构件进行了有限元分析,分析结果如图 5.19 和图 5.20 所示,进一步对比分析了不同软件仿真的结果,验证和优化了设计方案。整个有限元分析过程可以分为前处理、运算求解、后处理 3 个部分。其中,前处理是根据实际问题定义求解模型,包括材料属性定义、边界条件定义、网格单元类型选择、载荷虚拟施加等;运算求解是进行实际问题模型的求解和计算,包括模型离散化、联合求解等;后处理是对所求出的解根据有关准则进行分析和评价,包括结果分析、报表生成等。

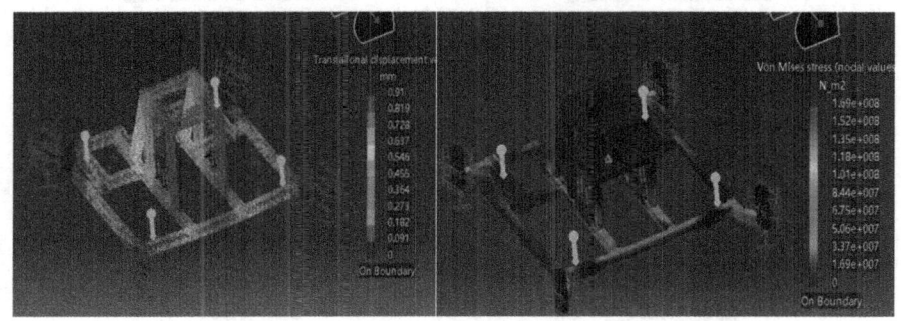

图 5.16 洗浴椅底架结构件有限元分析

2. 洗浴椅的运动学仿真分析

洗浴椅的运动学仿真分析对于确保安全性、舒适性和功能性至关重要。通过仿真,可以验证多位姿洗浴椅在不同运动状态下的稳定性与柔顺性,避免因加速度突变等因素导致倾

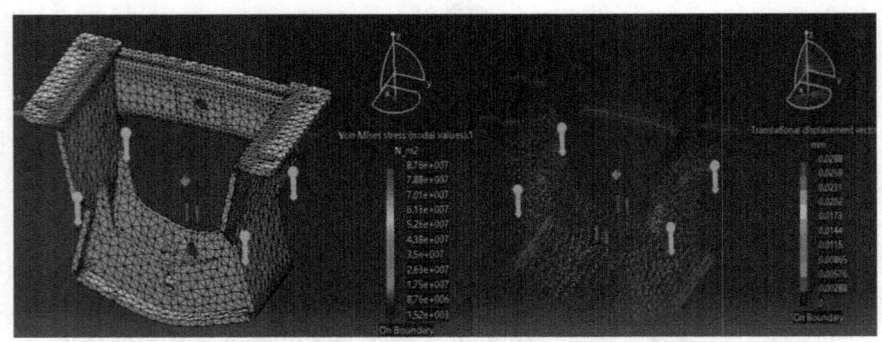

图 5.17　升降推杆支架有限元分析

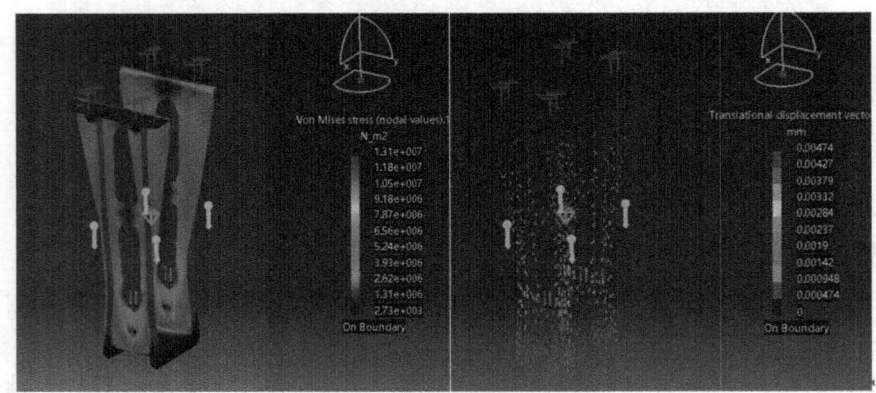

图 5.18　抬腿推杆支架有限元分析

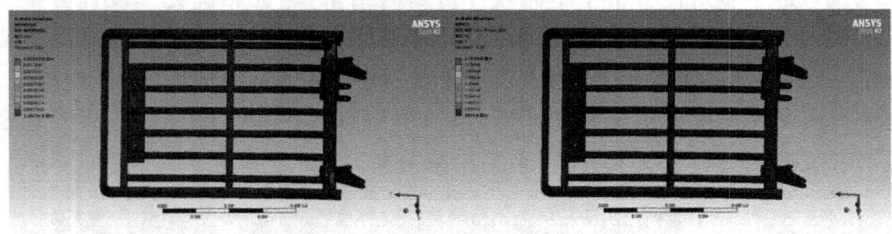

图 5.19　洗浴椅椅背结构件有限元分析

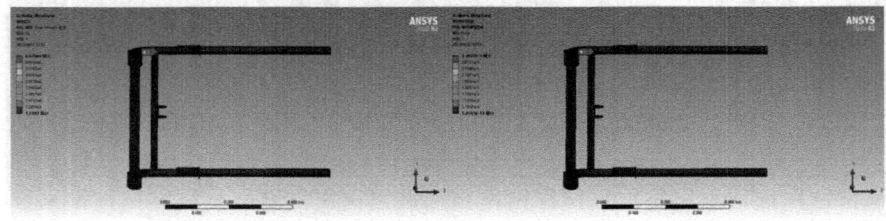

图 5.20　洗浴椅重心随动结构件有限元分析

翻、失效或人体伤害。同时,分析仿真结果,判断各运动曲线的光滑性及相符性,验证多位姿洗浴椅各运动模块结构设计的合理性和有效性,提升半失能老年人的洗浴体验。

(1) 运动学分析

为了实现洗浴椅由坐姿到躺姿的柔顺变换,需根据预期运动轨迹求解位姿变换机构的运动学参数,这就需要对多位姿洗浴椅进行运动学分析。图 5.21 是多位姿洗浴椅位姿变换部位的传动机构示意图,其中 α 为椅背与垂直方向的夹角,β 为电动推杆所在杆与垂直方向的夹角,CD 为多位姿洗浴椅椅面,其与洗浴椅的底座通过辅助抬升装置相连接,故可以看作为机架,AB 为椅背与腿部支撑面的连接杆,通过平行四边形机构使其进行连杆传动,进而实现姿态变化。

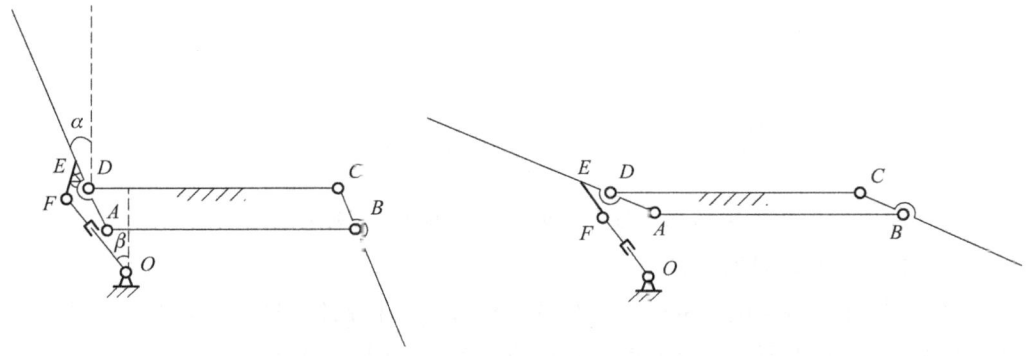

图 5.21 洗浴椅位姿变换部位的传动机构示意图

洗浴椅姿态由坐到躺的变换过程中,椅背的运动轨迹与电动推杆的伸缩量有关,OF 收缩时,多位姿洗浴椅的椅面向后转动,位姿由坐姿逐渐变换为躺姿;OF 伸长时,多位姿洗浴椅的椅面向前转动,位姿由躺姿逐渐变换为坐姿。

根据图 5.21 所示的机构运动简图,应用几何法计算出椅背转角 α 与电动推杆所在杆的杆长 l 之间的运动学方程:

$$\alpha = \frac{3}{2}\pi - \arccos\frac{a^2+b^2-2ab\cos\theta+c^2+d^2-l^2}{2\sqrt{a^2+b^2-2ab\cos\theta} \cdot \sqrt{c^2+d^2}} - \arccos\frac{c}{\sqrt{c^2+d^2}} - \arccos\frac{a-b\cos\theta}{\sqrt{a^2+b^2-2ab\cos\theta}} \tag{5.2}$$

式中,a、b、c、d、l、α、θ 为洗浴椅位姿变换机构的相关几何尺寸,如表 5.1 所示。

表 5.1 机构参数符号

参数	符号
DE 的长度	a
EF 的长度	b
D 到 O 水平方向的距离	c
O 到 CD 垂直方向的距离	d
OF 的长度	l
ED 与垂直方向的夹角	α
OF 与垂直方向的夹角	θ

进一步,利用 MATLAB 将电动推杆所在杆的杆长 l 与椅背转角 α 之间的运动学方程转化为关系图表,如图 5.22 所示。

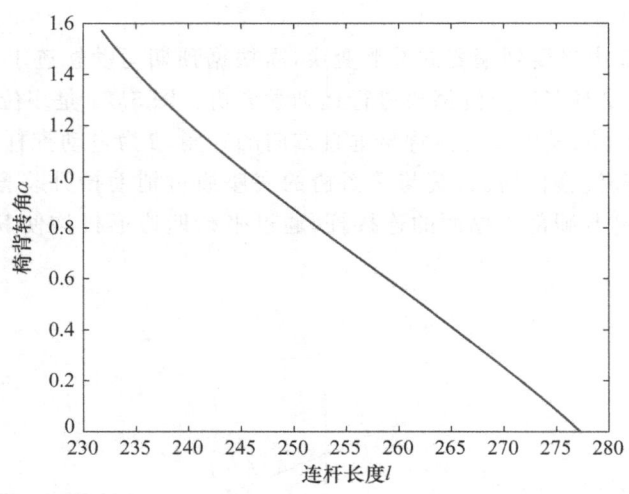

图 5.22 连杆长度 l 与椅背转角 α 的关系

(2) 姿态柔顺调节运动仿真

洗浴椅的起背机构与抬腿机构由一个电动机带动连杆机构完成动作,故其动作是联动的,其在平躺、半躺和坐姿转换过程中的运动仿真结果如图 5.23 所示。

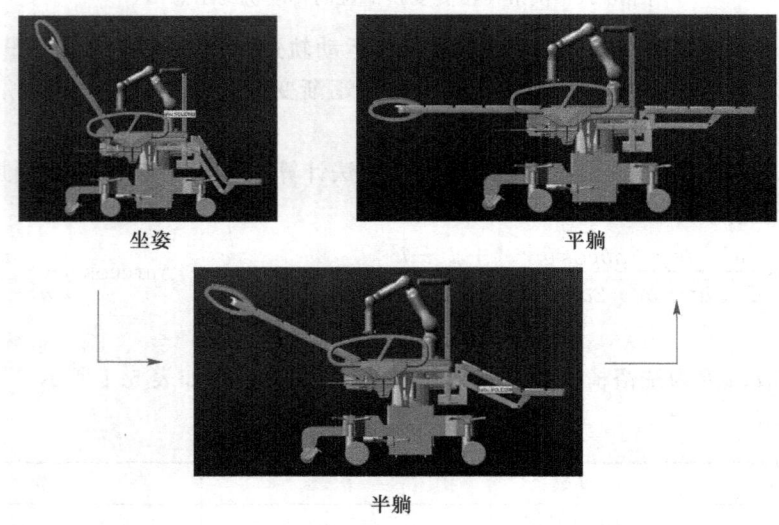

图 5.23 坐姿调节机构仿真

使用 Adams 对其进行运动分析,对洗浴椅主体添加约束,驱动施加在电机与其驱动推杆的移动副上,得到椅背质心速度曲线,如图 5.24 所示,加速度曲线如图 5.25 所示,仿真开始和结束时速度与加速度均为零,运动较为平稳。

仿真中开始和结束时速度与加速度均为零且运动平稳,表明系统动态性能良好,能够有效避免冲击和突变,提升用户安全性和舒适性。平稳的运动特性减少了惯性力对老年人的影响,降低了倾翻或滑移的风险,同时避免设备部件过度磨损,延长使用寿命。

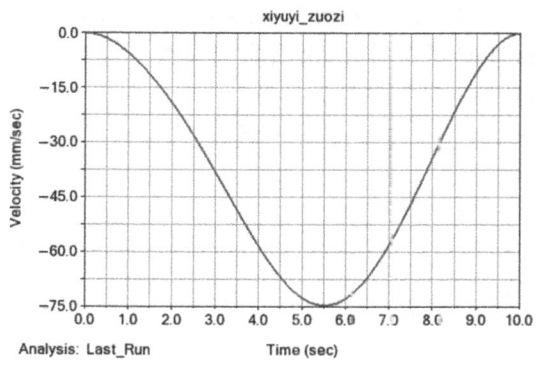 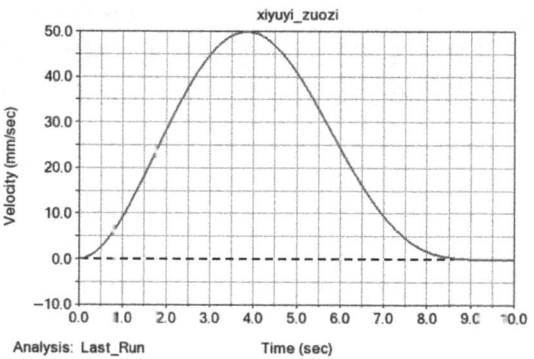

图 5.24　椅背质心速度在 y 轴、z 轴方向的分量

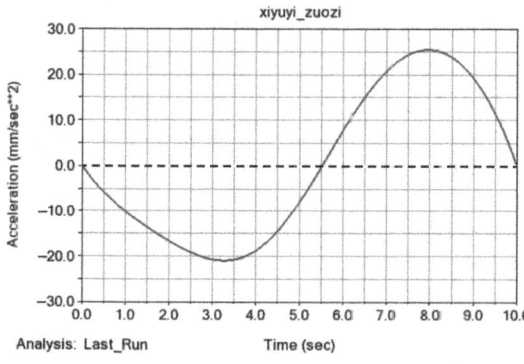 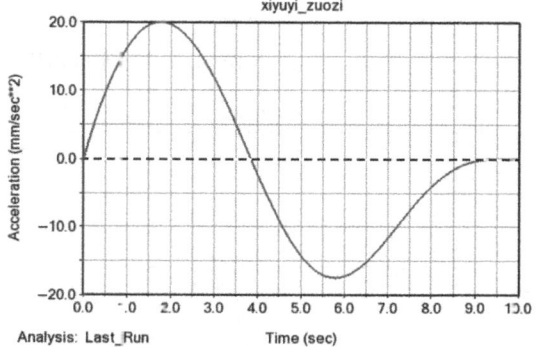

图 5.25　椅背质心加速度在 y 轴、z 轴方向的分量

(3) 辅助脱裤机构运动仿真

辅助脱裤机构主要面向腿脚不方便的半失能老人进行装置设计,针对人的脱裤习惯,在平躺姿态下抬腿装置为老人腿部进行支撑,在装置的驱动下使腿部沿轨迹运动直至抬起,辅助医护人员为老人进行穿、脱裤等操作。

辅助脱裤机构通过双电机分别驱动抬腿机构将腿部抬起进行辅助脱裤,根据实际情况可以进行协同抬腿和单独抬腿操作,如图 5.26 所示。

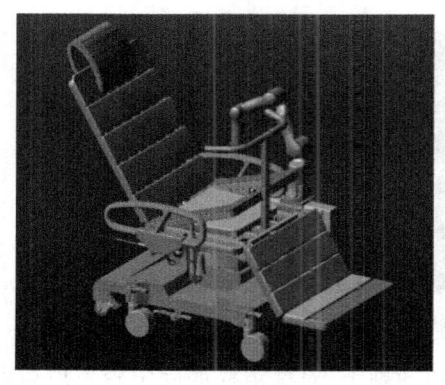 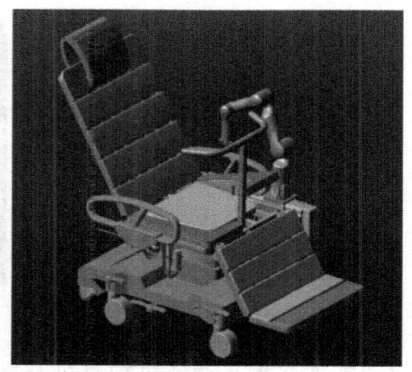

图 5.26　协同抬腿及单独抬腿仿真

使用 Adams 进行运动分析,得到抬腿机构质心速度和加速度曲线分别如图 5.27、

图 5.28 所示。抬腿机构质心速度和加速度为平滑正弦曲线,表明机构运动平稳,启动与停止过渡自然,结构设计合理,避免了瞬态冲击和惯性问题。同时,正弦曲线反映出控制系统和驱动系统性能优良,能够精准实现预期的运动轨迹与动态特性。

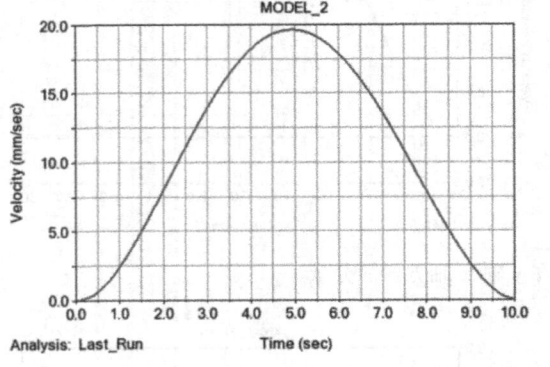
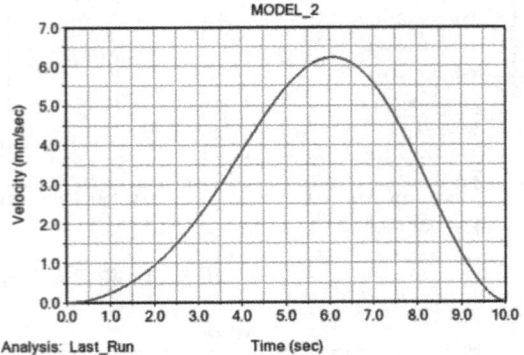

图 5.27 抬腿机构质心速度在 y、z 轴方向的分量

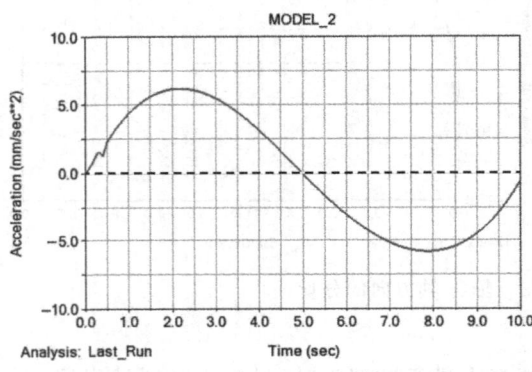
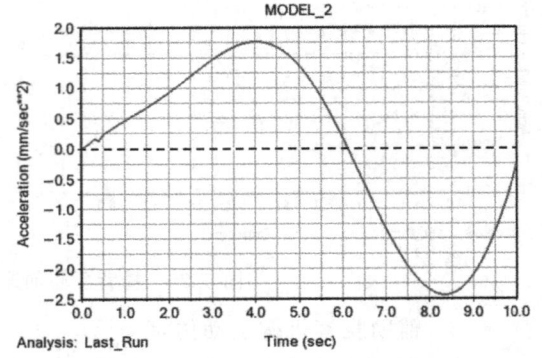

图 5.28 抬腿机构质心加速度在 y、z 轴方向的分量

(4) 重心调节机构运动仿真

在老人平躺或坐立的过程中,重心调节机构可以随着人体重心位置的改变而自动调节前后轮子之间的跨距,使人体重心始终保持在前后轮子之间,不至于产生后翻,运动仿真如图 5.29 所示。

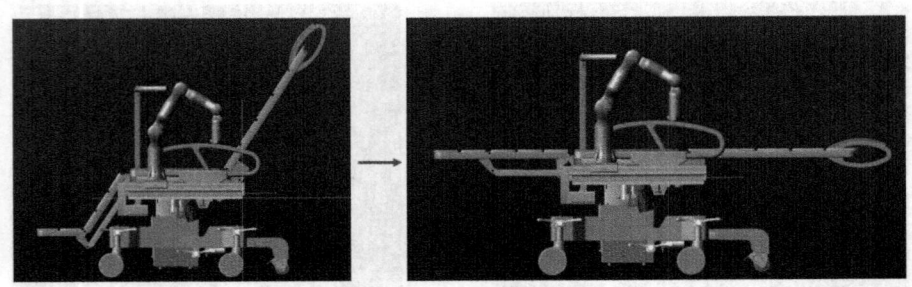

图 5.29 重心调节机构仿真

将驱动施加在重心调节机构电机与推杆的移动副上,对洗浴椅的固定轮施加约束,使洗浴椅在调节坐姿的同时通过移动调心轮调节重心,调心轮的速度和加速度曲线如图 5.30 所示。

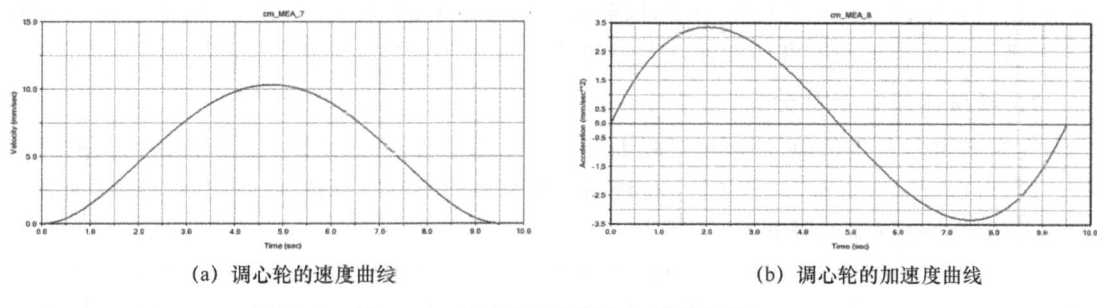

(a) 调心轮的速度曲线　　　　　　(b) 调心轮的加速度曲线

图 5.30　调心轮的速度和加速度曲线

调心轮的速度和加速度曲线为光滑正弦曲线，表明其重心调节过程平稳顺畅，结构设计合理，有效避免了惯性冲击和振动。这样的特性提升了用户的安全性和舒适性，降低了因重心突变导致的不适或风险，同时反映出控制系统的高精度与机械结构的可靠性，为设备的稳定运行和使用寿命提供了保障。

5.3　多角度淋浴臂的结构设计与优化

在半失能老年人洗浴机器人中，多角度喷淋臂是实现半失能老年人精准清洁、舒适洗浴，以及全方位喷淋的重要组件。它结合了多角度喷淋的灵活性和智能控制技术，能够适应不同用户的需求，提供高效、全面的洗浴服务。

喷淋臂设计在满足安全工作空间的基础上确保全方位覆盖人体表面。另外，喷淋臂机械结构应满足设计规范，兼顾外观与实用性。由于喷淋臂的服务对象是半失能老年人群体，安全问题是至关重要的，设计喷淋臂时应充分考虑机械、电气结构的安全性，系统控制的精度与柔顺性，整体系统防水性能等。喷淋臂设计遵循"水电分离"的原则，避免了潜在的安全隐患。喷淋臂设计要求汇总如表 5.2 所示。

表 5.2　喷淋臂设计要求汇总

项目	技术参数
工作空间	不超过 3 m²
设备总重	不超过 30 kg
防水等级	IPX4-6
覆盖范围	整个人体表面
机械需求	满足机械设计规范
控制需求	能快速、稳定、准确地完成每项洗浴任务
通信要求	与洗浴椅、上位机互联

5.3.1　多角度喷淋臂的结构设计

针对半失能老年人的生理特点，及快速舒适的洗浴需求，设计喷淋覆盖面大、喷淋区域可调、出水自主调节的多角度洗浴臂,以解决传统淋浴喷淋范围小且固定、喷淋角度无法调节、护理人员手持花洒喷淋劳动强度大等问题。

1. 喷淋臂设计尺寸分析

在洗浴机器人系统中,洗浴椅是辅助洗浴的主体设备,淋浴设计需要匹配洗浴椅的尺寸与功能,以确保半失能老年人的全方位洗浴。为满足洗浴的喷淋范围,首先对当今我国老年人的人体尺寸进行深入研究。

老年人的人体尺寸会因地域、种族、性别的不同而存在很大差异,在实际设计中,主要考虑大多数人的人体尺寸来进行结构设计。老年人的身材由于年龄的增长、肌肉的萎缩或者脊柱的变形等原因,相较于年轻人有着很大的差异,但是我国尚缺乏精确地关于老年人的人体尺寸测量数据,北方人身材较为高大,所以采用前人对哈尔滨老年人的测量数据作为参考,哈尔滨老年人人体主要尺寸如表 5.3 所示。

表 5.3 哈尔滨老年人人体主要尺寸

测量项目	男(60~90 岁)	女(60~90 岁)
身高/mm	1 607~1 752	1 488~1 651
体重/kg	47~73	40~62
上臂长/mm	285~326	268~300
前臂长/mm	228~252	199~221
大腿长/mm	446~488	418~465
小腿长/mm	352~387	329~371

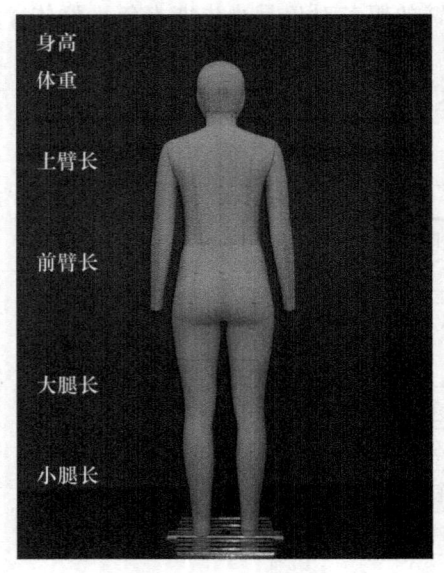

图 5.31 人体主要尺寸

该设计的洗浴设备尺寸设计需要用到身高、上臂长、前臂长、大腿长、小腿长和体重等老年人人体主要尺寸,如图 5.31 所示。

在常见的设计应用中,对于人体尺寸的范围极限是从第 5 百分位到第 95 百分位之间的区域。所统计的数据排除极端数值与测量错误值,表格中数据符合 90% 半失能/失能老年人人体尺寸,且为了减小使用空间,要求喷淋臂工作空间不得大于 3 m^2,在此基础上设计喷淋臂以全方位覆盖人体范围。

2. 喷淋臂传动构型设计

为实现多角度喷淋,本节设计"两移一转"型三自由度喷淋臂系统,其整体机械结构如图 5.32(a)所示。

喷淋臂系统可实现机构整体升降、上下转动、左右两侧伸长 3 个自由度,在该机构模型的基础上搭建了第一代实验样机。整体结构主要由支架、升降单元、中央连杆、喷淋臂 4 个部分构成,各部件机械结构如图 5.32(b)~(e)所示。

喷淋臂支架包括铝型材底座和门字形支撑结构,铝型材底座的主要功能是保证设备的稳定性,使喷淋臂系统在转运或正常运行时保持稳定,不会倾翻,因此需要对系统工作时的

| 第 5 章 | 半失能老年人洗浴机器人结构设计

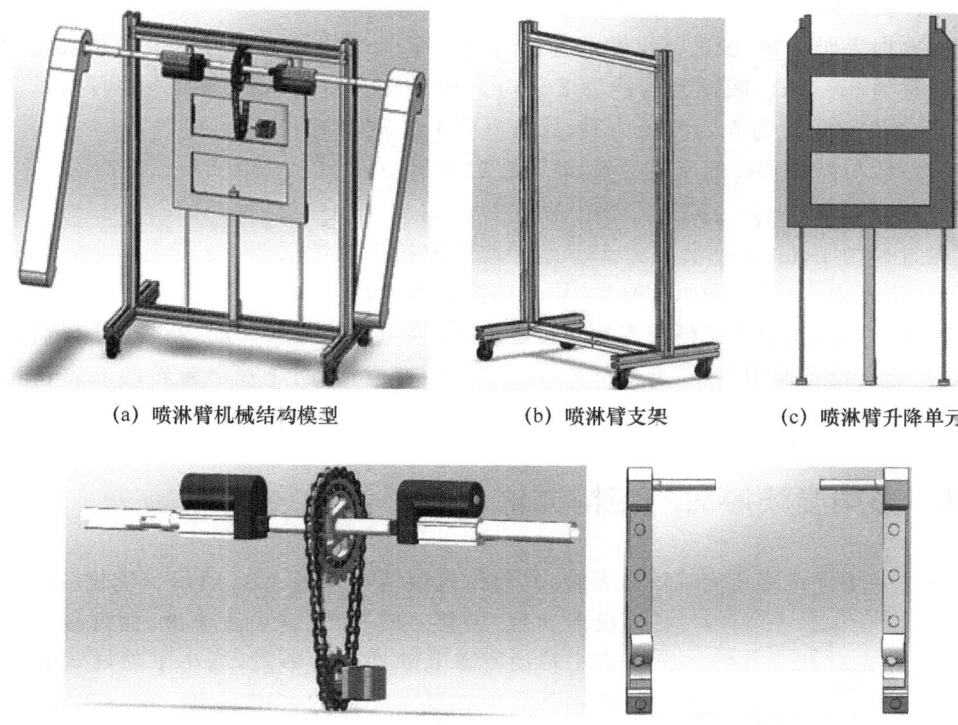

(a) 喷淋臂机械结构模型　　(b) 喷淋臂支架　　(c) 喷淋臂升降单元

(d) 喷淋臂中央连杆　　　　　(e) 喷淋臂部件

图 5.32　喷淋臂机械结构模型及其关键部件结构图

重心变化进行分析。在喷淋臂姿态发生变化时,其重心也随之变化,根据安全人机工程学的原理,为保证系统的稳定性,设计支架时必须确保喷淋臂在各个姿态下的重心均落在喷淋臂底座的上方,而且在护理人员推动设备的时候不会失重倾翻。设备底座模型如图 5.33 所示。根据实际情况,将喷淋臂在喷淋过程中的重心投影至底座平面,由此设计底座尺寸为 740 mm×400 mm×83.2 mm,门字形支撑结构尺寸为 980 mm×740 mm×40 mm。

喷淋臂升降单元包括滑轨、电动推杆、控制单元,电动推杆行程为 300 mm,由 24 V 直流电源供电,速度为 160 mm/s,自重为 1~2 kg,滑轨结构为 PKH40 滚珠丝杠直线模组,最大行程为 500 mm,滑轨采用硬铵材料能够减少摩擦,增加使用寿命。

喷淋臂中央连杆由电动推杆、步进电机、传动机构、控制单元构成,中央连杆是喷淋臂的核心部件,其包括喷淋臂上下转动和左右两

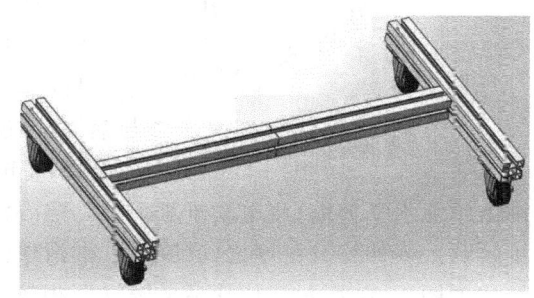

图 5.33　喷淋臂底座模型图

侧伸展两个自由度。在实现喷淋臂左右伸展的同时兼顾喷淋臂上下转动,利用电动推杆实现喷淋臂左右两侧伸展,同时利用电机带动齿轮、链条实现喷淋臂上下转动。首先,确定电动推杆选型,两根电动推杆的最大行程为 150 mm。然后,确定传动机构,传动机构采用两齿轮与链条传动,上下齿轮的尺寸比例应尽可能大,以降低电机带动负载。最后,对电机选型,其扭矩大于喷淋臂整体负载,同时考虑部件之间的摩擦力和两齿轮的大小比例,为降低

电机转速并提高输出扭矩,设计配套减速器。

依据数据手册可知,步进电机做垂直运动时 1 N·cm 扭矩大约可以带动 4 kg 负载,步进电机自重为 2~4 kg,减速器自重为 2~4 kg,喷淋臂自重为 1~2 kg,电推杆自重为 1~2 kg,实际负载总重量为 M_1,直径为 D,故电机总重量 M_2 约为 7 kg。

实际负载与齿轮直径的函数关系如式(5.2)所示:

$$M_1 = D \times M_2 \tag{5.2}$$

齿轮直径为 4 cm,实际负载为 28 kg,因此选取扭矩能带动 28 kg 的电机,本节选取 86 步进电机,扭矩为 8.6 N·cm,配套 24 V 驱动器和减速器。

采用轴承部件将中央连杆与支架连接起来,轴承可以降低转动时中央连杆与轴承之间的摩擦力,延长设备使用寿命,肩部采用双套环以固定肩部,防止喷淋臂转动与伸长时发生抖振。

5.3.2 多角度喷淋臂的结构优化

本节进一步优化多角度喷淋臂系统,其整体机械结构如图 5.34 所示。优化后的喷淋臂不仅能实现"两移一转"型三自由度喷淋,而且减小了喷淋臂水平移动所需电动推杆的数量,缩小了喷淋臂的传动机构在水平方向和竖直方向的占用空间。相比于原有结构,优化后的喷淋臂仅使用 3 个电动推杆即可实现喷淋臂的 3 个自由度。

喷淋臂整体结构主要包括支撑单元和淋浴单元。支撑单元包括工字形底座和日字形支撑杆。淋浴单元包括臂体、传动单元和防水外壳,臂体与传动单元相连;臂体包括外壳、固定板、三通分水阀和若干花洒。喷淋臂的臂体结构如图 5.35 所示。

传动单元由 3 根电动推杆、铝板、挂耳、导轨、轴套、空心活塞杆、连接杆和剪式结构组成,传动单元结构如图 5.36 所示。将电动推杆基座与铝板固定,导轨连接日字形支撑杆与铝板,通过电动推杆推动铝板运动进而实现淋浴单元整体升降;将电动推杆、导轨、剪式结构和连接杆相连接实现

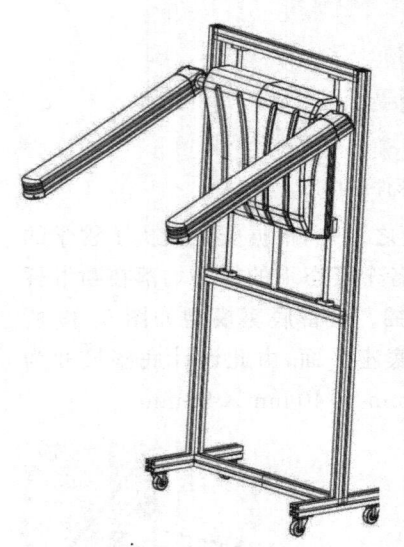

图 5.34 喷淋臂机械结构模型

淋浴单元水平伸缩;将电动推杆、挂耳、空心活塞杆相连接实现淋浴单元旋转运动;为了避免旋转和水平伸缩自由度之间的干涉,淋浴单元采用三层轴套结构排除干涉,喷淋臂各自由度结构如图 5.37 所示。优化后的喷淋臂相较于其他洗浴辅具具有灵活性强、淋浴范围广、易于与洗浴椅配合、结构简洁、易于自动控制等优点。喷淋臂的部分 CAD 设计图纸如图 5.38 所示。

图 5.37(a)所示的喷淋臂支撑单元包括工字形底座和日字形支撑杆。在喷淋臂姿态发生变化时,其重心也随之变化,根据安全人机工程学原理,为保证系统的稳定性,设计工字形底座尺寸为 740 mm×400 mm×40 mm,日字形支撑杆的尺寸为 740 mm×40 mm×1 480 mm。

图 5.37(b)所示的喷淋臂臂体外壳材料为 ABS,采用 3D 打印制成,具有耐腐蚀、耐高

温、防碰撞等优点,臂体总长 784 mm×32 mm。臂体内部采用中空式设计,通过水管向花洒输水完成喷淋,与传统的储水式喷淋臂相比,该设计的显著优势是臂体内部零件发生水蚀的可能性更小,其具有更好的隔热和防水性能。固定板的作用是固定花洒与外壳,花洒与固定板之间通过塑料尼龙螺母固定,相邻花洒圆心间距为 150 mm。花洒根据雾化效应原理制成,热水经喷头雾化为均匀水雾,在提高喷淋范围的同时降低喷淋强度,提高老年人皮肤舒适度,有效降低对半失能老年人皮肤的刺激和损伤。

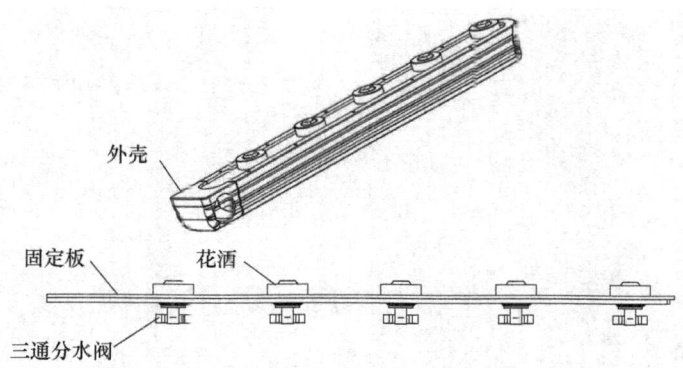

图 5.35　喷淋臂的臂体结构

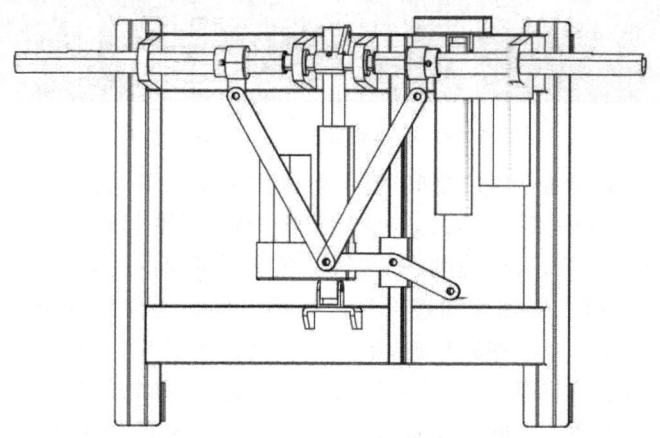

图 5.36　喷淋臂传动单元结构图

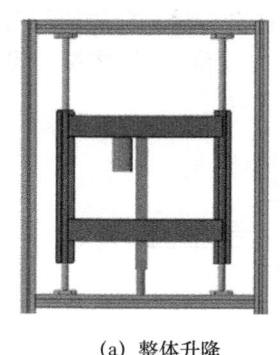 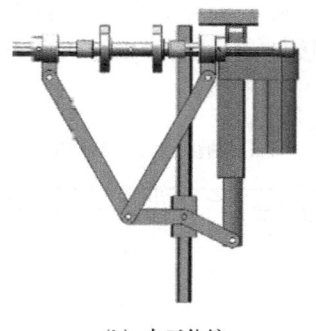 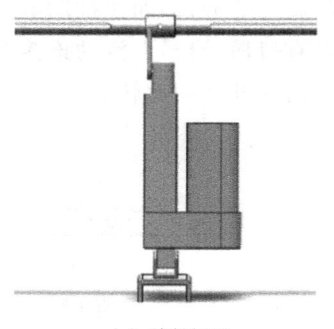

(a) 整体升降　　　　　　(b) 水平伸缩　　　　　　(c) 旋转运动

图 5.37　喷淋臂各自由度结构图

图 5.37(c)所示的喷淋臂传动单元由 3 根电动推杆、铝板、挂耳、导轨、轴套、空心活塞杆、连接杆和剪式结构组成,负责整体升降的电动推杆行程为 300 mm,负责臂体旋转、水平伸缩的电动推杆行程为 100 mm,由 24 V 直流电源供电,速度为 100 mm/s,自重为 1～2 kg,可提供 2 000/1 300 N·m 推/拉力,并具有 IP63-65 防水标准与极低分贝工作噪声,电动推杆的所有参数均符合工业级标准。滑轨结构为 PKH40 滚珠丝杠直线模组,最大行程为 750 mm 和 260 mm,分别负责喷淋臂整体升降和水平伸缩。

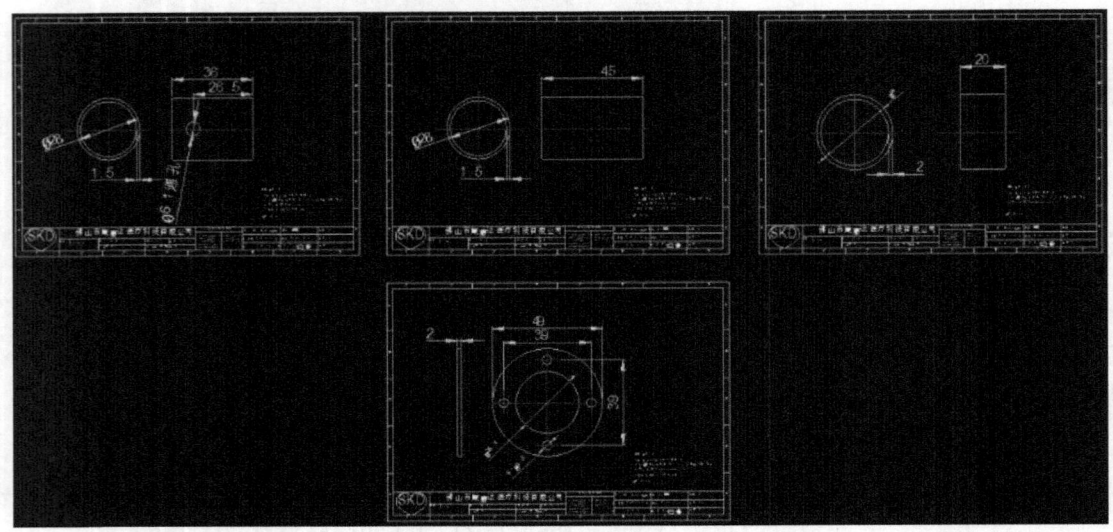

图 5.38 喷淋臂部分 CAD 设计图纸

为避免旋转和水平伸缩自由度之间的干涉,淋浴单元采用三层轴套结构排除干涉,其装配图如图 5.39 所示。其中第一层轴套与挂耳相连,第二层轴套分别与第一层轴套和连接杆相连,第二层轴套硬度较低,材质为抛光黄铜,以便降低同第一层轴套和连接杆之间的磨损与阻力。第一层轴套、第二层轴套和连接杆之间通过螺栓连接以保证三者间无相对位移。第三层轴套同连接杆和空心活塞杆相连,第三层轴套硬度较低,材质为抛光黄铜,以便降低同空心活塞杆之间的磨损与阻力,第三层轴套与连接杆一端固定,两部件在水平运动时无相对位移。铝板顶部沿水平方向间隔设置有多个耳板,耳板内穿设有空心活塞杆和连接杆,空心活塞杆的中部套设有挂耳,挂耳包括套接在空心活塞杆上的套筒部分,以及与电动推杆相连的旋转部分,即通过推动电动推杆便可实现空心活塞杆的旋转,且空心活塞杆的两端对称开设有滑槽,滑槽上滑动连接有连接杆,通过滑槽对连接杆进行轴向限位,使得连接杆可随空心活塞杆共同旋转。

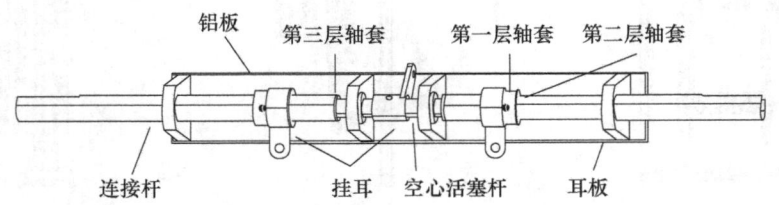

图 5.39 连接杆、空心活塞杆、轴套和挂耳的装配图

为了使喷淋臂节省内部空间,利用剪式结构将两推杆竖直放置,并且仅利用一个推杆实

现喷淋臂左右两臂同时伸缩。为了克服喷淋臂延伸过程中可能出现的"奇点",该"奇点"指电动推杆在水平方向的分力小于轴套与中央连杆阻力的点,通过计算求出该机构不会存在上述"奇点"。

力臂为 H_1,臂体产生力矩为

$$\Upsilon_1 = GH_1 = 4 \times 9.8 \times 0.282 \text{ N} \cdot \text{m} = 11.0544 \text{ N} \cdot \text{m} \tag{5.3}$$

电动推杆产生的力为 F,力臂为 H_2,因此电动推杆产生的力矩(导轨的摩擦力与连接件的能量损失忽略不计)为

$$\Upsilon_2 = FH_2 = 1300 \times 84.44 \sin(22.5°)\cos(23°) \text{ N} \cdot \text{m} = 38.6685 \text{ N} \cdot \text{m} \tag{5.4}$$

5.3.3 多角度喷淋臂的静力学与工作空间分析

对多角度喷淋臂进行静力学分析和工作空间分析具有重要的理论和工程意义,尤其是在设计、优化和应用过程中,这些分析能够确保设备的安全性、可靠性以及功能的高效性,同时对性能提升和故障预测具有指导作用。

1. 多角度喷淋臂静力学分析

为验证中央连杆机械结构设计的合理性,对轴承结构进行有限元分析,分别对轴承装置进行瞬态动力学分析和疲劳评估。有限元分析的主要步骤为前处理、求解、后处理。第一步,将 Solidworks 设计的轴承模型导入 Ansys Workbench 软件中,经过模型简化、材料本构、接触设置、网格划分等步骤对模型进行前处理。第二步,求解器设定,设置载荷条件与边界条件。第三步,模型后处理,求解完成后得到模型的力收敛曲线(如图 5.40 所示),从图 5.40 中可以看出,求解过程无误。

彩图 5.40

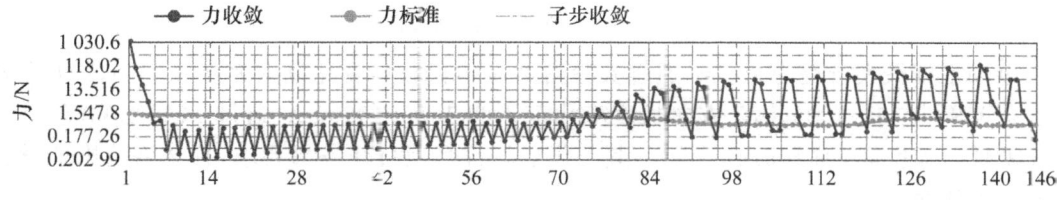

图 5.40 力收敛曲线图

在后处理模块中添加最大变形和疲劳分析工具箱,经过求解得到轴承可在工况下工作 10^6 次,最大变形为 0.263 mm,符合工艺设计标准,求解结果如图 5.41 所示。

彩图 5.41

2. 多角度喷淋臂工作空间分析

完成喷淋臂机械结构设计后,分析其工作空间是否满足使用需求,对于不能满足的部分进行改进。考虑到浴室的空间有限,根据项目任务书要求,喷淋臂工作空间不得大于 3 m²,且喷淋臂洗浴区域能够全方位覆盖人体表面。针对以上需求,本部分计算出喷淋臂的实际工作空间,根据工作空间调整喷淋臂整体结构,包括支架尺寸、喷淋臂长度、花洒数量与喷射范围、电动推杆行程、步进电机限位等方面。

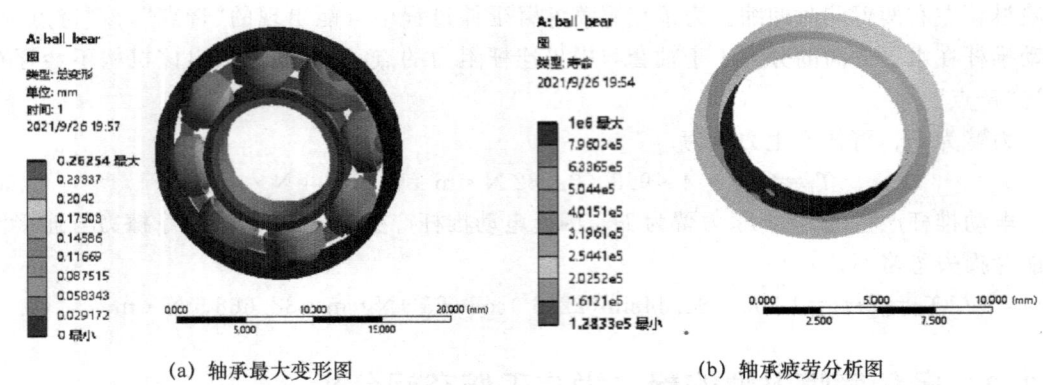

(a) 轴承最大变形图　　　　　　　(b) 轴承疲劳分析图

图 5.41　轴承静力学分析结果

对喷淋臂工作空间建立空间直角坐标系,本部分定义喷淋臂臂展方向为 X 方向,喷淋臂左右伸长方向为 Y 方向,喷淋臂上下移动方向为 Z 方向,如图 5.42 所示。

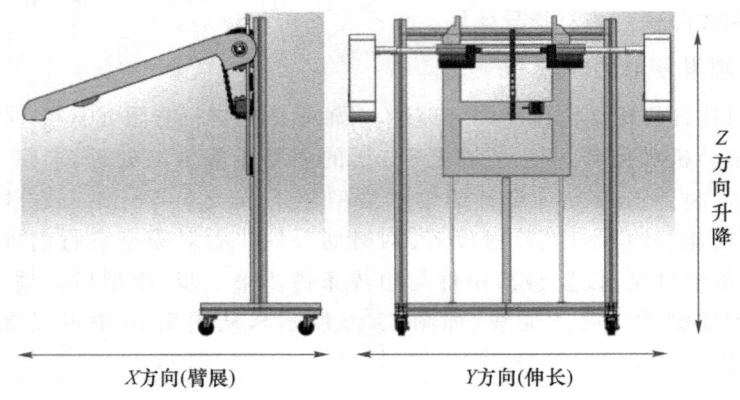

图 5.42　喷淋臂各坐标轴

电动推杆最大行程为 30 cm,通过实验测得 X 方向长度变化范围为 0～80 cm,Y 方向长度变化范围为 75～105 cm,Z 方向长度变化范围为 162～192 cm。通过 MATLAB 软件求出喷淋臂工作空间,如图 5.43 所示。其工作空间符合项目任务书要求,且洗浴范围能够完全覆盖人体表面。

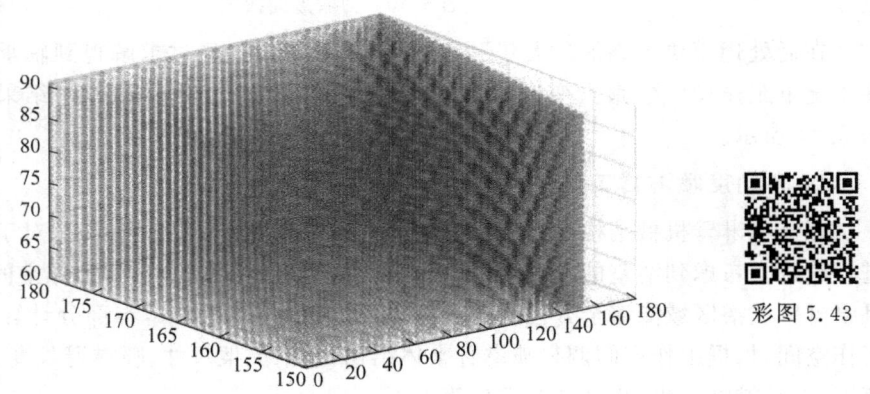

彩图 5.43

图 5.43　喷淋臂工作空间

5.4 辅助擦洗装置设计

辅助擦洗装置的设计旨在解决半失能老年人在洗浴过程中主要躯干的擦洗问题,降低护理人员的工作强度,提高机器人的智能化水平和洗浴效率。本节包括辅助擦洗系统搭建、擦洗臂选择与擦洗滑轨道设计、人体三维数据采集等内容。

5.4.1 辅助擦洗系统搭建

针对洗浴环境下人体周身皮肤这一特殊的作业对象,首先,通过激光雷达对人体支肤点云轮廓信息进行快速获取,将点云数据通过服务端以 Wi-Fi 数据传输到工控机,将数据进行混合滤波去噪并进行人体三维重建,帮助机器人更直观地分析人体皮肤信息。其次,针对人体皮肤表面的复杂性,将基于空间特征提取模块和通道注意力模块的人体语义分割网络应用到人体特征区域识别与分割中,改善现有方法精度差、检测不稳定等不足,之后结合人体皮肤结构性能,设计出面向洗浴护理的擦洗规划策略,完成机器人擦洗路径获取及规划。最后,工控机将规划后的路径信息和运动控制指令传输到机器人系统中,同时机器人将运动状态信息反馈到工控机中,完成人体擦洗实验,如图 5.44 所示。

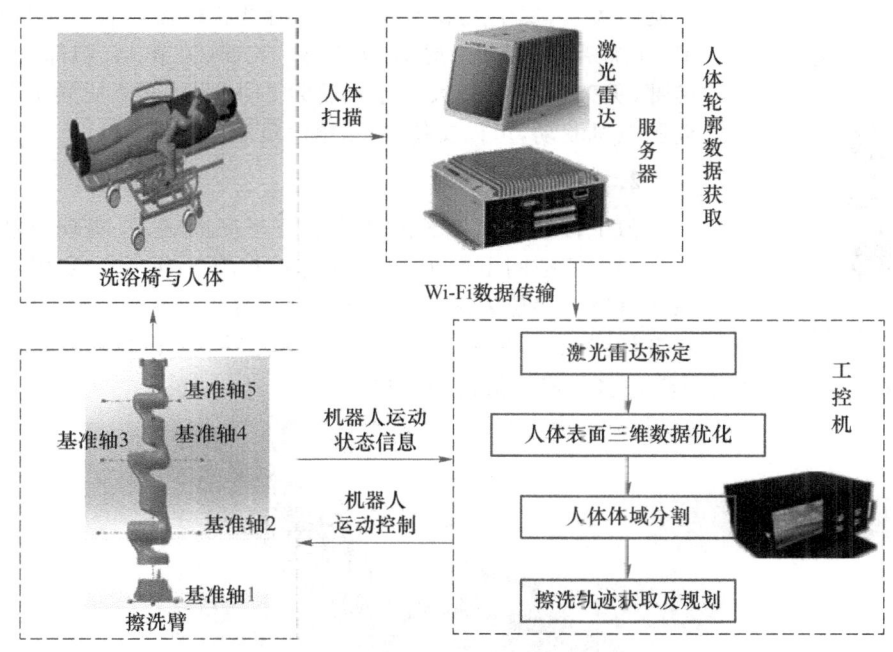

图 5.44 擦洗系统结构

擦洗系统结构主要包括以下部分。

① 感知检测系统:包括 Livox mid 70 固态激光雷达,用于快速获取人体轮廓三维信息及跟踪人体位姿的变化。

② 机器人本体:包括末端操作头和机械臂两部分。机械臂需能到达空间内任意位置,

以保证末端操作头能达到用户皮肤表面各个位置,实现不同轨迹操作,机械臂自由度需大于6DOF。通过机器人自带的位置、压力传感器获取运动状态信息,确保操作的安全性。机械臂连接末端操作头,由末端操作头执行操作。

③ 控制器:实现与机械臂、服务器间的信号及控制命令传输,根据机械臂及末端操作头的运动状态信息,完成作业任务的分配,实现机器人各关节运动控制,以保证机器人实现操作任务。

④ 服务器:接收感知检测系统获取的人体三维信息,对所得数据进行处理,实现人体表面三维信息优化,进行机器人人体皮肤表面擦洗轨迹规划与作业优化。与控制器进行信息交互,结合机械臂运动状态信号,将轨迹控制指令通过控制器传至机械臂。

5.4.2 擦洗臂选择与擦洗滑轨设计

在擦洗系统中,擦洗臂的选择和擦洗滑轨的设计直接决定了系统的功能覆盖范围、运动精度和稳定性。这两部分的设计对于设备性能的优化、可靠性的提高以及使用寿命的延长至关重要。

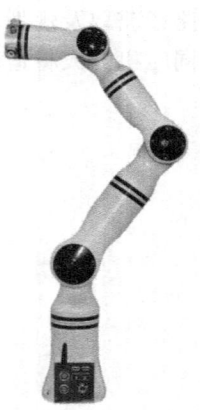

图 5.45 擦洗臂

1. 擦洗臂的选择

考虑到洗浴机器人整体系统的灵巧性,擦洗臂采用六自由度串联机械臂。如图 5.45 所示,擦洗臂本体模仿人的手臂,共有 6 个旋转关节,每个关节表示一个自由度。机器人关节包括肩部(关节 1)、肩部(关节 2)、肘部(关节 3)、腕部(关节 4)、腕部(关节 5)和腕部(关节 6)。其最大工作半径为 610 mm。6 个旋转关节由交流伺服电机驱动,可以支持 5 kg 额定负载。

2. 擦洗滑轨设计

为了将擦洗臂与多位姿洗浴椅连接固定,并实现擦洗臂在多位姿洗浴椅空间下的大范围擦洗需求,设计具有一定滑动空间的擦洗滑轨。多位姿洗浴椅在半躺姿态下与六自由度擦洗臂的配合状态如图 5.46 所示,可以看出当洗浴椅位于坐姿或者半躺状态时,辅助擦洗臂通过擦洗滑轨与多位姿洗浴椅相连接。

图 5.46 多位姿洗浴椅与擦洗臂的配合状态

当多位姿洗浴椅位于躺姿状态时,洗浴椅展开面积处于最大状态,该位姿也是老年人洗浴的常用擦洗姿态,因此所设计的擦洗滑轨必须满足躺姿状态下,擦洗臂移动擦洗末端的工作空间能够完全覆盖洗浴椅全部工作区域,如图5.47所示。

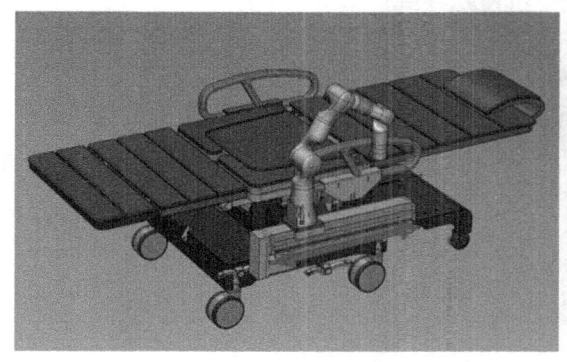 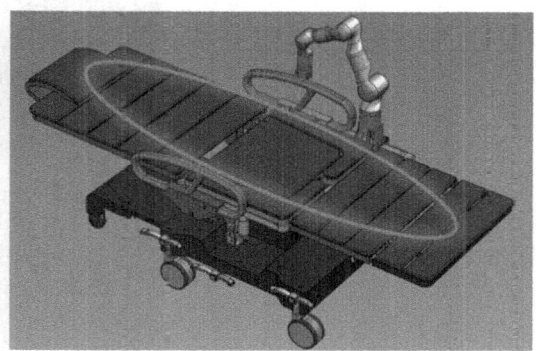

图 5.47 擦洗臂在擦洗滑轨上的移动空间及擦洗覆盖区域

5.4.3 人体三维信息采集

在辅助擦洗装置的设计中,人体三维信息采集是实现精准清洁、高效工作和用户舒适性的重要基础。人体结构复杂且个体差异显著,三维信息采集能够为设备提供实时、准确的用户数据,使设计更符合人体工程学和个性化需求。

1. 激光雷达的选型

采用 Livox mid-70 固态激光雷达,如图 5.48 所示,基于 Ubuntu18.04 和 ROS 环境,完成对人体表面扫描的工作,获取完整的点云数据。该固态激光雷达采用非重复积分式扫描,相比于传统的激光扫描仪,其精度更高、速度更快、耐用性更强。Livox 具有高性价比的优势,能大幅提升垂直与水平方向视场角,减小盲区,提高近处精度,带来更全面的视野,符合项目需求,对人体扫描点云的完整性有更好的保障。

激光雷达扫描模式为多回波模式。将雷达固定在人体上方 1.2 m 处,使用 RVIZ 三维可视化平台显示点

图 5.48 Livox mid-70 固态激光雷达

云信息,利用 Rosbag 库端口完成对点云数据的记录和保存,有助于基于离线数据快速重现曾经的实际场景,进行可重复、低成本的分析和调试。雷达扫描假人体如图 5.49 所示。

2. 人体与机构的相对位置关系

通过利用激光雷达进行人体位置检测并获取高度信息,以及结合机构姿态推导,可以推断人体与机构之间的相对位置关系。

激光雷达通过以激光束为基础的测距原理,能够精确地测量人体在三维空间中的位置。通过扫描环境并记录返回的激光点云数据,可以获取人体的空间坐标信息,并进一步计算出其高度信息,以及与设备机器的相对位置,如图 5.50 所示。

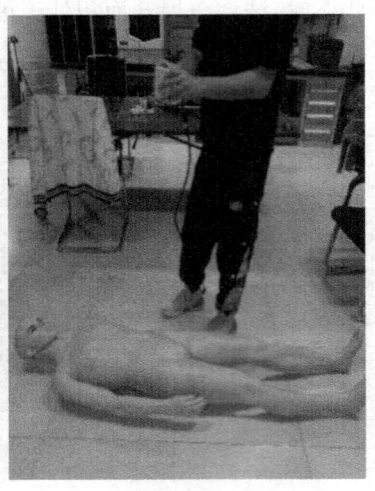

图 5.49 雷达扫描假人人体

由激光雷达所检测点云信息可提取:洗浴椅的位置和角度信息(T_{chair}),描述洗浴椅在全局坐标系中的位置和姿态;喷淋臂的位置和角度信息(T_{arm}),描述喷淋臂在全局坐标系中的位置和姿态;人体位置和高度信息(T_{human}),描述人体在全局坐标系中的位置和姿态。

彩图 5.50

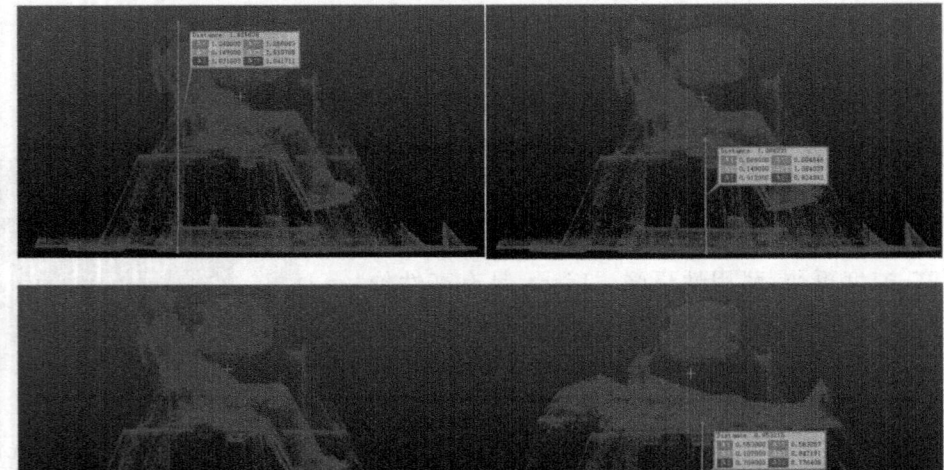

图 5.50 人体高度信息

由此可以计算人体与机构之间的相对位置关系:

$$T_{human2chair} = T_{chair}^{-1} \cdot T_{human} \tag{5.5}$$

$$T_{human2arm} = T_{arm}^{-1} \cdot T_{human} \tag{5.6}$$

其中,$T_{human2chair}$ 和 $T_{human2arm}$ 为人体相对于洗浴椅和淋浴臂的位姿齐次矩阵,可用于进一步分析和控制洗浴椅和淋浴臂的运动,以适应人体位姿变化。

5.4.4 擦洗臂的运动学与动力学分析

擦洗臂的运动学与动力学分析是设计高性能辅助擦洗装置的关键环节。运动学分析确保擦洗臂实现精准路径规划和灵活姿态调整,适应人体复杂曲面和个体差异;动力学分析则关注擦洗力的合理分配、驱动效率优化以及系统稳定性和可靠性。

1. 擦洗臂的建模与运动学分析

机械臂的运动轨迹规划基于正运动学及逆运动学方程。在正运动学中,通过关节角度计算机械臂末端在空间中的位置和姿态;而逆运动学则需要根据目标点的位置和姿态,求解出机械臂(如图 5.51(a))各关节角度的对应解。然而,逆运动学的求解过程面临诸多挑战,如非线性、奇异点、解的多样性等问题。

具体而言,在逆运动学分析中,某些目标点可能导致机械臂处于奇异姿态,这些姿态可能引发关节速度趋于无限或超出允许范围的问题,必须将这些点从工作范围中排除。此外,逆运动学解通常需要唯一解,但实际情况下可能出现解不存在、无解或多解的情况,因此必须筛选出合理的可行解,并综合考虑解的计算效率和求解速度对实际应用的影响。

机械臂的正运动学通过 D-H 参数法建立数学模型(如图 5.51(b)),通过前一节的公式推导就能得到末端执行器的姿态,并且这个姿态是唯一的。但是逆运动学是一个反向过程,是从末端执行器的角度和位置去反向求各个关节变量的过程。在求解过程中主要考虑 3 个方面,即存在性、可解性和多重解。解的存在性是指机械臂各个关节角度需满足机械臂构型约束,同时目标点是在工作空间内的,末端执行器可达到。可解性是指逆运动学方程解的复杂程度,当机械臂具有 6 个自由度时将会产生 12 个方程,其中 6 个方程是不可知的,6 个方程中将含有 6 个未知量,可能存在无解情况。多重解描述的是对于某一个目标点和末端执行器的位姿,整个机械臂可以有许多可达性方法,因此每个关节的角度不唯一,也就具有多

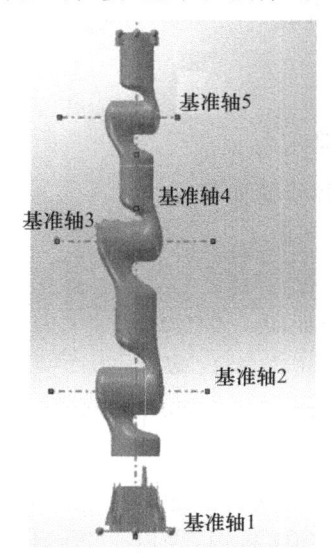
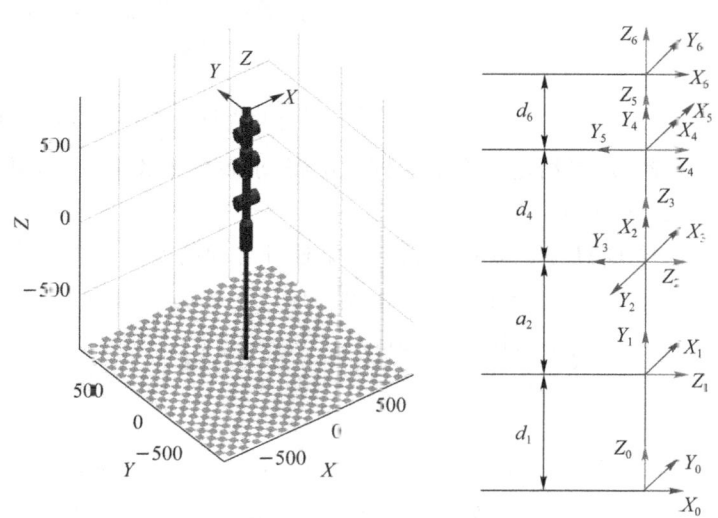

(a) 配置基准轴的机械臂模型　　　(b) 机械臂在仿真环境下的模型及D-H参数展示

图 5.51　六自由度机械臂示意图

个解，需要对各个解进行择优规划，用机械臂 RM-65（如图 5.51(a)）进行实际推导。

首先，根据表 5.4 所示的各个参数建立数学模型，通过关节变量角度限制，限制机械臂各个关节的运动范围，设定随机点 10 000 个，以及对于 6 个关节角度进行随机获取，绘制出工作空间内的 10 000 个随机点，通过点云图的形式绘制擦洗臂的常规工作空间，如图 5.52 示。

表 5.4　改进 D-H 参数表

i	θ_i	d_i	α_i	a_i
1	θ_1	Lsb=0.240 5 m	0°	0
2	θ_2	0	90°	0
3	θ_3	0	0°	Lse=0.256 m
4	θ_4	Lew=0.210 m	90°	0
5	θ_5	0	−90°	0
6	θ_6	Lwt=0.144 m	90°	0

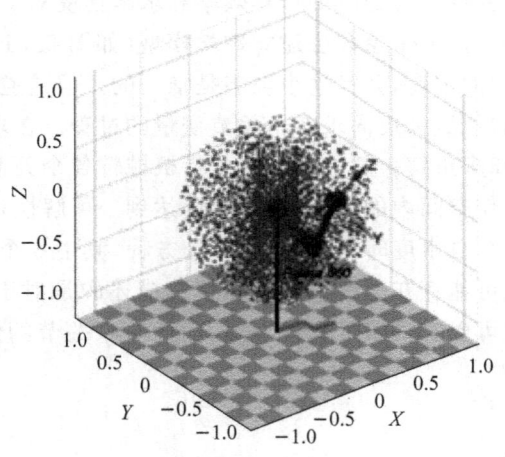

彩图 5.52

图 5.52　六自由度机械臂工作空间点云图

其次，通过给定的末端连杆的位姿，求解各个关节变量，具体步骤如下。

(1) 求解 θ_1

根据 D-H 参数表可以获取以下连杆之间的变换公式。

$${}^{0}_{1}T = \begin{pmatrix} \cos\theta_1 & -\sin\theta_1 & 0 & 0 \\ \sin\theta_1 & \cos\theta_1 & 0 & 0 \\ 0 & 0 & 1 & 0 \\ 0 & 0 & 0 & 1 \end{pmatrix} \quad {}^{1}_{2}T = \begin{pmatrix} \cos\theta_2 & -\sin\theta_2 & 0 & 0 \\ 0 & 0 & 1 & d_2 \\ -\sin\theta_2 & -\cos\theta_2 & 0 & 0 \\ 0 & 0 & 0 & 1 \end{pmatrix}$$

$${}^{2}_{3}T = \begin{pmatrix} \cos\theta_3 & -\sin\theta_3 & 0 & a_2 \\ \sin\theta_3 & \cos\theta_3 & 0 & 0 \\ 0 & 0 & 1 & 0 \\ 0 & 0 & 0 & 1 \end{pmatrix} \quad {}^{3}_{4}T = \begin{pmatrix} \cos\theta_4 & -\sin\theta_4 & 0 & a_3 \\ 0 & 0 & 1 & d_4 \\ -\sin\theta_4 & \cos\theta_4 & 0 & 0 \\ 0 & 0 & 0 & 1 \end{pmatrix}$$

$$_5^4T=\begin{bmatrix}\cos\theta_5 & -\sin\theta_5 & 0 & 0\\ 0 & 0 & -1 & 0\\ \sin\theta_5 & \cos\theta_5 & 0 & 0\\ 0 & 0 & 0 & 1\end{bmatrix}\quad _6^5T=\begin{bmatrix}\cos\theta_6 & -\sin\theta_6 & 0 & 0\\ 0 & 0 & 1 & 0\\ -\sin\theta_6 & -\cos\theta_6 & 0 & 0\\ 0 & 0 & 0 & 1\end{bmatrix} \quad (5.7)$$

$$_6^0T={_1^0T}(\theta_1){_2^1T}(\theta_2){_3^2T}(\theta_3){_4^3T}(\theta_4){_5^4T}(\theta_5){_6^5T}(\theta_6) \quad (5.8)$$

运用逆变换$_1^0T^{-1}$左乘式(5.8)的两边可以推导出θ_1,如式(5.6),再令矩阵(2,4)位置元素对应相等,得到式(5.10),求得θ_1,如公式(5.11)所示,可以看出θ_1的解不唯一。

$$_6^1T=\begin{bmatrix}c_1 & s_1 & 0 & 0\\ -s_1 & c_1 & 0 & 0\\ 0 & 0 & 1 & 0\\ 0 & 0 & 0 & 1\end{bmatrix}\begin{bmatrix}r_{11} & r_{12} & r_{13} & p_x\\ r_{21} & r_{22} & r_{23} & p_y\\ r_{31} & r_{32} & r_{33} & p_z\\ 0 & 0 & 0 & 1\end{bmatrix} \quad (5.9)$$

$$-s_1 p_x + c_1 p_y = d_2 \quad (5.10)$$

$$\begin{cases}\sin(\varphi-\theta_1)=\dfrac{d_2}{\rho};\cos(\varphi-\theta_1)=\pm\sqrt{1-\left(\dfrac{d_2}{\rho}\right)^2}\\ \varphi-\theta_1=\operatorname{atan}2\left[\dfrac{d_2}{\rho},\pm\sqrt{1-\left(\dfrac{d_2}{\rho}\right)^2}\right]\\ \theta_1=\operatorname{atan}2(p_x,p_y)-\operatorname{atan}2(d_2,\pm\sqrt{p_x^2+p_y^2-d_2^2})\end{cases} \quad (5.11)$$

(2) 求解θ_3

在得到θ_1之后,推出式(5.12),其中

$$k=(p_x^2+p_y^2+p_z^2-a_2^2-a_3^2-d_2^2-d_4^2)/(2a_2)$$

最终求得θ_3,如式(5.13)所示。

$$-a_3 c_3 - d_4 s_3 = k \quad (5.12)$$

$$\theta_3=\operatorname{atan}2(a_3,-d_4)-\operatorname{atan}2(k,\pm\sqrt{a_3^2+d_4^2-k^2}) \quad (5.13)$$

(3) 求解θ_2

为了求解θ_2,可得到式(5.14)。θ_1和θ_3的每一个解根据正负号不同都具有两种可能,一共便存在4种可能性,根据这4种可能性就推导出了4个θ_{23}的值,因此θ_2的解也可能有4种。

$$\begin{cases}\theta_{23}=\theta_2+\theta_3=\operatorname{atan}2[-(a_3+a_2c_3)p_z+(c_1p_x+s_1p_y)(a_2s_3-d_4),\\ (-d_4+a_2s_3)p_z+(c_1p_x+s_1p_y)(a_2c_3+a_3)]\\ \theta_2=\theta_{23}-\theta_3\end{cases} \quad (5.14)$$

(4) 求解θ_4

与求解θ_2过程类似,令矩阵两达(1,3)和(3,3)位置元素对应相等,求得θ_4如式(5.15)所示。从式(5.15)可以看出,当$s_5=0$时,无法求解,机械臂处于奇异位置。

$$\begin{cases}r_{13}c_1c_{23}+r_{23}s_1c_{23}-r_{33}s_{23}=-c_4s_5\\ -r_{13}s_1+r_{23}c_1=s_4s_5\\ \theta_4=\operatorname{atan}2(-r_{13}s_1+r_{23}c_1,-r_{13}c_1c_{23}-r_{23}s_1c_{23}+r_{33}s_{23})\end{cases} \quad (5.15)$$

(5) 求解θ_5

根据求解的θ_4,可以继续求得θ_5。与θ_4求解类似,将矩阵继续左乘逆变换,再令两边

(1,3)和(3,3)位置对应元素相等,可以得到 θ_5 如式(5.16)所示。

$$\begin{cases} r_{13}(c_1c_{23}c_4+s_1s_4)+r_{23}(s_1c_{23}c_4-c_1s_4)-r_{33}(s_{23}c_4)=-s_5 \\ r_{13}(-c_1s_{23})+r_{23}(-s_1s_{23})+r_{33}(-c_{23})=c_5 \\ \theta_5=\mathrm{atan}\,2(s_5,c_5) \end{cases} \tag{5.16}$$

(6) 求解 θ_6

运用同样的方法,可以得到 θ_6 的解,如式(5.17)所示。

$$\begin{cases} -r_{11}(c_1c_{23}s_4-s_1c_4)-r_{21}(s_1c_{23}s_4+c_1c_4)+r_{31}(s_{23}s_4)=-s_6 \\ r_{11}[(c_1c_{23}c_4+s_1s_4)c_5-c_1s_{23}s_5]+r_{21}[(s_1c_{23}c_4-c_1s_4)c_5-s_1s_{23}s_5]-r_{31}(s_{23}c_4c_5+c_{23}s_5)=c_6 \\ \theta_6=\mathrm{atan}\,2(s_6,c_6) \end{cases}$$

(5.17)

综上所述,可以得出结论,RM-65 型号机械臂的逆解可能有 8 组,而根据 D-H 参数,机械臂的每个关节无法在全部工作空间内运动,存在着关节结构限制,所以并不是每个解都可行,在所有解中需要进行取舍,选择最优解。有了上述推导过程,可以通过 MATLAB 实现正逆运动学方程,可以运用 Robotics Toolbox 工具箱的 ikine 函数实现机械臂的逆运动学方程求解,机械臂各关节角度、速度及加速度变化如图 5.53、图 5.54 所示,详细计算结果如表 5.5 所示。

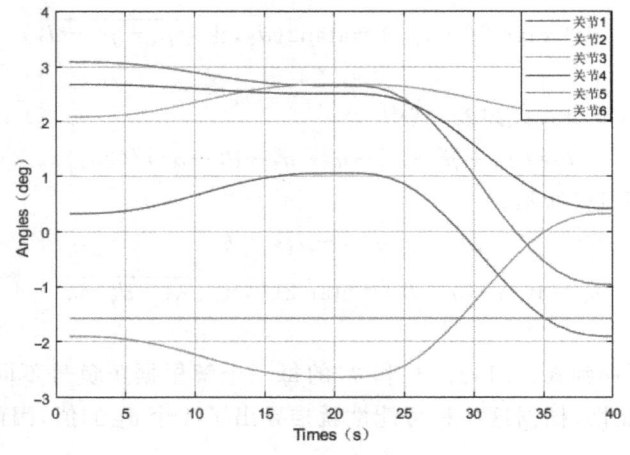

彩图 5.53

彩图 5.54

图 5.53 机械臂各关节角度变化图

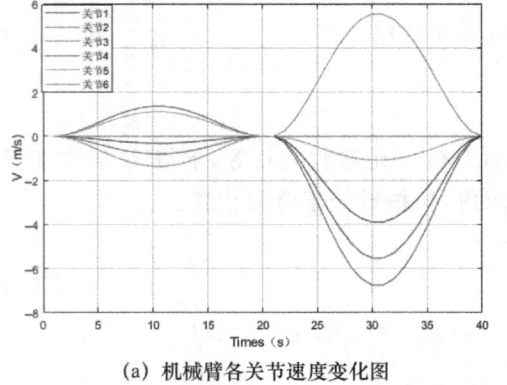
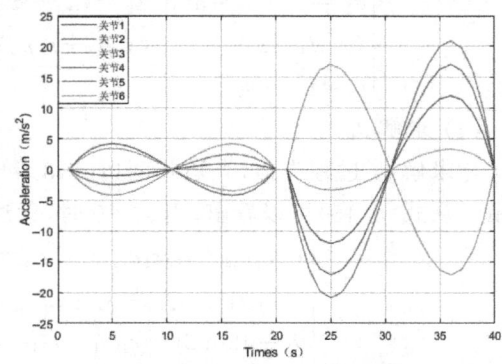

(a) 机械臂各关节速度变化图　　　　　　(b) 机械臂各关节加速度变化图

图 5.54 机械臂各关节速度及加速度变化图

表 5.5 机械臂各关节角度结果

关节 1	关节 2	关节 3	关节 4	关节 5	关节 6
0.334 061	3.087 430	2.084 904	2.681 647	1.570 796	1.904 857
0.335 037	3.086 857	2.085 706	2.681 420	1.570 796	1.905 834
0.341 247	3.083 207	2.090 800	2.679 974	1.570 796	1.912 044
0.356 297	3.074 363	2.103 147	2.676 471	1.570 796	1.927 093
0.382 210	3.059 136	2.124 405	2.670 440	1.570 796	1.953 006
0.419 635	3.037 143	2.155 109	2.661 730	1.570 796	1.990 432
0.468 065	3.008 684	2.194 840	2.650 458	1.570 796	2.038 861
0.526 038	2.974 616	2.242 401	2.636 965	1.570 796	2.096 834
0.591 355	2.936 233	2.295 986	2.621 762	1.570 796	2.162 151
0.661 289	2.895 136	2.353 360	2.605 485	1.570 796	2.232 086
0.732 799	2.853 114	2.412 026	2.588 841	1.570 796	2.303 595
0.802 733	2.812 017	2.469 400	2.572 564	1.570 796	2.373 534
0.868 051	2.773 634	2.522 986	2.557 362	1.570 796	2.438 847
0.926 023	2.739 567	2.570 546	2.543 869	1.570 796	2.496 822
0.974 453	2.711 108	2.610 277	2.532 597	1.570 796	2.545 249
1.011 879	2.689 114	2.640 981	2.523 886	1.570 796	2.582 675
1.037 791	2.673 887	2.662 239	2.517 855	1.570 796	2.608 587

2. 擦洗臂的动力学分析

擦洗臂动力学主要研究外力与运动之间的关系,不过,此处的外力可以是关节驱动器输出的力或扭矩,也可以是末端执行器受到的力;同样,此处的运动可以是关节空间描述的运动,也可以是笛卡尔空间描述的运动。关节的力与末端执行器的力可以通过雅克比矩阵转换;关节空间描述的运动与末端执行器的运动可以通过上一节提到的运动学进行转换,因此上述任意组合均可求解。众多学者采用简洁统一的拉格朗日法对机械臂进行动力学分析,该方法只需要对计算出的动能一阶微分运算便得到了动力学方程,因此采用拉格朗日法建立擦洗臂的动力学模型,建立的动力学方程表示为如下二次微分方程的形式:

$$\tau = M(q)q'' - C(q,q')q' + F(q') + G(q) + J(q)^\mathrm{T} f \tag{5.18}$$

其中:q、q'、q''分别为擦洗臂关节角度、角速度和角加速度向量;M 为与加速度相关的关节空间质量矩阵;C 为与关节速度相关的科氏力和向心力的耦合矩阵;F 为与速度相关的摩擦力;G 为只与关节位置有关的重力项;最后一项结合雅克比矩阵 J 的转置,给出了施加在末端执行器上的力所产生的关节力。

本 章 小 结

本章围绕半失能洗浴机器人系统总体方案设计、多位姿洗浴椅的机构设计与优化、多角度喷淋臂的机构设计与优化、辅助擦洗装置的设计等方面进行了深入研究。

多位姿洗浴椅采用新颖的机械结构设计,能够轻松实现坐姿、半躺、平躺等多种洗浴姿态的转换。转换过程平顺、无冲击,确保老年人在使用过程中的安全性和舒适性。多角度喷淋臂采用"两转一移"结构,能够根据洗浴姿态的变化,灵活调整淋浴高度和喷淋角度,确保喷淋范围全面、均匀。辅助擦洗装置采用6DOF机械臂+柔软、亲肤的擦洗末端的设计方案,能够对人体主要躯干进行全面擦洗,且擦洗力度适中,不会给老年人带来不适。辅助擦洗装置可根据老年人的身体轮廓和擦洗需求,进行角度和力度的调节,确保擦洗效果最佳。同时,为了确保半失能老年人洗浴机器人的稳定性和安全性,开展了运动学、静力学及动力学仿真分析,迭代优化了设计方案。

第 6 章
半失能老年人洗浴机器人的控制策略

本书第 4 章对洗浴辅助技术及其在机器人领域的应用进行了详细介绍,为后续机器人的研发提供了理论依据。第 5 章进一步探讨了半失能老年人洗浴机器人结构设计,明确了机器人的本体结构。在此基础上,本章将重点介绍半失能老年人洗浴机器人的控制策略,包括多位姿洗浴椅的控制、多角度喷淋臂的控制以及辅助擦洗装置的控制,旨在通过采用精确的控制策略,使机器人能够高效、安全地完成半失能人群的洗浴辅助任务。

6.1 多位姿洗浴椅的控制

本节将详细概述多位姿洗浴椅的控制方法,包括关键电气原件的选型、控制方案与策略,以及多位姿柔顺转换控制的实现。

6.1.1 多位姿洗浴椅的电气控制

1. 关键电气原件选型

为了提高洗浴椅的使用安全性,洗浴椅的动力源采用直流防水电动推杆,如图 6.1 所示。LINAK 作为世界一流的医护领域电动推杆系统的开发商和制造商,建立了 IPX6 Washable DURATM 的全新防水标准,其推杆解决方案符合所有国际清洗标准,最高可清洗次数达 300 多次,远远超过了行业标准的可清洗次数(50 次),从而增加了产品的使用寿命,完全符合防水性能要求。此外,常州路易推杆的升级版防水电动推杆经 72 小时浸水循环伸缩试验,性能良好,且具有良好的性价比,可以满足洗浴椅的设计需求,并为后续产品的产业化奠定了良好的基础。

同时,为了提高多位姿洗浴椅的使用安全性,设计采用 24 V 电源,并设计了可拆换的 24 V 电池盒,每充一次电可以支持不少于 4 小时的洗浴,可以满足社区及养老机构基本的洗浴需求。

2. 控制方案与策略

在整体方案上,洗浴椅预设了位姿控制单元和感知单元,通过位姿控制操作器设置相应的目标位姿模式,位姿控制单元按照目标位姿模式调整洗浴椅的位姿,以辅助洗浴过程中的

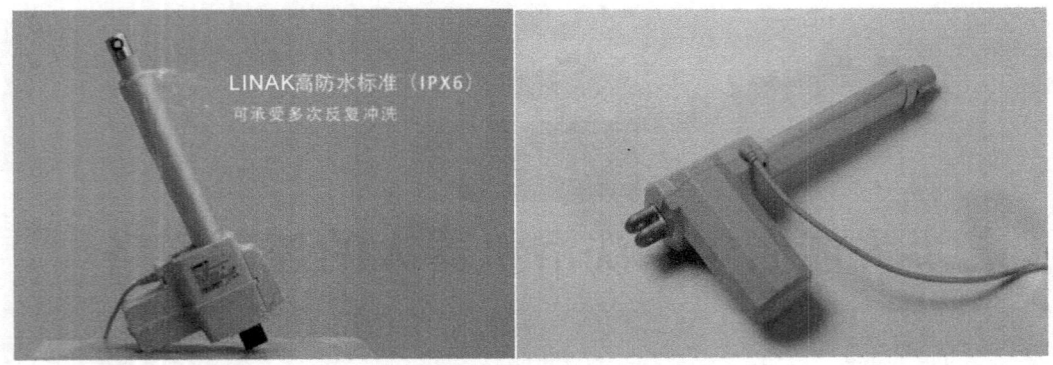

图 6.1　LINAK 直流防水电动推杆

人体姿态变化。结合实际情况，位姿控制操作单元设置对应不同位姿的多个位姿挡位，将其调整至不同的位姿挡位，控制位姿调整机构执行不同的位姿调整动作，使得洗浴椅位于不同的位姿。例如，在平躺位姿挡位下，通过调整背部承载面、大腿承载面、小腿承载面及脚部承载面之间的相对位置，控制调整相应的位置，使得老年人在洗浴椅上能够处于平躺位姿。同时，为了提高控制的安全性，洗浴椅设计了感知单元，避免姿态转换超过人体生理极限值，对位姿转换的角度、高度等设置了最大阈值，一旦接近阈值，整个控制系统就会报警，并在即将达到最大值时进行系统急停。

如图 6.2 所示，洗浴椅控制系统包含 4 组电机（电动推杆），利用交直流转换器或 24 V 电池，控制系统可以分别控制坐躺电机 M_1、升降电机 M_2、左腿电机 M_3、右腿电机 M_4。其中，坐躺电机又包括位姿调整推杆和重心随动推杆，重心随动机构与姿态的调整行程随动控制，以便于重心与姿态的相互适应。

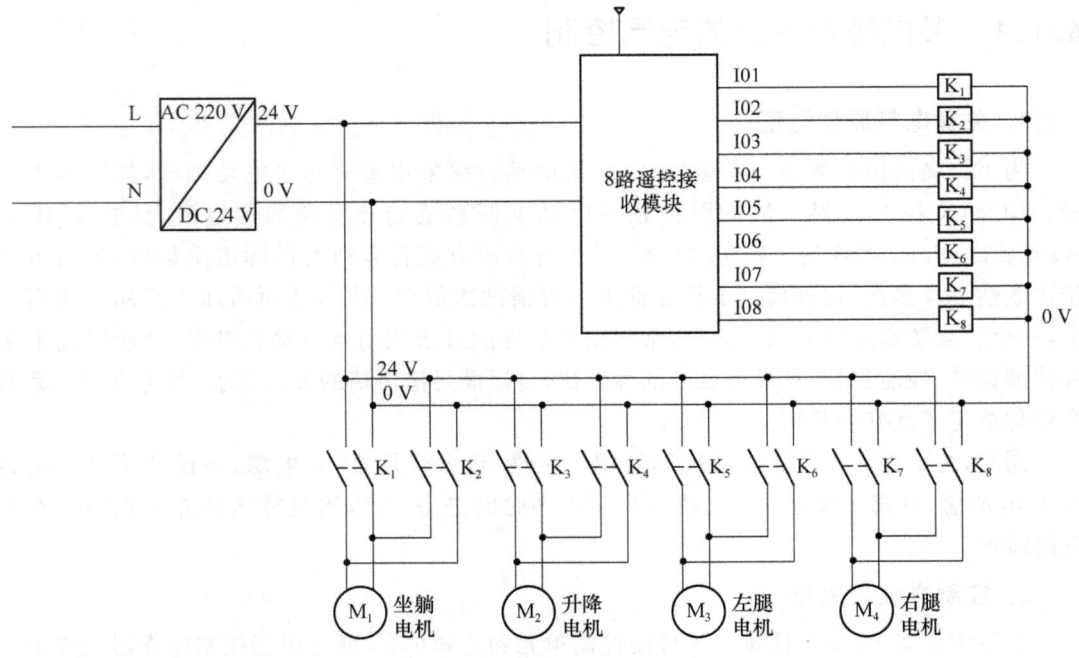

图 6.2　多位姿洗浴椅的控制原理图

如图 6.3 和图 6.4 所示,坐躺电机 M_1 可以实现洗浴椅任意角度的躺姿与坐姿,完成在不同位姿下的洗浴动作。升降电机 M_2 可以完成洗浴椅整体的升降动作,根据不同洗浴老人的身高差异,调整洗浴椅的整体高度,以顺利完成洗浴动作,便于护理人员照护。左腿电机 M_3 和右腿电机 M_4 可以完成大腿的抬起动作。这两组直流电机既可以协同工作,也可以单独工作,不仅可以实现对老人全方位的洗浴,而且可以辅助老人穿脱衣物,能在一定程度上帮助护理人员完成护理工作。

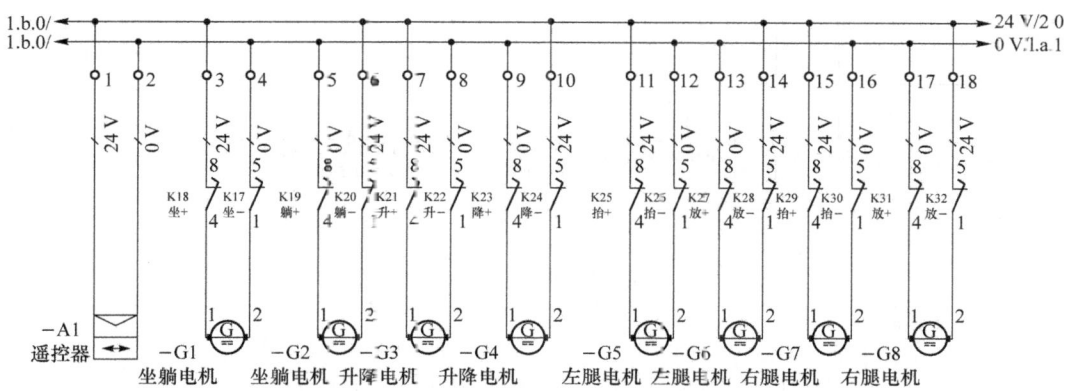

图 6.3 多位姿洗浴椅电机接线图

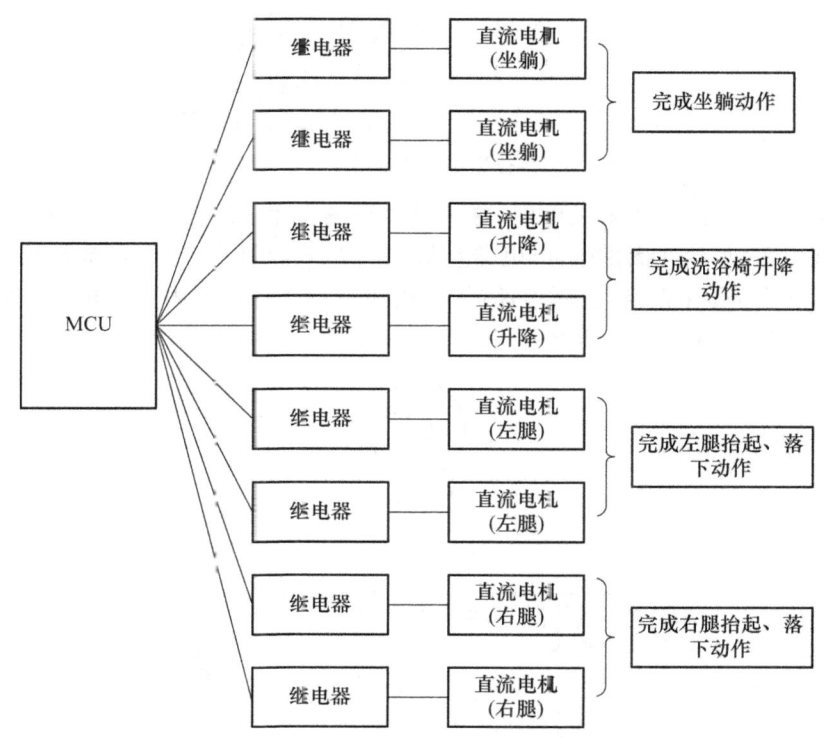

图 6.4 多位姿洗浴椅电机控制图

图 6.5 为多位姿洗浴椅 MCU 控制接线图,可以看出输入电源和输出电源分别给输入和输出供电。当遥控器发出对电机的指令信号时,指定的 DQ 端口输出高电平,给线圈供

电,动触点导通静触点,此时电路导通,电机完成指定运动。当遥控器发出停止指令时,指定的 DQ 端口置低电平,线圈失电,动触点断开静触点,电路断开,电机停止工作,并制动。输出电源给输出供电,提供高电平。

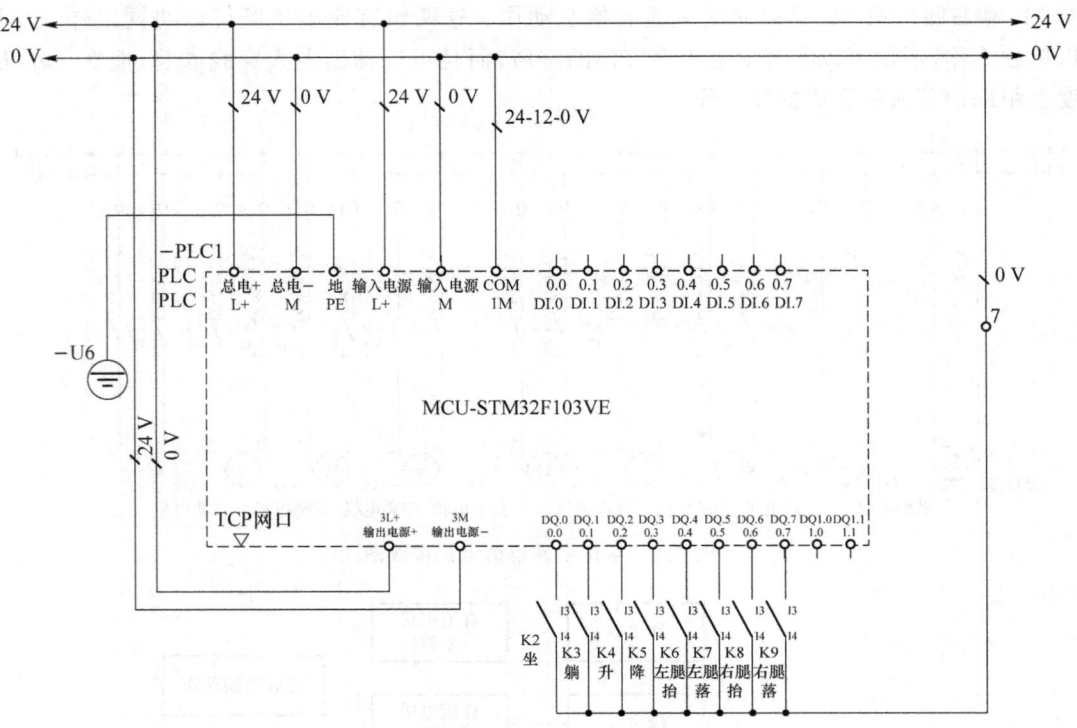

图 6.5　多位姿洗浴椅 MCU 控制接线图

此外,如图 6.6 所示,在未供电时,继电器处于常闭状态,即动触点位于 b、d 两点,当 MCU 输出高电平时,给线圈供电,继电器动触点与 b、d 静触点断开,与常开状态的静触点结合,即动触点位于 a、c 两点,此时电路导通,电机开始工作。当线圈失电时,动触点复位,即动触点与常闭状态下的静触点结合。

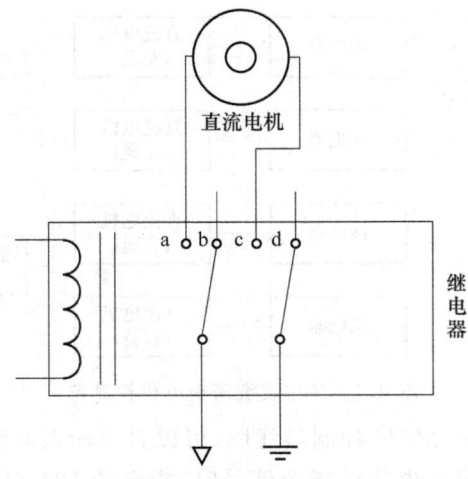

图 6.6　多位姿洗浴椅 MCU 控制下的继电器工作原理

6.1.2 多位姿洗浴椅的多位姿柔顺转换控制

1. 关节运动规划

机器人轨迹规划是指综合考虑机器人的性能和工作环境后,在其工作空间内规划出末端执行器从起点到终点的运动轨迹的过程,包括笛卡尔空间轨迹规划和关节空间轨迹规划。关节空间轨迹规划是指确定关节角度在初始位置和终止位置之间所经过的路径,以及将机器人运动过程中的关节角度、角速度和角加速度等用关于时间的函数来表示。由于洗浴椅的姿态调整机构设计采用了平行四边形的连杆结构,因此在由坐到躺的位姿变换过程中只需规划椅背转角 α 的运动轨迹。

研究表明,当位姿变换时间超过 7 s 时,受试者会感到缓慢,产生不适感,而当位姿变换时间少于 3 s 时,受试者又很难完成起立动作[283],故 4~7 s 为位姿调整的舒适区间,由于洗浴椅面向对象为失能或半失能老年人,位姿调整过快容易导致老年人受伤,故选择舒适区间的最大值 7 s 为位姿变换时间。利用线性函数对洗浴椅姿态变换进行轨迹规划,设定满足由坐到躺转换功能的驱动函数为 $x(t)=5t^2-0.5t^3 (0 \leqslant t \leqslant 7)$ (mm),椅背转角 α 的角速度、角加速度曲线如图 6.7 所示。

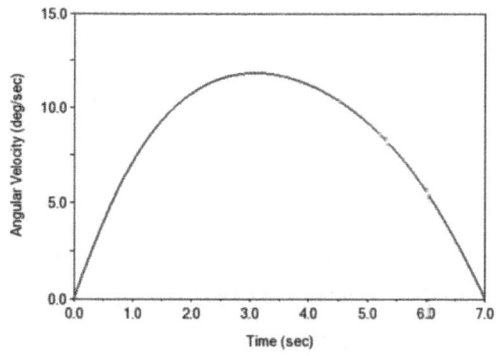 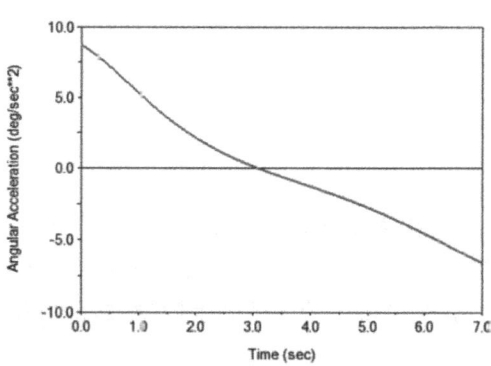

图 6.7 多位姿洗浴椅椅背转角 α 的角速度及角加速度曲线

可以发现,在洗浴椅位姿变换过程中,虽然初始速度和结束速度均为 0,但是加速度出现了突变,这会导致位姿变换过程中出现加速度突变带来的冲击问题,从而带来安全隐患,因此需要进一步对洗浴椅的轨迹进行优化。

2. 轨迹优化

由上节可知,利用线性函数对多位姿洗浴机器人进行轨迹规划虽然能够满足机器人工作要求,但会给受试者带来不适感。所设计的洗浴椅结构较复杂,低阶多项式插值法不能满足需要,因此进一步基于一种新型多姿态变换机器人的结构设计,运用关节空间轨迹规划算法中的多项式插值法对洗浴椅位姿变换过程进行轨迹规划。多项式插值的轨迹规划是在点对点运动的基础上,通过多项式对这些关键点进行曲线拟合,形成一条平滑的曲线。多项式插值法利用多项式函数来生成轨迹曲线,多项式函数各项系数的求取以关节角运动的约束条件为已知条件。

在多项式插值法中,常用到三次多项式插值法与五次多项式插值法。三次多项式插值法一般应用于运动始末位置关节角度和角速度已知,且对轨迹精度要求不高的场合,但是采用三次多项式插值法时,可能在某一时刻关节加速度突变导致机构发生突变,从而导致机器人产生剧烈震动,影响轨迹曲线的精度。为避免机器人的关节运动轨迹出现超调与波动,保证被护理人的安全,本设计采用五次多项式插值法对机器人的关节运动进行轨迹规划。五次多项式插值法与三次多项式插值法相比,对于计算机处理器要求较高,但是由于加入了对关节加速度的控制,可以提高机器人轨迹的准确性,保证多位姿洗浴椅运行的平稳性。

五次多项式插值法对角加速度增加了约束,适用于对冲击有一定约束要求的场合。五次多项式插值法利用多项式函数来生成轨迹曲线,可以在开始和结束时控制关节运动的速度和加速度,保证洗浴椅运动的平稳性,实现坐姿、平躺姿态之间的柔顺转换。由于洗浴椅的面向对象为半失能老年人,需要保障老年人使用的安全性,故采用五次多项式插值法对洗浴椅关节运动进行轨迹规划。

对椅背转角进行五次多项式插值运动轨迹规划之后,发现利用式(6.1)反推驱动函数 x 得到的驱动函数过于复杂,不利于仿真的应用,故考虑运用五次多项式插值对驱动函数 x 进行运动规划。根据上节推导出的运动学方程,椅背转角 α 为 85°时电动推杆前进 70 mm,给定约束条件:

$$\begin{cases} x(0)=0 \\ x(7)=70 \\ x'(0)=0 \\ x'(7)=0 \\ x''(0)=0 \\ x''(7)=0 \end{cases} \tag{6.1}$$

确定五次多项式:

$$x(t)=a_0+a_1t+a_2t^2+a_3t^3+a_4t^4+a_5t^5 \tag{6.2}$$

对式(6.2)求 1 阶导数和 2 阶导数,即可得到洗浴椅位姿变换的角速度和角加速度:

$$x'(t)=a_1+2a_2t+3a_3t^2+4a_4t^3+5a_5t^4 \tag{6.3}$$

$$x''(t)=2a_2+6a_3t+12a_4t^2+20a_5t^3 \tag{6.4}$$

将约束条件代入式(6.2)、式(6.3)和式(6.4),得到各参数:

$$\begin{cases} a_0=0 \\ a_1=1 \\ a_2=0 \\ a_3=2.040\ 8 \\ a_4=-0.437\ 3 \\ a_5=0.025\ 0 \end{cases} \tag{6.5}$$

从而可确定电动推杆的驱动函数:

$$x(t)=t+2.040\ 8t^3-0.437\ 3t^4+0.025\ 0t^5 \tag{6.6}$$

将驱动函数代入式(6.2)中,可求得椅背转角 α 的运动轨迹,α 对时间求 1 阶导数、2 阶导数,即可得椅背转角 α 的角速度、角加速度随时间变化的函数。

为了验证轨迹优化效果,开展了仿真实验。将 SolidWorks 建立的洗浴椅三维模型导入

Adams 中,在 Adams 中定义各个构件之间的配合关系和运动副类型,添加平移驱动,建立 Adams 虚拟样机,图 6.8 为洗浴椅在 Adams 中由坐到躺位姿变换的虚拟样机示意图。

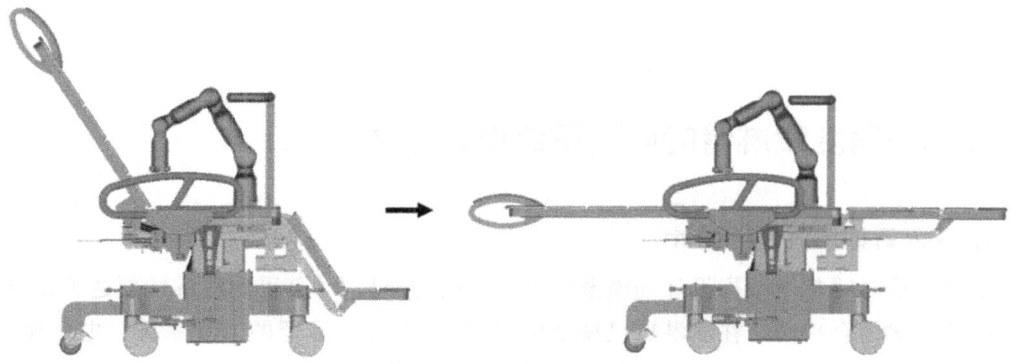

图 6.8　洗浴椅在 Adams 中由坐到躺位姿变换的虚拟样机示意图

进行多位姿洗浴椅辅助人体坐躺变换过程的运动学仿真。根据对坐姿、躺姿变换实际情况的分析,在此运动过程中,只有电动推杆运动,故将电动推杆的驱动函数代入洗浴椅在 Adams 中的虚拟样机,得到椅背转角 α 的角速度和角加速度随时间变化的曲线,仿真结果如图 6.9 所示。

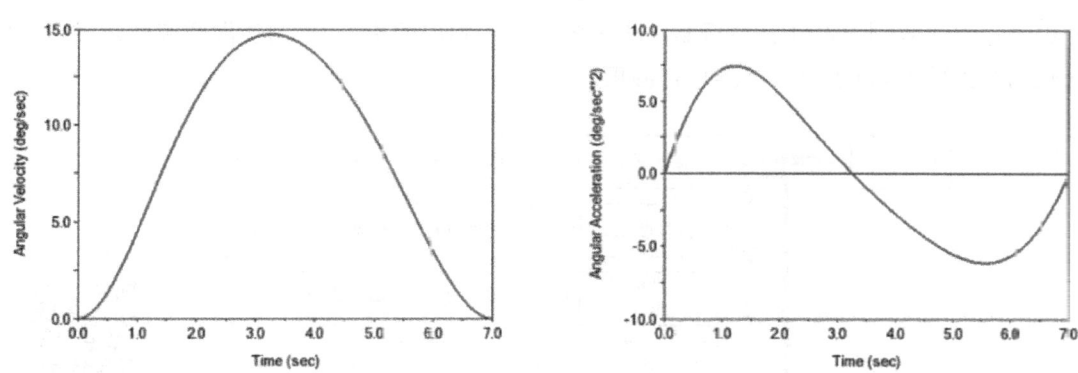

图 6.9　椅背转角 α 的角速度、角加速度随时间变化的曲线

在 Adams 中虚拟样机运动平稳、合理,证明了运用五次多项式插值法进行机器人姿态变换轨迹优化的可行性。接下来可以利用姿态变换机器人仿真样机,测得机器人在运动过程中电动推杆与丝杠的受力变化、各部件间铰接点的受力以及各部件的质心位移,为后续的优化和深入研究奠定基础。

结果表明,对于利用给定驱动函数规划的轨迹(图 6.7),其角加速度会在开始和结束的瞬间产生突变,严重影响舒适性;而运用五次多项式插值法对驱动函数进行轨迹优化后,在姿态变换过程中,角速度和角加速度曲线平滑(图 6.9),说明洗浴椅在运行过程中平稳、无抖动。在初始点和结束点的角速度和角加速度均为零,说明该轨迹在一定程度上可以减少冲击。相较于初始的轨迹规划,运用五次多项式插值法优化后轨迹的角速度、角加速度具有连续性,保障了洗浴椅位姿变换时的可靠性与舒适度。

6.2 多角度喷淋臂的控制

6.2.1 多角度喷淋臂的电气系统设计与优化

1. 喷淋臂的电气系统设计

通过对喷淋臂整体结构设计和喷淋臂工作空间的分析,计算得到喷淋臂可达工作点,验证了设计方案的合理性。在喷淋臂机械结构基础上,设计喷淋臂的电气系统。电气系统的功能与结构如图 6.10 所示,喷淋臂的系统供电采用直流电源,包含 DC 24 V 和 DC 5 V 供电。DC 5 V 为 STM32 控制器单元供电,DC 24 V 为电动推杆、步进电机和电磁阀驱动供电。实现喷淋装置上下升降和喷淋臂左右收缩的执行器采用型号为 SY-A02B、额定电压为 24 V 的直流推杆电机。实现喷淋臂摆动的执行器采用 86 步进电机加减速器实现。喷淋臂具有手动操作功能,护理人员可通过遥控器和按键控制喷淋臂动作,STM32 控制器接收到控制信号后给电动执行器发送控制指令,电动推杆驱动器驱动推杆上下和左右平移。步进电机驱动器接收到 PWM 脉冲后驱动步进电机执行相应的指令,控制喷淋臂旋转运动,调节电磁阀开关状态,将水温调整到设定温度。

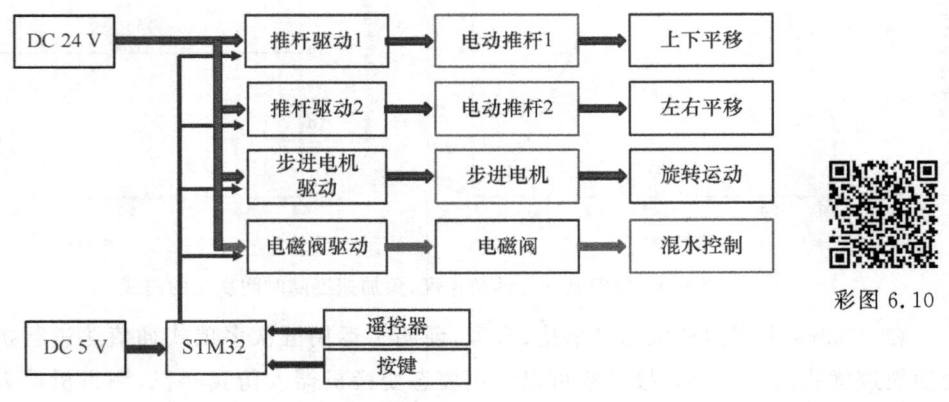

彩图 6.10

图 6.10 多角度喷淋臂电气示意图

2. 喷淋臂的电气系统优化

在喷淋臂机械结构基础上,设计喷淋臂的电气系统。电气系统的功能与结构如图 6.11 所示。电动推杆采用型号为 JS-TG29、额定电压为 24 V 的直流推杆电机。喷淋臂具有无线遥控的功能,护理人员可通过遥控器和按键控制喷淋臂动作,STM32 控制器接收到控制信号后给电动执行器发送控制指令,电动推杆驱动器驱动推杆进行相应的动作。

第 6 章 半失能老年人洗浴机器人的控制策略

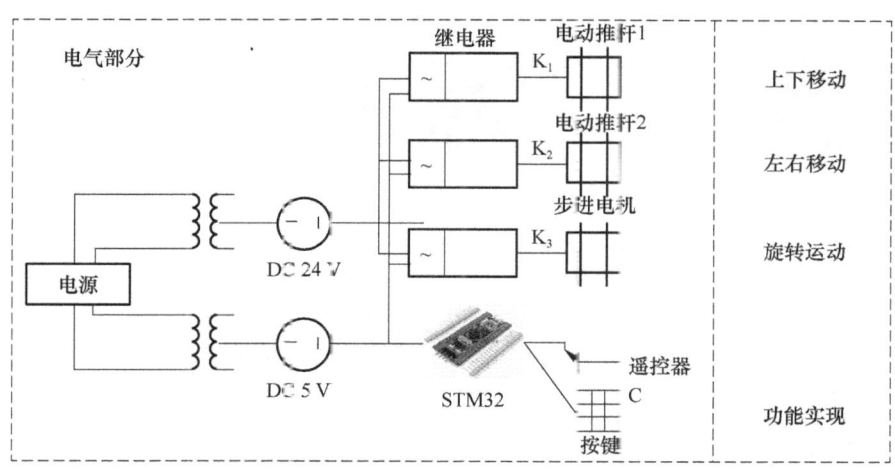

图 6.11 多角度喷淋臂电气结构图

6.2.2 多角度喷淋臂的控制系统设计

为实现喷淋臂各自由度运动,采用 STM32 高性能单片机作为控制器,完成电机控制及相关功能控制。通过系统工作流程设计、功能单元控制、控制电路板设计使控制系统满足要求。

1. 喷淋臂的工作流程设计

根据研究要求,结合用户洗浴习惯,设计了喷淋臂的整体工作流程。洗浴系统控制流程如图 6.12 所示。

第一步,判断水温是否合适,待水温达到人体感觉最舒适的温度后,等待洗浴椅就位。第二步,判断洗浴椅是否进入淋浴范围,传感器检测到洗浴椅进入指定范围后,洗浴椅变换位姿以达到最佳洗浴位姿,同时喷淋臂上下调节以配合洗浴椅位姿变换。第三步,待洗浴椅位姿调节完成后,洗浴椅传感系统向喷淋臂发送开始喷淋的信号,喷淋臂开始执行洗浴任务。在洗浴过程中,洗浴椅变换位姿使喷淋臂喷淋时能够全方位覆盖人体区域,同时喷淋臂调节位姿以配合洗浴椅位姿变换。第四步,当洗浴椅不再变换位姿时,洗浴椅传感系统向喷淋臂发送洗浴结束信号,控制器判定洗浴完成,此时喷淋臂停止喷淋。第六步,待洗浴椅撤出后,喷淋臂恢复到初始位置,整个洗浴过程结束。

2. 喷淋臂各自由度运动控制

为简化实验,本节采用 STM32-MINI 开发板进行实验,在喷淋臂的 3 个自由度均能实现相应的控制功能后,进行集成电路设计。图 6.13 为喷淋臂上下转动示意图,当洗浴椅通过 Wi-Fi 模块向喷淋臂控制器发送信号时,控制器读取信号并输出相应的控制信号控制电机驱动器完成相应的指令,控制信号为 PWM 信号,驱动器接收到 PWM 信号后发出脉冲驱动电机运转。图 6.14 为实现上下转动自由度的最小系统实物图。

图 6.15 和图 6.16 分别为喷淋臂系统整体升降和左右伸缩示意图,当洗浴椅通过 Wi-Fi

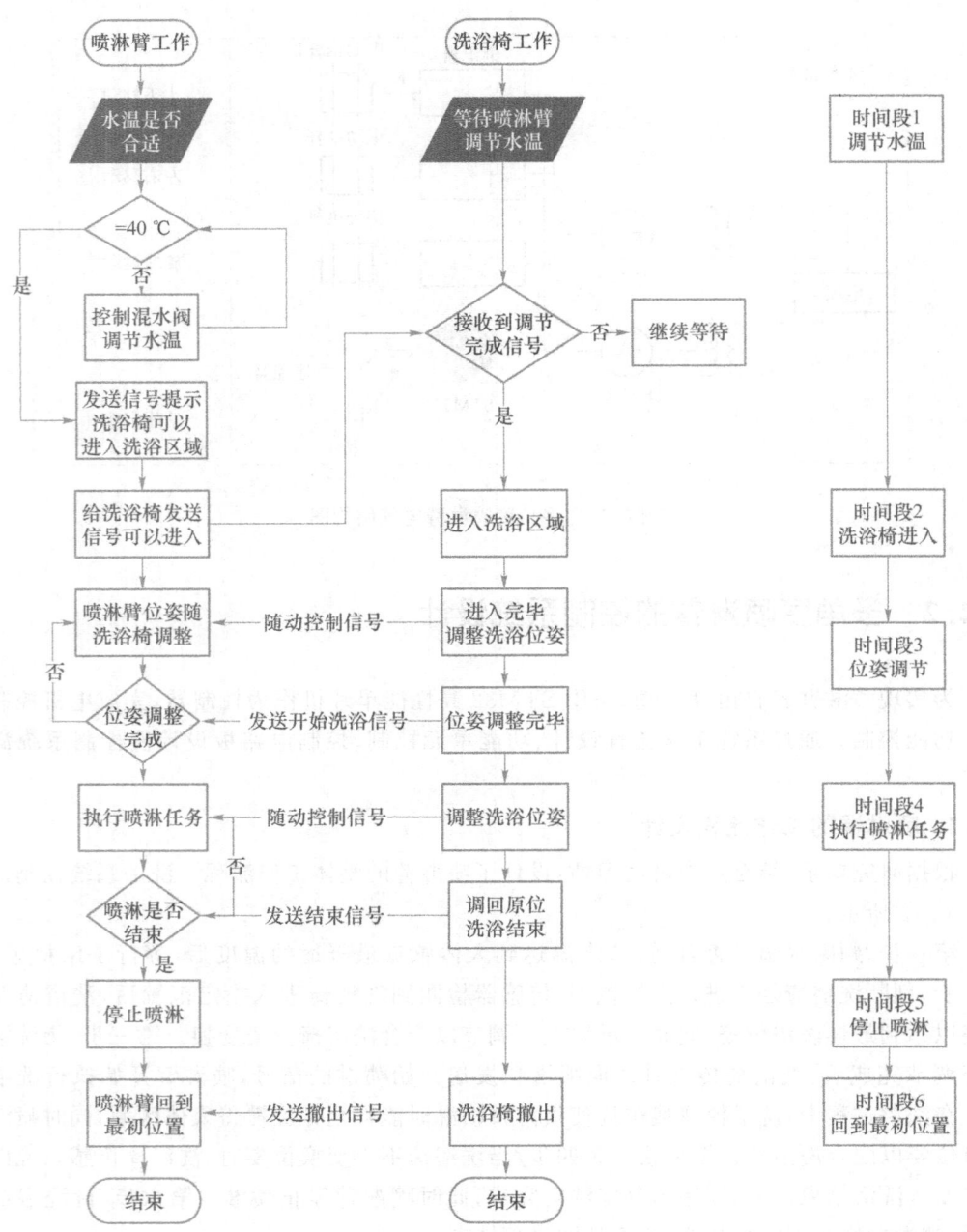

图 6.12 洗浴系统控制流程图

模块向喷淋臂控制器发送信号时,控制器读取信号并输出相应的控制信号控制电动推杆驱动器完成相应的指令,因电动推杆控制要求相对简单,仅需实现其收缩、伸长和停止即可,故设计的控制信号为阶跃信号。当洗浴椅/上位机发送上升指令时,控制器向推杆驱动器发送一个正值脉冲信号,驱动器输出高电平驱动推杆伸长。当洗浴椅/上位机发送下降指令时,控制器向推杆驱动器发送一个负值脉冲信号,驱动器将负向输出高电平驱动推杆收缩。当洗浴椅/上位机发送停止指令时,控制器将不向推杆驱动器发送脉冲信号,驱动器将输出低电平,电动推杆停止。图 6.17 为喷淋臂系统的整体升降和左右伸缩的最小控制系统实物图。

第 6 章　半失能老年人洗浴机器人的控制策略

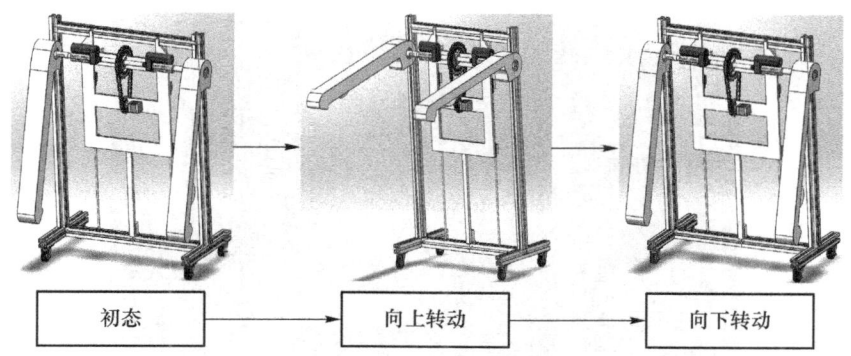

图 6.13　喷淋臂上下转动示意图

图 6.14　实现上下转动自由度的最小系统实物图

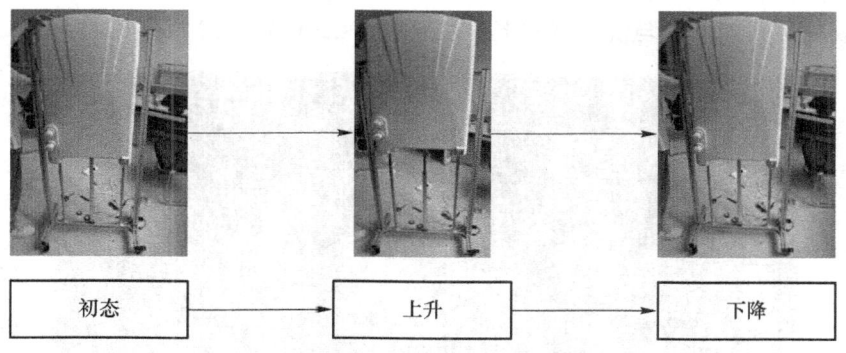

图 6.15　喷淋臂系统整体升降示意图

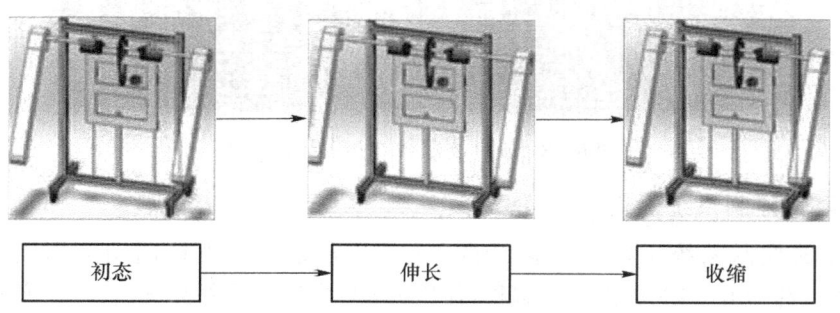

图 6.15　喷淋臂左右伸缩示意图

图 6.17 喷淋臂系统的整体升降和左右伸缩的最小控制系统实物图

3. 喷淋臂控制器电路设计

根据上述的洗浴系统控制流程与实验结果，使用 Altium Designer 软件设计控制器集成电路，其包括单片机工作电路、电机驱动接口、继电器电路、电磁阀接口、通信接口等。选用 DM860H 的步进电机控制器控制步进电机正反转，由于在 Altium Designer 软件中缺少混水阀器件封装，利用测温模块间接建立混水阀模块封装。通信采用 Wi-Fi 模块，其属于物联网传输层，串口 Wi-Fi 模块是将串口或 TTL 电平转为符合 Wi-Fi 无线网络通信标准的嵌入式模块，内置无线网络协议 IEEE 802.11b.g.n 协议栈以及 TCP/IP 协议栈。该设计选择 ESP8266 模块进行喷淋臂与洗浴椅和上位机通信，PCB 电路布线如图 6.18 所示。

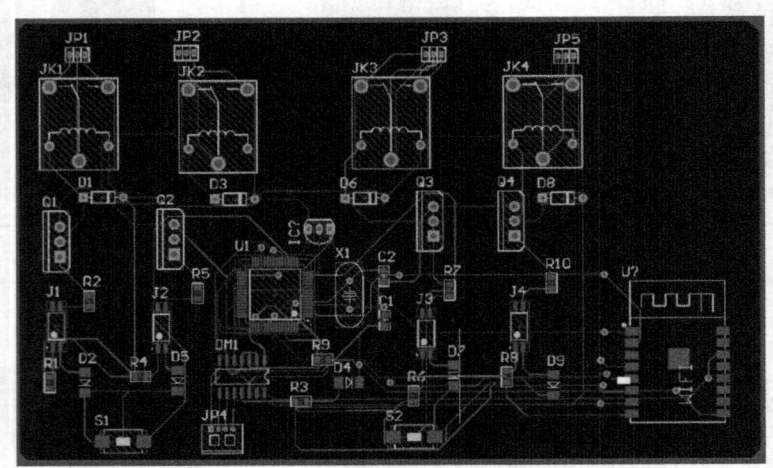

彩图 6.18

图 6.18 喷淋控制系统 PCB 电路布线

4. 喷淋臂控制系统优化

喷淋臂的控制系统采用自主设计的 STM32 电路板实现控制功能，其核心板采用 STM32F103，选择 KEIL5 软件进行编程，使用 HAL 库进行软件开发。HAL 库相对于标准库具有程序便于移植、初始化以及更强的兼容性等特点。图 6.19 为喷淋臂控制系统硬件框图,当护理人员通过无线遥控或 App 向喷淋臂控制器发送信号时,控制器读取信号并输出相应的控制信号控制电动推杆驱动器完成相应的指令,同时单片机与电动推杆之间应设计驱动电路与保护电路以保证电动推杆与单片机在额定电压下工作,过流检测模块用于判断单片机是否过流,并及时向单片机发送过流信号。具体来说,当护理人员通过 App/遥控器向喷淋臂控制器发送信号时,控制器读取信号并输出相应的控制信号控制电动推杆驱动器完成相应的指令。此外,为实时检测电动推杆的伸长长度和运行方向,使用霍尔传感器实时检测电动推杆的伸长量和运行方向。当电动推杆运行时,霍尔传感器将检测到的数值以电信号的方式发送给单片机,单片机通过 UART 串口将其发送给上位机,便于护理人员实时观测每根电动推杆的伸长量和运行方向。

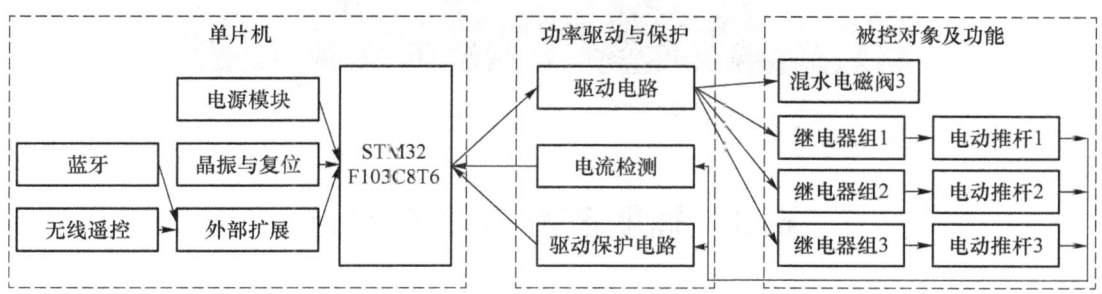

图 6.19 喷淋臂控制系统硬件框图

图 6.20 为喷淋臂控制系统 PCB 原理图,使用 Altium Designer 软件设计控制器集成电路,其包括单片机中央处理器、内部 RAM、存储器、RCC、寄存器、电动推杆驱动接口、继电器电路、通信接口等。通信部分选用 433-A 蓝牙模块和 8265 Wi-Fi 模块,可分别实现喷淋臂、洗浴椅与上位机的通信,电动推杆的点动控制增设红外遥控模块。根据 PCB 原理图得到喷淋臂的硬件设计图,如图 6.21 所示。

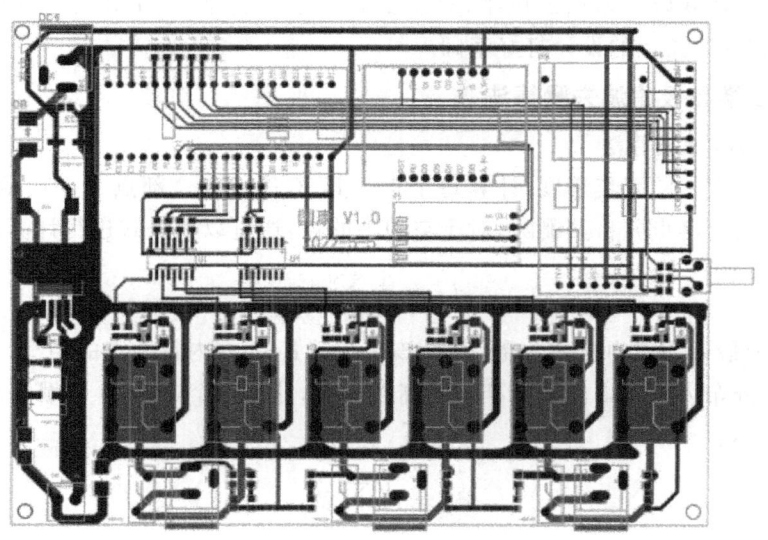

图 6.20 喷淋臂控制系统 PCB 原理图

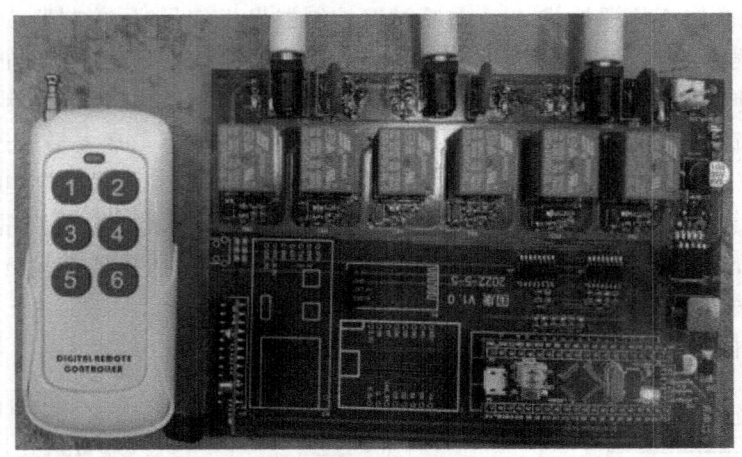

图 6.21 喷淋臂控制器硬件设计图

6.3 辅助擦洗装置的控制

辅助擦洗是按照预设的擦洗路径完成擦洗工作的过程。擦洗路径规划依据用户的体征模型提供了合理、安全、高效的擦洗路径,控制方面的研究主要包括基于激光点云的三维人体建模、人体特征分割、人体曲面建模及基于皮肤曲率变化的路径规划设计。

6.3.1 人体三维点云处理、提取与分割

通过激光雷达获取人体点云模型,对点云数据进行预处理,并对其进行特征提取与分割,为后续完成擦洗路径的设计打好基础。

1. 人体三维点云滤波去噪算法

(1) 统计离群滤波算法

根据点云在空间的聚集程度,计算每个点与其 K 邻域内全部点的平均距离,分析筛选出不符合要求的离群点并将其删除,对于空间中的点,通过以下公式进行计算:

$$d_p = \frac{1}{K}\sum_{i=1}^{K} d_i \tag{6.7}$$

其中,K 为点云最近邻域内点的数量,d_i 为该点与其 K 邻域内每个点的距离。

假定所得分布为具有均值和标准差的高斯分布,计算各个点的 K 邻域间平均距离的期望 d_h 和标准差 s:

$$d_h = \frac{1}{n}\sum_{t=1}^{n} d_{p_t} \tag{6.8}$$

$$s = \sqrt{\frac{\sum_{t=1}^{n}(d_{p_t} - d_h)^2}{n}} \tag{6.9}$$

其中,n 为点云总数量,d_{p_i} 为各个点的 K 邻域间平均距离。

结合式(6.9)和式(6.9)计算距离阈值:

$$d_l = d_h + \lambda \times s \tag{6.10}$$

其中,λ 为松弛参数。

(2) 双边滤波算法

双边滤波算法在散乱点云光顺去噪方面是一种常见的算法,不仅能去除三维点云数据起伏噪点,而且可以平滑边界并保留原始三维点云的边缘细节。

针对三维点云数据,对于一点 p,双边滤波算法的表达式可以定义为

$$p_i' = p_i + \beta \times n_i \tag{6.11}$$

其中,通过双边滤波器更新后的点定义为 p_i',p_i 为三维点云中一点,β 为双边滤波器因子,n_i 为 p_i 对应的单位法向量。本节将双边滤波因子 β 的表达式定义为

$$\beta = \frac{\sum_{p_l \in N_K(p_i)} W_c(\|\boldsymbol{p}_l - \boldsymbol{p}_i\|) W_s(\|<\boldsymbol{n}_l, \boldsymbol{n}_i>\| - 1) <\boldsymbol{n}_i, \boldsymbol{p}_l - \boldsymbol{p}_i>}{\sum_{p_l \in N_K(p_i)} W_c(\|\boldsymbol{p}_l - \boldsymbol{p}_i\|) W_s(\|<\boldsymbol{n}_l, \boldsymbol{n}_i>\| - 1)} \tag{6.12}$$

其中,$N_K(p_i)$ 表示点 p_i 的 K 个邻域点的集合,p_l 为 p_i 的 K 邻域内一点,$<\cdot,\cdot>$ 表示两向量的内积,n_l、n_i 为对应点的单位法向量,W_c 与 W_s 分别表示双边滤波中的空间域权重函数及频域权重函数,W_c 与 W_s 的表达式分别为

$$W_c(x) = \exp\left(-\frac{x^2}{2\sigma_c^2}\right) \tag{6.13}$$

$$W_s(y) = \exp\left(-\frac{y^2}{2\sigma_s^2}\right) \tag{6.14}$$

式(6.13)中,x 为 p_i 到 K 邻域各点 p_l 间的距离,σ_c 为点 p_i 和 K 邻域内各点 p_l 间距离对该点的影响参数。式(6.14)中,y 为 p_i 到 K 邻域各点 p_l 间的距离,σ_s 为点 p_i 和 K 邻域内各点间法线方向差异对该点的影响参数。

(3) 混合滤波算法

在水雾场景下对人体点云数据进行采集的过程中,由于半失能、失能老年人身体机能下降,因此在采集时使人体保持平卧状态,测量时引起的误差会产生离群点、水雾噪点,给后续点云数据的处理带来很大的影响,对此需要针对不同的噪声采用不同的滤波算法。故本节将统计离群滤波与双边滤波两种算法相结合,提出了一种应用于水雾环境下的混合滤波算法。图 6.22 为混合滤波算法流程图。

为了进一步验证混合算法的有效性,本节选取了噪声点较多的人体点云(噪声点数量为 9 000),对混合滤波算法、统计离群滤波算法和双边滤波算法进行了对比实验。图 6.23 为人体点云滤波前后的效果对比图。图 6.23(a)为原始点云,噪声分布在人体点云的四周。图 6.23(b)为采用统计离群滤波算法后获得的结果图,可见该算法只能去除一些距离较远、离散的噪声点,对小块密集噪声点处理效果较差。图 6.23(c)为采用双边滤波算法后获得的结果图,可见该算法并没有有效去除距离较近的噪声点。图 6.23(d)为采用混合滤波算法后获得的结果图,可见

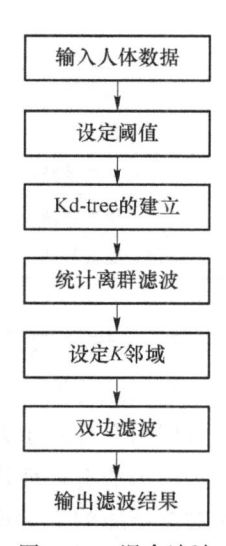

图 6.22 混合滤波算法流程图

该算法不仅有效剔除了噪声点和离群点,还在平滑边界的同时保留了人体表面的细节信息。从表 6.1 可以看出,针对该点云数据,单独使用统计离群滤波算法和双边滤波算法时去噪效率分别为 51.1%、70.0%,而采用混合滤波算法提高了去噪效率(达到了 91.5%),消除了水雾噪点和离群点对人体点云的干扰。

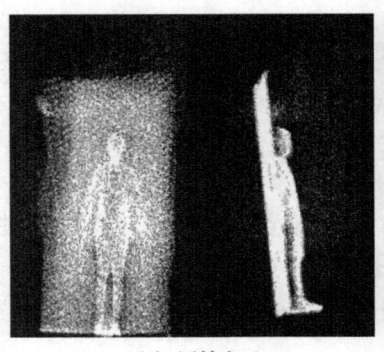
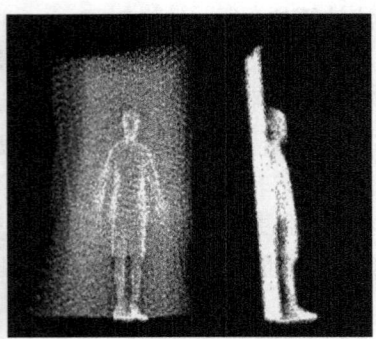

(a) 原始点云　　　　　　(b) 统计离群滤波算法

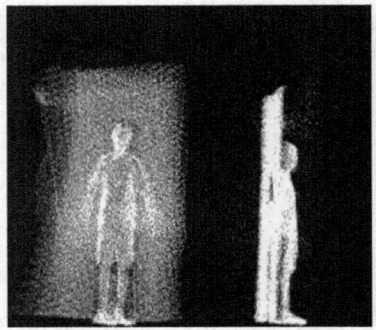
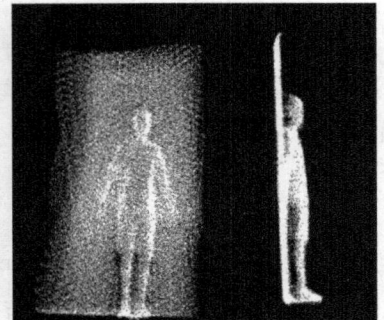

(c) 双边滤波算法　　　　　(d) 混合滤波算法

图 6.23　人体点云滤波前后的效果对比图

表 6.1　不同算法执行效率的对比分析

滤波算法	点云数量	去噪数量	去噪效率
原始点云	134 749	0	0
统计离群滤波算法	130 154	4 595	51.1%
双边滤波算法	128 452	6 297	70.0%
混合滤波算法	126 517	8 232	91.5%

2. 人体区域提取

在通过滤波算法消除了人体点云数据周围的离群点及噪声点后,多位姿洗浴椅区域点云数据的存在对于人体模型的建立也是一个极大的挑战。洗浴椅的存在使擦洗装置在工作过程中无法有效地执行擦洗工作,且在后续人体特征语义分割中造成分割不准确,对此本节先对滤波后的点云模型进行感兴趣区域选择,如图 6.24 所示。预处理后通过随机抽样一致(Random Sample Consensus,RANSAC)算法对人体模型区域进行提取,并在点云中将多位姿洗浴椅与人体分割。

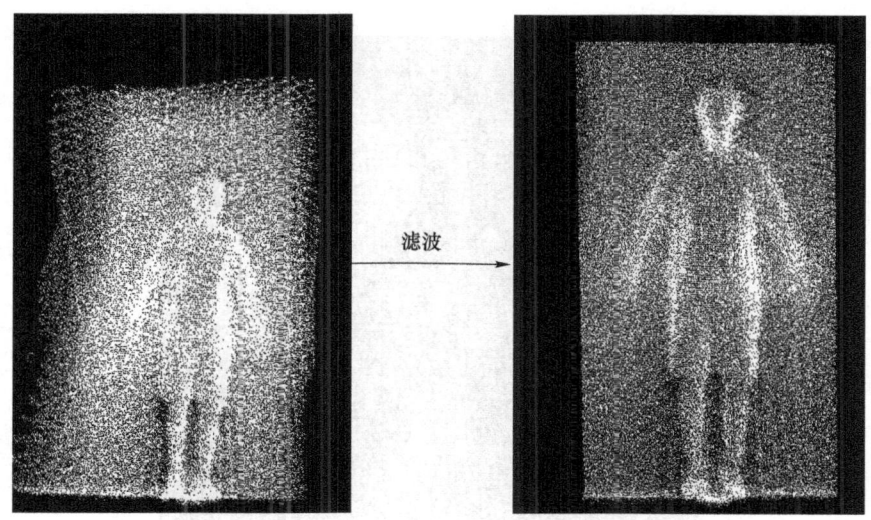

图 6.24 感兴趣区域选择

RANSAC 算法基于对模型的假设与选择,本节随机选取人体点云中的若干子集对三维点云进行多次拟合,估计该模型的参数,通过不断迭代,利用设定的阈值将点云数据分为局内三维点云和局外三维点云,将局内三维点云进行迭代计算,得到其最优的几何三维模型。多位姿洗浴椅的结构属于一个固定的几何平面,采用 RANSAC 算法对人体进行分割提取较为合适。该算法流程如下。

① 随机选择点云中的 3 个点,将其 3 个向量进行叉乘,计算 3 个点所在平面的法向量:
$$\bm{n}=(p_2-p_1)\times(p_3-p_1) \tag{6.15}$$

② 通过最小方差预估出多位姿洗浴椅平面模型的参数。

③ 获得多位姿洗浴椅平面模型参数后,计算点云中随机一点到其平面的距离:
$$d_i=\frac{\bm{n}^{\mathrm{T}}(p_i-p_l)}{\|\bm{n}\|_2} \tag{6.16}$$

式(6.16)中,p_i 为点云中任意一点,$i=4,5,\cdots,N$。

④ 预先设定好阈值 τ,使得 $d_i<\tau$,提取出正常的点云,并保存符合要求的点云。

⑤ 重复步骤①到④ T 次,之后保存数量最多的点云,利用最小二乘法对多位姿洗浴椅点云进行优化,拟合出准确的平面,迭代次数 T 的计算公式如下:
$$T=\frac{\log(1-p)}{\log(1-(1-e)^s)} \tag{6.17}$$

式(6.17)中,e 为人体点云数据中不符合条件的点在总点云中的占比,s 为每次迭代选取点的数量,p 为至少一次选取到符合要求的点的概率。

本节将计算得到的点云到平面距离的标准差作为阈值,并且在阈值范围内进行测试,实验计算得到 $\tau=0.045$,$T=40$,且效果最佳。图 6.25 为人体信息提取结果图。

通过实验可以看出,阈值 τ 的取值对人体区域信息提取极为重要,而 τ 选小了会丢掉多位姿洗浴椅的点云数据,选大了会将不需要的点云当作多位姿洗浴椅点云,对此选择合适的阈值可完整提取出人体区域信息。实验证明,利用 RANSAC 算法能够成功分离出人体与多位姿洗浴椅平面,且提取出的人体点云质量较好,在保留特征信息的同时也保证了较高的点云边界辨识度,有利于后续人体特征语义分割的训练。

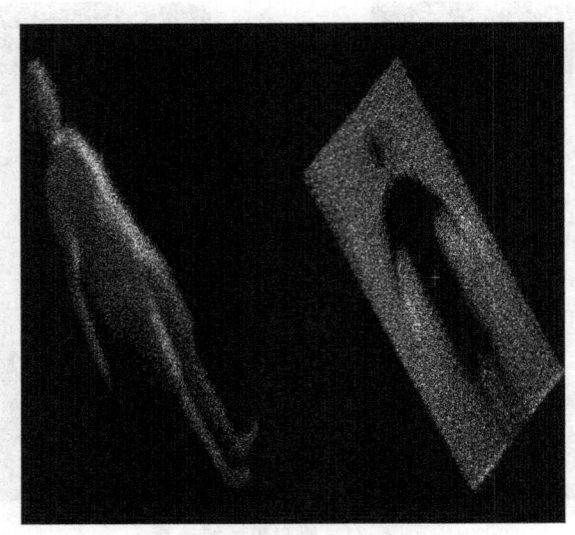

图 6.25　人体信息提取结果图

3. 人体体域分割

由于人体结构较为复杂，为减少在擦洗人体区域时遇到的困难，将人体点云数据按照人体特征进行区域分割，分为头部、上身、双臂、双腿、脚部，并使用语义的方法区分人体这五大区域，为后续人体模型的建立和路径规划提供便利。

（1）点云均匀降采样

由于在分割过程中，庞大的数据量会严重影响路径的选择，并且在人体特征提取时也会带来影响，因此需要进行数据压缩，在保留人体特征的基础上，对人体点云数据进行均匀降采样。对海量的点云在处理前进行数据压缩，可以在特征提取等处理中选择合适的体素大小等参数，提高算法的效率。对输入的点云数据创建一个三维体素栅格，在每个体素内用体素中所有点的重心来近似显示体素中其他点，这样该体素内所有点最终都用一个重心点表示。利用该方法在降采样的时候保存点云的形状特征。

（2）基于 PointNet 网络的人体特征分割

点云数据是由激光反射点的三维空间坐标和反射强度组成的，呈现出的是比较稀疏无序且无规则的数据。相比于图像，点云这种无序的结构很容易使人为设计的特征描述子失效。人为设计的特征描述子只能提取点云的部分几何特征，如曲率、法向量等，所以人为设计的特征描述子不能很好地提取相邻点之间的深层关系。为解决点云的无序性问题，Charles 等提出了一种可以直接输入点云数据的神经网络 PointNet，如图 6.26 所示，并成功地实现了点云数据端到端的分类和识别[284]。

采用开源数据集 MPII Human Shape[285]对人体特征部位进行标注，建立特征工程，将数据集分成训练数据集和测试数据集，之后将训练数据集加入 PointNet 网络中进行训练，通过调整参数训练模型，选用训练后效果最佳的模型进行测试与预测，获得分割结果，准确率可达 92.2%，效果良好。图 6.27 为人体特征分割训练系统框图。

获得人体特征分割后的模型，将人体区域分为 5 个部分，如图 6.28 所示。在擦洗路径规划时，根据不同区域的形状特征进行路径规划，提高系统的效率。

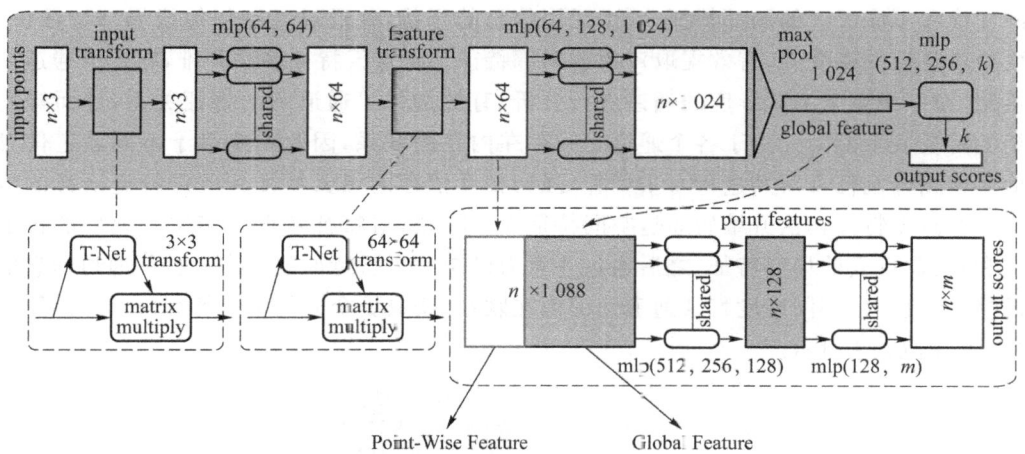

图 6.26 PointNet 网络

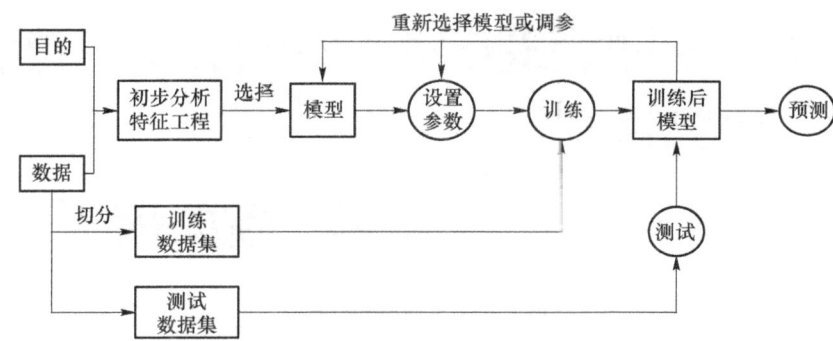

图 6.27 人体特征分割训练系统框图

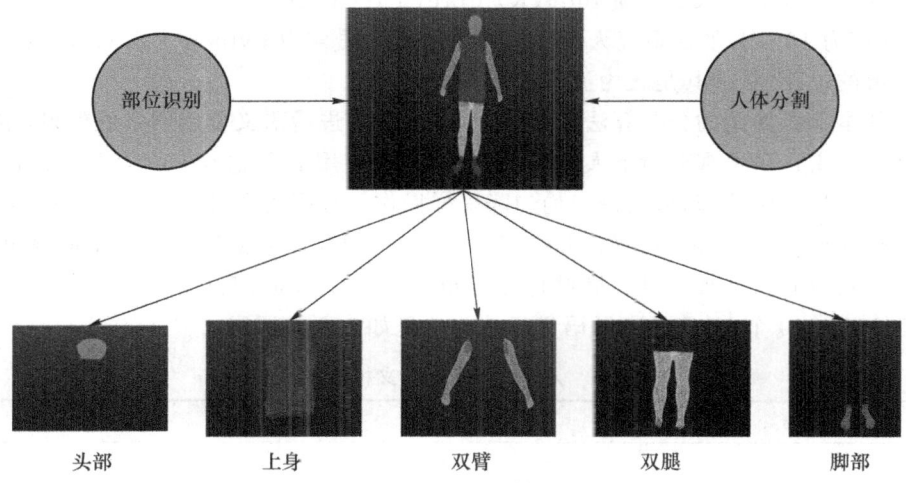

图 6.28 人体特征分割效果图

（3）基于改进的 PointNet 网络的人体特征分割

① 分割网络结构

本节在 PointNet 网络的基础上进行了改进，提出了基于空间特征提取模块和通道注意力模块的人体语义分割模型，空间特征提取模块通过分段降采样以及卷积和池化操作获得不同规模和不同尺度的局部特征,减少无用信息的干扰,并通过复制将每段局部特征拼接,从而提供足够的感受野,有效提取对象的局部特征。将点云特征多次升维,融合了通道注意力机制,对三维点云不同维度的通道进行分析,有效加强了通道间的特征关系,进而提高了网络的特征表示能力。由于各个通道之间存在内在的联系,因此系统赋予不同通道信息的权值并根据分割任务对其进行自主调整,强调相互依存的点云特征并改进特定语义的特征表示。在点云特征初次升维后通过空间特征提取模块,对特征数据与多次升维后的特征进行求和,提取点云的局部特征,之后通过注意力机制对多组特征数据进行特征通道信息的自主调整,有效加强不同维度特征通道间的内在联系,获取更全面的全局特征。具体的算法整体架构如图 6.29 所示。

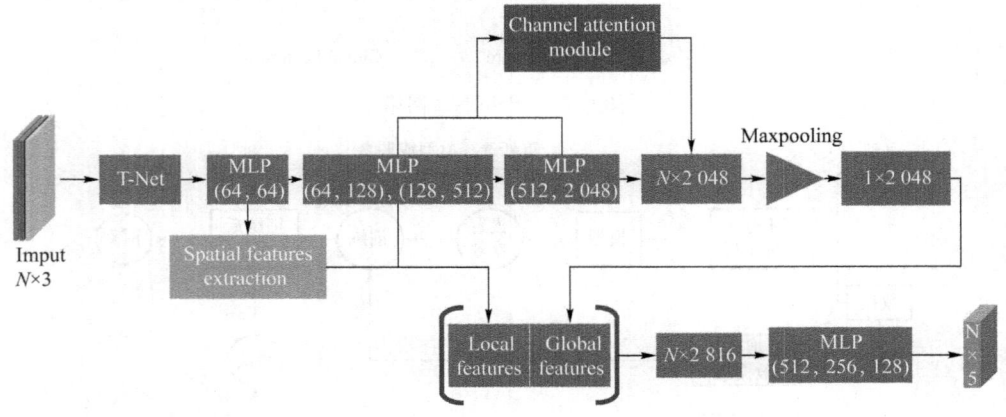

图 6.29 算法整体架构

② 实验环境

实验硬件配置如下:CPU 为 Intel(R) Core(TM) i5-10200H,GPU 为 GTX 1660ti 显卡,运行内存为 16 GB,平台系统为 Windows 10,编程语言为 Python 3.8,将 Tensorflow 作为深度学习的框架(目前其是较为流行的学习框架)。

为评估本节所使用的分割算法的有效性,并测试改进后语义分割网络的效果,本节实验数据通过激光雷达对水雾环境下人体表面进行采集,使用混合滤波去噪以及人体区域的信息提取对数据进行预处理,最后进行均匀降采样操作。数据集通过标注软件 CloudCompare 打标签制作完成,标签分别为头部、上身、双臂、双腿、脚部。数据集中包括不同体型的人体点云信息,包括偏瘦、正常、微胖、肥胖体型人群等 900 个数据,其中训练集 700 个,验证集 100 个,测试集 100 个,对应的点云语义标签与信息如表 6.2 所示。

表 6.2 人体特征点云语义标签与信息

标签序号	标注颜色	标签信息
0	蓝色	头部
1	红色	双臂
2	绿色	上身
3	黄色	双腿
4	紫色	脚部

采用交并比(IoU)和整体准确率(Overall Accuracy)为主要评价准则,其也是点云语义分割的常用评判指标。

③ 实验结果

本节对分割网络模型进行训练总共运行了 21 小时,设置的初始学习率为 0.001,网络的初始衰减率为 0.5,每次送入网络中训练的样本数量为 4,momentum、num point、epoch 分别设置为 0.9、2 048、200。分割网络一次性采样 2 048 个点,每次迭代训练的点数为 4×2 048 个,点云分割准确率达到 95.7%。图 6.30 所示为训练准确率曲线图。

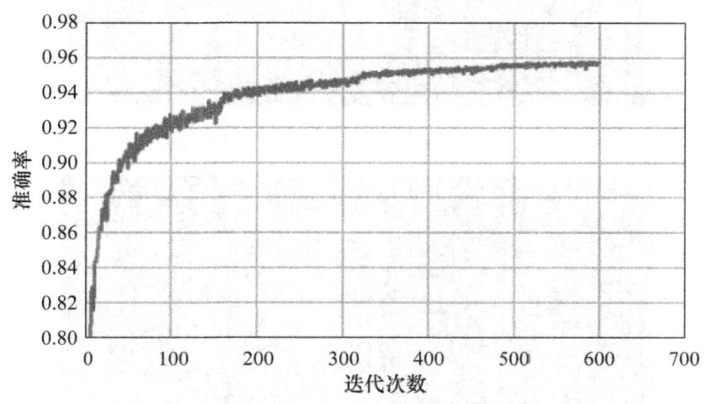

图 6.30 训练准确率曲线图

在训练过程中,随着迭代次数的增加,训练损失呈现总体下降趋势,最终稳定收敛在 0.112 左右。图 6.31 所示为损失函数曲线图。在测试集中交并比的值基本稳定在 86.1%～87.5%,相较于传统的 PointNet 网络,本节的网络融合了空间特征提取模块和通道注意力模块,针对人体特征的语义分割精度更高。

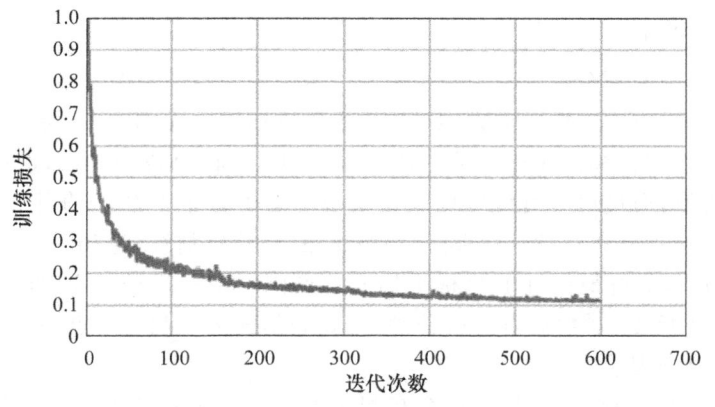

图 6.31 损失函数曲线图

本节中的部分原始点云数据以及训练后模型的测试样本如图 6.32、图 6.33 所示。其中,图 6.32 为激光雷达采集以及预处理后的人体点云信息,图 6.33 是经过点云语义分割后的人体点云信息。可以看出,本节中训练的模型针对各种体型的人群在人体头部、双臂、上身、双腿、脚部可以达到很好的分割效果。

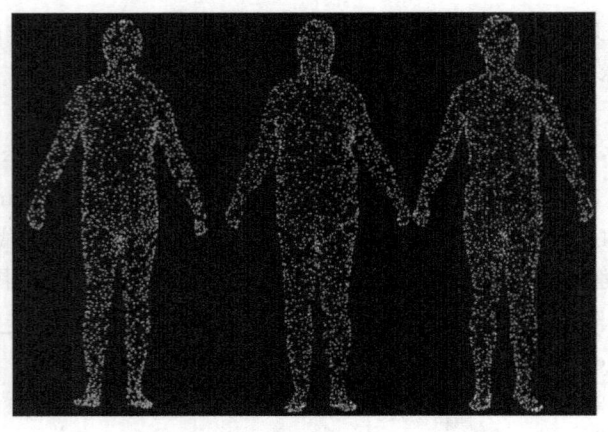

彩图 6.32

图 6.32 激光雷达采集以及预处理后的人体点云信息

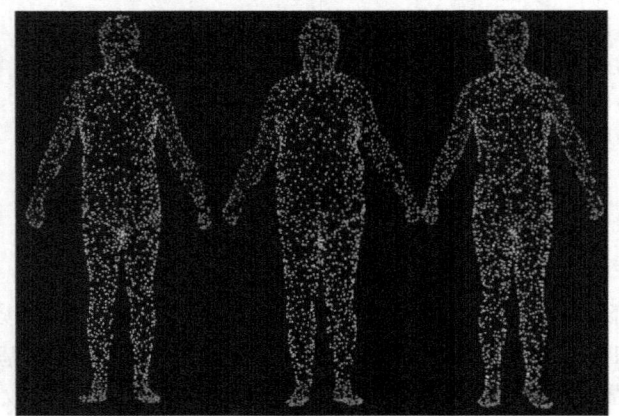

彩图 6.33

图 6.33 语义分割后的人体点云信息

4. 人体曲面重建

(1) 点云数据空间划分

对于 k 维空间数据的查询来说，k 维二叉索树 (Kd-tree) 是一种有效的数据结构。Kd-tree 是一种基于二叉树的坐标轴分割法。首先，按 X 轴寻找分割线，遍历所有数据点计算 X 坐标的平均值，通过最接近该平均值的点作一条平行于 Y 轴的直线，将数据点分割成两部分。然后，对分割成的两个子空间分别按 Y 轴寻找分割线，遍历子空间中的数据点计算 Y 坐标的平均值，通过最接近 Y 坐标平均值的点作一条平行于 X 轴的直线，将子空间分割成两部分。如此反复，对数据点进行分割，直到分割的区域剩一个点为止。

(2) 点云平滑处理

用激光雷达设备扫描人体时，往往会有测量误差。如果直接用这些原始的不规则数据来进行曲面重建的话，会使得重建的曲面不光滑或者有漏洞，而且这种不规则数据很难用前文提到的统计分析等滤波方法消除。点云重采样采用 MLS 算法对人体点云数据进行平滑处理。

(3) 三角化曲面重建

将三维点通过法线投影到某一平面，再对投影得到的点云作平面内的三角化，从而得到各个点的连接关系。在平面区域的三角化过程中用到了基于 Delaunay 的空间区域增长算法,该算法通过选取一个样本三角片作为初始曲面,不断扩张曲面边界,形成一张完整的三角网格曲面。最后,根据投影点云的连接关系确定各原始三维点间的拓扑连接,所得的三角网格即重建得到的曲面模型。贪婪投影三角化算法是一种对原始点云进行快速三角化的算法,在曲面重建方面具有较良好的效果。

6.3.2 擦洗臂的擦洗路径规划

考虑到人体皮肤表面结构的复杂性会干扰机器人进行擦洗工作,擦洗臂的轨迹规划需要结合人体皮肤情况,本节针对人体皮肤的结构和特性进行深入研究,分析机器人擦洗作业的关键问题并制定洗浴擦洗策略,重点介绍人体皮肤表面擦洗路径的获取和规划方法。

1. 基于皮肤 Langer 线的擦洗策略设计

在人体皮肤下分布着真皮纤维,它们的走向形成了自然的纹路,这些纹路称为 Langer 线,也称作皮肤张力线或皮肤紧张线,代表皮肤内部弹力纤维的走向。同时其是一种天然的组织结构,描述了皮肤张力分布的方向和范围,并表征了皮肤延伸性的方向,是皮肤各向异性的表现,在皮肤移植和整形手术等临床应用中应用较多。因此,对 Langer 线的研究不仅对临床治疗有着重要的意义,而且对研究皮肤组织的生理学等方面也有很大的价值。本节结合人体 Langer 线分布,针对皮肤不同位置,设计符合人体结构的擦洗策略。

图 6.34 展示了人体 Langer 线分布情况,其中 T 为人体躯干区域,U 为上肢区域,L 为腿部区域。在 T 区域中,人体的 Langer 线整体方向为横向遍布,皮肤黏弹性较大。人体 U 区域中的 Langer 线方向与手臂生长方向趋于一致,皮肤黏弹性较小,肌肉较紧缩。L 区域的大腿和小腿由膝盖连接,相比于手臂,腿部的皮肤更加饱满,其延伸性表现更加明显。

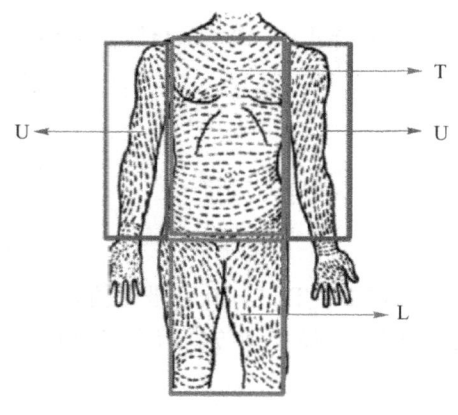

图 6.34 人体 Langer 线分布情况

为顺应皮肤延展性方向,减少摩擦力,缓解肌肉疲劳并提高人体的舒适度,擦洗末端应沿着人体 Langer 线方向移动。综上所述,设计基于人体 Langer 线的擦洗策略,可为后续擦洗路径规划提供有利依据。图 6.35 为擦洗策略示意图。

2. 笛卡尔空间的路径规划

机器人笛卡尔空间路径规划的任务是规划末端执行器从一个点到另一个点的运动,以实现特定的工作任务。常见的方法有直线路径规划和圆弧路径规划。

(1) 直线路径规划及仿真

空间直线路径规划是机器人运动控制中的一项重要任务,主要通过给定直线的初始和目标位置及姿态,计算出沿直线方向各个离散点的位置和姿态,并使机器人在这些离散点之间平稳移动。洗浴擦洗臂可通过空间直线插值算法求解出这两点之间的插补点位置坐标,由于机器人在空间中做直线运动,因此本身姿态是不随空间位置变化的,不需要对姿态进行插补,只需要求出位置点坐标。其求解步骤如下:

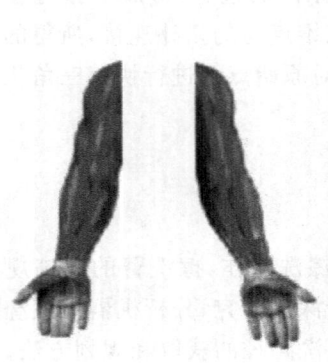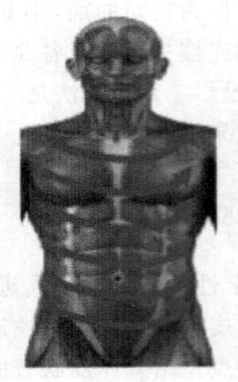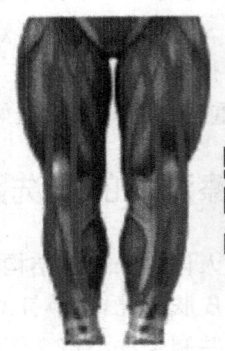

彩图 6.35

图 6.35　擦洗策略示意图

① 已知初始位置点坐标 $M_{start}(x_s, y_s, z_s)$ 和目标位置点坐标 $M_{end}(x_e, y_e, z_e)$，求取两点之间的空间距离 L：

$$L = \sqrt{(x_e - x_s)^2 + (y_e - y_s)^2 + (z_e - z_s)^2} \tag{6.18}$$

② 假设末端执行器的插补间隔为 d，两点之间距离为 L，通过计算求解得到插补点的个数 N 为

$$N = \frac{L}{d} + 1 \tag{6.19}$$

③ 结合式(6.19)可以计算得到各个插补点的坐标：

$$\begin{cases} x_{i+1} = x_i + i \cdot \dfrac{x_e - x_s}{N} \\ y_{i+1} = y_i + i \cdot \dfrac{y_e - y_s}{N} \\ z_{i+1} = z_i + i \cdot \dfrac{z_e - z_s}{N} \end{cases} \tag{6.20}$$

运用 MATLAB 软件进行仿真，以 $t=[1,1,1]$ 和 $k=[6,6,6]$ 作为始末点在空间中进行直线插补，可以得到仿真结果如图 6.36 所示。

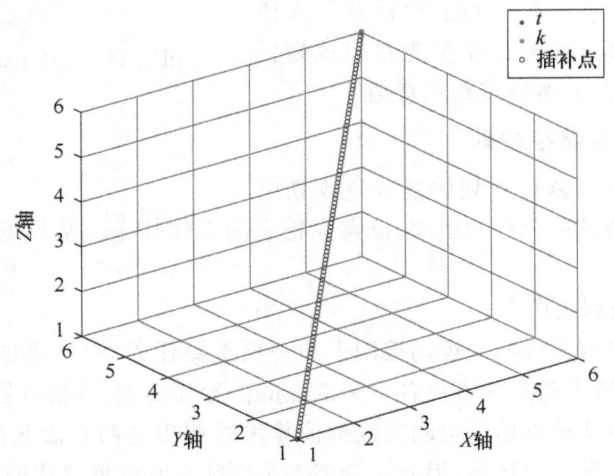

彩图 6.36

图 6.36　直线插值仿真结果

直线路径规划可以很好地应用于基于人体 Langer 线的洗浴擦洗中,但只适用于弹力较小的皮肤区域,对于复杂曲面精度较低。上肢和腿部上设置起点和终点部分连续的点集可用该方法处理,上肢和腿部的生长方向大体与 Langer 线分布的方向一致,皮肤黏弹性较小,按照上述规划算法,可满足部分区域的擦洗要求,但对于曲率较大的区域效果不太理想,擦洗末端无法完全贴合皮肤的表面。

(2) 圆弧路径规划及仿真

机器人圆弧路径规划是机器人运动中的一项重要技术,其需要确定圆弧的起点、终点和中间点,从而确定圆弧的具体位置和形状,实现笛卡尔坐标系内的圆弧路径规划。利用该圆弧插补算法可以取得 3 点之间其他中间点的坐标。图 6.37 为空间圆弧插值法原理示意图,其具体计算步骤如下。

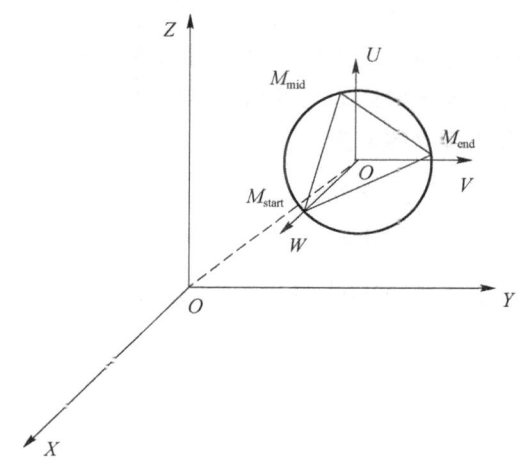

图 6.37 空间圆弧插值法原理示意图

① 假设洗浴擦洗臂需要规划一条空间圆弧轨迹,轨迹上的 3 个已知点分别是起始位置点 $M_{start}(x_s, y_s, z_s)$、中间点 $M_{mid}(x_m, y_m, z_m)$ 和目标位置点 $M_{end}(x_e, y_e, z_e)$ 且不共线,这 3 个点为机器人基坐标系中的坐标。分别作 $M_{start}M_{mid}$ 和 $M_{mid}M_{end}$ 的公垂线,其相交于点 $O'(x_0, y_0, z_0)$,从而确定圆心的位置。

② 假设这 3 个点确定的圆半径为 R,根据图 6.37 及已知条件可求得半径 R:

$$R = \sqrt{(x_m - x_s)^2 + (y_m - y_s)^2 + (z_m - z_s)^2} \tag{6.21}$$

③ 构建新坐标系 $O'UVW$,将 O' 作为坐标原点,将 $O'M_{start}$ 定义为 W 轴,其法向量为 w,单位向量为 w_0:

$$\begin{cases} w = M_{start} - O' \\ w_0 = \dfrac{w}{|w|} \end{cases} \tag{6.22}$$

④ 以空间三点平面法向量为 U 轴,垂足点为 O',法向量为 u,单位向量 u_0 为

$$\begin{cases} u = (M_{end} - M_{start}) \times w \\ u_0 = \dfrac{u}{|u|} \end{cases} \tag{6.23}$$

⑤ 根据右手法则,通过 W 轴和 U 轴叉积得到 V 轴,其单位法向量为

$$v_0 = u_0 \times w_0 \tag{6.24}$$

⑥ 根据以上分析,可计算出坐标系 $OXYZ$ 与坐标系 $O'UVW$ 之间的坐标转换矩阵 $\boldsymbol{T}$ 为

$$\boldsymbol{T} = \begin{bmatrix} w_x & v_x & u_x & x_0 \\ w_y & v_y & u_y & y_0 \\ w_z & v_z & u_z & z_0 \\ 0 & 0 & 0 & 1 \end{bmatrix} \tag{6.25}$$

⑦ 通过 $\boldsymbol{T}$ 可以计算得到 M_{start}、M_{mid}、M_{end} 在坐标系 $O'UVW$ 下的坐标值为

$$\begin{bmatrix} w_1 \\ v_1 \\ u_1 \\ 1 \end{bmatrix} = \boldsymbol{T}^{-1} \begin{bmatrix} x_s \\ y_s \\ z_s \\ 1 \end{bmatrix}, \begin{bmatrix} w_2 \\ v_2 \\ u_2 \\ 1 \end{bmatrix} = \boldsymbol{T}^{-1} \begin{bmatrix} x_m \\ y_m \\ z_m \\ 1 \end{bmatrix}, \begin{bmatrix} w_3 \\ v_3 \\ u_3 \\ 1 \end{bmatrix} = \boldsymbol{T}^{-1} \begin{bmatrix} x_e \\ y_e \\ z_e \\ 1 \end{bmatrix} \tag{6.26}$$

⑧ 经过上述分析,可在坐标系 $O'UVW$ 中进行插补路径规划。在坐标系中进行圆弧插补时,需要将圆弧中的插补转换为对圆心角的插补。假设点 M_{start} 到 M_{end} 之间的圆弧所对应的圆心角为 θ,由 v_3 的正负可知 θ 的值为

$$\theta = \begin{cases} a\tan 2(v_3, w_3), & v_3 > 0 \\ 2\pi + a\tan 2(v_3, w_3), & v_3 < 0 \end{cases} \tag{6.27}$$

⑨ 在圆弧轨迹上插补 ζ 个点,可以求得如下表达式:

$$\begin{cases} \theta_i = \dfrac{i}{\zeta}\theta \\ w_h = R\cos\theta_i \\ v_h = R\sin\theta_i \\ u_h = 0 \end{cases} \tag{6.28}$$

⑩ 在基坐标系 $OXYZ$ 中的插补点坐标可以表示为

$$\begin{bmatrix} x_h \\ y_h \\ z_h \\ 1 \end{bmatrix} = \boldsymbol{T} \begin{bmatrix} w_h \\ v_h \\ u_h \\ 1 \end{bmatrix} \tag{6.29}$$

为了进行理论验证,本节选取空间 $a=[1,3,1]$、$b=[3.5,2,4]$ 和 $c=[1,4.5,4]$ 进行空间圆弧插值仿真,定义插补次数为 46,得到的仿真结果如图 6.38 所示。

由图 6.38 可知,圆弧路径规划应用在人体曲面区域可达到一定的插值效果,但对曲率变化较大的区域并不适用,因此需综合考虑人体表面的影响因素。

3. 基于皮肤曲率变化的擦洗路径规划方法

目前,路径规划方法主要有遗传算法以及快速扩展随机树算法等[286],上述方法虽然有较好的搜索能力,但在复杂曲面的擦洗作业中并不适用。擦洗臂在进行路径规划过程中需考虑的是人体表面点集信息,末端作业方向主要由表面模型的法向量决定,且应随着皮肤表面点的曲率变化,沿不同的方向进行擦洗操作。为了实现更好的作业体验,针对擦洗路径平滑中路径点曲率差异性问题,本节进行了基于皮肤曲率变化的多目标路径规划方法的研究,

第 6 章　半失能老年人洗浴机器人的控制策略

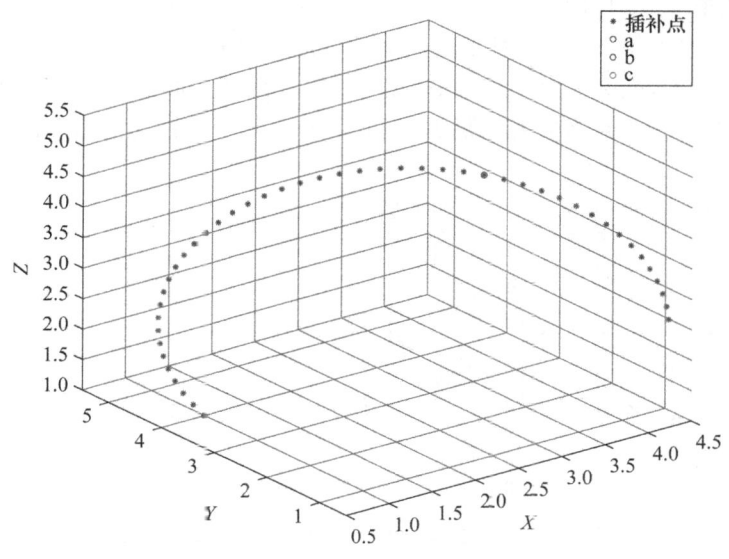

图 6.38　圆弧插值仿真结果

其主要思想是通过等平面截交法生成擦洗路径点,之后对这些离散点的曲率进行计算分析,根据离散点的几何关系构建二次项的优化目标函数,将离散点曲率的非线性约束项转化为软约束,增加离散点的数量,通过这种方式可使得非线性约束变得更加平滑,提高优化的收敛性和鲁棒性。最后,将带约束的多目标优化函数转化为二次规划型快速求解,使得该方法的计算速度得到提升。这种方法具有适应不同曲率约束条件的能力,可为机器人提供更加合理连续的参考路径,使机器人末端法向量均匀变化,运动更加平滑,同时可减少机器人在运动过程中产生的冲击。

(1) 擦洗路径点获取

人体擦洗区域由上肢、躯干、腿部组成,故需根据各部位运动区域分别生成擦洗路径点。复杂曲面轨迹生成方法是计算机图形学领域的一个重要研究方向,常见的方法有参数曲面法、三维样条曲线法、基于逆向设计的方法、等平面截交法等。其中,参数曲面法可以通过控制参数的变化来生成复杂的轨迹,但其控制点数量要求过高;三维样条曲线法具有较高的灵活性,可以满足多种曲率约束条件,但对参数的选择较为严苛;基于逆向设计的方法需要进行逆向计算,计算量较大;等平面截交法计算简单且精度较高,可用于诸多曲面环境。因此,本节采用等平面截交法对划分后的人体模型进行路径点的获取,该方法可以保证擦洗路径点分布较均匀,同时维持较低的计算复杂度。

平面截交法首先通过贪婪三角化算法生成人体三角网格模型(如图 6.39 所示),其次借助本书设计的人体特征语义分割网络的分割结果,对上肢、躯干、腿部 3 部分擦洗区域进行划分。最后采用等平面截交法分别对模型的擦洗区域进行截交处理,获取擦洗路径点。

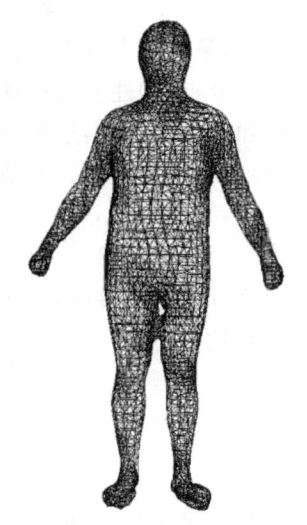

图 6.39　人体三角网格模型

定义3组截平面分别为 $S=\{S_1,S_2,\cdots,S_i,\cdots,S_m\}$，$R=\{R_1,R_2,\cdots,R_i,\cdots,R_n\}$，$J=\{J_1,J_2,\cdots,J_i,\cdots,J_l\}$，截平面 S 沿 Y_1 且平行于 X_1Z_1，截平面 R 沿 Y_2 且平行于 X_2Z_2，截平面 J 沿 X_3 且平行于 Y_3Z_3，n、m、l 为3组截平面总数，该3组截平面分别对上肢、躯干、腿部进行截交处理，各截平面间的偏移量为行距 H。图6.40为等平面截交法示意图。

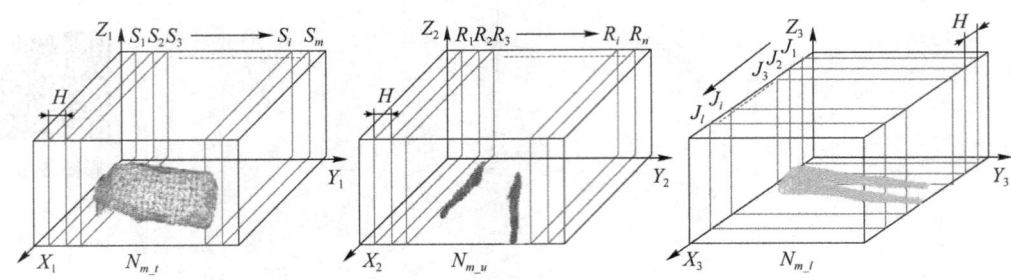

图6.40　等平面截交法示意图

截平面 S、R、J 按照图6.40所示的移动方向与躯干模型 N_{m_t}、上肢模型 N_{m_u}、腿部模型 N_{m_l} 中的三角网格相交，通过遍历得到截交点数分别为 Q、T、Y。在进行位置关系分析后，可得到作业区域与人体三角网格的截交点 F_A、F_B、F_C 的表达式如下：

$$\begin{cases} F_A=\{F_A^{11},F_A^{12},\cdots,F_A^{ij},\cdots,F_A^{mk}\}(i=\{1,2,\cdots,m\},j=\{1,2,\cdots,k\}) \\ F_A^{ij}=(F_{A(x)}^{ij},F_{A(y)}^{ij},F_{A(z)}^{ij}) \\ F_B=\{F_B^{11},F_B^{12},\cdots,F_B^{ij},\cdots,F_B^{nv}\}(i=\{1,2,\cdots,n\},j=\{1,2,\cdots,v\}) \\ F_B^{ij}=(F_{B(x)}^{ij},F_{B(y)}^{ij},F_{B(z)}^{ij}) \\ F_C=\{F_C^{11},F_C^{12},\cdots,F_C^{ij},\cdots,F_C^{hw}\}(i=\{1,2,\cdots,l\},j=\{1,2,\cdots,w\}) \\ F_C^{ij}=(F_{C(x)}^{ij},F_{C(y)}^{ij},F_{C(z)}^{ij}) \end{cases} \quad (6.30)$$

（2）多目标优化函数构建

通过等平面截交法获取擦洗作业区域的截交点后，可按照擦洗策略构建擦洗路径，但获得的截交点之间会出现曲率突变的情况，导致擦洗路径并不光滑。由于在截交点的生成过程中，每条截交上的点都位于同一平面，故可将三维问题转化为在二维平面上对离散点的曲率进行分析，构建多目标优化函数进行路径点优化。在优化过程中，参考路径需要满足多个目标和约束条件，由于每个目标项的权重不同，因此需要在满足约束的前提下确定这些权重比，以获得最优结果。本节针对最优化问题建立数学模型，其表达式为

$$\min Y = Q(x) = \sum_{k=0}^{N} \omega_k Q_k(x) \quad (6.31)$$

其中，Y 代表优化目标函数，x 表示决策变量，该函数由多个子目标项 $Q_k(x)$ 组成，各子目标项的权重为 ω_k。

$$\begin{cases} g(x_i) \leqslant 0, \\ t(x_i)=0, \qquad i=1,2,\cdots,N \\ x_{i,\min} \leqslant x_i \leqslant x_{i,\max}, \end{cases} \quad (6.32)$$

在约束条件中，$g(x_i)$ 和 $t(x_i)$ 分别为不等式约束和等式约束，$x_{i,\min} \leqslant x_i \leqslant x_{i,\max}$ 表示每个点的取值范围。

本节以离散点集合为决策变量 x,对稀疏点进行均匀插值操作,得到决策变量 $\boldsymbol{x}=[x_1,x_2,x_3,x_4,\cdots,x_i,\cdots,x_N]^T$,其中 $x_i=(x,y)$ 表示二维平面内的离散点坐标。

擦洗路径评价函数包含了机器人的移动安全性、人体感受的舒适度和时间消耗等多个指标。为了使路径点平滑性达到最优,本节基于擦洗路径点构建适用于机器人参考路径的评价函数,在进行离散点优化的过程中,同时考虑曲率的连续性,以确保在连续域上的平滑优化。在几何空间内定义路径点法向量为 $\boldsymbol{f}_i=\Delta x_{i+1}-\Delta x_i$,构建向量 $\boldsymbol{h}_i=\Delta f_{i+1}-\Delta f_i$,为保证相邻的 f_i 差异较小,在优化过程中逐渐改变法向量的方向,以实现法向量的连续变化,使路径曲率变化率尽可能小。构建平滑项的优化目标为 $|\Delta f_{i+1}-\Delta f_i|^2$,间接保证优化路径结果的平滑性。优化项为

$$G_s(f_i)=|\Delta f_{i+1}-\Delta f_i|^2, \quad i\in[1,N-1] \tag{6.33}$$

为使优化后的结果与原有的参考路径差异较小,将每个离散点与原始点的距离作为惩罚项,构建表达式为

$$G_k(x_i)=|x_i-x_{i(0)}|^2, \quad i\in[1,N] \tag{6.34}$$

式中,$G_k(x_i)$ 为惩罚项,$x_{i(0)}$ 为原始输出点的坐标。在优化离散点过程中,设置矩形区域作为约束条件,对离散点进行区域性控制。

(3) 曲率约束建立

虽然等平面截交法获取的路径点分布较为均匀,但人体各部位具有不同的形状特征,导致出现法向曲率变化较大的区域,从而使得机器人在作业过程中的稳定性降低,对硬件内部造成一定程度的磨损。因此,需要基于路径点的曲率进行约束,以平滑调整机器人的末端法向量并保证其运动稳定性。本节对每个路径点的曲率进行统计分析,利用法曲率来描述曲面在该点沿指定方向的弯曲程度和弯曲方向。考虑到人体三角网格模型不是连续曲面,无法直接计算曲线在网格顶点处的法曲率,采用近似求解顶点法曲率的方法以解决上述问题,具体过程如下。

如图 6.41 所示,取躯干三角网络模型 N_{m_t} 上一顶点 p,则与其相关的 n 个三角面片组成的集合 W^p 为

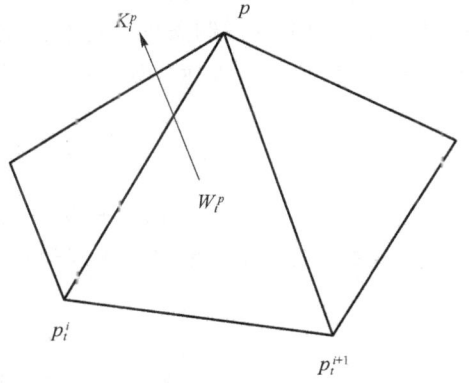

图 6.41 顶点法曲率近似求解示意图

$$W^p=\{W_1^p,W_2^p,\cdots,W_t^p,\cdots,W_n^p\}, \quad t\in[1,n] \tag{6.35}$$

式中,$W_t^p=\Delta[p_t^i p p_t^{i+1}]$,$p_t^i$、$p_t^{i+1}$ 为顶点 p 相关三角形的其他两个顶点。

每个三角面片 W_t^p 的单位法矢量为 $\boldsymbol{K}_t^p$,可求得

$$\boldsymbol{K}_t^p=\frac{(p_t^i-p)\times(p_t^{i+1}-p)}{\|(p_t^i-p)\times(p_t^{i+1}-p)\|} \tag{6.36}$$

通过估算每个三角网格上的单位法矢量求解出在顶点 p 处的法向量 H^p:

$$\boldsymbol{H}^p=\frac{\sum_{i=1}^{n}\boldsymbol{K}_i^p}{n} \tag{6.37}$$

结合法曲率公式可计算得到在顶点 p 处的法曲率：

$$k^p = \frac{2[\boldsymbol{H}^p \times (p_i^i - p)]}{\|(p_i^i - p)\|^2} \quad (6.38)$$

为满足曲线平滑过程中连续点处的曲率连续问题，利用上述方法求取擦洗路径中每个路径点的法曲率，在曲率差异较大的位置插补多个离散点，并构建优化后的点集。图 6.42 为离散点优化示意图。

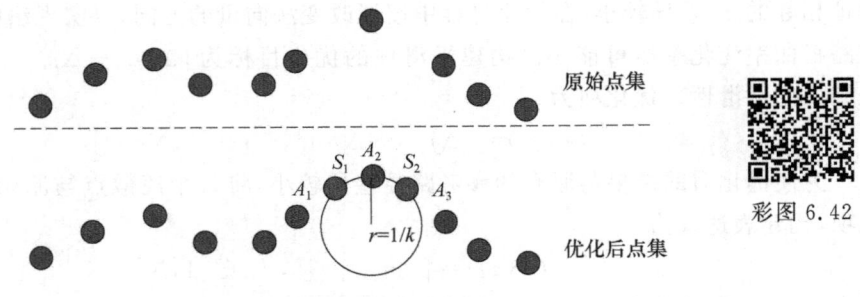

图 6.42　离散点优化示意图

在原始点集中，点 A_2 相较于邻点 A_1 与 A_3 的曲率不连续，按照该点的朝向计算以 $1/k$ 为半径的圆，通过设定步长插补 S_1、S_2 离散点，使相邻点间曲率变化较小，保证机器人末端位姿变化更平滑，并在优化时将点 S_1、S_2 的优化区域设置为极小值，达到保持突变点的位置和临近点的曲率连续性的目的。这种方法的主要思想是将曲率约束转化、构建成新的离散点，并且在一定曲率限制条件下构建优化区域，从而将曲率约束转化为目标函数的一部分，相关的二次优化函数表达式如式(6.39)所示：

$$\begin{cases} \min Y = \sum_{k=0}^{N} \omega_s \left| \Delta f_{i+1} - \Delta f_i \right|^2 + \omega_k \left| x_i - x_{i(0)} \right|^2 \\ x_i - x_{i(0)} \in \Omega_i \end{cases} \quad (6.39)$$

进一步，设 x^* 是一般二次规划问题的全局极小点，E 是全体点集集合，且在 x^* 处的有效集为

$$S(x^*) = \boldsymbol{E} \cup \boldsymbol{I}(x^*) \quad (6.40)$$

以上二次优化函数的约束条件均为线性，a_i^T、b_i 为线性方程的权重和偏置，因此可将该目标函数转化为二次规划进行求解：

$$\begin{cases} \min \frac{1}{2} x^T H x + c^T x \\ a_i^T x - b_i = 0, \quad i \in S(x^*) \end{cases} \quad (6.41)$$

(4) 仿真结果与分析

为验证上述算法的可行性，以通过等平面截交法获取的部分躯干擦洗路径点作为研究对象，以原点 $[0,0,0]$ 作为擦洗路径起点，以 $[16.2,1,16]$ 作为路径终点，应用基于皮肤曲率变化的路径规划方法进行仿真实验。按照本节算法增加离散点，设置优化范围 Ω，将转换点和约束条件输入目标优化函数，转化为二次规划型求解。将平滑前后的路径结果进行对比分析，仿真结果如图 6.43 和图 6.44 所示。

从图 6.43(a)和图 6.43(b)可以看出,相比于直接选取某个人体皮肤坐标点进行直线或圆弧规划的结果,基于皮肤曲率变化的路径规划算法更多地考虑人体表面点集信息,且可随着皮肤表面点的曲率变化,基于曲率优化后的路径更加平滑。图 6.44 反映了曲率优化前后的对比,在曲率发生较大变化的部分,曲线更加平缓,针对突变点的部分结合临近点的曲率差值进行有限点插补使其更加平滑,这样机器人在运动过程中可以减少突变点的出现导致的抖动和不平衡状态,体现了算法的有效性。

彩图 6.43

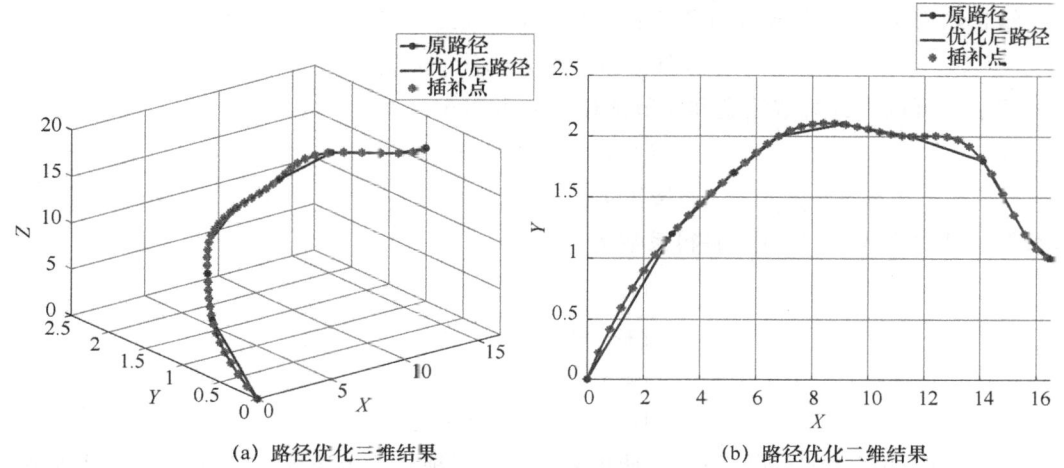

图 6.43 路径优化结果

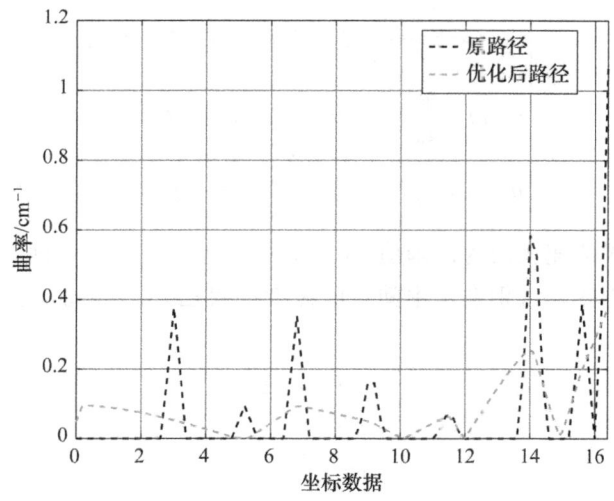

图 6.44 曲率优化前后的对比

4. 关节空间的轨迹规划

基于上一节提到的皮肤曲率擦洗路径规划方法,可采用三次多项式和五次多项式实现轨迹规划。

(1)三次多项式轨迹规划

利用机器人运动轨迹始末点位姿信息进行逆运动学求解可得到机器人关节信息,可实现在关节空间的轨迹规划。根据起点以及终点处的关节角度值 θ_0 与 θ_e 建立轨迹插值函数 $\theta(t)$，以实现关节运动轨迹的生成，插值函数需满足以下约束条件：

$$\begin{cases} \theta(t_0)=\theta_0 \\ \theta(t_e)=\theta_e \\ \theta'(t_0)=0 \\ \theta'(t_e)=0 \end{cases} \tag{6.42}$$

式中，t_0 与 t_e 分别为轨迹始末点所对应的时间参数。

结合约束条件，能够确定如下三次多项式表达式：

$$\theta(t)=a_0+a_1t+a_2t^2+a_3t^3 \tag{6.43}$$

对上式求导可以得到关节速度和关节加速度的表达式：

$$\begin{cases} \theta'(t)=a_1+2a_2t+3a_3t^2 \\ \theta''(t)=2a_2+6a_3t \end{cases} \tag{6.44}$$

将约束条件代入式(6.44)中，解得系数为

$$\begin{cases} a_0=\theta_0 \\ a_1=0 \\ a_2=3(\theta_e-\theta_0)/t_e^2 \\ a_3=-2(\theta_e-\theta_0)/t_e^3 \end{cases} \tag{6.45}$$

将上式代入式(6.42)和式(6.43)中，便可求得三次多项式关节角度、关节速度和关节加速度的表达式为

$$\begin{cases} \theta(t)=\theta_0+\dfrac{3}{t_e^2}(\theta_e-\theta_0)t^2-\dfrac{2}{t_e^3}(\theta_e-\theta_0)t^3 \\ \theta'(t)=\dfrac{6}{t_e^2}(\theta_f-\theta_0)t-\dfrac{6}{t_e^3}(\theta_e-\theta_0)t^2 \\ \theta''(t)=\dfrac{6}{t_e^2}(\theta_f-\theta_0)-\dfrac{12}{t_e^3}(\theta_e-\theta_0)t \end{cases} \tag{6.46}$$

假设始末点位置的速度值为已知值，中间点的预设速度也已明确，可使用与前面一样的三次多项式的构造方法。区别在于中间点的速度约束已知。因此，式(6.46)中的约束可转变为

$$\begin{cases} \theta(t_0)=\theta_0 \\ \theta(t_e)=\theta_e \\ \theta'(t_0)=\theta'_0 \\ \theta'(t_e)=\theta'_e \end{cases} \tag{6.47}$$

将新的约束条件代入式(6.43)中，可解得三次多项式系数为

$$\begin{cases} a_0=\theta_0 \\ a_1=\theta'_0 \\ a_2=3(\theta_e-\theta_0)/t_e^2-2\theta'_0/t_e-\theta'_e/t_e \\ a_3=-2(\theta_e-\theta_0)/t_e^3+(\theta'_e+\theta'_0)/t_e^2 \end{cases} \tag{6.48}$$

（2）五次多项式轨迹规划

五次多项式是更高阶的多项式插值方法，相比于三次多项式，其更加灵活，能更好地满足一些特定的运动需求。由于该方法具有更多的自由度，可以控制运动轨迹的速度和加速度，故生成轨迹更加平滑，且可提高机器人运动的稳定性和舒适性，因此在机器人的轨迹规划中应用广泛。在已知机器人在始末点的角度、角速度以及角加速度的情况下，可通过五次多项式计算得到机器人各个关节的运动函数曲线，其数学表达式为

$$\theta(t)=a_0+a_1t+a_2t^2+a_3t^3+a_4t^4+a_5t^5 \tag{6.49}$$

与前面的三次多项式方法相同，通过求导的方式可得到机器人关节的角速度、角加速度：

$$\begin{cases} \theta'(t)=a_1+2a_2t+3a_3t^2+4a_4t^3+5a_5t^4 \\ \theta''(t)=2a_2+6a_3t+12a_4t^2+20a_5t^3 \end{cases} \tag{6.50}$$

以及约束条件：

$$\begin{cases} \theta(t_0)=a_0+a_1t_0+a_2t_0^2+a_3t_0^3+a_4t_0^4+a_5t_0^5 \\ \theta(t_e)=a_0+a_1t_e+a_2t_e^2+a_3t_e^3+a_4t_e^4+a_5t_e^5 \\ \theta'(t_0)=a_1+2a_2t_0+3a_3t_0^2+4a_4t_0^3+5a_5t_0^4 \\ \theta'(t_e)=a_1+2a_2t_e+3a_3t_e^2+4a_4t_e^3+5a_5t_e^4 \\ \theta''(t_0)=2a_2+6a_3t_0+12a_4t_0^2+20a_5t_0^3 \\ \theta''(t_e)=2a_2+6a_3t_e+12a_4t_e^2+20a_5t_e^3 \end{cases} \tag{6.51}$$

假设 $t_0=0$，将式(6.50)与式(6.51)联立求解可得到各个系数为

$$\begin{cases} a_0=\theta_0 \\ a_1=\theta'_0 \\ a_2=\theta''_0/2 \\ a_3=[20\theta_e-20\theta_0-(8\theta'_e+12\theta'_0)t_e-3(\theta''_0-\theta''_e)t_e^2]/2t_e^3 \\ a_4=[30\theta_e-30\theta_0+(14\theta'_e+16\theta'_0)t_e+3(\theta''_0-2\theta''_e)t_e^2]/2t_e^4 \\ a_5=[12\theta_e-12\theta_0-(6\theta'_e+6\theta'_0)t_e-(\theta''_0-\theta''_e)t_e^2]/2t_e^5 \end{cases} \tag{6.52}$$

结合上式的结果即可计算得到五次多项式的轨迹方程。五次多项式最大的优势在于加速度约束项的存在可有效克服三次多项式轨迹规划速度变化不连续和加速度出现跳变的问题，并且具有更高的平滑性和更低的峰值速度、加速度，从而能够更好地控制机器人的运动，减少机器人在运动过程中产生的振动和冲击，提高运动的精度和效率，更好地适应机器人的复杂运动。

5. 基于 ESSA 算法的轨迹优化

应用五次多项式进行轨迹规划能够有效对末端平台的运动进行约束，在运动过程中加速度不会突变，从而保证了安全性。但是在复杂曲面的洗浴擦洗工作过程中，采用五次多项式方法规划躯干部分的胸部和腹部擦洗轨迹后，机器人沿着轨迹方向运动时，执行周期会明显增大而且工作效率大幅降低，因此轨迹优化显得尤为重要。一般来说，轨迹优化是通过对单目标或多目标的优化处理来实现的，以往针对轨迹时间优化问题的研究都采用单一的智能算法，常见的有鲸鱼算法、灰狼算法、蚁群算法等。即使上述智能算法在寻优问题上表现

优异,但仍会出现无法解决的优化问题。鉴于近期麻雀搜索算法(Sparrow Search Algorithm,SSA)相比于粒子群展现出更好的性能,本节通过分析其算法的优越性以及不足,提出了增强型麻雀搜索算法(Enhanced Sparrow Search Algorithm,ESSA),以缩短时间为目标对洗浴擦洗臂五次多项式轨迹规划进行优化,从而提高擦洗的工作效率。

(1) 时间优化数学模型的建立

洗浴擦洗臂末端执行器在对人体特征区域进行擦洗时,需要经过三维空间中预先设定好的擦洗路径点,结合逆运动学求解每个任务点处的各个关节角度值,其 n 个任务点共有 $n-1$ 段路径。设机器人末端执行器经过的路径点为 $\boldsymbol{L}=\{q_1,q_2,\cdots,q_m\}$,每段路径的时间为 $T_i(i=0,1,2,3,\cdots,n-1)$,则每个路径点之间的时间间隔为 $T_i=t_i-t_{i-1}$,因此将整个轨迹运行总时间最短作为目标所构造的目标函数为

$$T = T_1 + T_2 + T_3 + \cdots + T_{i-1} = \sum_{i=1}^{n-1} T_i \tag{6.53}$$

在机器人擦洗过程中,需保证其安全、高效、平稳地运行,因此不仅要考虑工作空间位置的限制,还要考虑机器人各个关节的角速度、角加速度等运动约束条件。为了确定机器人是否符合运动约束限制,需要首先推导出各个关节在运动过程中的瞬时运动学表达式,然后将其与预设的运动约束条件进行比较。洗浴擦洗臂轨迹优化目标函数与约束条件如下:

$$\min T = \sum_{i=1}^{n-1} T_i \tag{6.54}$$

式中,$\min T$ 为优化目标函数,计算机器人轨迹运行总时间。

$$\begin{cases} |\theta'_{ij}(t)| \leq \theta'_{\max} \\ |\theta''_{ij}(t)| \leq \theta''_{\max} \\ \forall t \in [t_i, t_{i+1}] \end{cases} \tag{6.55}$$

其中,$\theta'_{ij}(t)$ 与 $\theta''_{ij}(t)$ 分别表示第 j 个关节在 i 段曲线运行的角速度、角加速度,$\theta'_{\max}$ 与 $\theta''_{\max}$ 表示机器人各关节可达到的最大角速度与最大角加速度。

(2) SSA 的思想

麻雀搜索算法[287]是基于自然界麻雀的搜索行为而设计的一种优化算法。它模拟了麻雀在寻找食物、探索周围环境时的搜索策略。种群通常被分为发现者、加入者和侦察者 3 类个体。这些个体协同作用,以提高麻雀种群的生存率。其中,发现者在该算法中扮演着主要的食物寻找者和领袖的角色,其任务是引导整个麻雀种群觅食。加入者通常会跟随发现者获取食物,并选取一定比例的麻雀作为侦察者,执行侦察任务。侦察者的主要任务是察觉可能的危险,如发现天敌,便会发出警报信号,从而促使整个麻雀种群采取进一步的反捕食行为,以提高生存率。

在 D 维空间内由 n 只麻雀组成的种群可表示为

$$\boldsymbol{X} = \begin{bmatrix} x_{1,1} & x_{1,2} & \cdots & x_{1,D} \\ x_{2,1} & x_{2,2} & \cdots & x_{2,D} \\ x_{3,1} & x_{3,2} & \cdots & x_{3,D} \\ x_{4,1} & x_{4,2} & \cdots & x_{4,D} \\ \vdots & \vdots & & \vdots \\ x_{n,1} & x_{n,2} & \cdots & x_{n,D} \end{bmatrix} \tag{6.56}$$

在麻雀种群中,个体适应度值是指该搜索过程所处位置的目标函数值或问题评价指标的数值,也可以是该位置的麻雀对目标函数或问题评价指标的评估得分。个体适应度值决定了在解空间中的移动方向和速度,适应度值越大,麻雀在解空间中的移动越快,也越有可能获得更优的解。因此,适应度值是麻雀搜索算法中非常重要的概念之一,它直接影响搜索代理的行为和搜索结果的质量。故应对麻雀个体的适应度值进行排序,适应度值最佳的 y 只麻雀被选定为发现者,其余的 $n-y$ 只麻雀为加入者,再从种群的 n 只麻雀中选择一部分作为侦察者,一般侦察者所占比例为 10%～20%。

个体适应度 F_x 的矩阵形式表示为

$$F_x = \begin{bmatrix} g([x_{1,1}, x_{1,2}, \cdots, x_{1,L}]) \\ g([x_{2,1}, x_{2,2}, \cdots, x_{2,L}]) \\ \vdots \\ g([x_{n,1}, x_{n,2}, \cdots, x_{n,L}]) \end{bmatrix} \tag{6.57}$$

式中,g 表示个体适应度值。

发现者位置更新表达式为

$$x_{i,j}^{t+1} = \begin{cases} x_{i,j}^t \cdot \exp\left(\dfrac{-i}{\alpha \cdot \text{iter}^{\max}}\right), & R_2 < \text{ST} \\ x_{i,j}^t + Q \cdot L, & R_2 \geqslant \text{ST} \end{cases} \tag{6.58}$$

式中,$\text{iter}^{\max}$ 为最大的迭代次数,Q 为服从标准正态分布的随机数,L 为元素均为 1 的 $1 \times d$ 矩阵,R_2 表示警戒值,ST 为安全值。

加入者的位置更新公式为

$$X_{i,j}^{t+1} = \begin{cases} Q \cdot \exp\left(\dfrac{X_{\text{worst}} - X_{i,j}^t}{i^2}\right), & i > \dfrac{n}{2} \\ X_p^{t-1} + |X_{i,j}^t - X_p^{t+1}| \cdot A^+ \cdot L, & i \leqslant \dfrac{n}{2} \end{cases} \tag{6.59}$$

式中,X_p^{t+1} 为发现者的最优位置,X_{worst} 表示当前所处的全局最差位置,A 是一个元素均为 1 或 -1 的 $1 \times d$ 矩阵,且满足 $A^+ = A^T (AA^T)^{-1}$。

在麻雀种群觅食过程中,侦察者发现危险后,会躲避并迅速更新自己的位置。侦察者更新位置为

$$X_{i,j}^{t+1} = \begin{cases} X_{\text{best}}^t + \beta \cdot |X_{i,j}^t - X_{\text{best}}^t|, & g_i > g_h \\ X_{i,j}^t + K \cdot \left(\dfrac{|X_{i,j}^t - X_{\text{worst}}^t|}{(g_i - g_{\text{worst}}) + \varepsilon}\right), & g_i = g_h \end{cases} \tag{6.60}$$

式中,X_{best}^t 为当前的全局最优位置,β 是服从标准正态分布的随机数。K 是一个范围在 $[-1,1]$ 中的随机数,g_i 表示当前第 i 个个体的适应度值,g_h 与 g_{worst} 分别代表当前种群中全局最优和最差的适应度值,ε 为最小常数。

(3) ESSA 的基本原理

尽管麻雀搜索算法在实际应用中表现出了优越性,但在该算法迭代过程中,种群的多样性逐渐降低,出现了种群单一化的问题,并且在算法应用过程中会陷入局部最优解,从而影

响其性能和适用性。本节针对以上问题对算法进行了改进，引入反向学习策略[288]进行种群的初始化，使其在迭代过程提高种群的多样性，并加入 Tent 混沌扰动[289]改善全局搜索能力和寻优精度，该策略不仅能够选择优秀个体作为下一次迭代的对象，而且能够更好地兼顾麻雀搜索算法的全局搜索性能与求解时的收敛速度。

具体而言，该策略以全局最优解作为种群求解的起始点，逐步向终止点逼近，引导麻雀个体探索更多不同的搜索空间，反向学习可以描述如下。

设 $x \in [a,b]$ 是一个实数，则其反向数字 $\overline{x}$ 可以表示为

$$\overline{x} = a + b - x \tag{6.61}$$

反向点的概念可以扩展到高维空间中。设 $x = (x_1, x_2, x_3, \cdots, x_D)$ 是 D 维空间中的一个点，并且 $x_t \in [a_t, b_t]$，则该点的反向点 $\overline{x} = (\overline{x}_1, \overline{x}_2, \overline{x}_3, \cdots, \overline{x}_D)$ 可以表示为

$$\overline{x}_t = (a_t + b_t) - x_t \tag{6.62}$$

首先随机生成麻雀个数为 n 的种群：

$$X_i = X_{\text{low}} + \text{rand}(X_{\text{up}} - X_{\text{low}}), \quad i = 1, 2, \cdots, n \tag{6.63}$$

式中，X_{low} 为最低值，X_{up} 为最高值。

然后应用反向学习策略计算麻雀种群所对应的反向麻雀种群 $\overline{F}_i$：

$$\overline{X}_i = X_{\text{up}} + X_{\text{low}} - X_i \tag{6.64}$$

在算法中，适应度值大的个体能够更快地获取食物以获得更多能量。在洗浴擦洗臂轨迹优化中，为了构建合适的适应度函数，本节加入了罚函数对其约束条件进行处理，以更好地反映机器人各个关节的运动状态，并提高算法的收敛速度。罚函数的表达式如下：

$$P(t) = \lambda \left[\sum_{j=1}^{N} |\max(\theta'_{ij}, \theta'_{\max})| + \sum_{j=1}^{N} |\max(\theta''_{ij}, \theta''_{\max})| \right] \tag{6.65}$$

式中，λ 为惩罚因子，当机器人关节的值满足要求时，参数 λ 恒定，否则，偏差越大，罚函数的值越大。

适应度函数表达式为

$$g(t) = \frac{1}{T + P(t)} \tag{6.66}$$

本节在得到随机生成的种群与反向学习策略生成的种群后，计算每个麻雀适应度的值并对其进行排序，按照排序结果选出前 m 个优秀个体作为麻雀搜索算法的初始种群。对适应度值大于平均适应度值的麻雀，应用 Tent 混沌扰动，如果新位置优于旧位置，则将其更新。

Tent 混沌扰动是基于 Tent 混沌映射实现的，在提高全局搜索方面具有良好的效果。Tent 混沌映射的表达式为

$$x_{i+1} = \begin{cases} 2x_i, & 0 \leqslant x \leqslant \frac{1}{2} \\ 2(1 - x_i), & \frac{1}{2} < x \leqslant 1 \end{cases} \tag{6.67}$$

在 Tent 混沌映射基础上引入一个随机变量，优化 Tent 混沌序列使其避免落入小周期点和不稳定周期点，如式(6.68)所示。

$$x_{i+1} = \begin{cases} 2x_i + \dfrac{1}{N}\mathrm{rand}(0,1), & 0 \leqslant x \leqslant \dfrac{1}{2} \\ 2(1-x_i) + \dfrac{1}{N}\mathrm{rand}(0,1), & \dfrac{1}{2} < x \leqslant 1 \end{cases} \quad (6.68)$$

经过贝努利变换后为

$$x_{i+1} = (2x_i) \bmod 1 + \dfrac{1}{NG}\mathrm{rand}(0,1) \quad (6.69)$$

式中，NG 是混沌序列内的粒子个数，rand[0,1]产生区间在[0,1]的随机数。

将上式产生的混沌变量代入求解问题的解空间中，可得到

$$X_m = r_{\max} + (r_{\max} - r_{\min})h_d \quad (6.70)$$

式中，$r_{\max}$ 与 $r_{\min}$ 为 D 维变量的最大值和最小值，h_d 为系数。

结合式(6.53)可求得 Tent 混沌扰动的表达式为

$$X^{\mathrm{new}} = \dfrac{(X' + X)}{2} \quad (6.71)$$

式中，X' 表示未进行 Tent 混沌扰动的个体，X 表示 Tent 混沌扰动变量，X^{new} 表示 Tent 混沌扰动完成后的个体。

（4）算法性能测试

为验证 ESSA 的优越性，现设置麻雀种群数量为 200，最大迭代次数为 500，安全阈值 ST 为 0.6，发现者在麻雀种群中的比例为 20%，侦察者的比例为 10%。本节分别采用 SSA 与 ESSA 两种算法对如下函数进行性能测试，如表 6.3 所示。

表 6.3 测试函数

函数名	测试函数	理论最优值	类型
Step	$f_1(x) = \sum_{i=1}^{D}([x_i + 0.5])^2$	0	单峰
Rosenbrock	$f_2(x) = \sum_{i=1}^{D}[100(x_{i+1} - x_i^2)^2 + (x_i - 1)^2]$	0	单峰
Quartic	$f_3(x) = \sum_{i=1}^{D} ix_i^4 + \mathrm{rand}[0,1]$	0	多峰
Rastrigin	$f_4(x) = \sum_{i=1}^{D}[x_i^2 - 10\cos(2\pi x_i) + 10]$	0	多峰

表 6.3 中的标准测试函数被广泛运用于评估优化算法的性能，故可应用这些函数对比分析两种算法，两种算法的优化结果如图 6.45(a)~(d)所示。

由图 6.45(a)~(d)可知，ESSA 相较于 SSA 在处理单峰函数和多峰函数时表现更优。此外，ESSA 在收敛速度和优化精度方面都有明显的提升，解决了种群多样性的问题，同时提高了算法的全局搜索能力，在鲁棒性和稳定性方面也有更好的效果。

6. 实验结果与分析

通过算法性能测试可以看出，ESSA 在寻优精度、收敛速度两方面性能更佳。将 ESSA 应用在洗浴擦洗臂对人体表面的擦洗工作中，并进行轨迹优化仿真实验，对机器人各关节建立约束限制，其参数条件如表 6.4 所示，轨迹优化原理流程如图 6.46 所示。

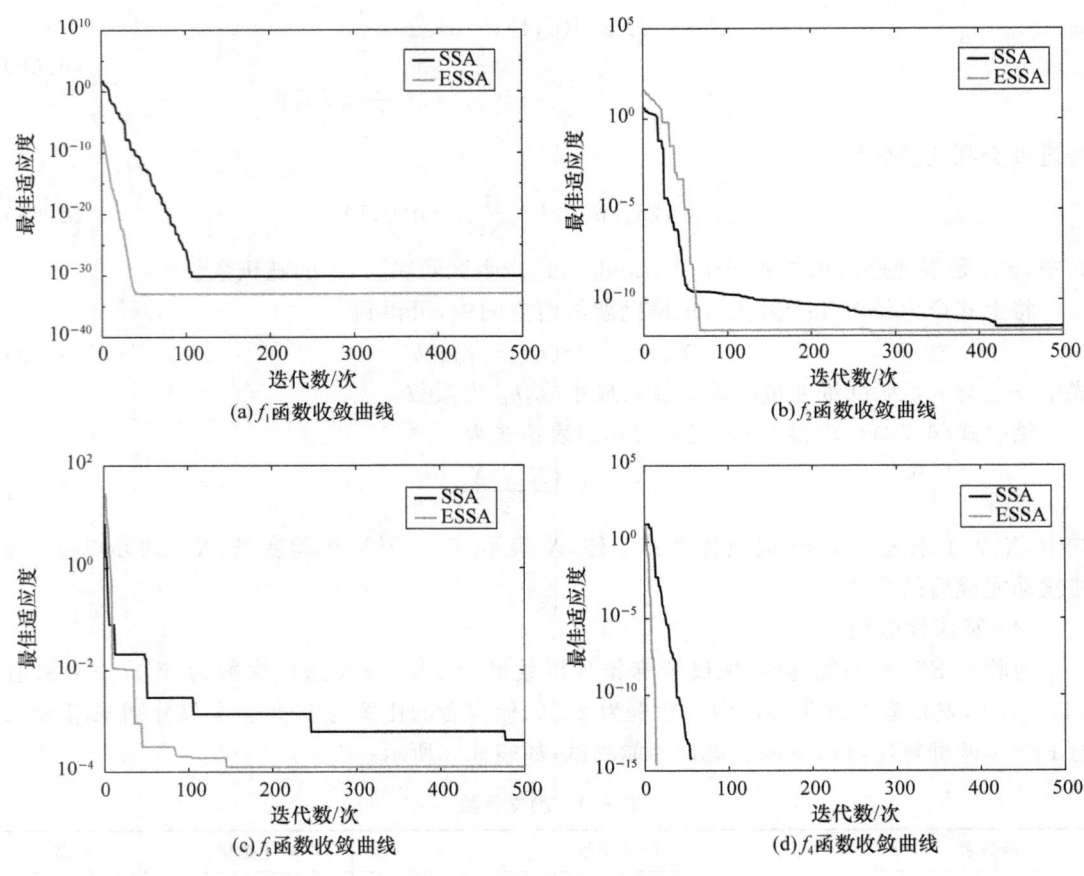

图 6.45　不同算法的函数收敛曲线

表 6.4　机器人各关节约束限制参数条件

机器人关节	最大角速度/(°)·s^{-1}	最大角加速度/(°)·s^{-2}
关节 1	15	30
关节 2	10	40
关节 3	15	35
关节 4	20	20
关节 5	20	25
关节 6	10	10

首先根据人体特征区域擦洗策略，本实验将部分人体躯干区域所要经过的擦洗路径离散化，结合皮肤曲率变化完成路径点的优化，通过求得各个生成路径点的坐标结合逆运动学求解得到机器人各个关节角度的变化值。由于末端执行器安装了电动刷头，在擦洗过程中可保证匀速转动，为人体提供更好的擦洗效果和舒适度，现使机器人末端执行器擦洗头始终保持同一位姿，即机器人第六关节始终保持在 50°，关节速度与角速度都为 0。机器人关节角度如表 6.5 所示。

第6章 半失能老年人洗浴机器人的控制策略

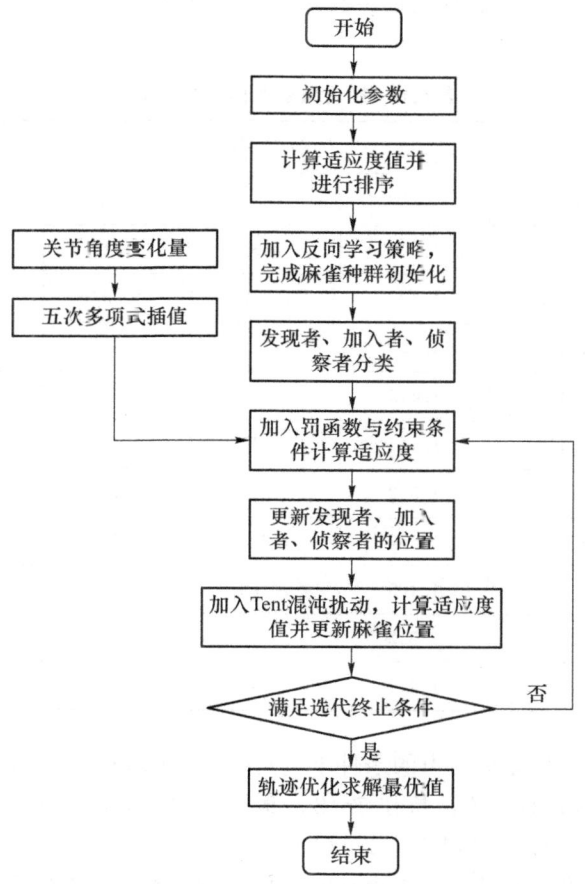

图 6.46 轨迹优化原理流程图

表 6.5 机器人关节角度

路径点	关节1/(°)	关节2/(°)	关节3/(°)	关节4/(°)	关节5/(°)	关节6/(°)
节点1	62.91	86.73	37.32	52.63	45.58	50.00
节点2	66.57	88.56	48.83	53.18	49.24	50.00
节点3	68.71	90.21	44.31	51.83	48.37	50.00
节点4	65.22	80.96	39.54	49.25	51.32	50.00
节点5	58.84	70.15	36.10	48.72	50.17	50.00
节点6	63.02	65.93	32.63	50.31	46.56	50.00

然后通过五次多项式插值对机器人关节角的转动值进行轨迹规划。在满足运动限制条件的约束下,应用 ESSA 优化机器人擦洗轨迹,通过改变机器人关节在每个时间段的角速度与角加速度,进一步缩短工作时间。

为验证 ESSA 的有效性以及机器人工作轨迹优化的可行性,将6个擦洗路径点所对应的机器人关节角度值代入五次多项式插值进行规划,之后通过 ESSA 对其轨迹曲线进行分段优化。本实验设置麻雀种群数量为30,发现者在种群中所占比重为20%,侦察者在种群中所占比重为20%,最大迭代次数为500,安全阈值 ST 为 0.6,每段轨迹时间初始值为 2 s,

总时间为 10 s。现进行 10 次仿真优化实验,得到 10 组机器人工作轨迹时间的优化结果,如表 6.6 所示。

表 6.6 擦洗轨迹时间优化结果

实验序号	轨迹时间段					
	T_1/s	T_2/s	T_3/s	T_4/s	T_5/s	$T_总/s$
1	1.315	1.578	1.434	1.312	1.448	7.087
2	1.606	1.422	1.562	1.637	1.402	7.629
3	1.461	1.523	1.318	1.333	1.531	7.166
4	1.404	1.445	1.356	1.504	1.568	7.277
5	1.462	1.445	1.417	1.408	1.346	7.078
6	1.453	1.502	1.506	1.478	1.347	7.286
7	1.428	1.567	1.642	1.661	1.566	7.864
8	1.534	1.465	1.423	1.307	1.454	7.183
9	1.567	1.512	1.488	1.548	1.526	7.641
10	1.587	1.479	1.548	1.673	1.472	7.759

在满足机器人各关节运动约束的条件下,应用 ESSA 对机器人五次多项式规划擦洗轨迹进行优化,优化后的总时间均保持在 7~8 s,最短优化时间可达 7.078 s,优化后工作效率提高了 29.22%,平均工作效率提高了 26.03%。

在应用五次多项式插值进行轨迹规划时,要保证机器人的各个关节在整个擦洗过程中都符合运动约束条件的限制,所以要对整个擦洗过程中的时间序列进行分析验证。经 ESSA 优化后的时间序列生成的运动轨迹如图 6.47 所示。由图 6.47 可知,在运动过程中,关节角度、角速度、角加速度曲线变化均匀,连续且无明显突变,在保证曲线光滑的同时运动时间也大幅度缩短,机器人各个关节运行稳定。结果说明,本节的算法对五次多项式轨迹进行优化具有良好的效果,有利于提高机器人在人体擦洗过程中的工作效率。

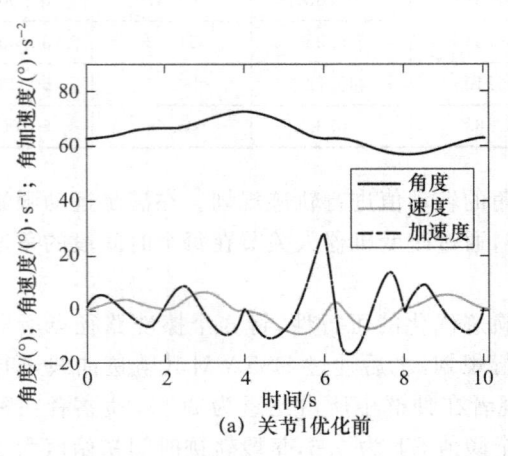
(a) 关节1优化前

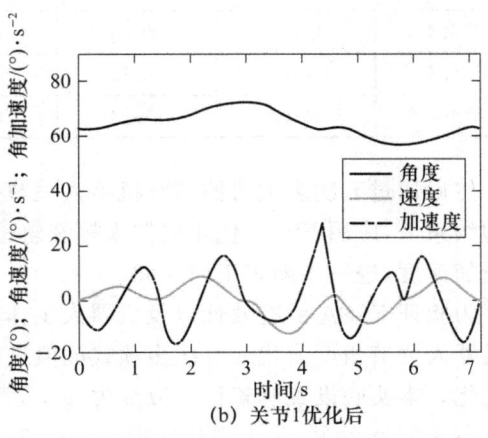
(b) 关节1优化后

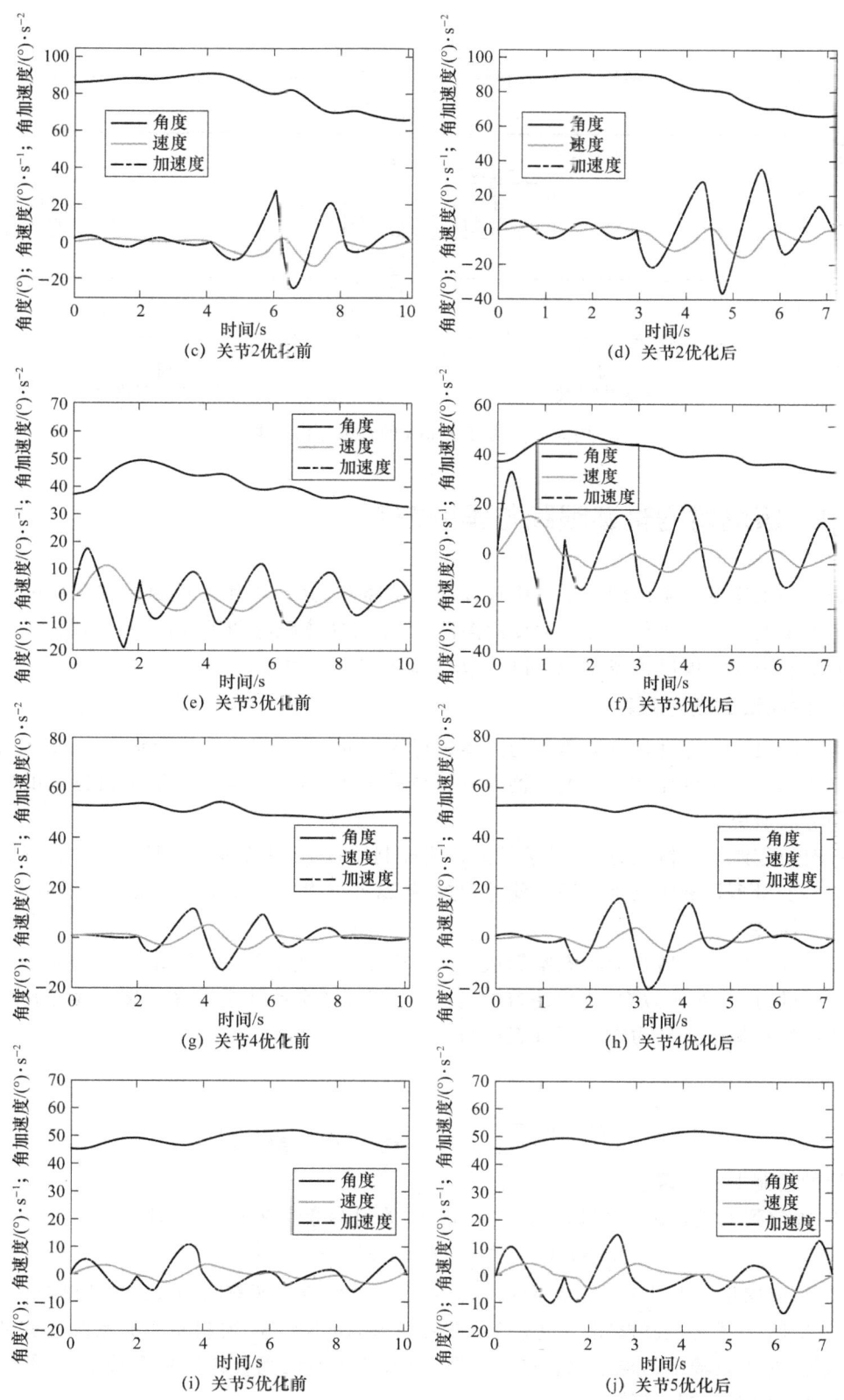

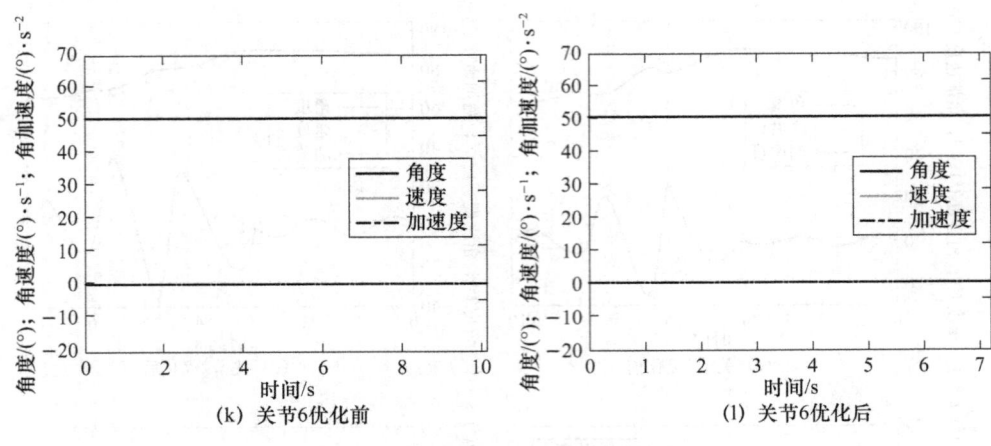

图 6.47 基于 ESSA 的轨迹优化曲线

6.3.3 擦洗臂的轨迹跟踪与柔顺控制

为保证擦洗臂精确地跟随上节中预设的擦洗路径，并在操作过程中根据用户的需求和在保证安全的前提下进行柔和而适度的擦洗，需进行轨迹跟踪和柔顺控制，以保护半失能老年人的皮肤免受过度摩擦或刺激，进而实现更好的擦洗效果。

1. 擦洗臂的轨迹跟踪

由于所设计的擦洗机器人需要与人体进行密切的人机交互，在理论研究中，擦洗机器人对轨迹跟踪控制精度比其他辅助机器人有更高的工作要求，因此开展擦洗机器人的轨迹跟踪控制方法研究。

针对轨迹跟踪控制问题，设计了模型预测控制器，以处理高度非线性、强耦合、显式处理状态和多变量多目标优化等问题。此外，它能够最小化代价函数，提升在线系统性能，并增强系统鲁棒性。

现将动力学方程转化为状态空间表达式，定义动态变量为 $x=[\theta,\theta']$，控制向量为 $u=\tau$，输出向量为 $y=h(\theta)$，$h(\theta)$ 为擦洗臂的正向运动学，M 是惯性矩阵，$C\in R^{8\times8}$，$G\in R^{8\times1}$ 是参数未知的惯性矩阵。动力学方程可表示为

$$\begin{cases} x'=f(x,u) \\ f(x,u)=\begin{bmatrix} \theta' \\ M^{-1}(\tau-C\theta'-G)+M^{-1}\overline{d} \end{bmatrix} \end{cases} \quad (6.72)$$

则设计的控制器将实现：

① 收敛到期望轨迹：系统输出 $y=h(\theta)$ 收敛到参考轨迹 $y_{ref}(t)$，即

$$\lim_{t\to\infty}\|e_y(t)\|=\lim_{t\to\infty}\|h(x(t))-y_{ref}(t)\|=0 \quad (6.73)$$

② 约束满足：状态 $x(t)\in X$ 和输入 $u(t)\in U$ 的约束在所有时间 $(t\geqslant 0)$ 均满足。

图 6.48 为系统控制框图。首先给定参考轨迹，由 NMPC 控制器根据系统当前的状态进行预测，对系数输出的末端位置进行惩罚，将求解出的最优解作用到系统中，最终实现高精度的轨迹跟踪控制，具体过程如下：

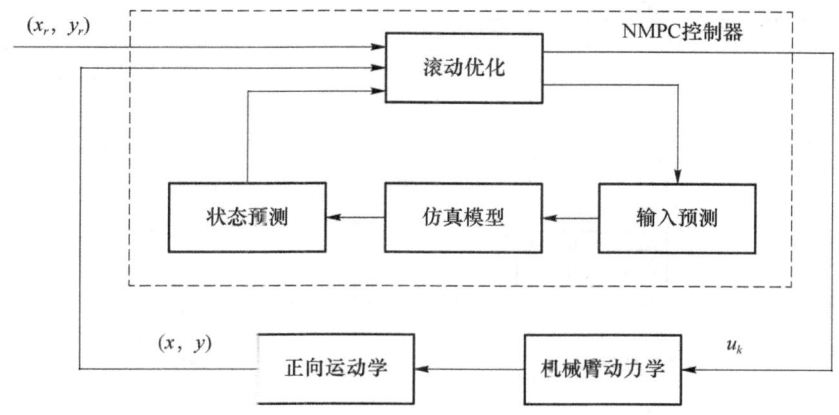

图 6.48 系统控制框图

现提出一种轨迹跟踪问题的非线性预测控制方案,按照非线性预测控制的标准结构,轨迹跟踪问题可以描述为一个在线求解的约束优化问题。约束优化问题可以描述为

$$\min_{u(t-i|t)} J(e_y(t+i|t), u(t+i|t)) \tag{6.74}$$

满足约束条件:

$$\begin{cases} x(t+i+1|t) = x(t+i|t) + Tf(x(t+i|t), u(t+i|t)), x(t|t) = x_0 & (6.75a) \\ x(t+i|t) \in X, u(t+i|t) \in U & (6.75b) \\ y(t+i|t) = h(x(t+i|t)) & (6.75c) \end{cases}$$

其中优化目标函数为

$$\begin{aligned} & J(e_y(t+i|t), u(t+i|t)) \\ &= \sum_{i=0}^{N-1} (\|y(t+i|t) - y_{\text{ref}}(t+i|t)\|_Q^2 + \|u(t+i|t)\|_R^2) + E(e_y(t+N|t)) \\ &= \sum_{i=0}^{N-1} (\|e_y(t+i|t)\|_Q^2 + \|u(t+i|t)\|_R^2) \end{aligned} \tag{6.76}$$

其中,$J(\cdot,\cdot)$是优化问题的目标函数,优化问题约束条件中的式(6.75a)表示系统动力学方程,式(6.75b)表示系统相应的状态和输入约束,式(6.75c)表示系统的输出方程。$\|e_y(t+i|t)\|_Q^2$ 表示轨迹偏差惩罚项,其保证系统的输出能够快速跟踪上参考路径;$\|u(t+i|t)\|_R^2$ 表示控制输入惩罚项,其保证控制器较为平稳地控制机械臂跟踪参考轨迹;Q表示轨迹偏差惩罚项权重矩阵;R表示控制量惩罚项权重矩阵。

求解后,即可获得轨迹跟踪控制的输入变量序 $U^* = [u(1), u(2), \cdots, u(N)]^T$,其中第 1 个元素 $u(1)$ 即控制器在下一时刻输出的控制变量。图 6.49 为各个关节的跟踪图。

以上仿真结果是关节空间的轨迹跟踪效果,经观察可以得到各关节经过 1 s 左右都能跟踪上期望轨迹,且误差趋于零。

图 6.50 为末端轨迹跟踪图,图 6.51 所示为末端轨迹跟踪误差。

根据以上仿真结果可得,在笛卡尔空间中经过 1 s 左右的时间,擦洗臂末端会跟踪上期望轨迹,且跟踪误差趋于零。

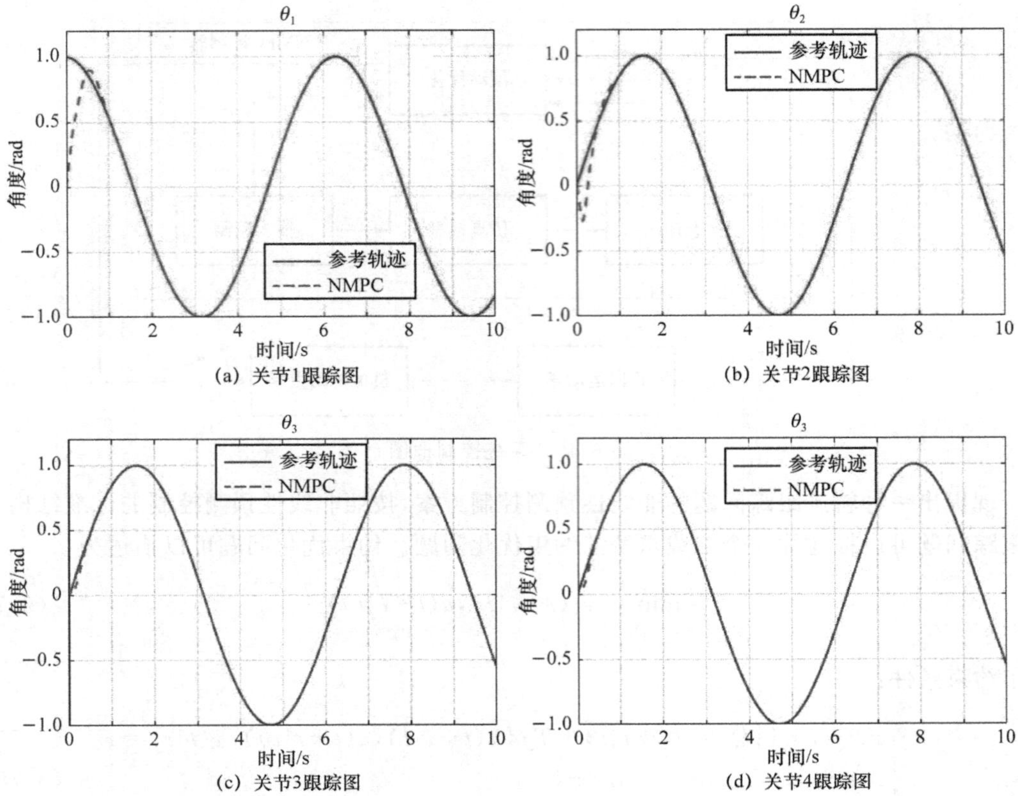

(a) 关节1跟踪图
(b) 关节2跟踪图
(c) 关节3跟踪图
(d) 关节4跟踪图

图 6.49 各个关节的跟踪图

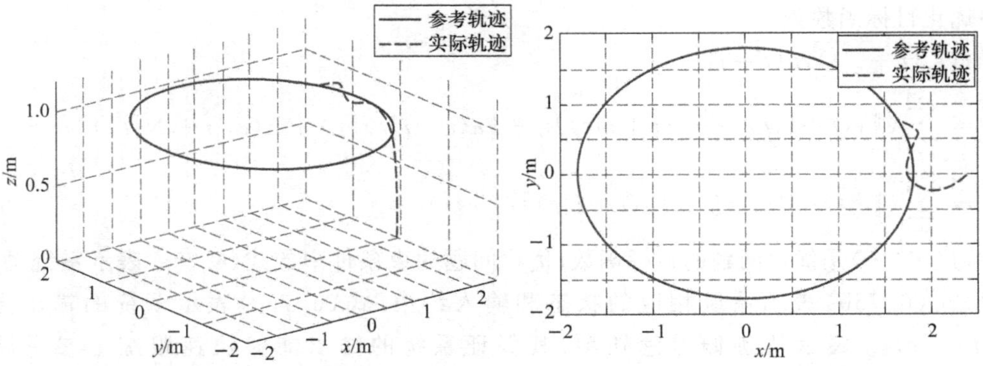

(a) 笛卡尔空间轨迹跟踪
(b) 末端轨迹俯视图

图 6.50 末端轨迹跟踪图

2. 擦洗臂的柔顺控制

在擦洗臂执行擦洗任务的过程中，擦洗臂末端需要与人体紧密贴合，因此为人体提供柔顺辅助是保证擦洗安全性和舒适性的关键因素。本节采用基于位置的阻抗控制模型解决上述问题，如图 6.52 所示。采用典型的双环控制系统，其中外环是一种阻抗控制器，根据人机交互力和阻抗控制模型系数实时调整擦洗臂末端期望轨迹，使得生成的末端参考轨迹更加自然柔顺，更符合人性化擦洗需求；内环为闭环位置控制器，目的是精确跟踪参考轨迹，使得人机系统的控制过程更加柔顺和安全。

第 6 章　半失能老年人洗浴机器人的控制策略

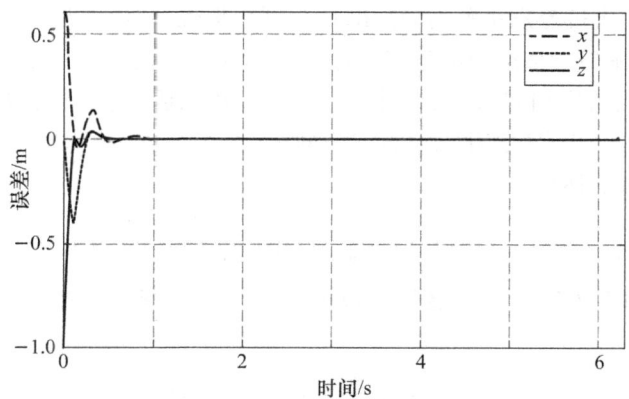

图 6.51　末端轨迹跟踪误差

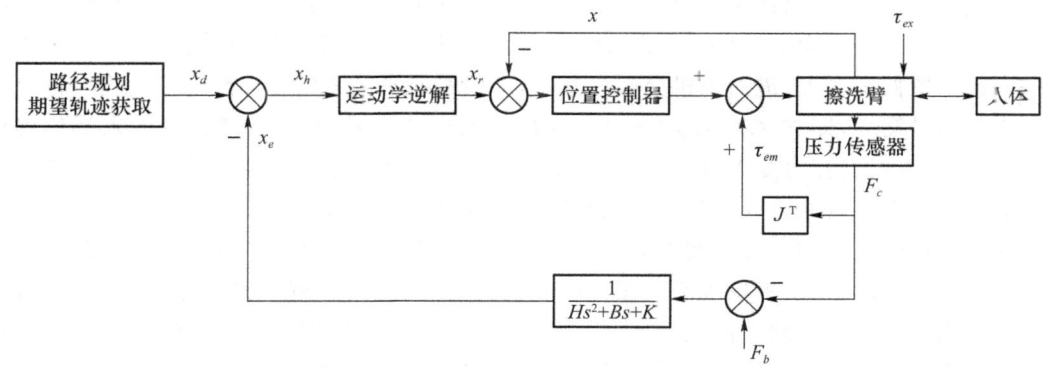

图 6.52　基于阻抗控制器的主动柔顺控制方法原理

目前,柔顺控制算法包括力/位混合控制、阻抗控制等,而阻抗控制又可分为基于位置的阻抗控制和基于力的阻抗控制。其中,力/位混合控制是对力子空间和位置子空间进行精准跟踪的过程,而主动擦洗臂的控制目标是为失能老年人提供一个舒适、自然的洗浴环境,这种方式往往会导致人体被动地服从机械臂的控制指令,因此很少应用于擦洗臂人机交互控制中。而基于力的阻抗控制基于非显性阻抗方程,与系统的控制结构和机械结构有关,操作较为复杂,不适合擦洗臂控制。因此,本节采用基于位置的阻抗控制方法,根据交互力的变化得到位置偏差量,进而修正期望轨迹。

阻抗控制的实质是一种二阶质量-阻尼-弹簧模型。图 6.53 为阻抗控制模型示意图。阻抗控制描述了机器人末端位置和人机交互力之间的理想动态关系,并且这种关系并非简单的弹簧模型,而是被抽象成惯性、阻尼和刚度相互叠加的复杂模型。

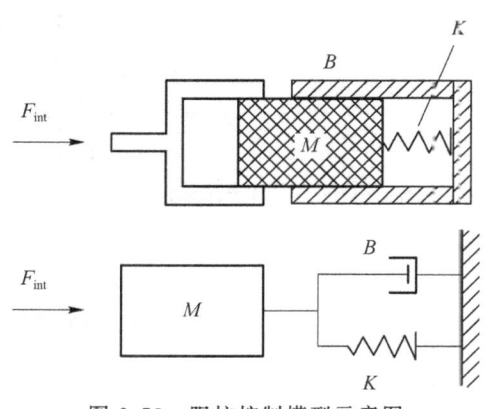

图 6.53　阻抗控制模型示意图

阻抗控制的方程式如下:

$$F_b - F_c = \boldsymbol{H}(x_d'' - x_h'') + \boldsymbol{B}(x_d' - x_h') + \boldsymbol{K}(x_d - x_h) \tag{6.77}$$

其中，F_b 代表理想的人机静态平衡力，H、B、K 分别为惯性矩阵、阻尼矩阵和刚度矩阵，x_d 和 x_h 分别表示擦洗臂在笛卡尔空间的理想轨迹和目标参考轨迹，F_c 为失能老年人施加在擦洗臂末端的交互力。当给定期望轨迹和人机交互力时，利用阻抗控制模型可以对期望轨迹进行调整，并生成随人机交互力变化的目标参考轨迹。

对上式进行 s 域变换得

$$x_e = \frac{F_b - F_c}{Hs^2 + Bs + K} \tag{6.78}$$

其中，$x_e = x_d - x_h$ 为期望轨迹的调整量。根据人机交互力修正后的期望轨迹，即末端目标轨迹为

$$x_h = x_d - x_e = x_d - \frac{F_b - F_c}{Hs^2 + Bs + K} \tag{6.79}$$

由式(6.31)可知，当擦洗压力大于静态平衡力，即 $F_b < F_c$ 时，由于 B 和 K 大于 0，因此 $x_e < 0$，即 $x_d < x_h$。例如，当人体对机械臂产生反作用力时，与期望的末端位置相比，参考轨迹的末端位置偏离变大，进而人机交互力减小，即向静态平衡力的方向改变。而当人机交互力小于静态平衡力，即 $F_b < F_c, x_d > x_h$ 时，与期望的末端位置相比，参考轨迹的末端位置偏离变小，进而人机交互力变大，即向静态平衡力的方向改变。最后运用运动学逆解得到关节空间的目标参考轨迹并将其作为擦洗机械臂位置控制器的跟踪目标。

为了验证所提出的阻抗控制策略的有效性，本节在 MATLAB 环境下对擦洗臂进行了仿真实验。第一步，为了提取理想的擦洗轨迹，并考虑到洗浴过程带来的伦理问题，通过激光雷达扫描人体表面得到人体点云模型。第二步，利用人体分割、滤波、去噪和降采样等技术获得优化的点云模型。第三步，使用等平面截交法获得理想的擦洗轨迹。

理想擦洗轨迹的函数表达式为

$$x_d = a_1 \sin(b_1 t + c_1) + a_2 \sin(b_2 t + c_2) + a_3 \sin(b_3 t + c_3) + a_4 \sin(b_4 t + c_4) + a_5 \sin(b_5 t + c_5) \tag{6.80}$$

其中

$$a_1 = 0.1059, \quad b_1 = 0.2336, \quad c_1 = -1.358$$
$$a_2 = 0.1367, \quad b_2 = 1.293, \quad c_2 = -1.492$$
$$a_3 = 0.1158, \quad b_3 = 3.977, \quad c_3 = 1.633$$
$$a_4 = 0.08262, \quad b_4 = 2.652, \quad c_4 = 2.389$$
$$a_5 = 0.04026, \quad b_5 = 7.911, \quad c_5 = -3.641$$

$$y_d = a_1 \sin(b_1 t + c_1) + a_2 \sin(b_2 t + c_2) + a_3 \sin(b_3 t + c_3) + a_4 \sin(b_4 t + c_4) + a_5 \sin(b_5 t + c_5) \tag{6.81}$$

其中

$$a_1 = 0.06894, \quad b_1 = 0.6303, \quad c_1 = 2.922$$
$$a_2 = 0.04305, \quad b_2 = 3.936, \quad c_2 = 1.261$$
$$a_3 = 0.03984, \quad b_3 = 2.643, \quad c_3 = 2.375$$
$$a_4 = 0.05674, \quad b_4 = 1.026, \quad c_4 = 1.369$$
$$a_5 = 0.04025, \quad b_5 = 7.911, \quad c_5 = -3.641$$

$$z_d = a_1 \sin(b_1 t + c_1) + a_2 \sin(b_2 t + c_2) + a_3 \sin(b_3 t + c_3) + a_4 \sin(b_4 t + c_4) \tag{6.82}$$

其中

$$a_1 = 2.676, \quad b_1 = 0.9512, \quad c_1 = -1.142$$
$$a_2 = 6.32, \quad b_2 = 1.463, \quad c_2 = 0.5436$$
$$a_3 = 4.493, \quad b_3 = 1.592, \quad c_3 = 3.324$$
$$a_4 = 0.04021, \quad b_4 = 7.903, \quad c_4 = -3.617$$

第四步,通过阻抗控制修改上述理想擦洗轨迹,在笛卡尔空间中得到目标参考轨迹。第五步,将生成的期望轨迹导入 MATLAB 软件进行逆解。第六步,利用七阶傅里叶曲线拟合方法对数据点进行拟合,以获得关节空间的目标参考轨迹,其函数表达式为

$$x_{ri} = x_{0i} + \sum_{j=1}^{7}(a_{ij} \cdot \cos(jw_i t) + b_{ij} \cdot \sin(jw_i t)), \quad i = 1,2,3,4,5,6 \quad (6.83)$$

其中,参数 x_{0i}、a_{ij}、b_{ij}、w_i 为设置值。

至此,已经获得了模拟擦洗实验的预期轨迹。本章仅选取部分轨迹的一段进行展示。此外,人机静态平衡力设定为 $F_b = 5$。阻抗系数设为 $H = 0.1, B = 14, K = 200$。人机交互力表示如下:

$$F_c = 9\sin(2\pi f t) + 8, \quad f = 1.26 \quad (6.84)$$

x_e 的数值解由式(6.37)导出,对其进行傅里叶拟合得到

$$x_e(t) = a_0 + a_1 \cdot \cos wt + b_1 \cdot \sin wt \quad (6.85)$$

其中,$a_0 = -0.01511, a_1 = 0.01928, b_1 = -0.03534, w = 7.911$。

图 6.54(a)~(c)表示笛卡尔空间中的目标参考轨迹。由于引入了阻抗控制来修改期望的运动轨迹,因此所获得的目标参考轨迹不是标准的正弦曲线。可以得出,阻抗控制可以保证人机静平衡力保持在一个恒定值,如图 6.54(d)所示。

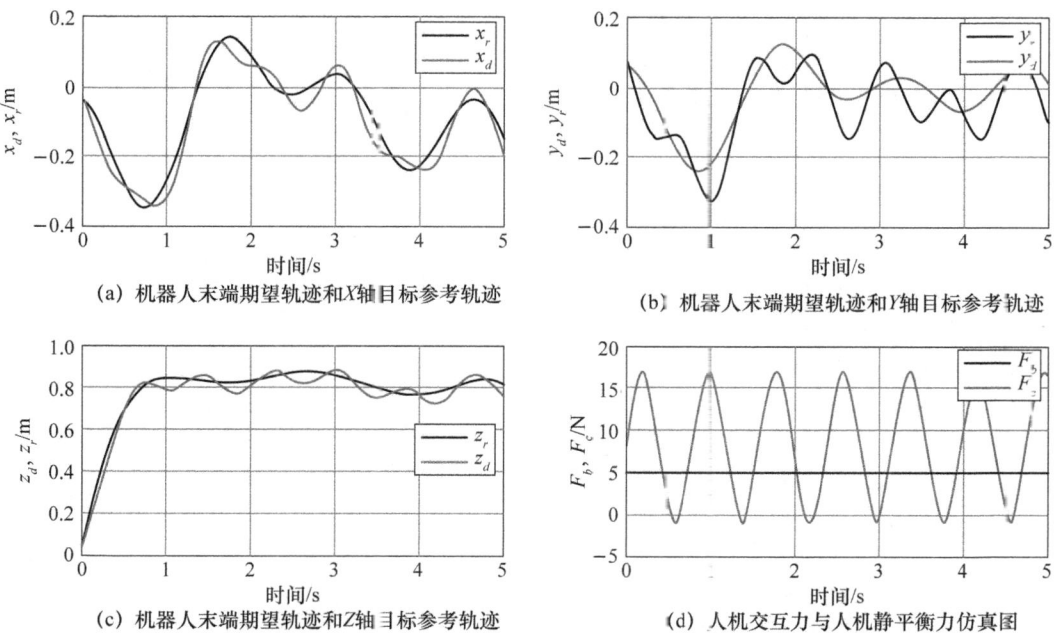

(a) 机器人末端期望轨迹和X轴目标参考轨迹
(b) 机器人末端期望轨迹和Y轴目标参考轨迹
(c) 机器人末端期望轨迹和Z轴目标参考轨迹
(d) 人机交互力与人机静平衡力仿真图

图 6.54 机器人末端期望轨迹和人机交互力与人机静平衡力

本 章 小 结

本章深入探讨了面向半失能人群的洗浴机器人控制技术，包括多位姿洗浴椅的控制技术、多角度喷淋臂的控制技术以及辅助擦洗装置的控制技术，旨在通过自动化和智能化的解决方案，提高半失能老人的洗浴效率和护理水平。

首先，介绍了多位姿洗浴椅的控制技术，包括电气控制设计，这些设计确保了洗浴椅能够根据用户的不同需求和身体状况，调整到最合适的姿势。同时，还讨论了多位姿柔顺转换控制技术，这项技术使得洗浴椅在不同姿势间的转换更加平滑和自然，减少了用户的不适感。其次，本章阐述了多角度喷淋臂的控制技术，详细描述了其电气系统和控制系统的构建。这些技术使得喷淋臂能够根据用户的身高和洗浴习惯，调整喷水的角度和幅面，以达到最佳的洗浴效果。这种精确控制不仅提升了洗浴的舒适度，也提高了水资源的利用效率。最后，介绍了辅助擦洗装置的控制技术。通过人体三维点云处理、提取与分割技术，机器人能够准确识别用户的体型和洗浴需求，从而规划出最合适的擦洗路径。擦洗臂的轨迹跟踪与柔顺控制技术则确保了在执行擦洗任务时，机器人能够灵活适应用户的身体曲线，提供更加个性化和舒适的擦洗体验。

第 7 章
半失能老年人洗浴机器人的在线学习策略

在深入阐述洗浴辅助技术及机器人的结构设计及控制技术后,进一步考虑提升老年人洗浴过程中的个性化体验与智能化水平。本章将着重介绍半失能老年人洗浴机器人在线学习策略,以在基础的洗浴辅助功能上实现更加智能化、个性化的老年人洗浴护理服务。

7.1 智能洗浴机器人的洗浴模式设计

我国老年人的洗浴方式主要分为浸入式和淋浴式两大类,其中淋浴式因其便捷性、节水性和易于保持卫生而更受青睐。然而对于行动不便的老年人,传统的固定位淋浴存在一些问题,为了确保洗浴过程安全、舒适,开发面向半失能老年人的智能洗浴机器人洗浴模式极为必要。

7.1.1 洗浴范式设计

洗浴范式根据常规洗浴方式进行设计,整个洗浴过程可以分为浴前准备、洗浴过程、浴后活动三大环节。

浴前准备重点关注水温及洗浴设备的调整。水温是洗浴过程中一个需要重点关注的因素,对于老年人而言,水温控制在 40 ℃左右为宜,避免过冷或过热,同时还需考虑个体感温度差异,以老年人自身感受为准。除了水温外,洗浴设备的调整也是浴前准备的重要环节。对于行动不便的老年人,洗浴椅和喷淋臂的高度调节至关重要。洗浴椅高度需保证老人坐下时双脚自然着地,且背部获得良好支撑。喷淋臂高度应依据老年人身高与洗浴习惯调整,使水均匀、舒适地喷洒全身。

洗浴过程是老年人洗浴设计的核心环节。每位老人的洗浴习惯与身体状况存在差异,其洗浴顺序也各不相同。洗浴过程一般遵循的基本流程是:冲洗—涂抹浴液—擦洗—冲洗。在冲洗阶段应以温水打湿身体,为后续涂抹浴液奠定基础。涂抹浴液时需精准把控用量,防止因用量过多致使泡沫堆积从而增加冲洗难度。擦洗阶段选取质地柔软、吸水性强的毛巾或海绵,按照自上而下或由前至后的顺序进行操作,擦洗力度需合理拿捏,在保障清洁效果的同时,避免对皮肤造成损害。完成擦洗后,使用温水全面彻底地冲洗身体,确保无残留。

浴后需借助专为老年人设计的辅助擦洗装置或柔软且吸水性强的毛巾清除老年人身上

残留的水分。完成水分清除后,协助老年人穿戴干净衣物,本次洗浴结束。

通过上述分析确定基础洗浴范式,如图 7.1 所示。其中,擦洗部位及轨迹也要依顺序进行,并以此进行姿势调整与辅助擦洗。擦洗过程范式如图 7.2 所示。

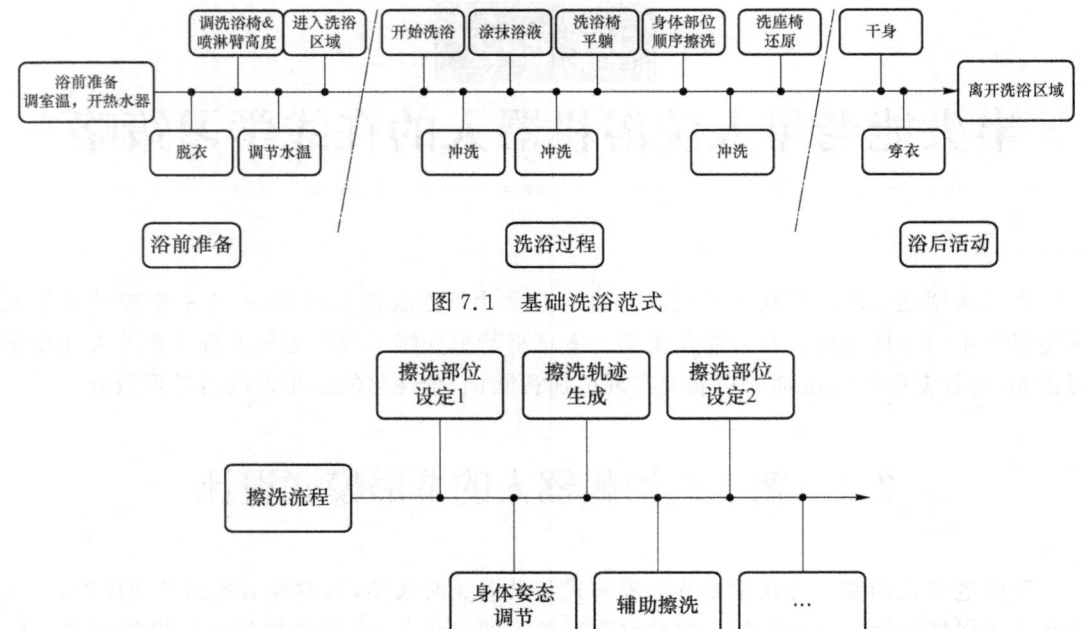

图 7.1 基础洗浴范式

图 7.2 擦洗过程范式

7.1.2 老年人洗浴难点

沐浴这一看似简单的日常活动,实则是一个全身各部分高度协同、精密运作的复杂过程。擦洗身体时,手接触身体的各个部位,身体的各个部位也会做出很多屈曲动作来配合手部动作。因此,为了确保老年人洗浴安全与舒适,本节深入分析其在执行洗浴流程时可能遇到的障碍(图 7.3),从而制定出更为贴心、适宜的洗浴方案。

过程	感觉	运动	疾病
脱衣	平衡感差	四肢运动吃力	脊椎类
水温	反应迟钝		心血管
擦洗	疼痛		皮肤脆弱
时间	缺氧	无力	心脑血管

图 7.3 执行洗浴流程时可能遇到的障碍

1. 身体机能下降

老年人血管弹性的下降和调节机能的减弱使他们难以迅速适应较大的温差变化。长时间处于高水温环境下,易导致大量血液在体表淤积,从而减少回流至心脏的血量,引发心脏、大脑等重要器官供血不足,增加心脑血管疾病发作的风险。

2. 运动系统退化

老年人运动系统的退化使得他们在洗浴过程中,更容易发生摔倒和滑倒等意外,造成骨折或软组织损伤。洗浴时湿滑的环境、高温蒸汽以及需要频繁变换姿势等都无形中增加了老年人的安全风险。

3. 皮肤状态脆弱

老年人皮肤状态脆弱,使其更容易遭受皮肤疾病的困扰。而长期处于高湿度环境中,汗液分泌的增加不仅加剧了皮肤感染的风险,还可能使已有病情进一步恶化。尤为值得注意的是,洗浴间内弥漫着水蒸气,若洗浴时间过长,还可能诱发脑缺氧、脑出血、心绞痛等严重健康问题。

针对这些潜在的风险因素,必须采取积极措施,通过实时监控与调节洗浴过程中的各项参数,以最大限度地减轻对老年人健康的不利影响,确保洗浴安全与健康。

7.1.3 洗浴模式建模

老年人由于身体机能和感觉功能的退化,在洗浴场景中面临诸多风险,传统洗浴方式已经无法满足其对安全性与舒适性的需求,故而需要引入科学有效的优化手段。洗浴模式建模能够综合考虑老年人独特的身体情况、水温感知特性等,进而精确制定契合每位老人需求的洗浴模式。

洗浴模式建模包含获取用户洗浴的静态信息以及动态信息。静态信息包括用户信息和体征信息,动态信息包含可调整属性信息。用户与系统的交互信息、环境信息可以通过更新、检测方式获得,都具有一定的动态性,可以反映用户的偏好信息,且需要不断地更新与纠正。

采用基于空间向量的表达式表征用户洗浴的静态信息,将洗浴中间流程定义为一个特征项 U_i,元组中的元素代表洗浴流程的不同属性:

- A_i 代表用户信息,包括性别 G_i、年龄 a_i;
- I_i 代表洗浴方式为冲洗或擦洗;
- P_i 代表身体部位信息,包括部位 P_{1i}、姿态 P_{2i}、面积 P_{si};
- t_i 代表执行时长;
- s_i 代表强度;
- E_i 代表环境信息,包括温度 T_i、湿度 H_i。

洗浴模式模型是洗浴中间流程构成的特征项序列,为实现对洗浴模式的推荐或者更新,将对用户洗浴的过程进行评价并形成数据记录,建立洗浴流程属性与评价的关系矩阵 $\boldsymbol{R}$,如图 7.4 所示。

	t_i	S_i	T_i	H_i	S
U_1	$R_{1,1}$	$R_{1,2}$	$R_{1,3}$	$R_{1,4}$	$R_{1,5}$
U_2	$R_{2,1}$	$R_{2,2}$	$R_{2,3}$	$R_{2,4}$	$R_{2,5}$
…	…	…	…	…	…
U_n	$R_{n,1}$	$R_{n,2}$	$R_{n,3}$	$R_{n,4}$	$R_{n,5}$

图 7.4 关系矩阵

模型的动态信息与评价能反映用户体验的变化与偏好,为个人以及通用模式的调整提供依据。用模型收集用户个性化信息后可将其加入数据集,为之后的在线学习和洗浴模式挖掘训练打好基础。

7.2 洗浴模式推荐

因老年人群体健康程度存在差异性,故采用单一洗浴模式难以全面适应不同老人在洗浴过程中的具体需求。因此,需要依据老年人身体状况及其障碍程度量身定制个性化洗浴模式。

7.2.1 洗浴模式分类

依据老年人身体状况及其障碍程度,可将洗浴模式划分为通用模式、上肢障碍模式、下肢障碍模式、个性模式等,如图 7.5 所示。

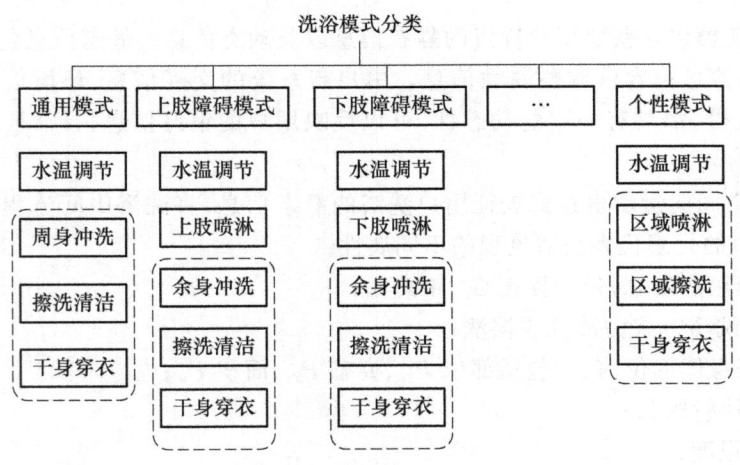

图 7.5 洗浴模式分类

针对拥有良好行动与运动能力的老年人,设计标准化洗浴模式:在完成浴前准备后,直接进入喷淋冲洗、涂抹沐浴露、再次冲洗清洁的步骤流程。在此过程中,冲洗次数、水温调控、擦拭力度等关键参数均可依据每位用户的独特需求进行灵活调整,以确保体验最佳。

而对于肢体功能受限的老年人,特别定制专属洗浴模式。该模式在常规喷淋洗浴之前,增设了针对非正常功能部位的预先喷淋环节,旨在有效预防皮肤擦伤及褥疮的发生,细心呵护每一位老年人的身体健康。

此外,还将提供全面的个性化洗浴设置服务。老年人可根据自身情况,自定义洗浴方式、需特别关注的身体部位、淋浴器的冲水角度与方向、冲水时长以及水温等详细信息,并通过便捷的在线平台随时进行更新调整,确保每一次洗浴都能达到最舒适、最安全的效果。

7.2.2 XGBoost 多分类原理

为了实现高效自动化的洗浴方式选择,弥补传统洗浴方式的不足,本设计采用 XGBoost 多分类原理进行洗浴模式建模。该原理能综合考量老年人身体状况、水温感知、洗浴时长耐受度等,精确划分适配的洗浴模式,为老年人打造安全舒适的个性化洗浴体验。

XGBoost[290]全称为 eXtreme Gradient Boosting,是一种基于提升树(Boosting Trees)的方法。其核心理念在于,当一个模型在特定数据子集上的表现不尽如人意时,继续针对这些表现不佳的部分训练第二个模型,依此类推,通过不断迭代优化,逐步提升整体预测能力。此外,XGBoost 还通过引入正则化项、支持列抽样等技术手段,有效防止了模型的过拟合,提升了模型的泛化能力。因此,在医疗诊断等场景中,XGBoost 以其出色的表现,得到广泛应用。XGBoost 集成了大量的分类回归树(CART)以构建精准稳健的强分类器。其具体原理如下。

分类回归树[291]可表示为

$$F = \{f(x) = w_q(x)\}, \quad q: R^m \to T, \omega \in R^t \quad (7.1)$$

其中,w 是叶子节点的得分值,q 代表样本 x 对应的叶子节点,T 表示该树的叶子节点个数。

通过 Additive Training 方式进行训练,即在已训练好的树模型和结构上每次添加一棵树,以此趋近于目标函数,通过对每棵树的结果进行求和,得到预测值,公式如下:

$$\hat{y}_1 = \varphi(x_i) = \sum_{k=1}^{K} f_k(x_i), \quad f_k \in F \quad (7.2)$$

每一棵新树的学习任务是去拟合原有树的拟合残差,使生成树的预测结果与真实值更加接近,可以认为 XGBoost[292] 的计算结果为多棵二叉树的计算结果相加之和。XGBoost 的损失函数由预测值与真实值的误差以及子树的模型复杂度组成,Ω 为回归树 f_k 的惩罚系数,附加的正则项可以避免过拟合。正则项公式如下:

$$\Omega(f) = \gamma T + \frac{1}{2}\lambda \sum_{j=1}^{T} \omega_j^2 \quad (7.3)$$

其中,γ 和 λ 是正则项系数,w_j^2 表示第 j 个叶子节点的值。

XGBoost 算法完整的目标函数见式(7.4),它由自身损失函数以及正则化惩罚项 $\Omega(f_t)$ 相加而成:

$$Obj = \sum_{i=1}^{n} L(y_i + \hat{y}_i) + \sum_{i=1}^{n} \Omega(f_i) \quad (7.4)$$

其中,$L(y_i + \hat{y}_i)$ 是模型的损失函数,$\hat{y}_i$ 是模型对第 i 个样本的预测值,y_i 是第 i 个样本的真实值。

在损失函数中,g_i 和 h_i 是一阶与二阶梯度统计量,这种近似允许我们定义一些损失函数(如平方损失和逻辑损失),所以只要保证二阶可微,之后去掉常数项,便可以得到第 t 步的简化目标函数。

$$\mathrm{Obj} = \sum_{i=1}^{n}\left[g_i f_t(x_i) + \frac{1}{2}h_i f_t^2(x_i)\right] + \Omega(f_t) \tag{7.5}$$

$$g_i = \partial_{\hat{y}} l(y_i, \hat{y}) \tag{7.6}$$

$$h_i = \partial_{\hat{y}}^2 l(y_i, \hat{y}) \tag{7.7}$$

其中,$\partial_{\hat{y}}$ 为统计量系数。

Obj 代表了当我们指定一棵树的结构时,在目标上最多会减少多少,我们可以把它叫作结构分数,而这个分数越小越好。

在给目标函数对权重求偏导时,得到一个能使目标函数最小的权重,把这个权重代到目标函数中,这个回代结果就是求解得到的最小目标函数值[33],公式如下:

$$\mathrm{Obj} = -\frac{1}{2}\sum_{j=1}^{T}\frac{G_j^2}{H_j + \lambda} + \gamma T \tag{7.8}$$

$$G_j = \sum_{i \in I_j} g_i, \quad H_j = \sum_{i \in I_j} h_i \tag{7.9}$$

7.2.3 基于 XGBoost 的模式推荐

上述介绍已经完成了对洗浴模式的分类设计,然而如何在实际应用中快速准确地为每位老年人匹配到最适宜的洗浴模式,成为亟待解决的关键问题。XGBoost 算法凭借其强大的多分类能力和在复杂数据处理中的出色表现,为解决这一问题提供了可行的方案。

通过分析老年人洗浴需求与不同过程模型的洗浴模式,利用老年人用户的基本数据进行洗浴模式的推荐,如图 7.6 所示。

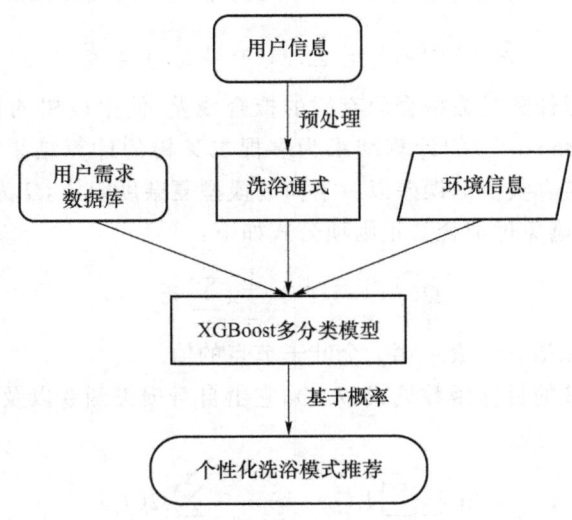

图 7.6 XGBoost 洗浴模式推荐

1. 信息收集

本设计聚焦于打造高度个性化且高效的洗浴辅助系统,其核心在于精准把握并响应每位用户的独特需求。为达成这一目标,设备会系统收集用户信息,其一方面收集年龄、性别、身高、体重等基本信息,构建用户个人档案的基础框架;另一方面收集用户自选设定信息,如洗浴力度、水温、时间以及洗浴部位顺序等,这些信息对后续模型训练与个性化推荐意义重大。

2. 数据预处理

在信息收集完毕后,这些数据并不会被立即投入使用,而是会经过一系列精细的预处理步骤。这些步骤包括数据的清洗、去噪、归一化等,以确保数据的质量和一致性。通过预处理,能够消除数据中的异常值和冗余信息,从而提高后续模型训练的效率和准确性。

3. 构建通用框架

基于预处理后的数据开始构建洗浴的通用框架。这个框架是一个高度抽象化和模块化的结构,它涵盖了洗浴过程中的各种可能场景和因素。框架的设计充分考虑了洗浴行为的多样性和复杂性,以确保能够覆盖所有老年人的洗浴需求。通过构建通用框架,为后续的模型训练打下了坚实的基础。

4. 训练通用框架

将这个通用框架与详尽的用户需求数据库相结合,用数据训练通用框架。这个数据库存储了大量关于老年人洗浴行为的数据,包括他们的洗浴习惯、偏好、身体状况等信息。通过将这些数据与通用框架相结合,设备能够更深入地理解老年人的洗浴需求和行为模式。

5. 优化模型

为了进一步提升模型的准确性和个性化程度,设备利用涵盖所有老年人的洗浴行为模型来训练一个概率后缀树。概率后缀树是一种高效的数据结构,它能够捕捉和表示数据中的序列信息和概率分布。在洗浴过程中,用户的洗浴行为往往呈现出一定的序列性和规律性,如先洗头部再洗身体等。通过训练概率后缀树,设备能够捕捉这些序列信息和概率分布,从而构建出一个洗浴过程的核心模型。

6. 引入 XGBoost 算法

在核心模型基础上,设备计算树中各节点洗浴偏好选择的概率分布,以反映用户对不同洗浴选项的偏好程度,使推荐精准匹配用户个性化需求。但仅靠概率后缀树难以全面捕捉需求,于是设备将用户洗浴偏好作为分类标签,引入 XGBoost 算法训练高效多分类模型,以提升模型的准确性与泛化能力。此多分类模型以用户基本信息(如年龄、性别、身高、体重)、自选设定信息(如洗浴力度、水温、时间、部位顺序)为输入特征,接收信息后综合分析各因素的相互作用,计算各洗浴模式出现的概率与个性化模式参数(如洗浴时间、擦洗力度、水温),最终生成个性化洗浴推荐方案。

7. 个性化参数推荐

XGBoost 模型的数据输入输出过程清晰直观,输入为用户基本信息与自选设定信息,输出为洗浴时间、擦洗力度及水温等推荐参数。为确保推荐结果契合用户个性化需求且应用效果良好,对数据集进行训练与测试。训练时,利用大量历史数据和用户反馈优化模型参数与结构;测试时,采用独立测试数据集评估模型性能,通过对比预测结果与实际洗浴行为计算模型精度等关键指标,最终获得精度高达 98.11% 的模型,表明其在捕捉用户洗浴需求和个性化推荐方面表现优异。

7.2.4 洗浴模式在线学习

为了不断优化和提升用户体验,本章运用了一系列先进的机器学习算法,对不断扩展和丰富的数据集进行了实时在线学习。这些模式不仅涵盖了从基础清洁到深度放松的各种场景,还能够根据用户的身体状况、季节变化等外部因素进行智能调整,确保每一次洗浴都能为用户带来最佳的体验。

在算法的选择上,设备特别采用了随机森林算法,这一算法以其强大的泛化能力和稳定性而著称。在训练过程中,首先,随机森林算法会随机从训练数据集中有放回地抽样出多个子集,这些子集被称为"袋外样本"。然后,算法会分别用这些子集训练出多个决策树模型,这些模型就像森林中的一棵棵树木,各自独立又相互协作。在预测阶段,算法会将多个模型的预测结果进行平均或投票,从而得出最终的预测结果。这一过程不仅提高了预测的准确性和稳定性,还使得系统在面对复杂多变的用户需求时,能够展现出更强的适应性和灵活性。模型训练流程如图 7.7 所示,清晰地展示了从数据准备到模型训练再到最终预测的整个流程。

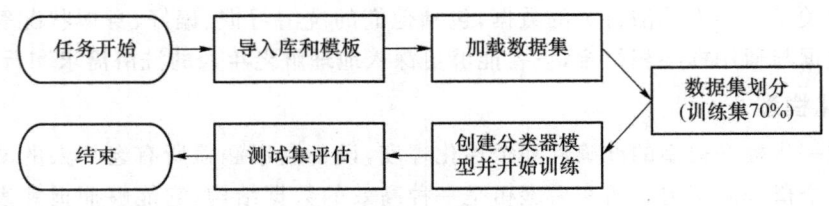

图 7.7 模型训练流程

随着智能洗浴辅具系统持续吸纳并深度解析海量用户数据与反馈,其内在模型得以不断优化与进化。这一过程与人类的学习机制颇为相似,用户的每一次使用及反馈都如同为系统提供了一次"训练"素材,促使系统能够更为精准地洞察用户的喜好与需求。

在长期的数据积累与迭代过程中,系统对用户个性化需求的识别能力呈指数级提升。最初,系统提供的洗浴模式或许只是较为宽泛的分类,但随着对用户行为数据、偏好信息的深入分析,其推荐的洗浴模式愈发精细且高度贴合个性化要求。例如,系统不仅能依据用户的年龄、身体状况推荐合适的水温、擦洗力度,还能根据用户过往的洗浴习惯,如洗浴时长、洗浴流程偏好等,为用户量身定制独一无二的洗浴方案。

这种基于大数据与机器学习的在线学习能力赋予了智能洗浴辅具强大的自我完善功能。系统能够实时捕捉用户需求的动态变化,及时调整洗浴模式的推荐策略,始终保持在满足用户需求的最前沿,为用户提供更为优质、贴心的洗浴体验。

7.3 洗浴系统控制终端设计

为进一步提升服务的智能化与便捷性,依托洗浴机器人平台开发智能交互终端成为关键。该终端聚焦于为用户提供直观、高效且个性化的操作体验,通过集成多种功能模块,实现对多位姿洗浴椅、多角度喷淋臂和辅助擦洗装置等部件的精准控制。智能交互终端不仅能运行于稳定且用户友好的 Windows 操作系统环境下,还巧妙地融入了易安卓(E4A)这一高效开发工具来构建手机应用程序,从而实现了从硬件到软件的全方位智能化升级。接下来将从服务端和客户端两方面交详细介绍基于该智能交互终端的辅助擦洗装置控制技术。

7.3.1 服务端设计

服务端作为智能洗浴机器人系统的中枢神经,承担着数据处理、业务逻辑执行以及与客户端通信的关键任务,其设计的优劣直接影响系统的整体性能与稳定性。

本服务器将整个系统拆分为多个小型、自治且可独立部署的服务单元,如用户管理服务、洗浴模式管理服务、设备控制服务等。这种架构模式不仅提高了系统的可扩展性与可维护性,便于针对不同服务进行独立的优化与升级,还增强了系统的容错能力,某一服务的故障不会影响整个系统的运行。

为了实现各功能模块之间的高效协同作业,采用基于易语言(EPL)开发的服务端软件,构建了一个功能完善的智能交互终端系统。该系统能够实时接收来自洗浴机器人的各种数据,如洗浴椅的状态、喷淋臂和辅助擦洗臂的工作情况等信息,同时能够根据预设的主题进行消息的发布与订阅,确保了信息的即时性和准确性。服务端软件还会将这些数据实时推送给控制层对应的客户端设备,它不仅实现了数据的无缝流转,更让客户端设备能够实时了解智能交互终端的运行状态和工作情况。

为了提高系统的透明度和可维护性,服务端设计了一个直观的界面(如图 7.8 所示)。界面顶部显著展示"主机名称",此处呈现设备主机的核心标识信息,如"ELS-AN10",这有助于管理员快速识别系统所依托的主机设备,为后续的管理操作提供参照。"客户名称"区域占据界面的重要位置,以列表形式清晰罗列已成功连接的设备 IP 地址。这一设计使管理员能够实时了解当前与系统交互的设备情况,对设备连接状态一目了然,便于及时发现潜在的连接异常或故障设备,从而采取相应的措施进行维护和管理。

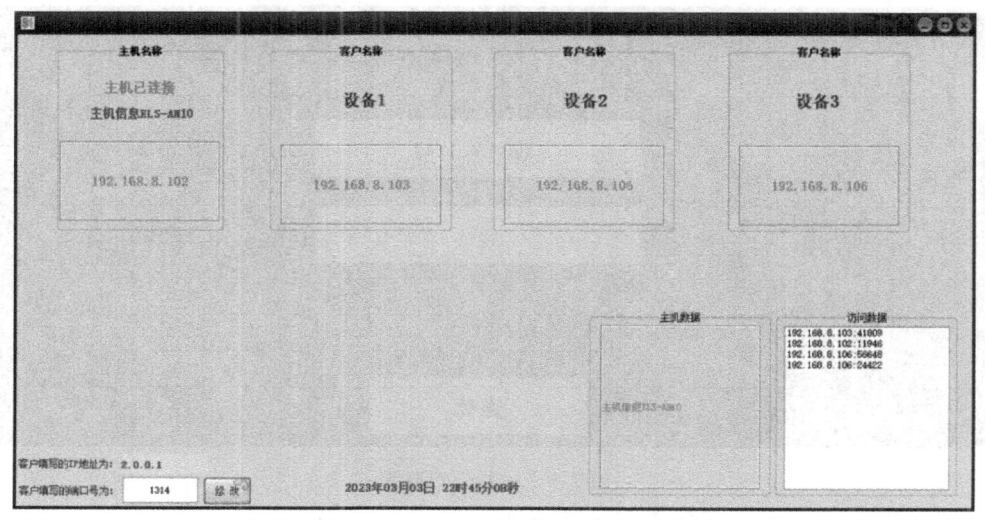

图 7.8 服务端界面

"主机数据"与"访问数据"板块分布于界面中,它们分别详细记录主机自身的关键信息以及各设备的访问数据详情。主机数据涵盖了主机的系统配置、运行参数等重要内容,而访问数据则展示了各个客户端设备与主机之间的通信数据,包括数据传输量、连接时间等信息。这些数据为管理员提供了深入了解系统运行状况的视角,有助于他们分析系统的负载情况、数据流量分布以及设备的使用活跃度,从而为系统的优化和资源调配提供有力的数据支持。

界面底部设置了客户填写 IP 地址和端口号的功能区域。这一设计允许管理员根据实际网络环境的变化,灵活配置系统的网络连接参数。当网络环境发生变更,如更换网络供应商、调整网络架构时,管理员可在此处便捷地输入新的 IP 地址和端口号,确保系统能够与客户端设备保持稳定的通信连接。同时,界面设计还充分考虑了操作的便捷性与信息的可读性,采用简洁明了的布局和清晰的标识,使得管理员能够迅速找到相应的功能区域并进行操作,极大地提高了系统管理的效率。

7.3.2 客户端设计

客户端作为连接智能交互终端与实际设备的桥梁,不仅能够接收来自智能交互终端的控制指令数据,还能通过 API/UART 串口将这些指令准确无误地传递给各个执行设备。无论是对于洗浴椅的调节、喷淋臂的启动还是擦洗臂的擦洗作业,客户端都能实现精准控制。这一设计不仅提高了系统的响应速度和准确性,还让用户在享受智能化洗浴体验的同时,感受到科技带来的便捷和高效。

客户端设计包括连接设置界面和监控界面的设计。连接设置界面如图 7.9 所示。监控界面如图 7.10 所示。监控界面主要包括洗浴模式、擦洗模式和急停等。护理人员点击选择洗浴模式即可实现洗浴椅和喷淋臂协同洗浴,单击"开始擦洗"即可控制擦洗臂执行擦洗任务。

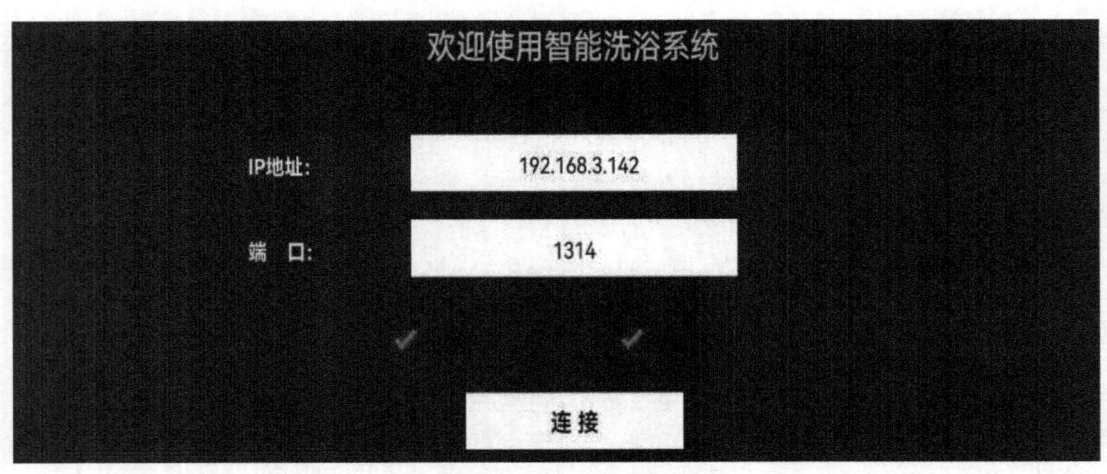

图 7.9 连接设置界面

在整个洗浴过程中,为了确保老年人的安全、舒适与便捷,本设备精心设计了喷淋臂和洗浴椅的 5 种模式。在浴前准备阶段特别设计了模式 1,以辅助老年人顺利完成脱衣动作。

| 第 7 章 | 半失能老年人洗浴机器人的在线学习策略

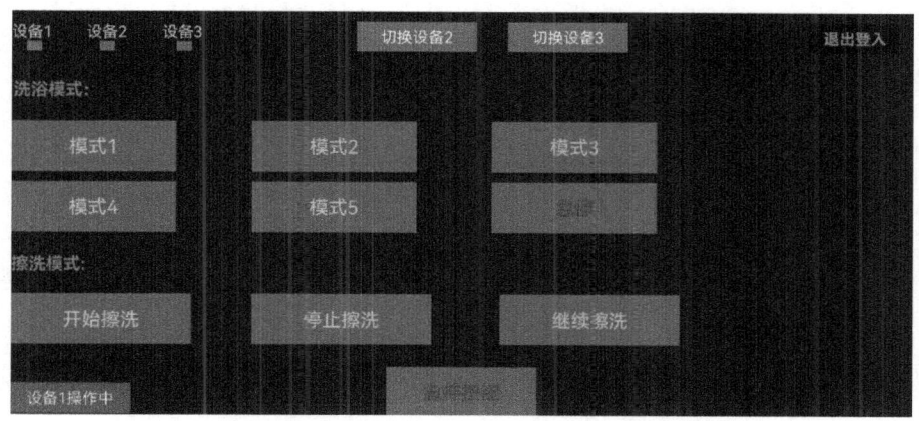

图 7.10 监控界面

这一模式的主要功能是将洗浴椅的高度调节至最大值,确保老年人能够轻松坐稳,无须过度弯腰或费力。同时,左侧支撑板也会升高至最大值,形成一个稳固的支撑点,辅助老年人抬腿脱衣。这一设计充分考虑到了老年人可能存在的关节僵硬或肌肉力量不足等问题,通过提供额外的支撑,帮助他们更加顺利地完成脱衣动作,避免了因动作不当而可能导致的跌倒风险。

待老年人脱衣完成后,系统会自动启动模式 2。在这一模式下,左侧支撑板会复位到初始位置来为接下来的操作腾出空间。与此同时,右侧支撑板会升高至最大值,同样形成一个稳固的支撑点来辅助老年人完成另一侧腿的脱衣动作。这样的设计不仅保证了操作的连贯性,还使得整个脱衣过程更加顺畅、高效。通过左右两侧支撑板的交替使用,老年人可以在不离开洗浴椅的情况下,轻松完成全身的脱衣动作,大大减轻了他们的体力负担。

当老年人脱衣全部完成后,系统会自动进入模式 3,为接下来的洗浴过程做好准备。在这一模式下,洗浴椅将调整为洗浴位姿,确保老年人的身体处于最佳的洗浴状态。同时喷淋臂也会调整为工作位姿,准备开始喷水冲洗。这一设计充分考虑到了洗浴过程中的舒适性和便捷性,通过合理的布局和调节,使得老年人能够在不移动身体的情况下,轻松享受到全方位的冲洗服务。

在老年人冲洗完毕后,系统会自动启动模式 4 进入擦洗阶段。洗浴椅底部的支撑单元会伸长至最大值,以调节洗浴椅的重心,确保擦洗过程中的稳定性和安全性。配合擦洗臂的灵活运动,老年人可以享受到更加细致、全面的擦洗服务。擦洗结束后系统会自动将洗浴椅还原为洗浴位姿,为接下来的穿衣过程做好准备。

洗浴完成后,系统会自动进入模式 5,为老年人提供便捷的穿衣服务。在这一模式下,洗浴椅被调整为护理位姿,使老年人的身体处于更加便于穿衣的状态。同时喷淋臂会处于待机状态,避免在穿衣过程中造成不必要的干扰。护理人员可以根据老年人的身体状况和需求,选择合适的穿衣方式和顺序,帮助他们顺利完成穿衣动作。

通过手机应用程序(图 7.11)的使用,用户可以享受到更加便捷和自由的洗浴体验。无论是在洗浴椅上放松时还是在擦洗时,用户都可以通过手机轻松操作设备,实现个性化的洗浴体验。

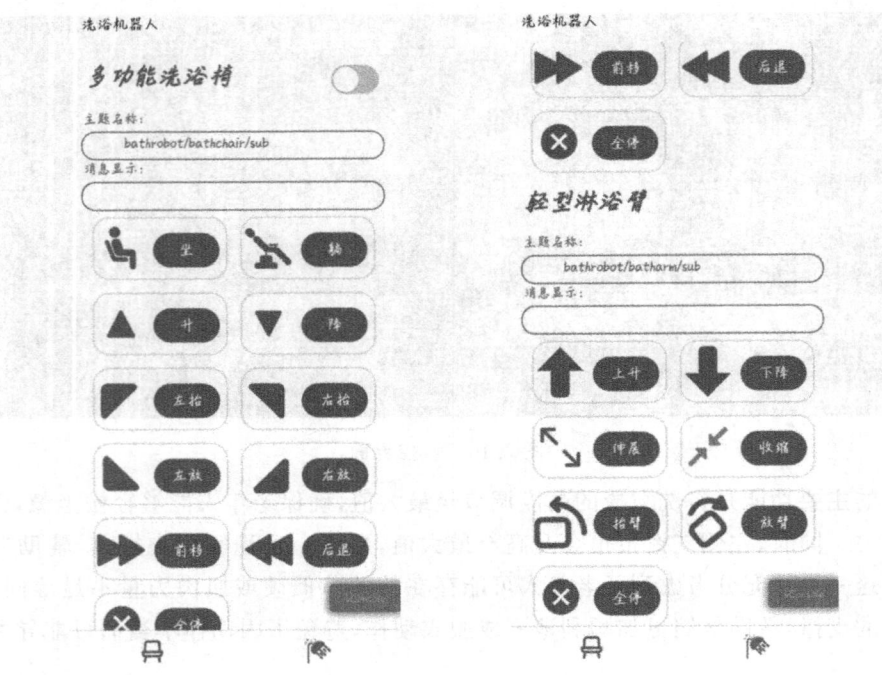

图 7.11　应用程序界面

7.4　洗浴系统洗浴模式管理设计

智能洗浴系统的设计与实现依托模型视图控制器（Model-View-Controller，MVC）框架、洗浴模式信息管理及系统运行结果优化，构建起一套适配老年人需求的智能洗浴体系。MVC 框架将系统划分为模型、视图和控制器，分工明确，极大地提升了系统的可维护性与可扩展性，保障系统稳定运行。洗浴模式信息管理涵盖用户信息录入、模式选择、个性化参数存储与智能计算，精准捕捉并满足用户的个性化需求。系统可以不断优化洗浴推荐策略，依据老年人的使用感受，实现服务的精准化、贴心化。这些环节相互关联、协同作用，为老年人打造了安全、舒适、便捷的洗浴环境，有效提升了其洗浴体验与生活质量。

7.4.1　MVC 框架实现

MVC 框架设计模式巧妙地将用户界面表示（View）与用户输入处理（Controller）隔离开来，并进一步将这两大核心要素与系统内部的状态管理（Model）及事务处理逻辑清晰地划分开来。MVC 框架设计模式最早由 Trygve Reenskaug 提出，用于在 Smalltalk-80 系统中构建用户页面[293]。这种框架模式的核心价值在于其模块化思想，它确保了系统中的各个组件能够独立运作，互不影响。MVC 框架实现了数据显示与业务逻辑处理的分离，不仅简化了开发流程，而且降低了代码的耦合性，方便了开发人员对程序的维护与修改[294]。MVC 框架设计模式具有卓越的可扩展性，面对技术进步和用户需求多样化带来的系统迭

第 7 章 半失能老年人洗浴机器人的在线学习策略

代需求,如适应新界面媒体或增添新功能,在该框架下,添加新的视图/控制器对只需确保其与现有模型无缝对接,向模型添加新功能时也能保持其他组件的独立性,无须大幅调整整体架构。MVC 不仅是高效的设计模式,还是灵活的模型更新迭代机制,能助力系统轻松应对未来变化与挑战,为开发者提供极大便利。图 7.12 清晰呈现了模型、视图和控制器三者的关系与交互方式,有助于开发者深入理解其设计理念与结构,构建出更健壮、可维护且可扩展的系统。

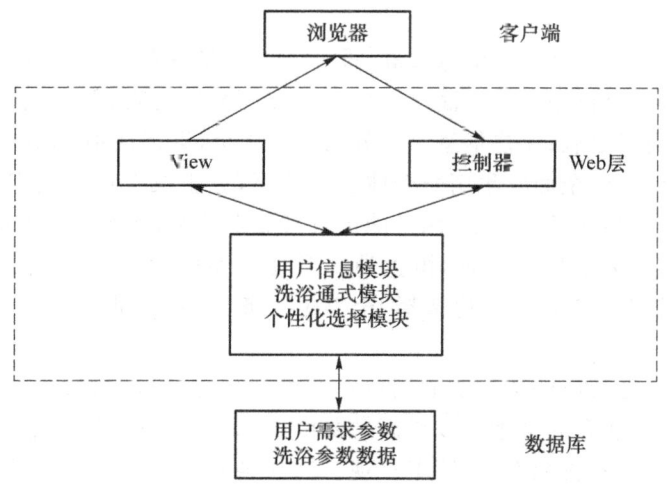

图 7.12 洗浴系统 MVC 模式

在这一架构中,客户端处于用户与系统交互的前沿,运行于用户的浏览器中。它作为用户操作和获取信息的直观界面,承担着将用户指令和数据传递至 Web 层的重要职责,通过 HTTP 或 HTTPS 协议保障数据传输的安全与高效。用户在客户端输入指令,如选择洗浴模式、调整设备参数等,这些信息被加密后传输至 Web 层。Web 层包含控制层和业务模块,控制层首先接收客户端请求,对数据进行合法性检验与格式转换,之后将其传递给相应的业务模块。业务模块依据需求完成业务逻辑处理和数据库访问操作,例如根据用户选择的洗浴模式,从数据库中获取对应的参数设置,并将处理结果反馈给客户端。同时,Web 层还通过 View 页面将处理结果展示给用户,此页面专注于信息呈现,避免处理过多业务逻辑,以此提升系统的可读性和易用性。在数据库层面,系统采用用户需求数据库和洗浴参数数据库,为业务逻辑处理提供数据支撑,Web 层的业务层与数据库建立稳定连接,完成数据的访问和存储操作,确保系统运行所需数据的一致性与完整性。Web 层由 3 大模块组成。

1. 用户信息模块

该模块实现存储用户信息的功能。在用户信息模块,护理人员可以看到各个老年人的个人信息(包括姓名、性别、年龄以及紧急联系人电话,是否显示一些信息由护理人员控制)。成员的减少或添加也由护理人员来设定。该模块还有检索功能,通过输入条件可以检索出想要的个人信息。

2. 洗浴通式模块

在初次洗浴时,管理员可以暂时使用此模块给用户进行洗浴,在洗浴过程中记录老年人的偏好,以便日后进行调整与改善。

3. 个性化选择模块

这个模块是系统的核心所在,主要目的是通过选取个人偏好以得到个性化洗浴模式推荐,其主要使用对象是护理人员。通过这个模块,护理人员能对以上所有模块的信息进行整合,对每一个用户的偏好进行选择与记录,便于下次使用。

7.4.2 洗浴功能界面设计

围绕洗浴系统中的洗浴模式信息管理,设计了用户登录界面、用户信息录入界面以及洗浴模式选择界面这 3 个核心交互界面。用户登录界面简洁直观,便于用户快速输入用户名和密码,开启系统交互之旅;用户信息录入界面设计周全,涵盖性别、年龄、身高、体重等基本信息以及疾病选择功能,全面收集用户个体状况数据,为生成个性化洗浴模式筑牢基础;洗浴模式选择界面提供多样模式选项,用户能依自身需求挑选,洗浴过程中的关键参数可被记录且偏好参数能存储为个性化设置,极大地提升使用便捷性。3 个界面紧密相连、层层递进,从身份验证、信息收集到个性化选择,全方位服务于用户,助力打造高度个性化的洗浴体验。

图 7.13 展示的是智能洗浴系统的用户登录界面,它是用户与系统交互的初始窗口,整体设计简洁明了且功能布局合理。该界面主要由用户名输入框、密码输入框以及"注册"和"登录"按钮组成,各元素排列有序,清晰直观。用户名和密码输入框设计规范,有明确的提示标识,方便用户准确输入信息。"注册"按钮醒目且位置得当,为尚未注册的用户提供了便捷的注册入口。整个界面风格简约,色彩搭配协调,在保证功能完整性的同时,注重用户的视觉感受和操作体验,旨在让用户能够迅速完成登录操作,顺利进入系统。

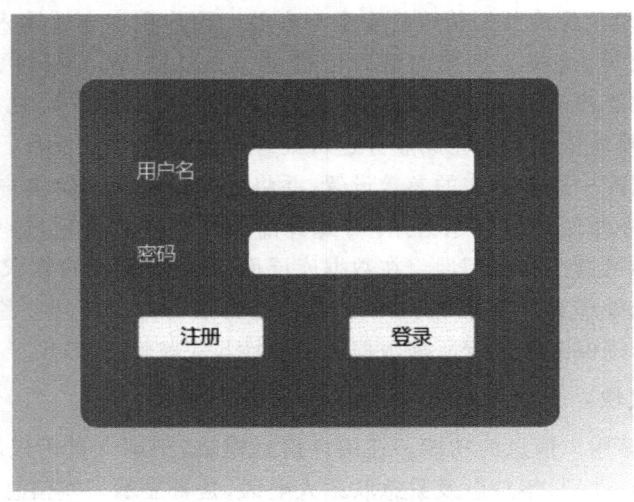

图 7.13 用户登录界面

图 7.14 呈现的是智能洗浴系统的用户信息录入界面,该界面设计旨在全面收集用户个性化信息,为后续提供精准、定制化的洗浴服务奠定基础。界面布局合理且内容丰富,各信息录入区域划分明确。性别、年龄、身高、体重等基本信息录入板块的每个输入框都有清晰的标注,引导用户准确填写。值得一提的是,为确保服务的安全性和精准度,界面特别设置

了疾病选择功能,涵盖心脏病、高血压、皮肤病等多种可能影响洗浴过程的病症选项。用户可根据自身实际健康状况勾选相应病症。用户也可选择不填,系统充分尊重用户隐私。这些信息对于系统深入了解用户的身体状况、制定个性化洗浴方案至关重要,系统会依据这些数据为用户推荐适宜的洗浴方式、水温、擦洗力度等参数,从而提升用户的洗浴体验,保障洗浴过程的安全与舒适。

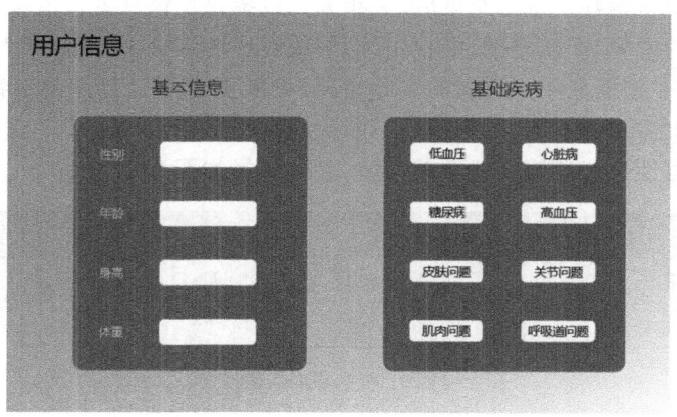

图 7.14　用户信息录入界面

图 7.15 展示的是智能洗浴系统中用户个性化参数设计的关键界面,它是用户实现个性化洗浴体验的重要交互窗口。该界面设计布局科学合理,功能分区明确。在界面上方,以清晰的分类和简洁的文字引导用户进行洗浴偏好设置,涵盖水温、洗浴顺序、时间、力度等多个关键参数选项。其中,水温、时间和力度选项均设置了明确的等级范围,如力度规定 1～3 为轻,4～6 为中,7～9 为重,方便用户依据自身喜好和身体状况精准选择。洗浴顺序选项则提供了如喷洗、浴液、擦洗的常规流程选择,用户还能自主调整各环节顺序,满足多样化需求。在选择完成后,平台会依据用户设定的参数生成相应的洗浴模式推荐结果,并将其展示在界面中。此外,界面还具备强大的记忆功能,可将用户此次设置的个性化参数存储为个人洗浴偏好数据,下次洗浴时用户无须重复设置,一键即可应用,极大地提升了用户使用的便捷性与个性化体验。

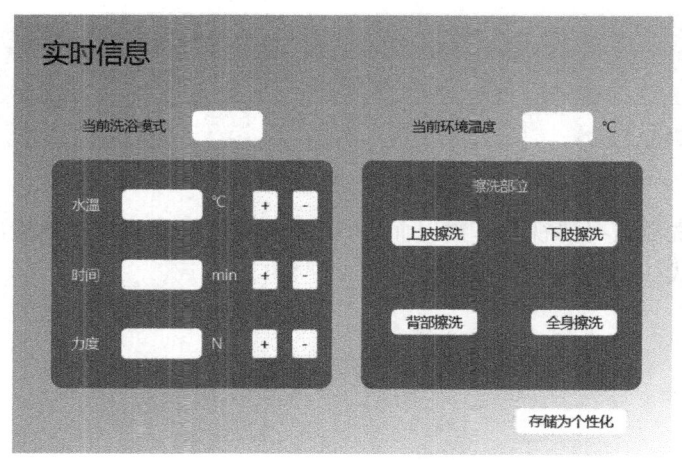

图 7.15　用户个性化参数设计

7.4.3 系统运行结果

当护理人员将老年人的具体信息与个性化需求输入系统后,系统便会迅速而精准地给出相应的推荐结果。老年人可以首先根据系统提供的推荐结果进行洗浴,体验其是否符合个人的舒适度要求与偏好。洗浴结束后,老年人可以提供反馈意见。值得注意的是,由于个体间存在着显著的差异,即便是低、中、高不同等级对应的数据,对于每个人来说也可能各不相同。因此,系统会根据老年人反馈的实际情况,不断更新和完善其内部数据,以便在未来提供更加贴合个人需求的推荐结果,从而不断优化洗浴体验。

为一位老年男性进行洗浴模式推荐,基本参数选择如图7.16所示。

性别	年龄	体重	身高	环境温度
男	78	63 kg	177 cm	25 ℃
…	…	…	…	…

图7.16 基本参数

在洗浴控制系统界面,护理人员选择老人的偏好信息,在通式中力度规定1~3为轻,4~6为中,7~9为重。同理,水温与时间系统也均分为3档,分别为1~3档、4~6档、7~9档。实际一例的具体选择信息如图7.17所示。

洗浴顺序	力度	水温	时间
喷洗、浴液、擦洗:后背、上肢、胸部、腹部、下肢	3	5	7
…	…	…	…

图7.17 偏好信息

在以上操作基础上,护理人员可以得到推荐结果,并根据结果进行设置与洗浴。相应的,老年人可以给出自己的评价,用于下次洗浴数据更新。具体推荐结果如图7.18所示。

力度	水温	时间
2	4	9
…	…	…

图7.18 推荐结果

老年人具体洗浴情况要视实际情况而定,护理人员可依靠监控时刻检测老年人状态,调整个性化洗浴模式。

本章小结

本章聚焦于半失能老年人洗浴机器人在线学习策略,旨在利用智能化手段为半失能老人打造更加个性化、舒适且安全的洗浴体验。本章从洗浴模式设计出发，深入探讨如何通过在线学习技术，让洗浴系统更好地适应不同老年人的身体状况和洗浴习惯，涵盖了从洗浴模式的构建、推荐、学习到系统终端设计和模式管理等多个关键环节，为智能洗浴机器人系统的发展提供了创新思路与技术支撑。

  在具体内容方面，智能洗浴机器人的洗浴模式设计是基础。通过对洗浴流程的细致分析，制定出包含浴前准备、洗浴过程和浴后活动的通用洗浴范式，并深入剖析老年人洗浴时可能面临的难点，以此为依据进行洗浴模式建模，综合考量用户的静态和动态信息，为个性化洗浴模式推荐奠定基础。在洗浴模式推荐环节，依据老年人身体状况划分不同模式，运用XGBoost多分类原理，结合用户信息和环境信息进行精准推荐，并通过在线学习不断优化推荐模型。针对洗浴系统控制终端设计，开发了智能交互终端和手机App，集成多个功能模块，实现对洗浴设备的远程、精准控制，同时设计了直观易用的监控界面和多种工作模式，极大地提升了洗浴的便捷性和安全性。洗浴系统洗浴模式管理设计采用MVC框架，实现数据显示与业务逻辑的分离，方便系统的维护与扩展。通过用户信息模块、洗浴通式模块和个性化选择模块，系统能够高效管理用户信息、记录洗浴偏好，并推荐个性化洗浴方案，且根据用户反馈持续优化洗浴模式，从而全方位提升半失能老人的洗浴体验，展现出在线学习技术在智能洗浴领域的重要价值与广阔应用前景。

第8章
半失能老年人洗浴机器人的安全防护策略

在安全防护方面，常规的洗浴辅具往往缺乏有效的安全预警及洗浴过程中的实时反馈，缺乏多重人机安全防护措施，存在潜在的安全隐患，急需有效的解决方案。针对上述问题，本章从人机工程学分析、重心随动调节机构设计、多传感器融合、水温调节与预警装置以及恒力跟踪技术5个方面，探讨半失能老年人洗浴机器人的安全防护策略，以提高洗浴场景下智能机器人应用的安全性、实用性及可靠性。

8.1 人机安全防护简介及策略分类

8.1.1 人机安全防护简介

人机安全防护的概念起源于工业革命时期，随着机械设备的广泛应用，工伤事故频发，人们开始意识到在人与机器的互动中安全的重要性。最初的保护措施相对简单，如使用围栏和防护罩来隔离危险区域等。在20世纪50年代，随着第一台工业机器人的诞生，人机安全防护开始受到重视[295]。由于早期的机器人缺乏安全可靠的控制技术，其操作通常需要严格的安全措施，以防止造成意外伤害。随着技术的发展，尤其是在机器人技术出现后，机器人的应用范围越来越广泛，从简单的重复性任务逐渐发展到复杂的操作，如医疗手术和精密制造，这要求人机安全防护措施也必须不断进步，人机安全防护开始成为一个专门的研究领域。

人机安全防护既涉及设备本身的安全性，也包括用户在使用过程中的身体和心理安全，其主要内容涵盖多个方面，包括本质安全、交互安全和主动安全。

首先是本质安全，作为人机安全防护的基础，其目的是确保设备在使用过程中不会对用户造成身体伤害。其主要关注硬件设备在物理层面上的安全保障，包括结构设计、材料选择、动力系统、防护机制等多个方面。

其次是交互安全，其关注的是人机互动过程中的安全性问题。智能设备需具备准确识别、理解人类意图的能力，并在交互过程中遵循预设的安全规范。通过先进的传感器技术，智能设备能够实时监测周围环境与人体的距离等信息，以免发生碰撞或误伤。

最后用户主动安全也十分重要，其关注用户的心理感受和生理变化，确保用户在使用设备时能够感到舒适和安心。通过检测用户多维生理信息变化情况,实时反映人体心率范围、情绪变化、肌肉活力等信息,保障用户的主动生理安全。

本节中的人机安全防护是指在面向半失能老年人洗浴机器人等人机交互系统中,为确保用户安全和保障设备正常运行而采取的一系列措施和策略。在智能养老机器人领域,智能设备与人之间的交互变得越来越频繁和复杂,这一变化不仅体现在设备的种类和功能上,也反映在用户体验和使用场景的多样性上。智能护理设备,如智能温控系统、安全监控和洗浴机器人等,逐渐融入人们的日常生活,旨在提升生活的舒适性和便利性,尤其是为老年人提供更为安全和无忧的生活环境。这些人机交互方式在提高老年人的生活质量和独立性的同时,也带来了新的安全挑战[296]。

8.1.2 安全防护重要性分析

洗浴机器人与用户的直接接触及其操作环境的特殊性,使得人机安全防护问题变得尤为重要,不仅直接关乎老年人生命安全,也与其生理和心理安全密切相关[297]。

洗浴机器人作为与人体直接接触的清洁设备,其安全性直接关系到用户的生命安全,主要体现在电气安全、机械安全、环境安全等方面。首先,电气安全是保障用户安全的首要任务。由于洗浴机器人通常采用电池或直流电源供电,如果设备的电路设计或绝缘性能不佳,可能会导致触电风险。因此,确保设备的电气性能符合相关安全标准至关重要[298]。其次,机械安全设计同样不可忽视,特别是在机器人运行过程中,如果旋转和移动部件设计不当或防护不足,可能会对用户造成夹伤或划伤等伤害[299]。最后,浴室环境通常湿滑且空间有限,这对设备的防水、防潮性能提出了更高要求,若在潮湿环境中运行不当,则可能导致电路短路或电机过热等安全隐患。

除此之外,一个安全可靠的洗浴机器人既可为用户提供更加舒适和便捷的清洁体验,又能有效提升用户的满意度与心理舒适度。优化操作体验也是提升用户满意度的关键。洗浴机器人的安全防护设计应考虑到用户的操作便捷性,如优化控制界面、增加语音提示或遥控功能等,减少操作难度和误操作的风险,从而提升用户的操作体验。最后,保障用户隐私也是安全防护的重要一环,尤其是在清洁过程中,具备视觉检测功能的洗浴机器人可能接触到用户的个人隐私,如何合理地设计用户信息采集方式,需要结合机器人伦理进行深入思考。

综上所述,洗浴机器人应具备良好的防水和防潮能力,并能在有限的空间内安全工作。从电气、机械到环境各方面的安全防护都是确保半失能老年人洗浴机器人能够保障用户生命安全的关键所在。同时,提升洗浴机器人安全性能够有效减少设备故障,优化用户操作体验,并保障用户隐私,从而提升用户体验和满意度。

8.1.3 安全防护策略的分类

如上述章节所述,半失能老年人洗浴机器人安全防护策略可分为5个方面:人机工程学分析、多位姿洗浴椅的重心随动调节机构设计、多位姿洗浴椅的多传感器融合、多角度喷淋臂的水温调节与预警装置以及擦洗臂的恒力跟踪,具体内容如下。

1. 人机工程学分析

在洗浴机器人的设计过程中,人机工程学分析关系到机器人本体运动的柔顺性和用户的安全性。设计需要充分考虑不同用户群体的身体结构、使用习惯以及可能的障碍物(如轮椅用户或老年人的特殊需求)。通过详细调研和用户反馈,设计合理的椅体形状和结构,确保洗浴机器人在各种姿态下能提供舒适、稳定的支持。人机工程学分析还包括洗浴椅的调节功能,如座椅角度的变化、扶手的高度调节等,以便用户能够轻松使用洗浴机器人,且在使用过程中避免任何不适感与意外伤害。

2. 多位姿洗浴椅的重心随动调节机构设计

在姿态调整的过程中,人体的重心是变化的,为了保证洗浴椅在不同使用场景中的稳定性和舒适度,设计一个能够自动调整重心的随动调节机构非常关键。重心调节机构需要能够实时反馈用户的动态变化,确保每个角度和姿势都能获得最佳的支撑。所设计的机构会根据用户的姿态和体重分布自动调节椅子的重心,从而在保持平衡的同时,避免由于姿态变化而导致的重心不稳及意外倾斜或翻倒等情况。

3. 多位姿洗浴椅的多传感器融合

多传感器融合技术应用于洗浴机器人中,能够为设备提供更加全面、精准的感知能力。通过集成多种传感器(如压力传感器、温度传感器、红外传感器等),洗浴机器人可以实时监测用户的身体状态、姿势变化以及环境条件。这些数据通过传感器融合算法进行处理,可以提供精确的反馈和调节。例如,机器人可以根据用户的体重分布自动调整椅子的支撑强度,或者根据皮肤温度调节水温,防止过高或过低的水温对用户造成伤害。此外,传感器还可以用于检测周围环境的变化,如碰撞传感器用于检测障碍物,确保用户在洗浴过程中不受外部干扰。

4. 多角度喷淋臂的水温调节与预警装置

洗浴机器人中的喷淋系统设计需要考虑到水温对用户皮肤的影响,特别是对于老年人和特殊病患群体,水温过高或过低都会带来严重的安全隐患。多角度喷淋臂配备的水温调节装置可以根据实时反馈的温度信息自动调节水温,确保喷出的水流始终保持在适宜的温度范围内。同时,预警装置的设计也是必不可少的。例如,如果系统检测到水温超出安全范围,预警装置会立刻发出警告,提醒用户或操作员及时进行调整。预警系统还可以与其他安全防护措施协同工作,如自动停止喷淋,或者自动切换到冷水模式,从而保障用户的安全。

5. 擦洗臂的恒力跟踪

擦洗臂作为洗浴机器人中重要的清洁部件,其设计需要能够灵活应对用户的体型和皮肤的不同需求。恒力跟踪技术用于确保擦洗臂在进行清洁操作时,始终保持恒定的力度,以避免过强或过轻的擦洗力度带来不适感或清洁不彻底的情况。系统中的传感器可以实时检测擦洗臂与用户皮肤之间的接触压力,根据皮肤的柔软程度和清洁部位的需求自动调节力量,确保擦洗过程既温和,又高效。这一技术的实现不仅提高了洗浴机器人的清洁效果,还减少了因操作不当或力度失衡而导致的皮肤伤害风险。

本节探讨了洗浴机器人在设计和使用过程中涉及的安全防护策略,以确保其在使用中的高效性、稳定性和安全性。通过上述5个方面的安全防护策略设计和优化,洗浴机器人不仅能在使用过程中提供更高效、更精准的服务,还能最大限度地保障用户的安全与舒适,为半失能老年人群体带来更安全的生活体验。

8.2 人机工程学分析

8.2.1 人机工程学简介

人机工程学[300](Human-Machine Engineering)也称为人类工程学、人体工程学或人因工程学,是一门多学科的交叉学科。其核心研究内容是协调人、机器及环境三者间的相互关系,并通过优化这一关系,提升工作效率,保障安全和健康,增强舒适感[301]。

人机工程学的发展历史悠久,其初步形成可追溯到第一次产业革命(1750—1890年)和第二次产业革命(1870—1945年)时期[302]。随着人类劳动进入机器时代,人、机、环境三者之间的关系变得更加复杂,研究人类如何与机器及环境互动的需求也日益迫切。1880年左右,Taylor开始了产业中的时间和运动研究,标志着人机工程学初步形成[303]。此后,随着科学技术的发展,人机工程学的研究范围不断扩展,现已全面渗透到航空航天、通信、计算机科学、兵器、交通、电子、建筑、能源等多个领域[304]。

人机工程学的基本原理在于研究人在生产或操作过程中合理地、适度地劳动和用力的规律问题[301]。它关注的核心目标是优化人类在使用各种产品和系统时的效率和效果,同时确保人的安全和健康。为实现这一目标,人机工程学需要研究人的身体尺寸、感知能力、信息处理、生理能力、心理特征、行为特征以及人的工作方式和工作环境。首先,人体测量与数据应用为机械设备和工作环境提供标准,使设计与人体的尺寸和生理特征相协调,从而提升使用的舒适性和安全性。其次,人体感知与信息处理研究着重于显示器和控制器的设计,确保用户能够准确、快速地获取信息[305]。再次,人的心理与行为特征的研究则聚焦于认知、情感和动机,旨在指导用户界面设计,以提高操作效率和用户体验。最后,人与环境的界面设计、人类可靠性与安全设计以及人机系统的总体设计强调如何将人体特征与环境、设备及技术相结合,以减少不良影响并提升整体系统的性能和使用体验。通过上述多维度的设计原则与方法,人机工程学致力于创造一个更加高效、安全、舒适的工作环境[306]。

人机工程学在许多领域具有广泛的应用,包括工业设计、产品设计、航空航天、军事、交通、医疗设备等。在工业设计领域,其助力于打造符合人体自然形态和使用习惯的产品,提升产品的舒适性和易用性。航空航天行业利用人机工程学设计飞行员的驾驶舱布局、座椅和控制装置,确保飞行员在长时间飞行中的舒适性和操作效率。在军事领域,人机工程学用于优化士兵装备设计,提升作战效率和士兵生存能力,如设计更舒适的军服和更易操作的武器系统。在交通领域,人机工程学用于汽车、火车和飞机设计,提高交通工具的安全性和舒适性,减少交通事故和驾驶员疲劳。在医疗设备设计时,人机工程学用于充分考虑医护人员和患者需求,提升设备的易用性和安全性。通过应用人机工程学原理,可以提高工作效率,减少工作相关事故和伤害,提升用户满意度,以及改善生活质量。随着科技的不断进步,人机工程学的研究和应用也在不断深化与拓展。智能化与自动化技术的发展使得人机工程学更加注重如何设计智能机器和自动化系统,促进人与机器之间的无缝交互和协同工作[307]。

8.2.2 洗浴椅人机工程学分析

本节通过对不同身高人群使用过程中舒适度与便利性的分析,进一步对洗浴椅各部分的尺寸参数加以人机工程学优化,力求设计一款真正符合人体工程学原理、满足多样化需求的洗浴椅。具体分析过程包括以下4个部分。

1. 整体区段划分

为了提升洗浴椅的舒适度与实用性,本节根据其功能特性和使用位置,将洗浴椅科学地划分为5个主要区段,如图8.1所示,1号区段为背板,2号区段为座板,3号区段为腿靠,4号区段为托脚板,5号区段为头枕。

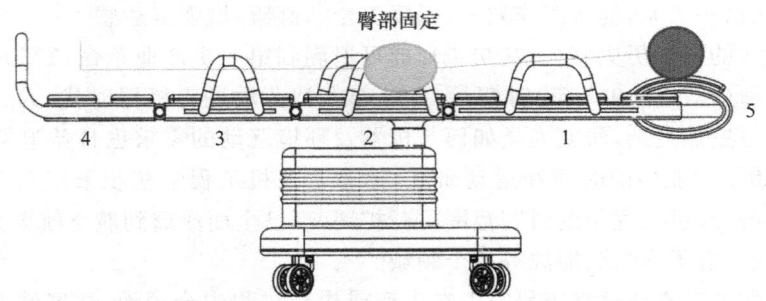

图8.1 洗浴椅整体示意图

背板(1号区段)提供了良好的背部支撑,确保在洗浴过程中背部能够保持放松,减少疲劳感,且其形状与倾斜角度经过精心设计,以贴合脊椎的自然曲线。座板(2号区段)作为主要承重部分,其尺寸和形状充分考虑到臀部和大腿结构,保证坐姿的稳定性与舒适性,同时采用具备防滑和排水功能的材质,确保安全与卫生。腿靠(3号区段)则为用户的腿部提供支撑,缓解长时间站立或不当坐姿对腿部的压力,其高度与倾斜角度可调节,满足不同身高和体型的需求。托脚板(4号区段)为脚部提供舒适支撑,其设计考虑到脚部的生理结构,避免压迫感。头枕(5号区段)作为辅助支撑部分,旨在为头部和颈部提供舒适支持,减少颈部疲劳感,其高度和倾斜角度同样可以根据用户的身高和坐姿习惯进行调节。

2. 姿态转换范围分析

所设计的洗浴椅能够执行躺姿、半躺姿、坐姿3种姿态的自由转换。在姿态转换过程中,洗浴椅及人体的运动范围得到了详细的分析与规划。如图8.2所示,橙色区域代表了洗浴椅的活动范围,这一区域涵盖了洗浴椅在姿态转换过程中所有可能的运动轨迹。通过合理的结构设计,洗浴椅的活动范围被有效地控制在了一个安全、稳定的范围内,避免了因运动范围过大而导致的安全隐患。在洗浴椅姿态转换的过程中,人体大腿的活动范围也得到了充分考虑,绿色区域代表了人体大腿的活动范围。通过精确的人体工学研究,确定了人体大腿在不同姿态下的最佳活动范围,并据此对洗浴椅的腿部支撑部分进行了优化设计。由此,无论用户处于何种姿态,其大腿都能够得到充分的支撑与保护,避免了因长时间保持同一姿势而导致的疲劳与不适。

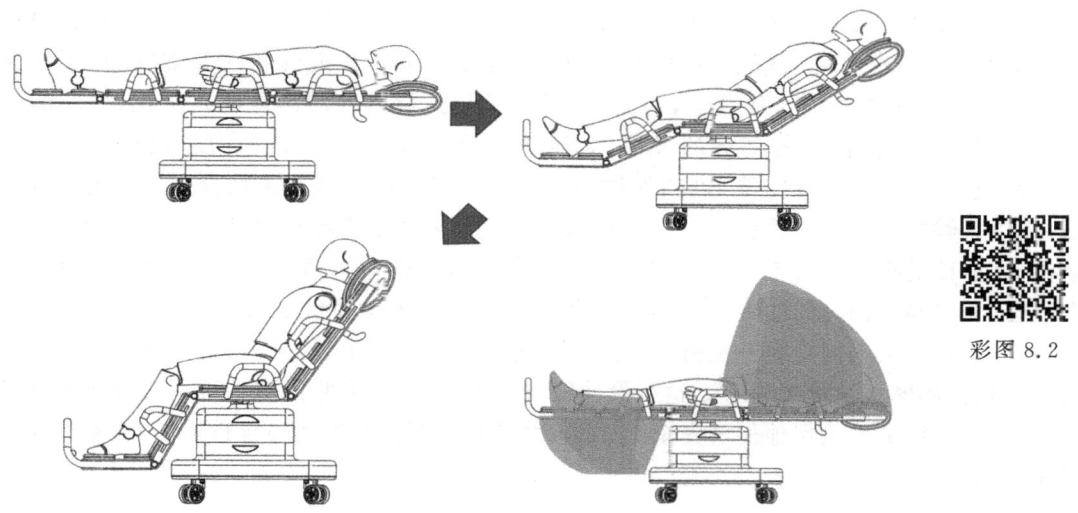

图 8.2　洗浴椅姿态转换及姿态变换运动范围分析图

彩图 8.2

3. 关键尺寸参数设计

护理人员在为需要帮助的个体提供洗浴服务时，尤其是在洗浴前后推动坐姿状态下的洗浴椅移动时，必须细致考虑各种因素，以确保操作的顺畅与安全。其中，靠背推杆的高度尺寸不仅影响着护理人员的操作便利性，还直接关系到操作过程中的舒适度与效率。

推杆的高度设计需充分考量护理人员的身高范围及人体工程学原理。在理想情况下，推杆的垂直高度应设定在多数护理人员能够轻松触及且不需要过度弯腰或伸展的范围内。如图 8.3 所示，通过对比护理人员在推动坐姿状态下的洗浴椅时的动作状态与他们自然站立时的状态（即身体直立、双臂自然下垂或轻微弯曲），可以明显看出，推杆的高度若设置不当，将给护理人员带来额外的身体负担，甚至可能导致长期工作下的腰肌劳损等问题。因此，为了确保护理人员能够以最自然、省力的方式推动洗浴椅，推杆的垂直高度应当小于多数护理人员的腰高尺寸。这一设计原则不仅提升了工作效率，还体现了对护理人员职业健康的关怀。实际上，许多先进的洗浴椅设计已经采用了可调节高度的推杆设计，以适应不同身高和体型的护理人员，进一步增强了产品的灵活性和适用性。

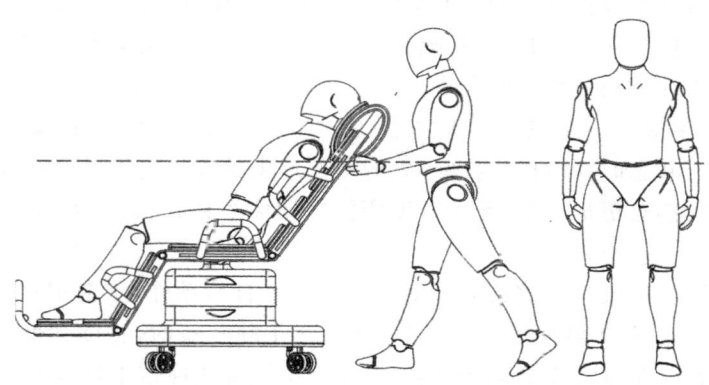

图 8.3　坐姿洗浴椅与助浴人员站立时的尺寸对比图

图 8.4(a)清晰地反映了人体各个部位(如头部、肩部、臀部、膝盖等)相对于整体身高 H 的比例分布，进而可以精准地设计洗浴椅的结构尺寸及其机构间的关键夹角，以确保洗浴椅能够完美地适应人体工学，为老年人提供安全、舒适的洗浴体验。根据这些比例，可以精确计算出洗浴椅各部分的尺寸，如椅面的长度、宽度，靠背的高度与倾斜角度，以及腿部支撑的位置与角度等，以确保洗浴椅在使用过程中能够紧密贴合老年人的身体曲线，提供足够的支撑与舒适感。图 8.4(b)展示了根据人体工学原理设计出的洗浴椅结构示意图，洗浴椅的机构间关键夹角都经过了精心的设计。这些夹角(如靠背与椅面之间的夹角、腿部支撑与椅面之间的夹角等)的设定都充分考虑了人体在坐姿状态下的自然曲线与受力分布，旨在最大限度地提升洗浴椅的舒适性与稳定性。其中，特别值得注意的是，老人与洗浴椅椅面的倾角被设置为 5°。这一设计细节至关重要，因为它能够在洗浴过程中有效防止老年人滑落，从而确保他们的安全。5°的倾角既能够保持足够的稳定性，又不会给老年人带来不适感。

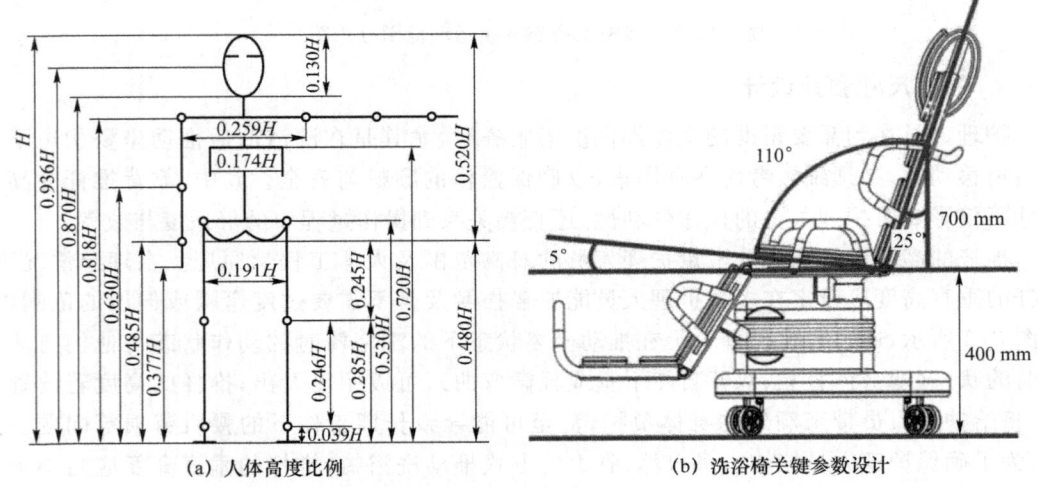

(a) 人体高度比例　　　　(b) 洗浴椅关键参数设计

图 8.4　人体高度比例及洗浴椅关键参数设计

4. 抬腿角度分析

　　该洗浴椅的设计不仅提供了舒适的坐姿和稳定的支撑，还融入了人性化的辅助功能，以更好地服务于半失能老年人。其中，抬腿板的设计便是一个亮点，通过巧妙的抬起运动，极大地方便了老年人在洗浴过程穿脱衣物。图 8.5 展示了洗浴椅抬腿板在 3 种不同姿态下的效果，其中姿态参数的设定都是基于对人体工学和老年人实际需求的深入研究而得出的。当抬腿板处于抬升状态时，其可以为老年人的腿部提供足够的空间，使得他们在穿脱裤子或袜子等下肢衣物时能够更加自如，无须过度弯腰或扭曲身体，从而有效减轻了身体负担，提升了操作的便捷性。

　　为了确保抬腿板的设计能够最大限度地符合人体自然动作，本节根据人体结构尺寸进行了精确的计算。研究结果显示，当人体处于自然抬腿状态时，抬腿角度 α 大致为 67.5°。这一角度既能够确保抬腿动作的顺畅进行，又不会给腿部肌肉带来过大的压力。同时，抬腿板的角度 γ 也被严格控制在小于 50°的范围内。这一设计考虑到了老年人在抬腿过程中可能遇到的阻力与不适感。通过减小抬腿板的角度，可以降低老年人腿部与抬腿板之间的摩擦，使得抬腿动作更加轻松、省力。此外，较小的抬腿板角度还有助于保持洗浴椅整体的稳定性，防止在抬腿过程中发生倾斜或滑动等安全隐患。

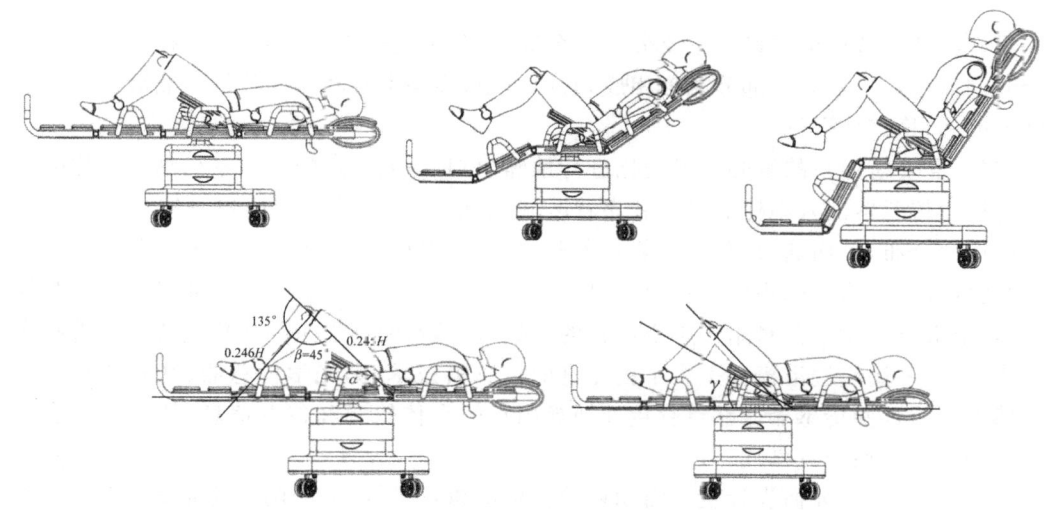

图 8.5 躺姿、半躺姿和坐姿下的辅助抬腿动作及角度确定

8.3 多位姿洗浴椅的重心随动调节机构设计

8.3.1 机构设计准备工作

在设计重心随动调节机构之前，需要对不同用户群体（如老年人、残疾人等）在洗浴过程中的姿势变化和重心分布进行详尽而细致的分析。这一过程是确保最终设计能够满足用户需求、提升使用安全性和舒适性的基础。

首先，需要深入了解用户在洗浴时可能采取的各种姿势。由于年龄、身体状况的差异，不同用户群体在洗浴过程中的姿势选择也会有所不同。例如，老年人可能更倾向于采用较为平稳的坐姿，而残疾人则可能需要根据自身情况选择更适合的洗浴姿势。通过对这些姿势的全面了解，可以更好地预测用户在不同姿势下的重心位置变化，为设计提供准确的参考。其次，需要分析这些姿势如何影响用户的重心位置变化。重心位置的变化直接关系到洗浴椅的稳定性和安全性。当用户从坐姿转换为躺姿时，其重心会随之发生显著变化。如果洗浴椅不能精准适应这种变化，就会导致用户在使用过程中感到不适，甚至产生安全隐患。因此，需要通过精确的计算和模拟，来确定在不同姿势下用户的重心位置，并据此设计重心随动调节机构的支撑点位置、调节范围和速度等关键参数。最后，在分析过程中还需要考虑用户在使用洗浴椅时的心理感受。设计合理的洗浴椅不仅要在物理上提供稳定的支撑，还要在心理上给予用户足够的安全感。因此，在设计重心随动调节机构时需要注重其操作的便捷性和直观性，确保用户能够轻松掌握使用方法，从而进一步提升使用体验。

8.3.2 重心随动调节机构的设计思路

重心随动调节机构的设计主要分为 3 个部分，分别是重心获取方法、执行机构设计以及安全的调节方式。这 3 个部分相辅相成，共同作用，确保重心随动调节机构能够在不同工作条件下准确、稳定地运行。

首先，需要对用户的重心位置变化进行精确识别，一般通过配备一系列高科技传感器实现。将压力传感器嵌入座椅的底部和靠背区域，能够敏锐地捕捉到用户身体各部分对座椅施加的压力分布，进而通过复杂的算法分析，推断出用户重心的大致位置。除了压力传感器，加速度计也能够感知座椅和用户相对于地球重力方向的加速度变化，通过监测这些加速度数据，能够进一步细化对用户重心位置的判断，甚至预测其未来的变化趋势。随着技术的不断进步，一些高端洗浴椅还引入了更先进的传感器技术，如光学传感器、红外传感器或雷达传感器等。这些传感器能够更直接地捕捉用户的身体轮廓和位置信息，从而进一步提高重心识别的准确性和可靠性。

其次，需要考虑如何设计重心随动调节机构的执行机构，即可调节的伸缩支架。当用户的重心位置发生变化时，伸缩支架应迅速响应，调整其位置和尺寸，以保持洗浴椅的稳定性和平衡性。为了实现精确的调整，这些可动部件通常需要配备高精度的传感器和反馈机制。传感器能够实时监测部件的位置和状态，并将这些信息反馈给控制系统。控制系统则根据这些信息，通过复杂的算法计算出最优的调整策略，并发送指令给驱动机构执行，驱使伸缩支架实时进行长度调整。

最后，调节机制不仅需要考虑到精确性和稳定性，还需要保障用户在重心调节过程中的舒适性和安全性。因此，通常会采用平滑的过渡方式，避免突然的动作或噪声给用户带来不适感。同时，还需配备紧急停止装置和故障自检功能，以确保在出现异常情况时能够迅速采取措施保护用户的安全。

8.3.3 重心随动调节机构的设计、制造和优化

为了更有效地分散负荷，学者们往往将复杂的几何原理融入支撑结构的设计中。三角形支撑结构便是一个经典的例子，它利用三角形的稳定性原理，将负荷均匀分散到多个支撑点上，从而增强了结构的整体稳定性。拱形结构则通过其独特的曲线设计，将负荷引导至结构的最强部分，同时减少了材料的浪费，提高了整体效率。这些设计不仅增强了支撑结构的稳定性，还赋予了产品优雅而坚固的外观。

调节机构是实现重心随动调节的关键部分，稳固可靠的滑轨系统则是调节机构中确保整体安全与稳定的核心部件。精密加工是滑轨系统制造过程中的一大关键。从原材料的切割、成型到最后的表面处理，每一步都需要高精度的设备和严格的质量控制。通过精密加工，滑轨系统的各个部件能够精确配合，确保座椅在移动和调整过程中实现平滑、无卡顿的滑动效果。同时，精密加工还能减少部件之间的摩擦和磨损，延长滑轨系统的使用寿命。

性能优化包括负载测试、耐久性测试、安全性测试等，这些测试旨在验证滑轨系统在各种极端条件下的性能和稳定性，确保其能够承受巨大的负荷并保持长期稳定运行。通过测

第 8 章 半失能老年人洗浴机器人的安全防护策略

试,可以及时发现并解决潜在的问题,确保最终的滑轨系统具有卓越的性能和可靠的安全性,提高调节机构的响应速度和稳定性,同时降低能耗和成本。

从图 8.6 可以看出,随着用户从坐姿逐渐过渡到躺姿,重心随动调整机构能够适时伸出,有效扩展了支撑范围,确保了即使在躺姿状态下,用户的重心也始终位于洗浴椅整体结构的重心范围之内,从而极大地提升了洗浴过程中的安全性和舒适度。

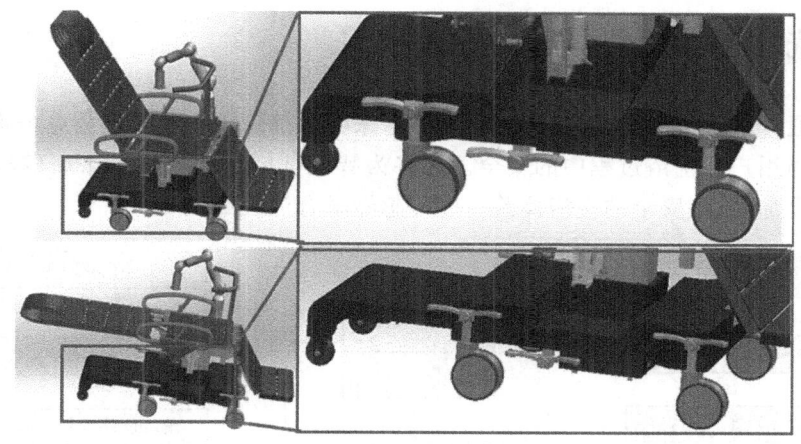

图 8.6 有源洗浴椅的重心结构优化

8.4 多位姿洗浴椅的多传感器融合

8.4.1 多位姿洗浴椅多传感器融合原理

多传感器融合技术[308]是一种高度集成化的信息处理手段,巧妙借助了计算机技术的强大算力,将源自不同传感器或多源渠道的复杂信息和数据,依据特定的算法和准则进行深度自动分析与综合处理。这一过程不仅模拟了人脑在处理复杂信息时的综合分析能力,还通过多层次、多维度、多空间的信息互补和优化组合,实现了对目标对象更为精准、全面且一致的解释和描述[309]。

在多位姿洗浴椅的设计中,多传感器融合技术集成心率传感器、血氧饱和度传感器、压力分布传感器、红外人体感应装置以及角度传感器等多种高精度传感器,实时捕捉和记录用户在洗浴过程中的各种生理参数和姿态变化。心率传感器和血氧饱和度传感器能够持续监测用户的心率和血氧饱和度,确保洗浴过程的安全性。当系统检测到用户的心率或血氧饱和度出现异常时,会立即发出警报,并自动调整洗浴椅的工作模式,以减轻用户的身体负担,确保洗浴过程的安全无忧。压力分布传感器则起到用户身体舒适度的调节作用,能够精确感知用户身体各部位的受力情况,通过实时分析数据,调整洗浴椅的姿态和支撑力度,确保用户在不同洗浴姿势下都能享受到最佳体验。这种个性化的调节方式不仅提高了洗浴的舒适度,还有助于预防长时间保持同一姿势导致的身体不适。红外人体感应装置为用户提供了更加便捷的操作体验,能够智能识别用户的存在和位置,实现洗浴椅的自动启动和调节。当用户靠近洗浴椅时,系统会自动启动并调整到预设的工作模式;当用户离开时,系统则会自动关闭,既节省了能源,又提高了使用的便捷性。而角度传感器则确保了用户在不同洗浴姿势下的稳定性和舒适度,能够实时监测洗浴椅各部件的倾斜角度,并根据用户的实际需求进行微调,确保用户在使用过程中始终保持稳定的坐姿和舒适的洗浴体验。

8.4.2 洗浴椅多传感器融合控制技术

洗浴椅通过多种传感器的融合控制,可实时采集并处理用户的生理信息与物理信息,从而更好地保障用户在洗浴过程中的安全。这将为智能洗浴椅的发展带来新的机遇和挑战,为用户提供更加舒适、安全的洗浴体验。多传感器融合流程如图 8.7 所示。

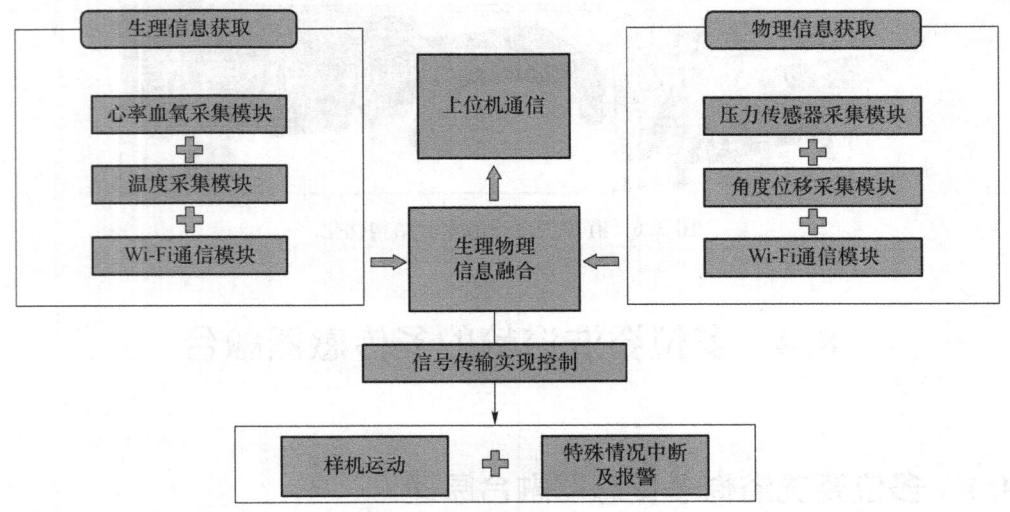

图 8.7 多传感器融合流程框图

首先,多传感器融合流程需进行信息获取,具体分为两个模块,即生理信息获取模块与物理信息获取模块。在生理信息获取模块中,通过心率血氧采集模块、温度采集模块与 Wi-Fi 通信模块实现;在物理信息获取模块中,利用压力传感器采集模块、角度位移采集模块与 Wi-Fi 通信模块实现。通过多传感器采集用户的各类信息,并利用 Wi-Fi 模块实现多模块之间的通信传递,实现生理物理信息融合。将融合后的信息加以处理,通过信号传输实现控制。同时,可以通过传感器采集的数据控制样机的运动,在用户信息出现异常时,如局部压力过大、心率血氧数值异常等,可以及时示警并中止样机运行,极大地保证了用户的安全。

在实现多传感器融合的过程中,通过多种传感器模块获取用户的信息,包括血氧心率检测、压力检测、高度及角度检测等。添加心率传感器,以监测用户的心率变化。通过监测心率,可以了解用户的身体状况,判断是否存在心血管疾病或其他潜在健康风险。根据心率变化动态调整洗浴椅的按摩力度和水温,以确保用户在洗浴过程中的舒适度和安全性。通过心率传感器,如 MAX30102 获取心率、血氧信息,同时外加 LED 屏幕进行显示。如图 8.8 所示,用户当前心率为 90,血氧浓度为 99。

第 8 章　半失能老年人洗浴机器人的安全防护策略

图 8.8　心率、血氧检测

添加压力传感器(图 8.9(a))可以检测用户在洗浴过程中对洗浴椅的压力分布情况,以免造成局部压力过大而引发不适。通过在坐垫上固定图 8.9(b)所示的 M3030 阵列式薄膜压力传感器,获取用户坐在座椅上时对应部位的压力数据,并通过上位机获取数据。将数据传入 MATLAB 即可得到输出变化曲线,并通过图像化处理使其更加形象直观,颜色越深代表当前部位所承受压力越大,如图 8.9(c)所示。

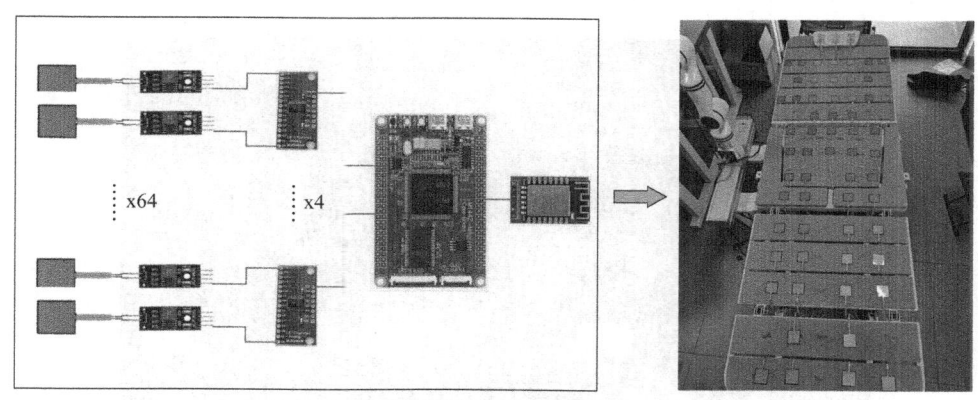

(a) 洗浴椅压力传感器布置

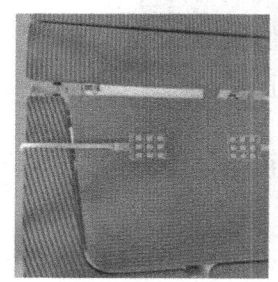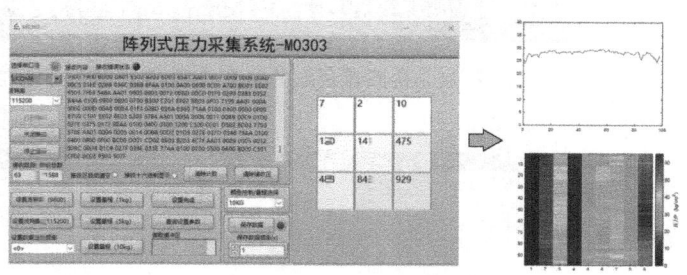

(b) 阵列式薄膜压力传感器　　　　　(c) 压力信息采集结果及压力曲线

图 8.9　阵列式薄膜压力传感器及其采集结果

红外传感器以及角度传感器则可以用来监测用户在使用过程中洗浴椅高度和角度的变化,以便及时调整洗浴椅的位姿,使得用户以及护理人员有便捷方便的使用体验。选取角度传感器 JY901S(图 8.10(a))与红外位移传感器 MS53L0M(图 8.10(b))进行测试。

将角度和红外位移传感器安装在与样机对应的转轴以及底座部位,在洗浴椅进行位姿变换的同时,可以获取洗浴椅关节角度、电机速度以及加速度等信息。为便于后续通过传感

(a) JY901S角度传感器　　(b) MS53L0M红外位移传感器

图 8.10　角度传感器与红外位移传感器

器数据信息对洗浴椅运动进行控制,将传感器获取的数据信息可视化,如图 8.11 所示。此外,红外位移传感器也能对洗浴椅的高度进行检测,当座椅高度上升时,红外位移传感器读数有明显上升趋势;当座椅高度下降时,红外位移传感器读数有明显下降趋势。由此可见,传感器信息可以正确反映样机的运动状态,如图 8.12 所示。

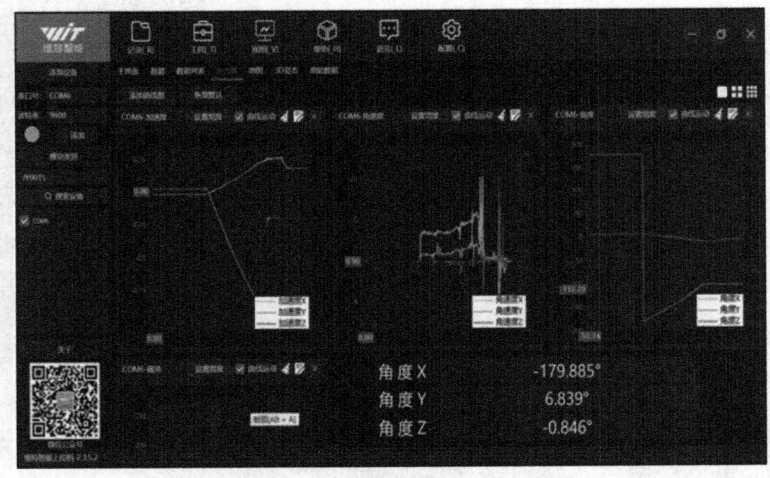

图 8.11　传感器获取的关节角度、电机速度以及加速度等信息

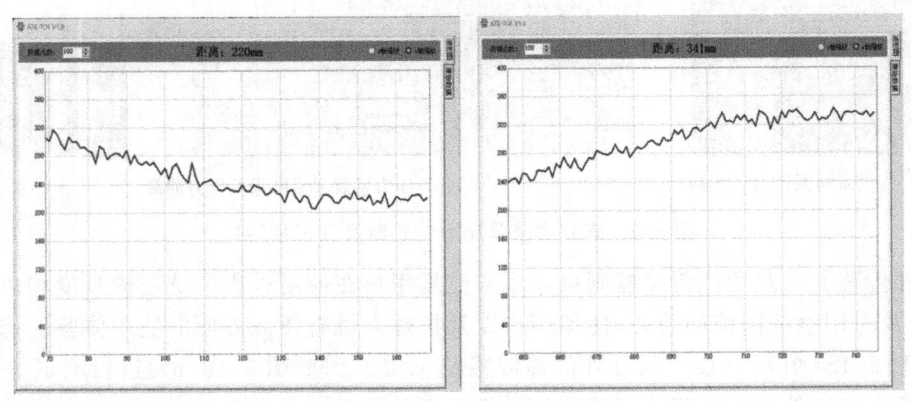

图 8.12　红外位移传感器检测座椅高度的变化曲线

8.5 多角度喷淋臂的水温调节与预警

在洗浴椅的设计中,多角度喷淋臂的水温调节与预警装置不仅确保了用户在享受洗浴服务时的舒适度,还提升了洗浴过程的安全性和便捷性。水温调节与预警装置的核心在于对水温的精确控制和对异常水温的及时预警。这一系统通常由温度传感器、控制单元、加热或降温设备以及预警装置组成[310]。传感器实时感知水温,并将数据传输给控制单元。控制单元根据预设的水温范围,通过调节加热或降温设备的功率来控制水温。同时,当水温超出预设范围时,预警装置会发出警报,提醒用户或操作人员采取相应措施。

8.5.1 水温调节与预警原理

水温调节装置精确控制喷淋臂中水流的温度保持在 38~40 ℃,以确保用户在洗浴过程中感受到适宜的水温。其通常涉及多个组件,包括温度传感器以及控制器、调节阀等水温控制单元。温度传感器用于实时监测水流的温度,将温度变化转换为电信号。控制器接收温度传感器的信号,并根据预设的温度范围调整水温。调节阀根据控制器的指令,调节冷热水的混合比例,以达到所需的水温。水温调节系统通常采用闭环控制原理,即通过反馈控制来维持稳定的水温。温度传感器作为反馈环节,监测实际水温并将其与设定值进行比较,控制器根据偏差调整调节阀的开度,从而实现水温的精确控制。

预警装置的主要目的是,当水温出现异常时,能够及时向用户发出警告,以防止烫伤或不适。该系统通常通过温度传感器实时监测水温,并设定一个安全的水温范围。报警系统一般包括声光报警器,用于通过视觉和听觉向用户发出警告。在一些严重情况下,系统还可以自动切断水源,以防止水温进一步失控。预警机制通常采用阈值比较的方法,当水温超过设定的安全阈值时,系统会立即启动报警和并采取紧急响应措施。

8.5.2 水温调节系统的设计与实现

温度传感器和水温控制单元是水温调节系统的两大重要组成部分,温度传感器负责实时感知水温并将数据传输给控制单元,而控制单元则根据这些数据进行精确的水温调控。本节将详细探讨温度传感器的选择和安装方式,以及水温控制单元的设计和实现方法。

1. 温度传感器

温度传感器是水温调节系统的关键部件,它负责实时感知水温并将数据传输给控制单元,从而实现对水温的精准调控。在选择适用于水温调节系统的温度传感器时,需要综合考虑传感器特性、测量范围、精度、响应速度以及工作环境等多个关键因素。

(1) 传感器特性分析

铂电阻温度传感器和热敏电阻温度传感器是两种常见的选择[311]。铂电阻温度传感器以其高精度、出色的稳定性和广泛的测温范围而著称。其工作原理基于铂金属的物理特性,即随着温度的变化,铂的电阻值会发生相应的改变。这种变化与温度之间呈现出一种近乎线性的关系,因此铂电阻温度传感器能够提供非常精确的温度读数。同时,铂金属的化学稳定性高,不易受环境因素的影响,从而确保了传感器在长期使用中的稳定性和可靠性。这些特点使得铂电阻温度传感器非常适合用于对水温进行精确测量的场合,如高端洗浴设备、实验室设备以及需要严格控制温度的医疗设备等[312]。相比之下,热敏电阻温度传感器则以其响应速度快、体积小以及价格相对较低等特点而受到广泛应用。热敏电阻是一种基于半导体材料的温度传感器,其电阻值随温度的变化而变化。与铂电阻相比,热敏电阻的响应速度更快,能够更迅速地捕捉到温度的变化。此外,热敏电阻的体积通常较小,这使得它更容易被集成到各种紧凑的设备中。同时,由于其生产成本相对较低,热敏电阻温度传感器的价格也更加亲民,因此被广泛应用于各种水温调节系统中,如家用热水器、太阳能热水器以及工业冷却系统等[313]。

(2) 测量范围与精度分析

测量范围决定了传感器能够准确测量的水温范围。对于洗浴椅中的水温调节系统而言,由于需要适应不同用户的使用习惯和舒适度偏好,因此温度传感器的测量范围应当足够宽泛,以覆盖可能的最低和最高水温。高精度意味着传感器能够更准确地反映实际水温,从而减小误差,提高水温调节的精确度。对于多角度喷淋臂来说,水流的分布和温度可能存在一定差异,选择高精度的温度传感器尤为重要。快速响应的传感器能够更及时地捕捉到水温的变化,从而允许控制单元更迅速地做出调整。洗浴椅中的多角度喷淋臂可能面临各种复杂的使用环境和条件,如高温、潮湿、腐蚀等。因此,在选择时需要确保其具有良好的耐温性、防潮性和耐腐蚀性,以应对这些不利因素,保证传感器的长期稳定运行。

(3) 安装方式分析

安装温度传感器时,需要将其放置在能够准确反映喷淋臂水温的位置。通常,传感器可以安装在喷淋臂的水流中或附近,以确保其能够直接接触到水流,从而更准确地测量水温,如图 8.13 所示。同时还需要注意传感器的固定方式和保护措施,以防止其在使用过程中受到损坏或影响测量准确性。

(a) 加装的水温控制混水阀

(b) 混水阀将水温恒定在33 ℃

图 8.13　喷淋臂的水温调节装置

2. 水温控制单元

控制单元高效接收并处理来自传感器的数据,且具备强大的算法处理能力,以根据预设的水温范围精准地调控加热或降温设备的运行。控制单元的设计需要考虑其处理能力、稳定性、可靠性以及与其他部件的兼容性等因素。可以采用单片机、PLC或嵌入式系统等作为控制单元的核心部件,并设计相应的软件算法来实现水温调节功能。水温调节算法负责根据传感器的数据计算出所需的加热或降温功率,并控制设备的运行。水温调节算法需要根据实际应用场景和需求进行选择和优化。PID控制算法是一种经典且广泛应用的控制算法,可以根据当前水温与目标水温之间的偏差,计算出所需的加热或降温功率,并通过调整设备的运行来实现水温的精确调节[314]。模糊控制算法则是一种基于模糊逻辑的控制方法,可以在一定程度上容忍传感器数据的模糊性和不确定性,从而实现对水温更加平滑和稳定的调节[315]。而神经网络控制算法则是一种更加先进的控制方法,可以通过学习和训练来适应不同的水温调节需求,并具备更强的自适应能力和鲁棒性。图8.13(b)所示即利用水温控制算法调节混水阀对水温进行设定并恒温调节。

8.5.3 预警装置的设计与实现

预警功能的实现首先需要设定预警条件,即水温范围的阈值。设定过程中需综合考虑半失能老年人的特殊需求、皮肤敏感度与耐受性、健康状况及安全标准,以确保洗浴过程的安全与舒适。半失能老年人因运动障碍、感知能力下降等限制,对水温的适应能力较弱。为防止烫伤或热射病风险,洗浴椅的水温上限应设定得较低,可设定在37℃到38℃之间。对于患有心血管疾病、糖尿病等慢性病的老年人,其水温适应能力较差,而过热水温可能引发血压波动,甚至导致晕厥。因此,对于健康状况较差的老年人,水温上限应进一步降低至35℃到37℃之间,以规避健康风险。本节所设计的预警系统包括物理传感器与智能App双层预警机制。

1. 传感器监测与报警

通过内置的高精度温度传感器,系统可以实时采集洗浴设备中的水温数据,并进行即时分析处理。一旦水温接近或超过预设的安全阈值,系统将立即触发报警机制。报警方式多样化,旨在确保在各种情境下都能有效地提醒护理人员或家庭成员。系统可以通过声光报警装置发出明显的视听信号,包括醒目的警示灯光和刺耳的警报声,以引起周围人员的注意。对于不在现场或听力、视力受限的护理人员,系统亦可通过手机短信、电话通知或专用的移动应用程序发送报警信息,确保他们能在第一时间接收到水温异常的提醒。

2. App监测与报警

预警系统还配备了一款智能洗浴App,与水温预警报警装置紧密集成,形成一个全方位的安全监控体系。该App允许用户根据个人喜好和实际需求,自定义水温的上下阈值范围。无论是喜欢温暖舒适的水温还是偏好凉爽的洗浴体验,用户都可以轻松设置,满足其个性化需求。该App还具备报警信息记录和查询功能,以确保报警信息的准确性和有效性。每当触发报警时,其都会自动记录报警时间、水温、报警方式等关键信息,并允许用户随时查询。当水温数据超出用户设定的阈值范围时,温度报警模块会立即启动,通过App向用户发送清晰的报警信息,如图8.14所示。这些信息包括水温超标的具体数值以及超标的时间等,以便用户能够迅速做出反应,调整水温至安全舒适的范围内。

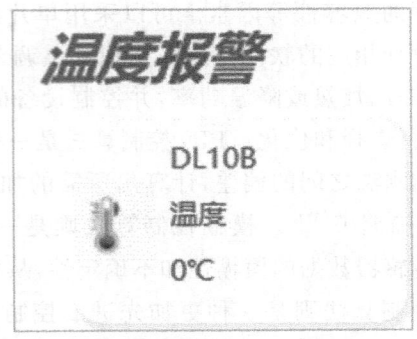

图 8.14 温度报警显示示意图

8.6 擦洗臂的恒力跟踪

为了确保擦洗臂在擦洗老人过程中的安全性,针对人体皮肤这种结构复杂且刚度不确定的交互环境,本节提出了一种基于自适应变刚度的恒力跟踪策略[316]。考虑到老人皮肤弹性和刚度的差异以及其随位置的变化,引入自适应变刚度概念,使得擦洗机器人在与老人皮肤交互时,能实时监测并适应皮肤刚度特性,自动调整施加的力量,确保擦洗过程既安全又舒适,避免皮肤损伤,提升老人的舒适感和对机器人擦洗的信任度[317-319]。

首先,通过构建擦洗机器人与环境的系统模型,分析定阻抗模型参数对控制性能的影响;然后,建立新的阻抗模型,根据实时接触力的变化在线自适应调整刚度系数,以适应交互环境位置和刚度的不确定性,并对自适应变刚度阻抗控制策略的稳定性进行证明;最后,在MATLAB/CoppeliaSim联合仿真环境中,对非结构环境下的定阻抗控制、变阻尼阻抗控制和所提出的自适应变刚度阻抗控制进行对比,实验结果表明该策略相比于定阻抗控制能够达到更好的力跟踪效果,相比于变阻尼阻抗控制能够有效避免机器人与环境刚接触时的力超调问题。结果表明,擦洗机器人系统中实现的力跟踪效果在期望范围内,说明机器人力跟踪性能理想。

8.6.1 稳定误差分析

大多数情况下,可将环境等效为理想的线性弹簧模型,假设环境刚度为 $k_e > 0$,环境接触无形变位置为 x_e,则机器人与环境间的接触力可表示为式(8.1):

$$f_e = k_e(x - x_e) \tag{8.1}$$

则机器人末端位置可表示为式(8.2):

$$x = \frac{f_e}{k_e} + x_e \tag{8.2}$$

进一步得到式(8.3):

$$m\left(x_d'' - \frac{f_e''}{k_e} - x_e''\right) + b\left(x_d' - \frac{f_e'}{k_e} - x_e'\right) + k\left(x_d - \frac{f_e}{k_e} - x_e\right) = f_e - f_d \tag{8.3}$$

其中,m 为质量,x_d 为期望轨迹,f_d 为期望接触力。

进一步可得式(8.4):

$$m\left(x_d''-\frac{f_e''}{k_e}-x_e''\right)+b\left(x_d'-\frac{f_e'}{k_e}-x_e'\right)+k\left(x_d-\frac{f_e-f_d}{k_e}-x_e\right)=f_e-f_d \quad (8.4)$$

由上式得到稳定状态时接触力误差表达式为

$$e_f=\frac{-kk_e}{k+k_e}\left(x_d-x_e-\frac{f_d}{k_e}\right) \quad (8.5)$$

由上式可知,只有满足

$$x_d=\frac{f_d}{k_e}-x_e \quad (8.6)$$

才能使得力跟踪误差 $e_f=0$。

由上式可知,只有当环境位置和环境刚度精确获知时得到的精确参考轨迹才能使力跟踪误差为 0,这种条件下才能得到期望的力跟踪效果。但是在擦洗环境中,人体表面位置和刚度是动态变化的,且刚度无法直接获取。针对上述问题,提出了一种根据力跟踪误差实时调整刚度系数的变刚度阻抗恒力控制方法。

8.6.2 自适应控制算法

对于阻抗控制器的输入期望轨迹 x_d,有如下计算式:

$$x_d=x_e+\frac{f_d}{k_e} \quad (8.7)$$

又因为 $k_e=\frac{f_e}{x_c-x_e}$,将其代入上式得到式(8.8):

$$x_d=x_e+\frac{f_d}{f_e}(x_e-x_c) \quad (8.8)$$

进一步,得到新的阻抗方程如下:

$$m\left(x_e''+\frac{f_d''}{k_e}-x_c''\right)+b\left(x_e'+\frac{f_d'}{k_e}-x_c'\right)+k\left(x_e+\frac{f_d}{k_e}-x_c\right)=f_e-f_d \quad (8.9)$$

此时令 $e=x_e-x_c$,整理得到式(8.10):

$$me''+be'+ke\left(1-\frac{f_d}{f_e}\right)=f_e-f_c \quad (8.10)$$

当环境位置动态变化时,x_e 为一个时变的函数,此时 $x_e'\neq 0$ 或 $x_c'\neq 0$ 和 $x_e''\neq 0$,因此需要对环境进行预估。环境位置预估可由传感器(视觉传感器、激光雷达传感器等)感知并重构环境几何信息,再通过机器人任务/路径规划方法规划作业轨迹得到。假设环境预估值 $\hat{x}_e=x_e-\Delta x_e$,将此时对应的轨迹误差 $\bar{e}=e+\Delta x_e=\hat{x}_e-x_c$ 代入上式得到阻抗方程(8.11):

$$m\bar{e}''+b\bar{e}'+k\bar{e}\left(1-\frac{f_d}{f_e}\right)=f_e-f_c \quad (8.11)$$

为了实现环境刚度未知且位置动态变化下的力跟踪,即 $e_f\to 0$,将刚度系数 k 设置为根据期望接触力进行实时调整的可变系数 $k(t)$。

现定义 $k(t)$ 的自适应律如式(8.12):

$$\begin{cases} k(t) = \dfrac{I(t)f_e}{\bar{e}(f_e - f_d)} \\ I(t) = I(t-T) + \zeta[f_d(t-T) - f_e(t-T)] \end{cases} \quad (8.12)$$

其中，T 为采样率，ξ 为更新率。

在机械臂与环境刚接触时发生碰撞，此时会引发力超调问题。在与人体进行交互的过程中，力的超调现象可能会导致无法逆转的损害。因此，为了确保系统能够平稳地从接触的初始阶段过渡到稳定的接触阶段，在此阶段将阻抗控制器的刚度系数 k 设为 0，机械臂对外部施加的力会减弱，使其能够更加灵活地适应外部力的变化，从而在与环境初次接触时能够避免力的超调现象。刚接触阶段的阻抗模型可以表示为式(8.13)：

$$m\bar{e}'' + b\bar{e}' = f_e - f_d \quad (8.13)$$

综上所述，阻抗控制器的设计可分为两个主要阶段。首先，在擦洗臂初次与交互环境接触时，需要将刚度系数 k 设定为零，并且合理选择适应性参数 m 和 k，以确保系统的初始稳定性。其次，在擦洗臂与交互环境建立平稳接触后，将控制策略切换为自适应变刚度阻抗控制器，从而使擦洗臂能够有效跟踪期望的擦洗力。该阻抗控制器的数学表达式如式(8.14)所示：

$$\begin{cases} m\bar{e}'' + b\bar{e}' = f_e - f_d, & t \leqslant t_0 \\ m\bar{e}'' + b\bar{e}' + k(t)\bar{e}\left(1 - \dfrac{f_d}{f_e}\right) = f_e - f_d, & t > t_0 \end{cases} \quad (8.14)$$

其中，t_0 是刚接触阶段到平稳接触的临界时间。

考虑到后续擦洗机器人控制器的实现，将上式变为离散形式，如式(8.15)所示：

$$\begin{cases} x_c''(t) = \hat{x}_e''(t) + m^{-1}[f_e - f_d - b(x_c'(t-1) - \hat{x}_e''(t)) - k(t)(x_c(t-1) - \hat{x}_e(t))(1 - f_d/f_e)] \\ x_c'(t) = x_c'(t-1) + Tx_c''(t) \\ x_c(t) = x_c(t-1) + Tx_c'(t) \end{cases}$$

$$(8.15)$$

其中，T 表示采样周期。图 8.15 为自适应变刚度阻抗框图。

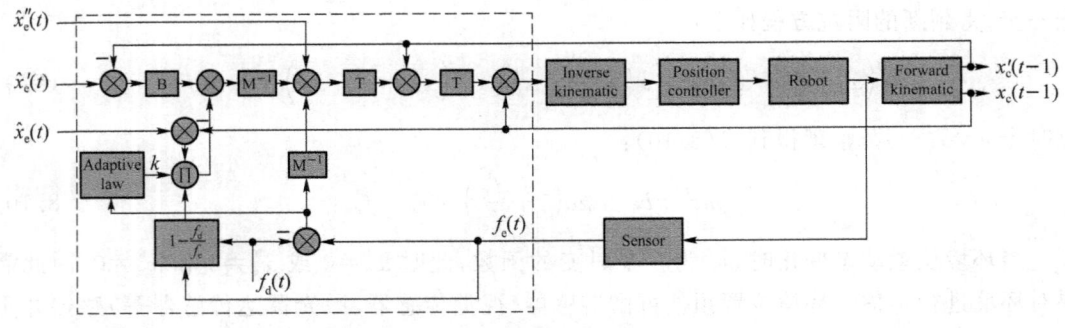

图 8.15　自适应变刚度阻抗框图

8.6.3　联合仿真

为了验证所提出的阻抗控制策略的有效性，在 MATLAB/CoppeliaSim 环境下对擦洗臂进行了联合仿真实验。在多种非结构环境下，对经典的定阻抗控制、自适应变阻抗力跟踪控制以及本节提出的自适应变刚度阻抗控制进行力跟踪算法的测试和对比。如下仿真测试以单方向为例进行测试和对比。

① 当接触环境为平面时，环境刚度未知，如图 8.16 所示。设定阻抗系数 $m=1, b=300$，更新率 $\xi=0.8$，初始状态时 $x_c > x_e$，x_c 设定为某个值，即机器人初始状态时在环境之上未与环境接触。将 f_d 设为某个期望的力跟踪值，f_d 将驱使机器人由自由空间向约束空间运动，此处假设 $f_d=10$ N。

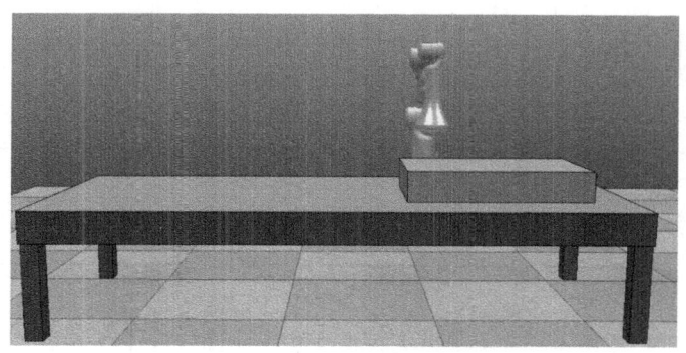

图 8.16　接触环境为平面

图 8.17(a)为定阻抗控制的力跟踪效果图，图 8.17(b)为自适应变阻尼阻抗控制的力跟踪效果图，图 8.17(c)为自适应变刚度阻抗控制的力跟踪效果图。在图 8.17 中，f_d 表示期望的跟踪力，f_e 表示机器人与环境的实际接触力，通过六维力传感器反馈得到。

纵观图 8.17 中的所有曲线，在 0~4 s 区间内，擦洗臂由自由空间向约束空间运动。在与环境接触后，由图 8.17(a)可知，由于环境刚度的未知性，定阻抗力跟踪的稳定值为 9 N 左右，与期望的力跟踪值存在偏差。如果没有达到期望力值，则起不到清洁人体皮肤的作用。对于自适应变阻尼阻抗控制而言，如图 8.17(b)所示，在与环境接触后，经过自适应调整能够达到期望力值。但是在与环境接触的瞬间，存在力超调现象。如果将此种方法用于擦洗失能老年人，将会带来不可控的后果。对于本节提出的控制策略，如图 8.17(c)所示，可以看出此种控制策略虽然没有自适应变阻尼阻抗控制迅速跟踪力的特性，但是成功克服了力量超调的显著问题。在与人交互中，更为重要的是避免力超调的不利后果，即便这意味着牺牲了跟踪速度。因此，在环境位置没有动态变化，但环境刚度未知的情况下，自适应变刚度阻抗的力跟踪精度高于定阻抗，且避免了自适应变阻尼阻抗控制的力超调问题。

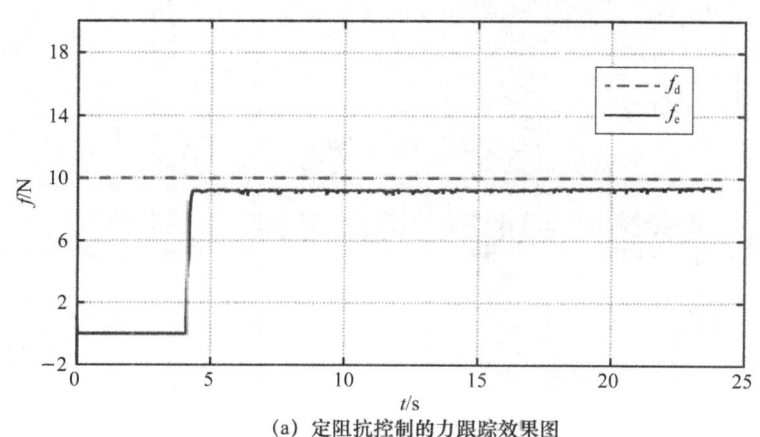

(a) 定阻抗控制的力跟踪效果图

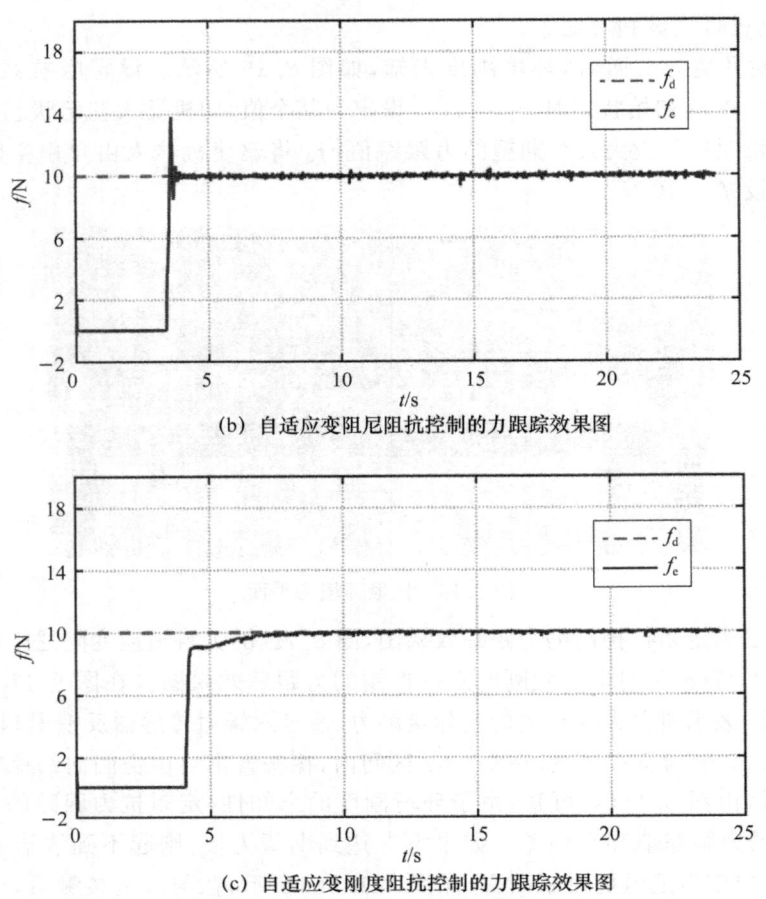

(b) 自适应变阻尼阻抗控制的力跟踪效果图

(c) 自适应变刚度阻抗控制的力跟踪效果图

图 8.17 平面力跟踪效果图

② 当接触环境为斜面时,环境位置动态变化且环境刚度未知,如图 8.18 所示。阻抗系数、更新率、初始状态设定同上。实验对比两种算法对环境位置动态变化是否具有适应能力。图 8.19(a)为定阻抗对应的力跟踪效果图,图 8.19(b)为自适应变阻尼阻抗对应的力跟踪效果图,图 8.19(c)为自适应变刚度阻抗的力跟踪效果图。

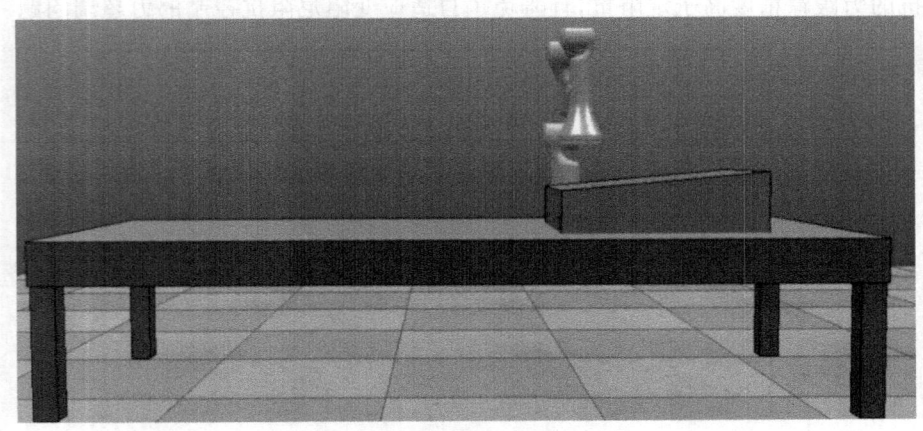

图 8.18 接触环境为斜面

由图 8.19 可知,在与环境接触后,在环境位置动态变化且环境刚度未知的情况下,定阻抗控制的力跟踪误差较大,不能很好地跟踪期望力,而自适应变阻尼阻抗控制的力超调严重且跟踪上期望力以后存在抖动现象。自适应变刚度阻抗可以达到期望稳定值并且避免力超调。因此,对于接触环境为斜面的情况,自适应变刚度阻抗相比于其他两种控制策略表现出优势。

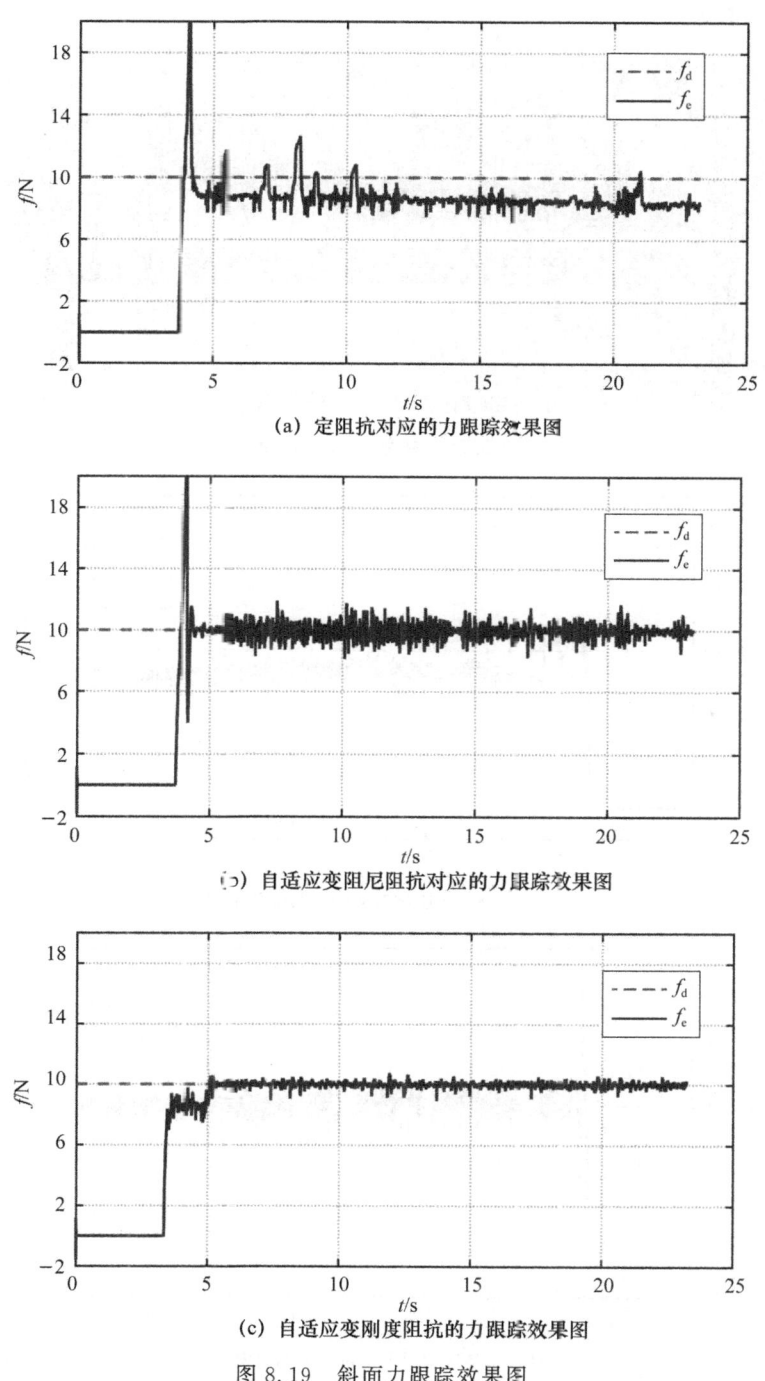

(a) 定阻抗对应的力跟踪效果图

(b) 自适应变阻尼阻抗对应的力跟踪效果图

(c) 自适应变刚度阻抗的力跟踪效果图

图 8.19 斜面力跟踪效果图

③ 当接触环境为曲面时,环境刚度未知,如图 8.20 所示。设定条件同上。图 8.21(a)为定阻抗对应的力跟踪效果图,图 8.21(b)为自适应变阻尼阻抗对应的力跟踪效果图,图 8.21(c)为自适应变刚度阻抗的力跟踪效果图。由图 8.21 可知,3 种控制策略表现出的效果和斜面环境下的大致相同。从图 8.21 可以看出,在曲面环境下的力跟踪,无论是自适应变阻尼阻抗控制还是本节的自适应变刚度阻抗控制都存在接触力抖动现象,但是本节控制策略在一定程度上减轻了抖动。

图 8.20　接触环境为曲面

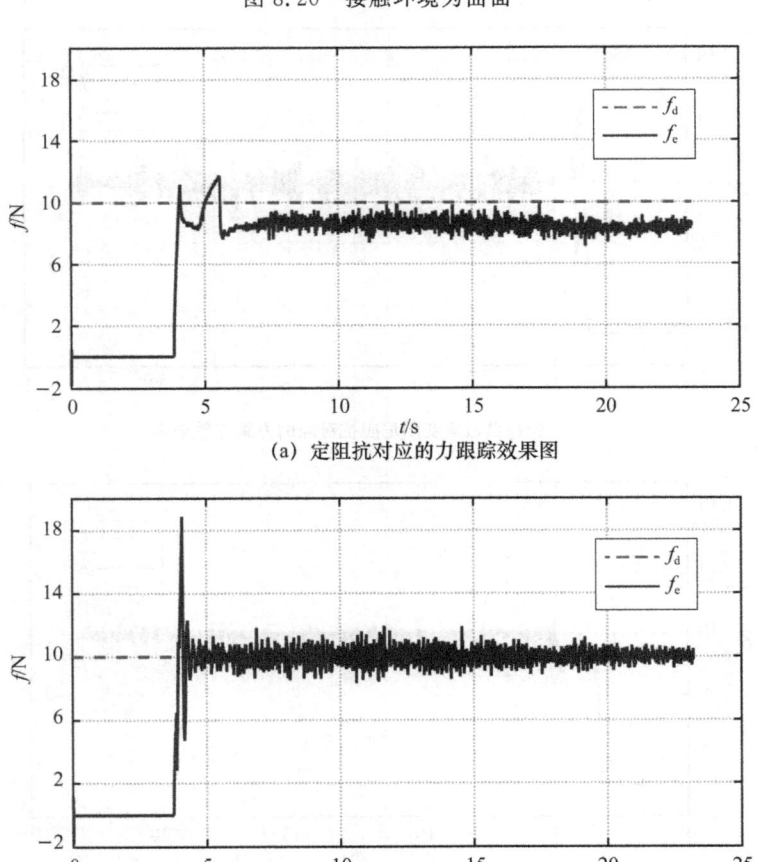

(a) 定阻抗对应的力跟踪效果图

(b) 自适应变阻尼阻抗对应的力跟踪效果图

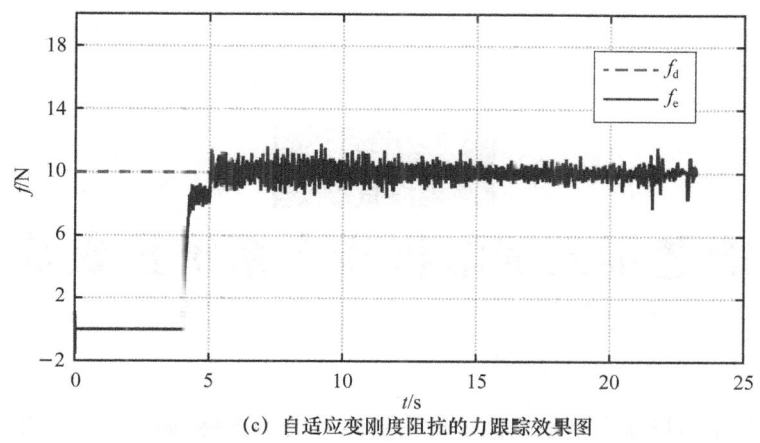

(c) 自适应变刚度阻抗的力跟踪效果图

图 8.21 曲面力跟踪效果图

由上面的 3 组实验可得出如下结论:对于环境刚度不确定的交互环境,无论环境是平面、斜面还是更为复杂的未知曲面,定阻抗控制基本无法实现预期的力跟踪效果,从而起不到清洁作用;而自适应变阻尼阻抗控制经过前期的短暂调整后,可以实现力跟踪,但是存在力超调问题,特别是在非结构环境下存在严重的力超调问题;而自适应变刚度阻抗控制能够达到预期的力跟踪效果,还能避免力超调问题。

本 章 小 结

本章主要探讨了半失能老年人洗浴机器人的安全防护策略,涵盖了人机安全防护的重要性、策略分类以及具体的安全防护设计等方面。所设计的安全防护策略共同构成了一个全面的安全防护体系,确保了洗浴机器人在各种使用场景下的高效性、稳定性和用户的安全性。

首先介绍了人机安全防护的概念及基本发展历程,明确了洗浴机器人安全防护的重要性,其与用户的生命财产安全密切相关。通过加强安全防护,可以提升用户体验、减少设备故障以及保障用户隐私,从而提升整体的用户满意度。其次,从人机工程学分析、重心随动调节机构设计、多传感器融合、水温调节与预警装置以及恒力跟踪技术等 5 个方面详细探讨了洗浴机器人的安全防护策略。重心随动调节机构通过精确识别用户的重心位置,实时调整洗浴椅的姿态和支撑点,以保持洗浴椅的稳定性和平衡性;多传感器融合技术通过集成多种传感器,如压力传感器、温度传感器、红外传感器等,实现对用户生理参数和姿态变化的实时监测和调节;水温调节与预警装置通过精确控制水温并设置预警机制,防止水温异常对用户造成伤害;恒力跟踪技术通过自适应变刚度的策略,确保擦洗臂在擦洗过程中对皮肤施加的力度始终保持恒定,避免对皮肤造成损伤。

第 9 章
半失能老年人洗浴机器人系统集成及验证

洗浴辅助技术为机器人研发提供了理论基础和技术支持,而半失能老年人洗浴机器人系统集成及验证则是这些技术在实际应用中的具体体现。本章着重介绍洗浴机器人的系统集成与验证实验,通过系统集成,洗浴辅助技术得以落地应用,并通过验证不断优化和完善。这种集成和验证不仅提高了洗浴机器人的实用性和安全性,也为半失能老年人提供了更加便捷、高效的洗浴解决方案,进而提升其生活质量。

9.1 系统集成

智能洗浴机器人系统集成是将先进的传感器技术、人工智能技术、机器人技术与控制技术等多领域技术深度融合的过程。通过高度集成的软硬件系统,智能洗浴机器人能够根据用户的具体需求,提供个性化的洗浴服务,同时确保操作过程中的安全性与便捷性。其系统集成分为样机集成、设备标定、通信系统搭建、电气系统搭建、控制系统搭建、监控系统搭建6个部分。

9.1.1 样机集成

洗浴机器人系统作为现代科技在医疗护理领域的一大创新,其设计旨在通过智能化手段,为老年人及行动不便者提供更为便捷、安全、舒适的洗浴体验。该系统集成了先进的感应技术、温控装置与人体工学设计,能够根据不同用户的身体状况和需求,自动调节水温、水流强度及洗浴模式[320]。

洗浴机器人系统搭载了智能控制面板或手机 App,用户可轻松预设个人偏好的洗浴程序,实现从预热、清洁到按摩的一站式智能服务。特别是对于老年人、行动不便者及有特殊需求的人群,洗浴机器人系统提供了极大的便利,有效减少了洗浴过程中的安全隐患。此外,该系统还具备节能环保的特点,能够精准控制水资源的消耗,减少能源浪费。洗浴机器人系统的出现不仅革新了传统洗浴方式,也彰显了以人为本的理念,让每一次洗浴都成为一次愉悦身心的享受。

洗浴机器人系统由3个核心层次构成:洗浴设备层、洗浴过程控制层和系统应用层,三者相辅相成,共同构成了机器人系统的完整框架,如图 9.1 所示。

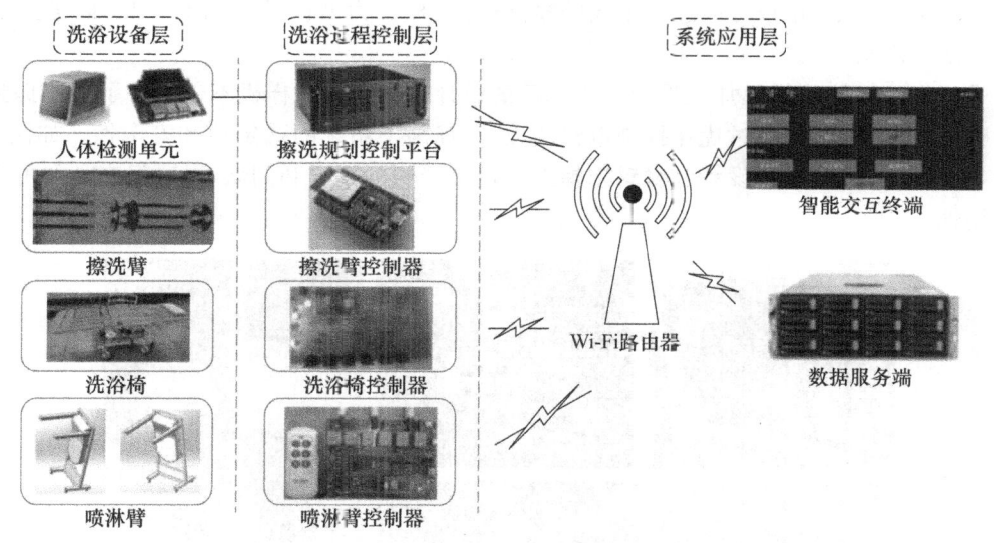

图 9.1 系统集成

1. 洗浴设备层

洗浴设备层作为系统的物理基础，涵盖了洗浴椅、喷淋臂、擦洗臂等一系列关键设备。

洗浴椅作为整个系统的核心，不仅提供了稳定的支撑平台，还融入了多项人性化设计。其座椅部分采用符合人体工学的设计，能够有效分散身体压力，确保长时间坐卧也不会感到不适。同时，洗浴椅还具备多种位姿变换功能，包括高度调节、辅助抬腿以及重心随动等，这些功能通过内置的电机和传感器实现，能够根据用户的实际需求进行灵活调整[321-324]。

喷淋臂则负责提供均匀且柔和的喷淋效果，其设计充分考虑到了人体工学和水流压力，确保在清洁身体的同时不会造成不适。喷淋臂的机械结构采用了高强度轻质材料，确保了整体的稳定性和耐用性。电气结构则通过智能控制系统实现精准控制，用户可以根据个人喜好和需求，调节喷淋臂的升降高度、旋转角度以及水流的强弱。

擦洗臂则采用了更为复杂的 6DOF 设计，能够模拟人手的基本动作，实现更为精细的擦洗效果。擦洗臂与洗浴椅之间通过移动滑轨连接，确保了擦洗范围的广泛性和灵活性。

2. 洗浴过程控制层

洗浴过程控制层是洗浴机器人系统的中枢，它负责协调和管理各个子系统之间的运行，确保它们能够按照预定的顺序和方式进行协同工作。这一层次通过先进的算法和传感器技术，实现了对洗浴过程的精准控制。例如，当系统检测到用户需要变换洗浴椅的位姿时，控制层会立即启动相应的电机和传感器，实现位姿的平稳变换。同时，控制层还能够根据用户的洗浴习惯和需求，自动调整喷淋臂和擦洗臂的工作模式，确保每一次洗浴都能达到最佳效果。

3. 系统应用层

系统应用层则是洗浴机器人系统与用户之间的桥梁，它提供了直观易用的用户界面和操作控制。用户可以通过触摸屏或语音控制等方式，轻松实现对系统的操作和控制。同时，系统应用层还支持个性化的设置和调整，用户可以根据自己的喜好和需求，对系统的各项参数进行定制。例如,用户可以选择不同的喷淋模式、擦洗力度以及水温等参数,以满足自己独特的洗浴需求[325]。

多位姿洗浴椅的样机加工采用了优化后的设计方案。这些样机不仅具备了上述提到的多种位姿变换功能,还通过优化控制电路的设计,提高了系统的稳定性和安全性。如图9.2所示,洗浴椅样机在外观设计和材料选择上经过了严格的筛选和测试,以确保产品的可靠性和耐用性。

图 9.2　洗浴椅样机

在多角度淋浴臂的样机加工方面,按照整体方案设计,样机的优化设计需要对喷淋臂的机械结构、电气结构及其控制器进行分步设计和验证。如图9.3所示,该样机在实现了整体升降、臂体旋转、水平伸缩3个自由度的基础上,还通过滑轨与剪式结构的巧妙结合,方便了电动推杆的安装和调试。这一设计不仅提高了喷淋臂的灵活性和稳定性,还降低了生产成本和维修难度。

图 9.3　喷淋臂样机

整体洗浴机器人系统集成后的效果如图 9.4 所示。这一系统不仅包括了多位姿洗浴椅、多角度喷淋臂、六自由度擦洗臂等关键设备,还通过激光雷达等先进技术实现了对人体轮廓信息的精准采集和分析。激光雷达能够实时检测用户的身体轮廓和位置信息,并将这些数据反馈给控制层进行精准控制。这一功能不仅提高了系统的智能化水平,还为用户提供了更为个性化、舒适的洗浴体验。

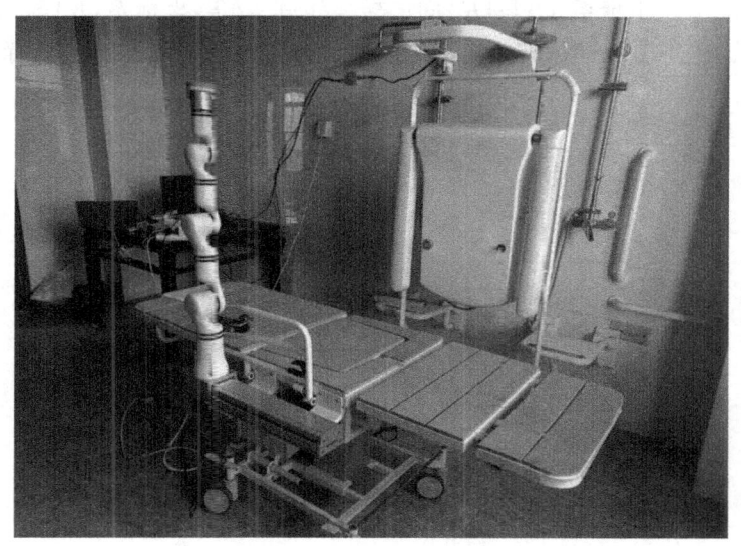

图 9.4　系统集成效果

洗浴机器人系统通过先进的科技手段和创新的设计理念,为老年人及行动不便者提供了更为便捷、安全、舒适的洗浴体验。这一系统的成功搭建和测试不仅验证了其可行性和实用性,其模块化的设计还为未来的市场推广和应用奠定了坚实的基础[99]。

9.1.2　设备标定

为了建立洗浴机器人系统各部件之间的相互位置关系,实现各部件的相互协作,开展洗浴机器人系统设备标定,进而确保准确性与一致性,保障使用安全,提升使用体验。标定过程主要包括激光雷达与擦洗臂的标定,以及激光雷达与洗浴机器人系统的标定。

1. 激光雷达与擦洗臂的标定

首先利用激光雷达发射激光光束来完成标定球球心坐标估计,然后建立外参优化模型,最后通过计算求解实现球心坐标系到机器人基坐标系的转换关系函数。

(1) 标定原理

激光雷达标定原理是通过向目标发射探测激光光束,并将接收到的反射信号与发射信号进行比较处理,从而获得目标信息。此过程包括外参标定(确定雷达与擦洗臂坐标系的位置关系)和内参标定(校准雷达内部部件位置和光学特性),以确保数据准确性。在洗浴机器人设备中,激光雷达作为关键传感器,其精度和准确性直接关系到机器人执行擦洗任务的准确性和效率。因此,对激光雷达与机器人坐标系之间的空间关系进行精确标定是至关重要的。可以采用基于空间球的标定算法来实现这一目标[322]。

在标定过程中,首先将一个已知半径的空间球放置在标定板上,并通过激光雷达扫描球体的表面。激光雷达会收集到球心在雷达坐标系下的位置数据。通过不断改变球的位置,可以获得多个不同位置的球心数据。这些数据将被用于建立优化模型,以确定坐标系之间的变换矩阵。

定义六自由度机器人基坐标系为$\{B\}$,机器人工具坐标系为$\{R_t\}$,激光雷达坐标系为$\{C\}$,球坐标系为$\{K\}$,坐标系$\{C\}$与$\{K\}$间的转换矩阵为${}_C^K T$,坐标系$\{K\}$与$\{B\}$间的转换矩阵为${}_K^B T$,坐标系$\{B\}$与$\{R_t\}$间的转换矩阵为${}_B^{R_t} T$,机器人与激光雷达标定坐标系转换关系如图9.5所示。

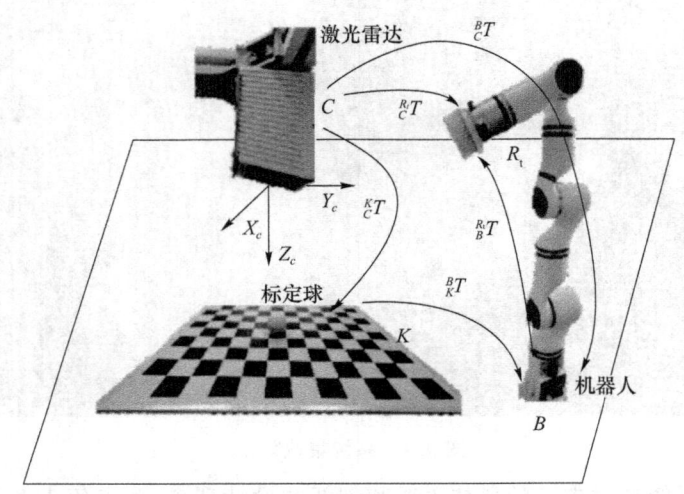

图9.5 坐标转换关系示意图

在三维点云采集系统标定之前,需要建立4个坐标系之间的传递关系:

$${}_C^{R_t} T = {}_B^{R_t} T \, {}_K^B T \, {}_C^K T \tag{9.1}$$

$${}_C^B T = {}_K^B T \, {}_C^K T \tag{9.2}$$

其中,${}_B^{R_t} T$由机器人工具中心点位置获取,为已知值,空间球的坐标在$\{B\}$坐标系中为已知值,${}_C^K T$由激光雷达采集的空间球球心坐标得到,故求出${}_C^B T$便可得到机器人末端与激光雷达坐标系的转换关系。

将激光雷达采集的点云数量为12 450的模型定义为N_{VK},在机器人基坐标系$\{B\}$下点云数量为12 450的模型定义为N_V,$N_{VK(i)}$为N_{VK}在坐标系$\{C\}$下的坐标值,N_V为$N_{V(i)}$在坐标系$\{B\}$下的坐标值,如下式所示:

$$N_{VK} = \{N_{VK(1)}, N_{VK(2)}, \cdots, N_{VK(i)}, \cdots, N_{VK(12\,450)}\}, N_{VK(i)} = (K_{VK_{x(i)}}, K_{VK_{y(i)}}, K_{VK_{z(i)}}) \tag{9.3}$$

$$N_V = \{N_{V(1)}, N_{V(2)}, \cdots, N_{V(i)}, \cdots, N_{V(12\,450)}\}, N_{V(i)} = (K_{V_{x(i)}}, K_{V_{y(i)}}, K_{V_{z(i)}}) \tag{9.4}$$

经过标定后获得的变换矩阵为${}_C^B T$,则坐标系$\{C\}$下的人体点云模型可通过变换矩阵转换到坐标系$\{B\}$下,即

$$N_V = {}_C^B T N_{VK} \tag{9.5}$$

机器人在滑轨运动过程中,通过IMU传感器记录机器人基坐标系$\{B\}$不同时刻间的位姿,便可得到t时刻与$t+1$时刻的变换矩阵${}_{B_t}^{B_{t+1}} T$,则相对位置关系为

$$B_{t+1} = {}^{B}_{B_t^{t+1}}TB_t \tag{9.6}$$

(2) 标定球球心坐标估计

激光雷达可实现从不同的角度扫描已知半径的球体，球体表面的任意点与球心的两点距离都为球半径，这种几何约束条件可以用来计算球心的位置。因此，本章将该空间球作为标定的主体，使用 SHADE 算法求解外参数。在进行坐标系变换时，球心是一个关键的特征点，其坐标在激光雷达坐标系和机器人基坐标系中有着重要的映射关系。为此，根据激光雷达坐标系与机器人基坐标系之间的联系建立基于球心坐标的优化模型，通过计算求解旋转矩阵 R 和平移向量 T，实现坐标系之间的变换。$R(\theta,\phi,\psi)$ 为旋转矩阵，其本质是一个正交矩阵，平移向量 $K=(q_x,q_y,q_z)^{\mathrm{T}}$ 为 3×1 的列向量，因此外参数有 6 个参数需要进行求解。

球心拟合是外参数优化模型构建前不可或缺的一步，假定标定球依次放置于 n 个不同的空间位置，将球表面上的点到球心距离等于半径这一性质条件作为约束条件，如下式所示：

$$\|k_i - o_{s_i}\| = r_i \quad \forall i=1,2,\cdots,n \tag{9.7}$$

位于 i 处的标定球扫描点的三维坐标 k_i 与球心坐标 o_{s_i} 的绝对差值都等于球半径 r_i，因此在机器人基坐标系中标定球的球心与半径都为已知值，故可对所有位置的标定球建立目标函数，计算得到在激光雷达坐标系下的 n 个球心坐标和标定球半径。该方法数学模型的表达式为

$$g_1(o_{s_1},o_{s_2},\cdots,o_{s_n};r) = \sum_{i=1}^{n}\sum_{t=1}^{N_i}(\|k_{i,t} - o_{s_i}\| - r)^2 \tag{9.8}$$

其中，r 表示标定球半径，g_1 表示该方法的优化目标函数。

相较于对 n 个位置分别进行拟合求解的方法，此方法提高了球心拟合的精度且可以更可靠地估计球心坐标和半径，为后续外参数优化模型的建立奠定了基础。

(3) 激光雷达外参数优化模型的建立

结合球心拟合数据，可以构建优化模型来求解激光雷达与机器人之间的外参数关系。通过标定球的位置移动，可以建立球心在激光雷达和机器人基坐标系之间的映射关系，并利用不同位置标定球球心的坐标来构建非线性优化问题的数学模型。

将标定球置于激光雷达采集视野中，假定 4 个不同位置的标定球在激光雷达坐标系下第 i 个位置的球心坐标记为 $O_{s_{i,1}}(x_{i,1},y_{i,1},z_{i,1})$，则在机器人基坐标系下的坐标可记为 $O_{s_{i,2}}(x_{i,2},y_{i,2},z_{i,2})$，可求得球心坐标在两个坐标系下的变换关系为

$$O_{s_{i,1}} = RO_{s_{i,2}} + K \tag{9.9}$$

通过计算可转换为矩阵的形式：

$$\begin{pmatrix}x_{i,1}\\y_{i,1}\\z_{i,1}\end{pmatrix} = R\begin{pmatrix}x_{i,2}\\y_{i,2}\\z_{i,2}\end{pmatrix} + K \tag{9.10}$$

将上式变形为

$$\|O_{s_{i,1}} - (RO_{s_{i,2}} + K)\| = 0 \tag{9.11}$$

其中，$\|\cdot\|$ 的表示两点之间的欧氏距离。

结合平方和最小原则可得到外参数 $R(\theta,\phi,\psi)$ 和 $K(t_x,t_y,t_z)^{\mathrm{T}}$ 的非线性目标函数[323]。

2. 激光雷达与洗浴机器人系统的标定

标定实验是验证标定方法的有效性和准确性的重要手段。在实验中,主要通过感知检测系统中的 Livoxmid-70 激光雷达来采集标定球表面的三维点云信息。

(1) 标定实验场景

标定实验场景如图 9.6 所示。在该场景中,标定球被放置在 60 cm×45 cm 的黑白棋盘格标定板上。通过激光雷达对标定球进行扫描,可以获取标定球位于激光雷达坐标系下的点云数据。

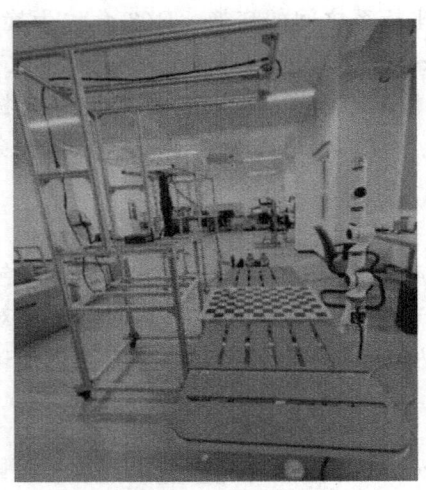

图 9.6 标定实验场景

在标定过程中,首先在标定板上标记了 6 个位置点,如图 9.7 所示。这些位置点用于在标定过程中移动标定球,以获取不同位置的球心数据。

图 9.7 标记点示意图

(2) 数据采集与处理

在实验中,对处于 6 个不同位置点的标定球分别进行了 50 次测量。每次测量都会采集大量的点云数据,平均每次采集的场景点云数量约为 186 400 个。这些数据包含了标定球表面的点云信息以及周围环境的点云信息。

为了从这些数据中提取出标定球表面的点云数据，应用了欧氏聚类算法。欧氏聚类算法是一种基于欧氏距离的聚类方法，通过计算数据点之间的距离，将相似的点归类到同一个簇中。该算法通常用于数据挖掘、图像处理和点云数据分析等领域，具有简单易懂、高效易实现的特点。欧氏聚类算法的核心在于不断更新聚类中心，直到达到收敛条件。该算法能够根据点云之间的空间距离关系将点云数据分成不同的簇，从而实现对标定球表面点云数据的分割处理。图9.8展示了标定球部分数据的分割结果。

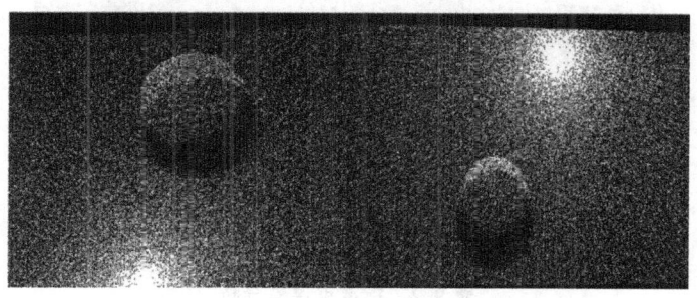

图 9.8　标定球部分数据的分割结果

（3）外参数标定结果与分析

根据上述分割后的数据，可以求解出球心坐标并进行联合估计。使用 SHADE 算法对拟合出的球心坐标进行处理，以估计外参数。外参数标定结果如表 9.1 所示。

表 9.1　外参数标定结果

外参数	参数值
θ	43.23 ± 0.17
ϕ	32.35 ± 0.21
γ	-26.43 ± 0.41
t_x	-785.31 ± 0.23
t_y	-804.93 ± 0.352
t_z	1667.12 ± 0.13

从表 9.1 中可以看出，外参数标定结果的误差较小，在允许的误差范围内。

通过标定计算得到$\{B\}$坐标系与$\{C\}$坐标系的变换矩阵${}^B_C T$为

$$
{}^B_C T = \begin{bmatrix} 304.21 & 1377.12 & -246.98 & -785.31 \\ 178.33 & -287.82 & -1391.02 & -804.93 \\ -1388.05 & 265.56 & -233.01 & 1667.12 \\ 0 & 0 & 0 & 1 \end{bmatrix} \quad (9.12)
$$

这验证了标定方法的精度与稳定性。通过标定计算得到坐标系之间的变换矩阵，将激光雷达采集的数据转换到机器人基坐标系下，从而实现精确的空间定位。

为了验证变换矩阵的有效性，首先，在平台上选取了3个标准点，如图9.9所示。然后，分别计算这些标准点在基坐标系和通过变换矩阵转换后的坐标值，并进行对比分析。误差分析如表9.2所示。

彩图9.9

图9.9 标准点示意图

表9.2 标准点误差分析

标准点		矩阵转换坐标/mm	基坐标系坐标/mm	绝对误差值/mm
序号	坐标轴			
1	X_B	−419.97	−420.48	0.51
	Y_B	−321.48	−320.32	1.16
	Z_B	137.75	139.96	2.21
2	X_B	−468.89	−470.04	1.15
	Y_B	−510.85	−509.47	1.38
	Z_B	114.30	118.62	4.32
3	X_B	−529.68	−530.87	1.19
	Y_B	−482.31	−484.56	2.25
	Z_B	123.55	128.23	4.68

由表9.2可知，激光雷达采集的数据点经过三维变换后的结果在不同坐标中都存在一定的误差。但是，这些误差都在允许的范围内。然而，值得注意的是，在3个坐标轴中，标准点在Z轴的误差较大，这可能会影响人体在擦洗时的舒适度。

（4）标定误差补偿

针对机器人在运动过程中Z轴方向位置误差较大的问题，通过采用自适应阻抗控制算法进行补偿调节。自适应阻抗控制算法能够根据机器人的运动状态和外部环境的变化实时调整控制参数，从而实现对机器人运动的精确控制。通过这种方式，进一步减小了Z轴方向的误差，提高了擦洗任务的准确性和舒适度。

通过对洗浴机器人设备中的激光雷达进行标定，实现了激光雷达与机器人坐标系之间的精确空间关系确定。实验结果表明，标定方法的精度与稳定性较高，能够满足洗浴擦洗臂的应用需求。然而，在实际应用中，还需要考虑更多复杂的环境因素和机器人运动状态对标定结果的影响。因此，在未来的研究中，需要进一步探索更加鲁棒和高效的标定方法，以提高洗浴辅具设备的整体性能和用户体验。

9.1.3 通信系统搭建

为实现自主洗浴功能,淋浴臂设备、洗浴椅设备和擦洗臂设备需要相互连接并协调配合工作。因此,需设计一套基于 Wi-Fi 的设备互联网络系统,以确保设备间高效的信息交互和保证系统运行的稳定性。该网络系统中各设备通过 Wi-Fi 实现互联互通,形成一个完整的洗浴辅具系统通信网络,不仅提高了设备间的协同工作效率,还为用户的自主洗浴提供了有力的技术支持。图 9.10 所示为洗浴辅具系统通信链路。

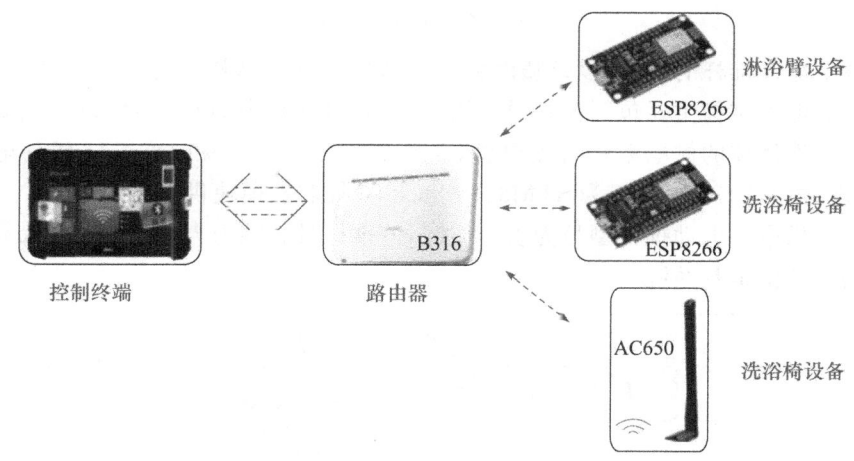

图 9.10 洗浴辅具系统通信链路

淋浴臂和洗浴椅设备采用了 8266 Wi-Fi 模块进行网络连接。这款模块内置了无线网络协议 IEEE 802.11b、g、n 协议栈以及 TCP/IP 协议栈,能够轻松实现与 Wi-Fi 路由器的连接和数据传输。通过该模块,淋浴臂和洗浴椅可以实时接收和发送控制指令,确保洗浴过程的顺利进行。

擦洗臂控制器则通过无线双频网卡进行网络连接。这款网卡不仅支持 2.4 GHz 和 5 GHz 两个频段的 Wi-Fi 信号,还配备了高增益天线,进一步提升了信号的稳定性和传输速度。这样擦洗臂在洗浴过程中可以更加精准地接收和执行控制指令,为用户提供更加舒适的洗浴体验。

9.1.4 电气系统搭建

为实现智能洗浴机器人系统的联动控制,电气系统的搭建是至关重要的环节。在电气结构设计中,首先根据洗浴椅和喷淋臂的机械结构设计图纸,对各个电动推杆进行了详细的编号,并明确了每个推杆所承担的具体功能。如图 9.11 所示,洗浴椅和喷淋臂共有 8 个自由度,每个自由度都由一个指定的电动推杆来实现。具体来说,B1 号推杆负责实现洗浴椅的升降功能,B2 号推杆和 B3 号推杆分别负责实现左大腿和右大腿的抬腿功能,B4 号推杆负责实现靠背的调节功能,而 B5 号推杆则用于调节洗浴椅的重心。对于喷淋臂部分,A1 号推杆负责实现其升降功能,A2 号推杆负责实现喷淋臂的旋转功能,A3 号推杆则负责实现喷淋臂的外展功能。

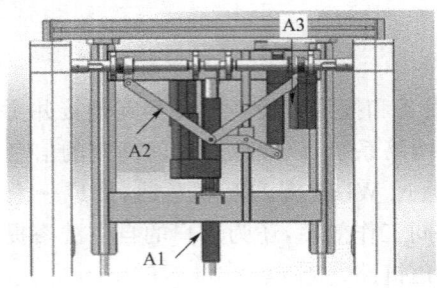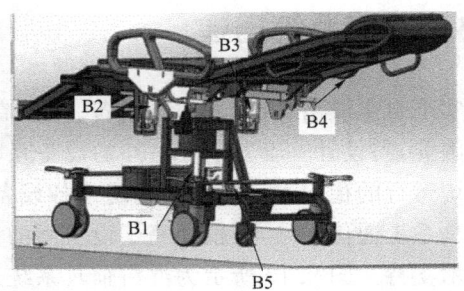

图 9.11 各电动推杆的编号

依据各个电动推杆的功能,设计喷淋臂与洗浴椅的电气结构,如图 9.12 所示。智能洗浴辅具系统的电气结构主要包括控制器模块、电动推杆驱动器、电动推杆以及电源等部分。喷淋臂系统和洗浴椅的供电采用直流电源,分别提供 DC 24 V 和 DC 5 V 两种电压等级。其中,在供电方面,DC 5 V 用于为 STM32F103C8T6 控制器模块供电,而 DC 24 V 则用于为电动推杆驱动供电。电动推杆型号为 JS-TG29,该推杆具有推力大、噪声低、寿命长等优点,非常适合用于洗浴辅具系统中。

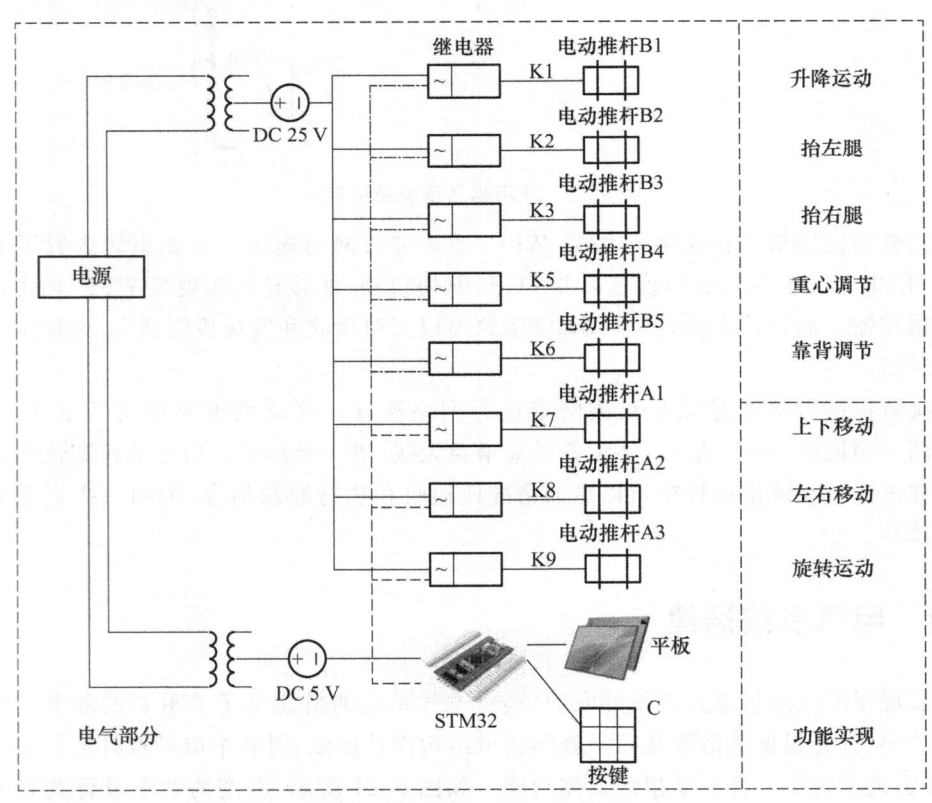

图 9.12 智能洗浴机器人系统电气结构图

在控制方面,喷淋臂和洗浴椅均采用无线遥控的方式。护理人员可通过遥控器或平板设备对喷淋臂和洗浴椅进行远程控制。当 STM32 控制器接收到控制信号后,会根据信号内容向电动执行器发送相应的控制指令。电动推杆驱动器在接收到控制指令后,会驱动推杆进行相应的动作,从而实现洗浴椅和喷淋臂的各种功能。

9.1.5 控制系统搭建

洗浴机器人系统的核心在于其高效的控制系统,该系统采用 STM32F103 单片机作为控制器,利用 HAL 库进行软件开发,确保了系统的稳定性和可靠性。控制器电路与喷淋臂样机保持高度一致。

在控制系统中,护理人员可以通过无线遥控或平板设备向喷淋臂控制器发送信号。当控制器接收到信号后,会立即读取信号内容,并输出相应的控制信号给电动推杆驱动器,从而驱动推杆完成指定的动作。平板设备在控制时,通过蓝牙或 Wi-Fi 与洗浴椅和喷淋臂进行通信,这种无线通信方式不仅提高了操作的便捷性,还使得整个系统更加灵活和智能。

智能洗浴机器人系统的控制流程如图 9.13 所示。在流程图中定义了电动推杆的初始

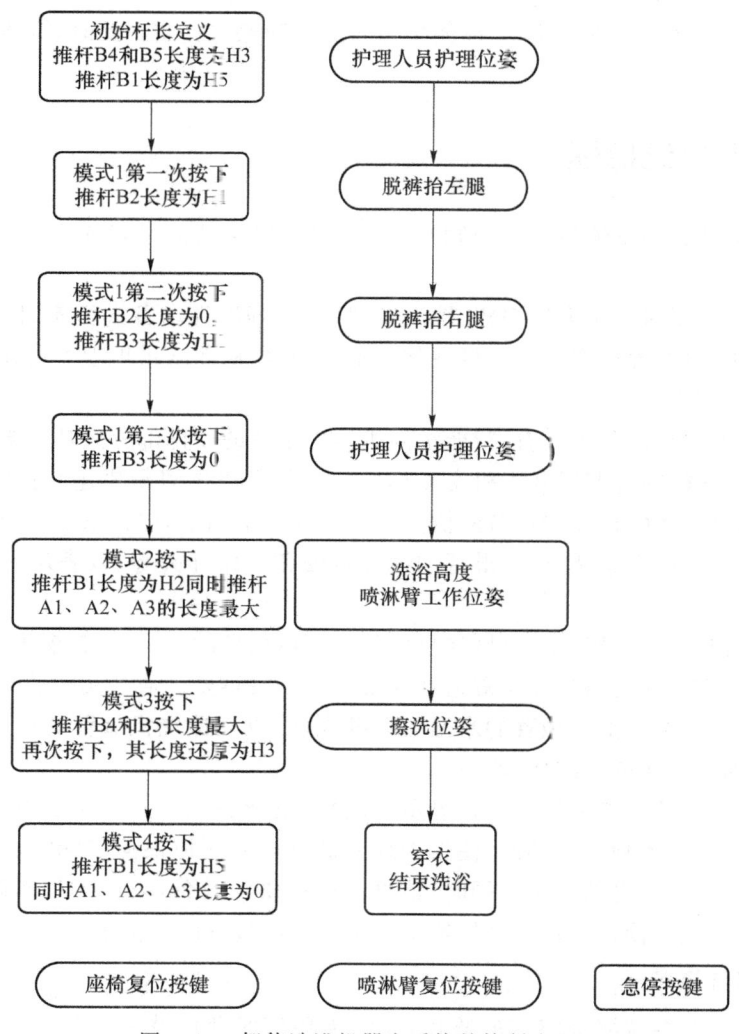

图 9.13 智能洗浴机器人系统的控制流程图

长度,以便护理人员在护理过程中能够快速准确地调整洗浴椅的姿态。当第一次按下工作模式1的按钮时,电动推杆B2的长度会变为H1,此时洗浴椅的左侧支撑板会升起,帮助老人抬起左腿。第二次按下工作模式1的按钮时,电动推杆B2的长度会变为0,电动推杆B3的长度会变为H1,此时洗浴椅的右侧支撑板会升起,帮助老人抬起右腿。第三次按下工作模式1的按钮后,电动推杆B3的长度会变为0,洗浴椅会还原为初始状态,浴前准备结束。

接下来是工作模式2的启动。当按下工作模式2的按钮时,电动推杆B1的长度会变为H2,同时电动推杆A1、A2、A3的长度会变为最大值。此时,洗浴椅会调整为洗浴位姿,喷淋臂也会调整为工作位姿。老人可以进入洗浴区域进行洗浴。

在洗浴完成后,按下工作模式3的按钮。此时,电动推杆B4和B5的长度会变为最大值,洗浴椅会调整为平躺状态,以便擦洗臂进行擦洗。待擦洗臂完成任务后,再次按下工作模式3的按钮,电动推杆B4和B5的长度会还原为H3,洗浴椅会还原为洗浴位姿。

最后,当洗浴过程全部结束后,按下工作模式4的按钮。此时,电动推杆B1的长度会变为H5,同时电动推杆A1、A2、A3的长度会变为0。喷淋臂会还原为待机状态,洗浴椅的高度也会还原为护理人员护理位姿,以便护理人员帮助老人穿衣。此时,智能洗浴辅具系统的控制任务全部结束。

9.1.6 监控系统搭建

在智能洗浴辅具的整体设计中,监控系统搭建是确保洗浴过程安全、高效运行的关键环节。

该系统不仅需要对多位姿洗浴椅、擦洗臂、喷淋臂等硬件设备进行实时监控,还需要集成人机交互模块,以实现洗浴参数的可视化显示和调整,从而满足护理人员在洗浴过程中对老年人状态的全面掌控。

首先,从硬件系统的角度来看,智能洗浴机器人系统的硬件部分按功能被精心划分为多位姿洗浴椅、擦洗臂、喷淋臂以及人机交互模块。这些模块之间需要建立稳定、高效的通信连接,以确保信息的实时传递和设备的协同工作。在此基础上,监控系统需要能够调控各设备的功能,如洗浴椅的姿态调整、喷淋臂的喷淋范围和水路开关等,以满足不同洗浴阶段的需求。

其次,在监控系统的设计中,特别注重的是对环境信息的监测,包括温度、湿度等关键参数。这些信息对于确保洗浴过程的舒适性和安全性至关重要。通过实时监测环境温度和湿度,系统可以自动调节喷淋机械臂的水温和喷淋强度,以及擦洗机械臂的擦洗力度,从而为老年人提供更加个性化的洗浴体验[326]。

最后,为了实现洗浴参数的可视化显示和调整,设计完成了一个直观、易用的人机交互界面。该界面集成了各种独立功能,使得护理人员可以方便地根据实际需求进行洗浴椅姿态、淋浴范围、水路开关等的设定。同时,该界面还提供了设备运行状态、水温、时长等关键信息的实时监控功能,使得护理人员能够随时掌握洗浴过程的整体情况。

1. 多位姿洗浴椅

具体来说,对于多位姿洗浴椅的监控,系统需要实时获取洗浴椅各部位的当前姿态信息,以确认老年人的当前状态。在老年人产生不适感时,系统能够迅速响应,停止设备的运作,并将洗浴椅调整至安全姿势,从而确保老年人的安全。图9.14为多位姿洗浴椅监控表,详细列出了洗浴椅各部位的状态信息,便于护理人员进行查看和调整。

部位	指令		状态		
升降杆	☑上升	□下降	●升	○降	○静止
靠背	□平躺 ☑前倾	□坐直	○放平 ●倾斜	○直立 ○静止	
左腿	□抬起	□放下	○升	○降	●静止
右腿	□抬起	☑放下	○升	●降	○静止

图9.14 多位姿态洗浴椅监控表

2. 多角度喷淋臂

对于喷淋臂的监控,系统同样需要实时获取其各部位所处位置及状态的信息。根据老年人的状态和需求,系统可以及时调整喷淋部位和喷淋情况,以确保喷淋的准确性和舒适性。图9.15详细列出了喷淋臂各部位的状态信息,为护理人员提供了全面的监控手段。

部位	指令		状态		
升降杆	☑升	□降	○升起 ●静止		○下降
伸缩杆	□开	☑合	○伸展 ○静止		●回缩
转轴	☑旋转	□停止	●运动中		○静止
喷水头	□喷淋	☑停止	○喷水中		●静止

图9.15 喷淋臂监控表

3. 辅助擦洗臂

擦洗臂作为6个自由度的协作臂,其监控同样至关重要。系统需要实时获取擦洗臂当前擦洗位置及擦洗状态的信息,以确保擦洗过程的准确性和安全性。同时,系统还需要特别注意老年人的皮肤安全,避免擦洗过程中对皮肤造成损伤。图9.16详细列出了擦洗臂各部位的状态信息,为护理人员提供了可靠的监控依据。

部位	指令		状态	
擦洗机械臂	☑擦洗	□暂停	●擦洗中	○静止

图9.16 擦洗臂监控表

为了实现上述监控功能,采用HTML、CSS、JS等前端技术开发了上位机监控界面。该界面与设备控制器进行通信,能够实时接收和显示设备状态信息,同时支持护理人员进行操作和调整。图9.17展示了人机交互界面的设计示例,界面布局清晰、操作简便,为护理人员提供了良好的使用体验。

可见,智能洗浴机器人系统的监控系统设计充分考虑了老年人的洗浴需求和护理人员的操作习惯,通过实时监测和调整各硬件设备的功能以及集成人机交互模块,实现了对洗浴过程的全面监控和个性化调整。这一设计不仅提高了洗浴过程的舒适性和安全性,还为护理人员提供了更加便捷、高效的操作手段[327]。

图 9.17 人机交互界面

9.2 验证实验

智能洗浴机器人系统集成是将洗浴辅具的相关设备、功能、信息等,通过综合布线技术、通信技术、网络互联技术等集成到一个统一、协调的系统中,以实现资源的充分共享和高效管理。而智能洗浴机器人系统验证实验则是对这一集成过程进行实际测试与验证的环节。通过实验,可以评估系统集成的效果,发现潜在问题并进行优化,确保系统在实际应用中能够稳定运行,满足用户需求。因此,验证实验是系统集成不可或缺的一部分,它为系统集成的完善和优化提供了重要支持。验证实验主要分为3个部分,下面将详细介绍。

9.2.1 洗浴椅和喷淋臂协同淋浴实验

完成喷淋臂和洗浴椅系统的工作模式设计与监控系统设计后,开展洗浴椅和喷淋臂协同淋浴实验。这一实验环节旨在验证智能洗浴机器人系统中洗浴椅和喷淋臂的协同工作性能。

实验选址在宽敞明亮的实验场馆内,实验对象为年龄60岁、身高175 cm、体重约60 kg的健康老人。整个真人洗浴实验的过程被详细记录在图9.18中,图9.18(a)到图9.18(f)展示了实验的各个关键阶段。

实验验证了智能洗浴机器人系统的洗浴椅和喷淋臂的良好协同性能,也展示了各部件能够与上位机软件协同运行,实现手机端及上位机端对洗浴不同姿态的调节性能。

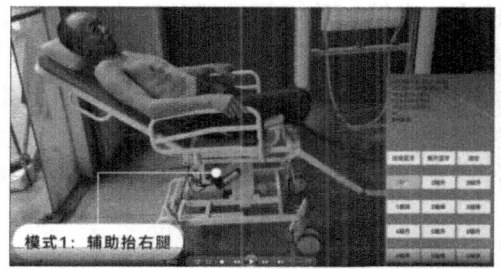
(a) 辅助抬右腿

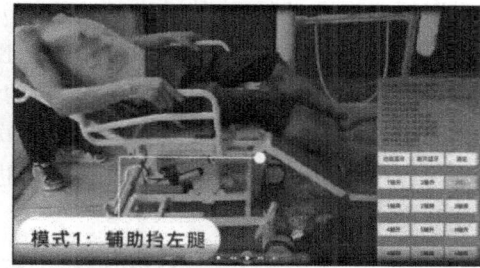
(b) 辅助抬左腿

(c) 喷淋臂工作

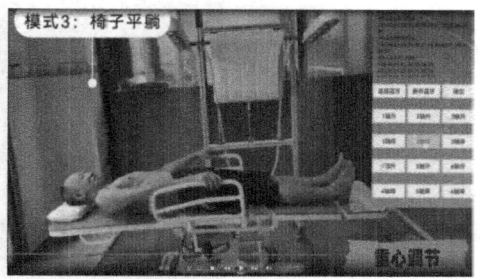
(d) 洗浴椅展平

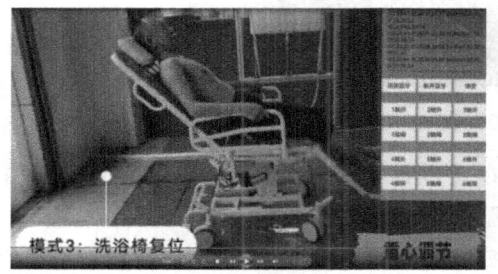
(e) 洗浴椅复位

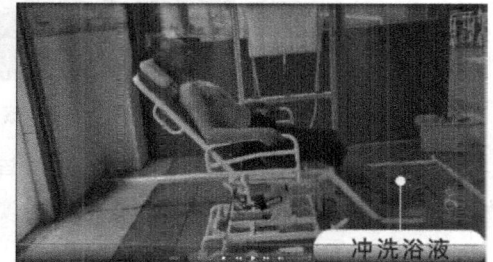
(f) 臂椅协同冲淋

图 9.18 真人洗浴实验的过程

9.2.2 擦洗臂模拟人擦洗实验

验证完洗浴椅和喷淋臂的协同工作性能后,按照擦洗流程范式开展模拟擦洗实验,以验证擦洗过程的可靠性与安全性。

为了全面评估擦洗臂的性能,选择两种不同类型的实验对象:一种是身高 165 cm 的模拟人模型,该模型采用高质量的橡胶材质制成,能够真实地模拟人体形态和触感;另一种是身高 185 cm、体重 73 kg 的健康人受试者,以验证擦洗臂在实际人体上的擦洗效果和舒适度。

在实验过程中,充分利用了气动肌肉(PMA)的优异性能。PMA 的额定气压范围为 0～6 bar,需要将气泵的气压设置为最大值 6 bar,以确保 PMA 能够达到其最大收缩量 54 mm,从而提供足够的擦洗力量和精度。

擦洗机器人系统如图 9.19 所示,整体设计简洁而高效。为了保证系统在洗浴环境中的防水性能,特别设计了洗浴椅控制器和擦洗臂的防水外壳。洗浴椅控制器的防水外壳采用坚固耐用的亚克力板制成,能够有效防止水分侵入和电路短路。擦洗臂的防水外壳则采用热缩膜包裹而成,这种材料具有极强的吸附性和柔韧性,同时耐高温、防水性好、不易破损,能够确保擦洗臂在长时间使用中保持优异的防水性能。需要注意的是,由于擦洗过程中喷淋臂会停止喷淋,因此擦洗臂实验平台在本次实验中并未进行特殊的防水处理。然而,在未来的实际应用中,需要根据实际需求对平台进行必要的防水设计和优化,以确保整个系统的稳定性和安全性。

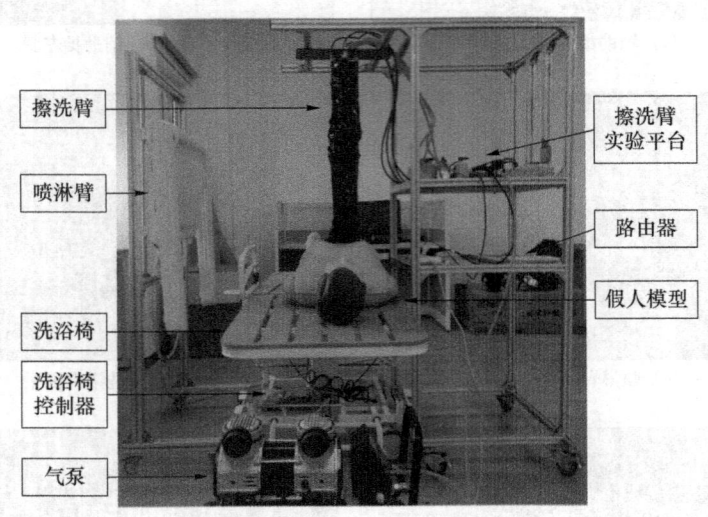

图 9.19　擦洗机器人系统

擦洗臂的擦洗实验步骤详细规划如下,旨在通过科学严谨的流程,确保实验能够精确、高效地执行,同时保障实验对象的安全性与实验的伦理性。

第一步:建立直角坐标系与 PMA 编号。实验的首要步骤是构建一个精确的直角坐标系,以此作为后续所有操作与数据分析的基础。坐标系的原点被设定在间隔盘的圆心位置,这有助于准确地定位每一个 PMA 的位置。具体而言,2 号和 6 号 PMA 的底部被置于 X 轴的正方向上,而 1~4 号和 5~8 号 PMA 则以 90°的间隔均匀分布在坐标系的 4 个象限中,遵循逆时针方向的编号原则,如图 9.20 所示。这样的布局不仅确保了擦洗臂能够覆盖到人体的各个部位,还便于后续的运动学计算与控制指令发送。

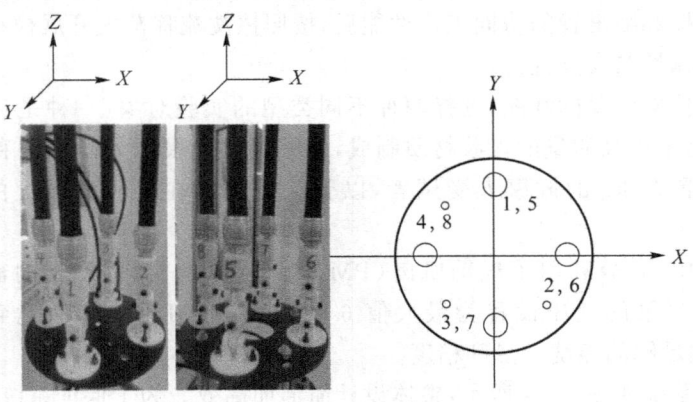

图 9.20　PMA 编号及坐标系

第二步：人体三维点云模型的获取。在正式进行擦洗实验前，必须先获取实验对象（无论是模拟人模型还是真实人体）的三维点云模型。这一步骤至关重要，因为它直接决定了后续擦洗轨迹的规划与执行的精确度。考虑到洗浴过程中涉及的伦理问题，需要采用固态激光雷达作为非接触式的扫描工具，对人体表面进行无伤害的扫描。激光雷达具有高精度、高效率的特点，能够迅速捕捉到人体表面的每一个细节，生成详尽的三维点云数据。

第三步：擦洗轨迹的规划与控制指令的生成。获得人体的三维点云模型后，这些数据便会被发送至擦洗规划控制平台。该平台首先对原始数据进行预处理，包括三维重建、去噪、混合滤波以及语义分割等步骤，以确保数据的准确性和可用性。然后，通过等平面截交法，平台能够根据人体曲面的特征，自动规划出理想的擦洗轨迹。这些轨迹不仅符合人体工学原理，还能有效覆盖所有需要擦洗的部位。规划完成后，理想擦洗轨迹以及相关的运动学模型等数据会通过数据服务端被传输至智能交互终端，为后续的擦洗操作提供指导。

第四步：程序烧录与控制器互联。在擦洗轨迹规划完成后，接下来的一步是将这些程序以及必要的运动学模型烧录到 ESP32 和 Arduino 控制器中。这两个控制器分别负责擦洗臂的主要控制和反馈信号的接收与处理。程序烧录完成后，擦洗臂控制器通过数据服务端与智能交互终端建立连接，确保交互终端能够实时向客户端（即擦洗臂）发送控制指令，控制其按照预设的擦洗轨迹执行相应的动作。

第五步：擦洗实验的执行与监控。当所有准备工作就绪后，实验便进入了最为关键的执行阶段。护理人员只需在监控界面中单击"开始擦洗"按钮，控制信号便会立即通过服务端发送给 ESP32 控制器。控制器接收到指令后，会立即执行相应的程序，通过运动学逆解计算出各 PMA 的理想运动轨迹。为实现精确的擦洗动作，利用 map 映射函数构建了 PMA 收缩量和输入电压之间的映射关系。气动比例阀接收到期望的电压信号后，会调节 PMA 内部的气压，从而控制 PMA 的收缩。同时，PMA 的实际气压值会实时反馈给气动比例阀的指定引脚，这一信息随后被 Arduino 控制器以电信号的形式发送给 ESP32 单片机的指定引脚。再次利用 map 函数，就可以得到 PMA 的实际收缩量，并将其与理论值进行对比分析，以评估擦洗动作的准确性和稳定性。此外，为了更直观地监测 PMA 的实际运动情况，还配备了拉线式位移传感器，其电子显示表能够实时读出 PMA 的实际长度，为实验数据的记录与分析提供了重要依据[228]。

考虑到擦洗臂主要为失能老人提供关键部位的擦洗服务，本实验精心挑选了由擦洗规划控制平台生成的特定擦洗轨迹，作为擦洗臂末端的期望运动路径。这些轨迹不仅基于深入的人体工学研究，还充分考虑了擦洗过程中的舒适度和效率。

$$\begin{cases} x = 0.06 - 0.012t \\ y = 0; y = 0.2 \\ z = -18.75x^2 + 0.313 \end{cases} \quad (9.13)$$

其中，(x,y,z) 表示擦洗臂末端坐标，$y=0$ 表示擦洗臂对受试者手臂进行擦洗；$y=0.2$ 表示擦洗臂对模拟人模型腹部进行擦洗。

$$\begin{cases} q_1(t) = q_5(t) = -4\,222 + 4\,223\cos(-0.000\,531t) - 15.68\sin(-0.000\,531t) \\ q_2(t) = 0.11 + 0.188\cos(0.077t) + 0.076\,21\sin(0.077t) \\ q_3(t) = q_7(t) = -4\,221 + 4\,222\cos(-0.000\,531t) - 6.73\sin(-0.000\,531t) \\ q_8(t) = q_6(t) = q_4(t) = q_2(t) \end{cases} \quad (9.14)$$

这些轨迹是根据擦洗臂末端(即执行擦洗操作的部位)在三维空间中的坐标来定义的。例如,当擦洗臂对受试者手臂进行擦洗时,其运动轨迹会紧密贴合手臂的轮廓,确保每个细节都能得到充分的清洁;而当擦洗臂转向模拟人模型的腹部时,其轨迹则会调整为更适合大面积擦洗的路径。

在实验过程中,设定好擦洗臂末端的初始状态,如点 A,代表擦洗作业开始的起点。以腹部擦洗为例,当作业开始后,擦洗臂在 3.3 秒内迅速而平稳地移动至胸部区域的轨迹点 B,这一过程如图 9.21 部分区域擦洗 A-B 所示。擦洗臂的运动轨迹平滑且连续,没有出现突兀的转折或停顿,这得益于精心设计的运动学模型和精准的控制系统。

完成腹部区域的擦洗后,需要调整擦洗臂末端的初始状态至点 C,随后开始手臂的擦洗作业。同样地,擦洗臂在 3.4 秒内高效地移动至手腕区域的轨迹点 D,整个擦洗过程如图 9.21 所示。无论是在手臂还是在腹部的擦洗中,擦洗臂都展现出了出色的灵活性和精确度。

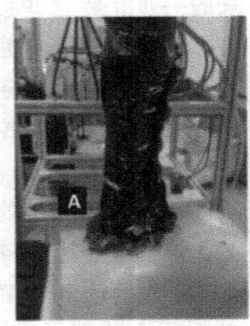 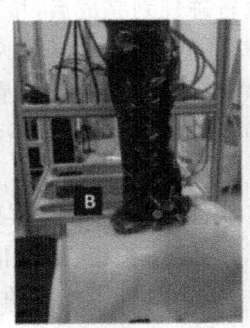  

图 9.21　部分区域擦洗

图 9.22　实验平台的实测数据

为了验证擦洗臂的性能和效果,需要进行详细的实测数据记录和分析。如图 9.22 所示,这些数据包括擦洗臂末端的实时位置、速度、加速度等关键参数,提供了宝贵的实验数据支持。

特别地,选取 PMA6(气动肌肉之一)的理论轨迹和实际轨迹进行对比分析。如图 9.23 所示,PMA6 的理论轨迹(即期望的运动路径)与实际轨迹(即擦洗臂在实际运行中的运动路径)高度一致,这证明了运动学模型和控制系统具有极高的准确性和可靠性。同时,绘制 PMA6 的误差曲线图(图 9.24),该图清晰地展示了实际轨迹与理论轨迹之间的微小偏差,这些偏差均在可接受的范围内(0.5 mm 以内),进一步验证了擦洗臂的精确度。

除了对 PMA6 的轨迹进行分析外,还需对擦洗臂的各项技术指标进行了全面的评估。如表 9.3 所示,擦洗臂的工作空间广阔,设备总重适中(26 kg),防水等级高达 IPX6,能够满足洗浴环境中的严苛要求。擦洗范围覆盖了手臂、胸部、腹部等主要部位,确保了擦洗的全面性和细致性。在机械需求方面,擦洗臂的设计符合机械设计规范,气路密封性良好,确保了擦洗过程中的稳定性和安全性。

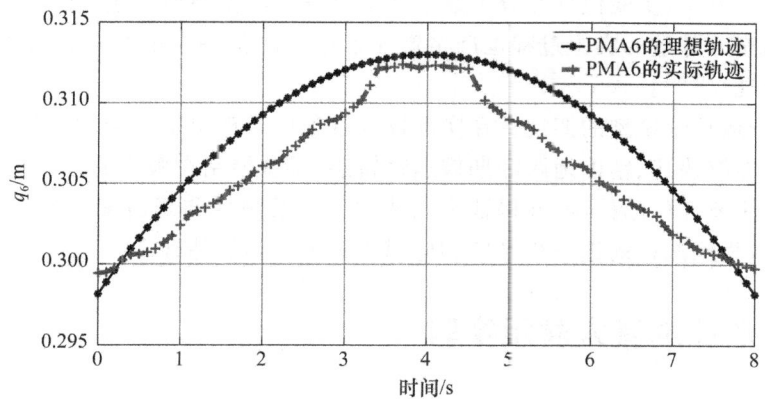

图 9.23　PMA6 的理论轨迹和实际轨迹图

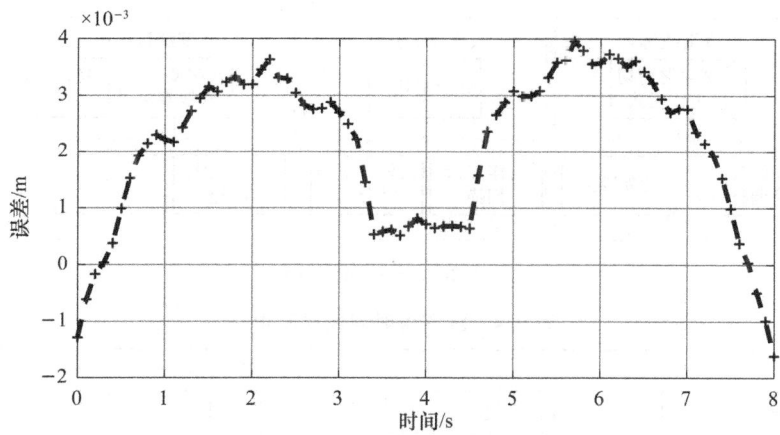

图 9.24　PMA6 的误差曲线图

表 9.3　擦洗各项技术指标的完成情况

项目	技术参数
工作空间	0.548²（底面积）
设备总重	26 kg（设备总质量）
防水等级	IPX6
擦洗范围	能够实现对手臂、胸部、腹部等主要部位的擦洗
机械需求	满足机械设计规范，气路密封性良好
控制需求	能够准确、柔顺、稳定跟踪理想擦洗轨迹，具有急停功能，气动肌肉能够在安全气压内工作
通信要求	能够同上位机进行无线通信
伦理要求	符合洗浴伦理要求

在控制需求方面，擦洗臂能够准确、柔顺、稳定地跟踪理想擦洗轨迹，同时具备急停功能，能够在紧急情况下迅速停止运动，保护实验对象免受伤害。气动肌肉能够在安全气压内工作，确保了擦洗臂的持久耐用性。此外，擦洗臂还能够与上位机进行无线通信，实现了数据的实时传输和远程监控。

在伦理要求方面，实验设计充分考虑了洗浴过程中的伦理性问题，确保了实验对象的尊严和隐私得到充分尊重。实验过程也严格遵守了相关的伦理规范和法律法规，确保了实验的合法性和合规性[329]。

显然，基于运动学模型的擦洗臂在实际擦洗过程中展现出了卓越的性能和效果。PMA实际运动轨迹能够快速、精确地跟踪期望运动轨迹，误差控制在极小的范围内。擦洗臂成功实现了对人体主要部位的擦洗，并保证了擦洗过程的柔顺性和舒适度。各项技术指标均达到了设计要求，为擦洗臂的进一步推广和应用奠定了坚实的基础。

9.2.3 洗浴擦洗真人演示实验

本节将详细解析洗浴擦洗过程的3个主要步骤，并通过一个真人演示实验来展示该系统的实际应用效果，图9.25所示为洗浴擦洗过程，洗浴各时段对应功能如表9.4所示。

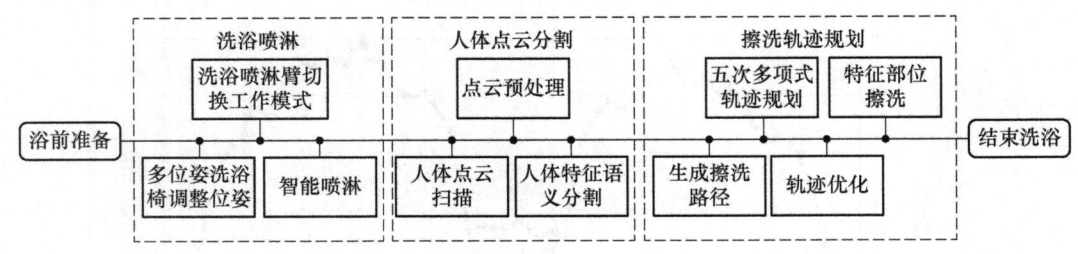

图 9.25 洗浴擦洗过程

表 9.4 洗浴各时间段对应功能

时段	功能		
洗浴前	布置环境	调节水温	辅助老人换衣
洗浴中	喷淋冲水	涂抹浴液	擦洗臂擦洗
洗浴后	擦干身体	辅助穿衣	整理浴室物品

1. 洗浴前

（1）环境布置与安全检查

在洗浴前，医疗护理人员需首先确保洗浴室的环境安全、无障碍。这包括移除浴室内的杂物，确保地面干燥无积水，并摆放必要的防滑垫和扶手等辅助设施。防滑垫可以有效防止老人在洗浴过程中因地面湿滑而摔倒，而扶手则便于老人在站立或坐下时提供支撑，降低跌倒风险。

（2）水温与室温调节

调节适宜的水温和室温是洗浴前准备的关键步骤。水温过高可能导致老人皮肤烫伤，过低则可能使老人感到寒冷不适。通常，水温应控制在38～40 ℃，室温则应保持在24～26 ℃。这样的温度设置既能保证洗浴的舒适度，又能有效避免老人因温差过大而引发的不适或疾病。

（3）辅助老人换衣与心理准备

在洗浴前，护理人员需帮助老人脱掉衣物，换上舒适的洗澡衣或浴袍。洗澡衣或浴袍应选择质地柔软、吸水性好的材质,以确保洗浴过程中的舒适度和保暖性。同时,为了缓解老人的紧张情绪,可以播放轻柔的音乐,创造一个轻松愉悦的洗浴氛围。此外,护理人员还可以与老人进行简单的交流,了解他们的需求和感受,为他们提供心理支持。

(4)设备参数调节

在使用洗浴擦洗系统时,护理人员需在洗浴前调节好擦洗臂的时长、力度、次数以及水温等相关参数。这些参数应根据老人的身体状况和洗浴需求进行个性化设置,以确保洗浴过程的安全性和有效性。例如,对于皮肤敏感或患有皮肤病的老人,应适当降低水温并减小擦洗力度;而对于行动不便的老人,则应延长喷淋臂的时长和次数,以确保身体各部位都能得到充分清洗。

2. 洗浴中

(1)坐姿洗浴与位姿调整

在洗浴过程中,老年人由于脑供血不足或心脑血管疾病等原因,容易出现疲乏眩晕的情况。因此,选择坐姿洗浴是较为安全的选择。洗浴椅应具备多种姿态调整功能,如升降、旋转、倾斜等,以适应不同老人的需求和洗浴过程中的变化。护理人员可以通过操作洗浴椅的控制面板,轻松调整洗浴椅的姿态和高度,使老人保持舒适的坐姿。

(2)擦洗臂位置变换与语音播报

擦洗臂是洗浴擦洗系统的重要组成部分,它可以根据预设的程序自动完成洗浴擦洗过程。在洗浴过程中,护理人员可以通过操作面板或遥控器,控制擦洗臂的位置和动作,以确保老人身体各部位都能得到充分清洗。同时,针对老人视听能力下降的问题,辅具需具备语音播报和语音识别功能。语音播报可以实时播报当前的操作步骤和注意事项,帮助老人了解洗浴进度和保持警觉;而语音识别功能则允许老人通过简单的语音指令来控制擦洗臂的动作和速度,提高洗浴过程的互动性和便捷性。

(3)一键重启与急停按钮

为避免洗浴过程中出现程序执行错乱或紧急情况,洗浴擦洗系统还需配备一键重启和急停按钮。一键重启按钮可以在系统出现故障或异常时,快速恢复系统的正常运行;而急停按钮则可以在紧急情况下立即停止所有动作,确保老人的安全。这些按钮通常设置在易于触及的位置,并配有明显的标识和说明,以便在需要时能够迅速使用。

3. 洗浴后

(1)擦干身体与保暖措施

洗浴后,护理人员需立即为老人擦干身体,避免感冒或产生其他不适。擦干时应使用柔软的毛巾,轻轻按压身体各部位,避免用力擦拭导致皮肤受损。同时,为了保持老人的体温和舒适度,可以为他们提供一些保暖措施,如披上浴巾、穿上保暖内衣等。

(2)辅助穿衣与整理浴室

在擦干身体后,护理人员还需帮助老人穿上干净的衣服。穿衣过程中应耐心细致,确保衣服穿戴整齐、舒适。同时,为了避免老人因穿衣不当而引发的不适或伤害,护理人员还需对衣服进行必要的检查和调整。完成穿衣后,护理人员还需将浴室清理干净,包括清除积水、擦拭地面和墙面、整理洗浴用品等。这样可以确保浴室的卫生和安全,为下一次洗浴做好准备。

老年人洗浴辅助技术及机器人

4. 真人演示实验过程展示

为了验证洗浴擦洗系统的实际应用效果,进行真人演示实验。实验对象是一位患有轻度失能的老人,实验目的是评估该系统在安全性、舒适度和便捷性方面的表现。真人演示实验过程如图 9.26 所示。

在实验开始前,首先对浴室进行了全面的环境布置和安全检查。然后根据老人的身体状况和洗浴需求,对洗浴擦洗系统的相关参数进行了个性化设置。同时,还为老人准备了舒适的洗澡衣和浴袍,并播放了轻柔的音乐,以营造轻松愉悦的洗浴氛围。

1. 场景搭建　　　　　　　　　2. 老人进入洗浴擦洗区域

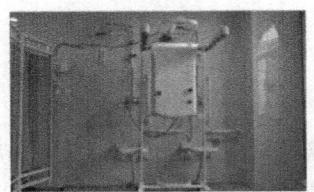 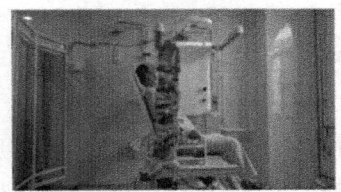

3. 位姿改变:平躺　　　4. 位姿改变:抬腿　　　5. 喷淋臂喷淋

  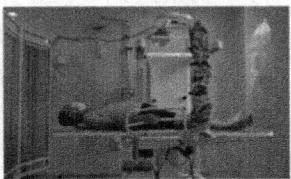

6. 擦洗　　　　　　　　　　　7. 擦干

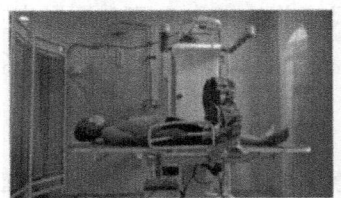 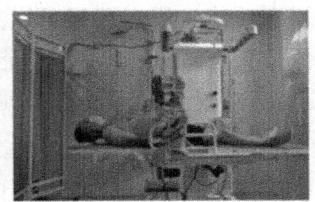

图 9.26　真人演示实验过程

护理人员首先帮助老人脱掉衣物,并为他穿上了舒适的洗澡衣。然后调节好淋浴臂的相关参数,并启动了语音播报功能。在确认一切准备就绪后,开始洗浴。

在洗浴过程中,根据预设的程序和老人的需求,通过操作洗浴椅和擦洗臂的控制面板,完成了洗浴擦洗过程。在洗浴过程中,需要时刻关注老人的身体状况和反应,确保他始终处于舒适和安全的状态。同时,还通过语音播报功能向老人实时反馈了洗浴进度和注意事项。

洗浴结束后,首先立即为老人擦干身体,并为他披上浴巾以保持体温。然后帮助老人穿上了干净的衣服,并为他提供一些保暖措施。最后清理浴室并整理了洗浴用品。

通过实验观察,能够发现洗浴擦洗系统在安全性、舒适度和便捷性方面均表现出色。系统能够自动完成洗浴擦洗过程,大大减轻了护理人员的负担;同时,通过语音播报和语音识别功能,系统还能够与老人进行互动和沟通,提高了洗浴过程的互动性和便捷性。此外,系统还具备一键重启和急停按钮等安全功能,确保了洗浴过程的安全性。

| 第 9 章 | 半失能老年人洗浴机器人系统集成及验证

本 章 小 结

本章详细阐述了半失能老年人洗浴机器人系统集成及验证的各方面。通过综合运用先进的传感器技术、人工智能技术、机器人技术与控制技术等多领域技术,实现了智能洗浴机器人系统集成,为半失能老年人提供了更加便捷、高效、安全的洗浴解决方案。

首先,本章介绍了智能洗浴机器人系统集成的核心内容,包括样机集成、设备标定以及通信系统、电气系统、控制系统、监控系统的搭建等。这些部分共同构成了智能洗浴机器人系统。其次,在系统集成过程中,我们实现了多项技术创新。例如,通过采用六自由度擦洗臂设计,模拟人手的各种动作,实现了更为精细的擦洗效果;利用激光雷达技术,实现了对人体轮廓信息的精准采集和分析,提高了系统的智能化水平;通过自适应阻抗控制算法,对机器人在运动过程中的位置误差进行了补偿调节,提高了擦洗任务的准确性和舒适度。最后,本章还详细描述了智能洗浴机器人系统验证实验的过程和结果。通过模拟人实验和真人洗浴实验,验证了智能洗浴辅具系统的实用性和安全性。实验结果表明,该系统能够显著提高洗浴过程的舒适性和安全性,为半失能老年人提供更加个性化的洗浴体验。本章的研究工作不仅为半失能老年人洗浴机器人系统集成及验证提供了理论依据和技术支持,还为未来的市场推广和应用奠定了坚实的基础。

第 10 章
老年人洗浴机器人的发展趋势

第 4～9 章面向半失能老年人群体,通过具体设计和实践,展示了机器人等智能辅助技术在半失能老年人洗浴方面的应用前景和潜力,证实了智能洗浴辅具及机器人在提高洗浴效率、减轻护理压力方面的可行性。然而,当前大多数的洗浴辅具还停留在较低的技术层面,存在很多不足。随着机器人、人工智能等技术的发展及其在养老领域中的应用,在未来,老年人洗浴辅具及机器人将得到进一步发展,并呈现出模块化、个性化、家庭化、信息化、智能化的发展趋势[330],如图 10.1 所示。

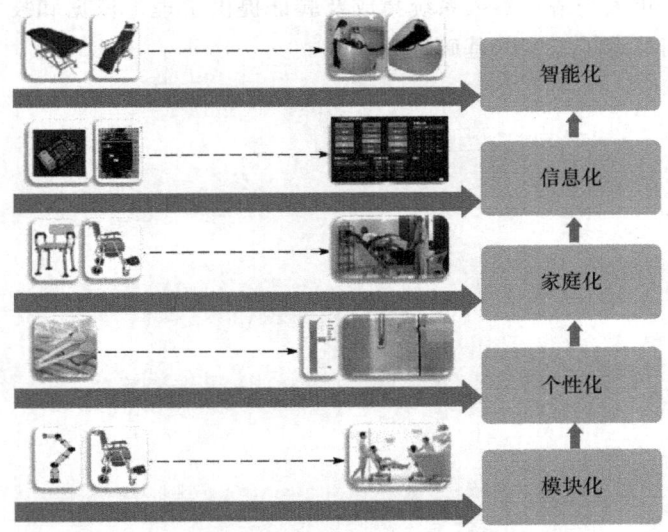

图 10.1 老年人洗浴辅具及机器人的发展趋势

10.1 模 块 化

在科技飞速迭代的浪潮下以及在机器人技术不断突破的创新氛围下,部分先进的老年人洗浴机器人已取得了阶段性的成果。模块化设计提高了产品的制造工艺性、维修性、装配性、经济性,在康复辅具中的应用提高了康复辅具投入产出时间,降低了康复辅具生产成本,对康复辅具产生重要影响[331]。

目前，一些核心功能组件，如动力供应模块、水流调控模块等，已实现了初步的模块化封装。这些模块具备相对独立的功能运行机制，并且在一定程度上实现了标准化生产。例如，某品牌的洗浴机器人将动力供应模块设计成统一规格，使得在不同型号产品中，该模块具有一定的通用性。同时，部分产品还配备了简易的模块状态监测系统，能够实时反馈部分模块的工作状态，为维护人员提供了一定的故障排查依据。然而，现有技术在满足模块化设计的理想状态方面仍存在诸多短板。从模块连接设计来看，目前多数模块之间的连接方式复杂，需要借助多种专业工具进行拆卸与安装，这不仅增加了维护难度，还延长了维护时间。例如，在更换某一关键模块时，可能需要先拆除周边多个无关模块，才能接触到目标模块，极大地降低了维护效率。从行业生态角度而言，整个老年人洗浴机器人行业缺乏统一的模块化标准规范。不同品牌、不同型号产品的模块在尺寸、接口、通信协议等方面千差万别，导致模块之间的通用性与互换性极低。这使得当用户的洗浴机器人模块出现故障时，很难在市场上找到适配的替换模块，即便能找到，高昂的采购成本和漫长的供货周期也让用户望而却步。

未来，为更好地契合老年人多样化需求与家庭应用场景，老年人洗浴机器人在模块化设计方面将呈现出三大显著趋势：易于维护和更换、3D打印技术应用于模块化以及模块功能拓展与组合创新，如图10.2所示。这些趋势将全方位解决当前产品在模块化应用中的痛点，推动老年人洗浴机器人行业迈向新的发展阶段。

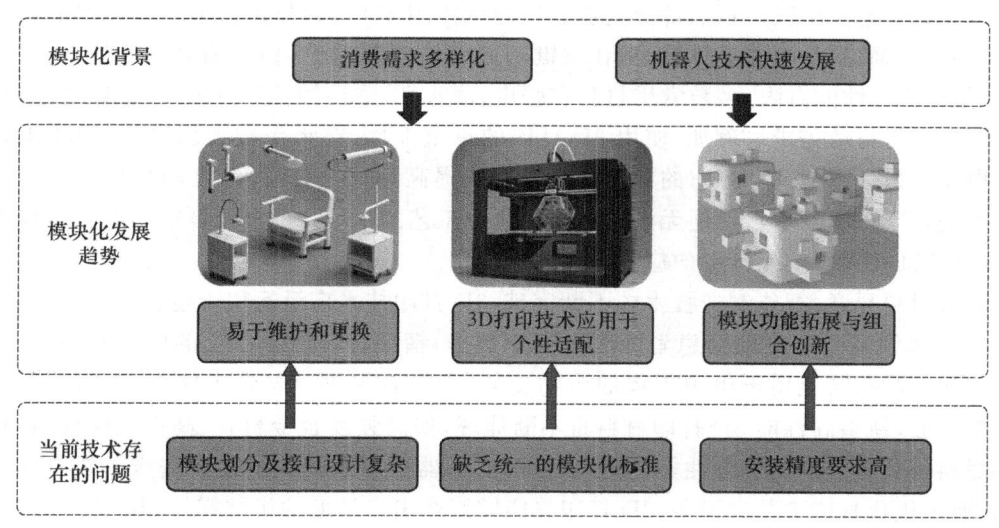

图 10.2 老年人洗浴辅具及机器人模块化趋势

10.1.1 易于维护和更换

随着家庭对老年人洗浴机器人使用稳定性与维护便捷性的要求日益提高，如何实现洗浴机器人模块的快速、高效维护与更换，成为产品设计与制造的核心焦点。当下，虽然部分洗浴机器人实现了模块划分，但在实际维护过程中，仍然面临诸多难题。多数模块的连接依赖复杂的螺丝紧固或特殊接口，需要专业工具和较高的技术水平才能完成拆卸与安装。例如，在一些产品中，更换一个普通的喷头模块，需要使用多种螺丝刀和扳手，且操作空间狭小,增加了维护的难度和时间成本。此外,由于缺乏统一的模块标识与故障诊断标准,维修人员在排查故障时,往往需要耗费大量时间进行逐一检测,导致维修效率低下。

未来,老年人洗浴机器人的模块设计将充分考虑维护和更换的便捷性。模块化设计满足用户对辅具的个性化需求,让辅具在调整时更具灵活性,对于应对用户需求变化及部件替换或升级至关重要[332]。在连接技术上,非常规连接方式将得到广泛采用,如磁吸式、卡扣式等快速连接技术。这些连接方式能够实现模块的快速插拔,无须借助任何工具,大大缩短了维护时间。同时,产品将配备智能故障诊断系统,通过传感器实时监测各模块的运行状态,利用大数据分析和人工智能算法,精准定位故障模块,并提供详细的维修指南。例如,当系统检测到某个模块出现异常时,会立即在显示屏上显示故障模块的位置和可能的故障原因,指导用户或维修人员进行快速修复。此外,行业内有望建立统一的模块标识与故障诊断标准,使得不同品牌的洗浴机器人在维护和更换模块时更加便捷高效,进一步降低维护成本。

10.1.2　3D 打印技术用于个性适配

在制造业数字化转型的大趋势下,3D 打印技术以其独特的优势,为老年人洗浴机器人的模块化设计与生产带来了新的机遇与可能。目前,3D 打印技术在老年人洗浴机器人领域的应用尚处于起步阶段。虽然部分企业已经尝试使用 3D 打印技术制造一些简单的塑料部件,如外壳装饰件、小型连接件等,但在关键功能模块的制造上,仍面临诸多挑战。一方面,3D 打印材料的性能有限,多数常用材料在强度、耐水性、耐腐蚀性等方面难以满足洗浴机器人长期稳定运行的需求。例如,使用 3D 打印的承重部件,在承受较大压力时,容易出现变形或损坏。另一方面,3D 打印的精度和效率有待提高,对于一些高精度的机械零件和电子元件模块,3D 打印技术目前还无法达到传统制造工艺的水平。此外,3D 打印设备的成本较高,限制了其在大规模生产中的应用。

随着材料科学、智能制造技术的不断突破,3D 打印技术广泛运用于生物医学、临床医学和康复医学领域[333],可根据患者的医学影像数据,精准打印出个性化的医疗器械,如定制化的假牙、假肢,甚至用于组织工程的生物支架,为患者提供更贴合个体需求的治疗方案。在材料方面,新型高性能 3D 打印材料将不断涌现,如高强度合金材料、高性能陶瓷材料等,这些材料将具备更好的综合性能,能够满足洗浴机器人不同模块的使用需求。在打印精度方面,通过优化打印工艺和设备,3D 打印将能够制造出高精度的机械零件和电子元件模块,与传统制造工艺相媲美。同时,3D 打印设备的成本将逐渐降低,打印效率将大幅提高,使得大规模生产 3D 打印模块成为可能。未来,用户可以根据自己的需求,通过 3D 打印定制个性化的洗浴机器人模块,或者在模块损坏时,快速打印出适配的替换模块,大大提高了产品的个性化程度和维护效率。

10.1.3　模块功能拓展与组合创新

在老年人对生活品质追求不断提升以及科技融合创新的推动下,老年人洗浴机器人模块功能拓展与组合创新成为满足用户多样化需求的必然趋势。当前,市场上的老年人洗浴机器人模块功能较为单一,主要集中在基本的洗浴、清洁和按摩功能上。模块之间的组合方式也相对固定,缺乏灵活性和创新性,难以满足老年人日益多元化的需求。例如,对于患有慢性疾病的老年人,现有的洗浴机器人无法提供针对性的康复护理功能;对于注重心理健康的老年人,缺乏能够提供放松、舒缓氛围的功能模块。

未来,随着人工智能、生物医学、虚拟现实等智能辅助技术的深度融合,老年人洗浴机器人的模块功能将得到极大拓展。一方面,将出现一系列具有特定功能的新型模块,如健康监测模块,能够实时监测老年人的心率、血压、血糖等生理指标,并将数据传递给医护人员或家属;康复理疗模块,通过电刺激、磁疗、热敷等方式,辅助老年人进行康复训练;虚拟现实娱乐模块,为老年人提供沉浸式的娱乐体验,缓解孤独感。另一方面,模块之间的组合方式将更加智能和灵活。通过人工智能算法和传感器技术,洗浴机器人能够根据老年人的身体状况、使用习惯和环境变化,自动调整模块的组合方式,为用户提供个性化的洗浴服务。例如,当系统检测到老年人的身体疲劳时,会自动组合按摩模块和放松音乐模块,为老年人提供舒适的放松体验。此外,通过与智能家居系统的互联互通,洗浴机器人还可以与其他智能设备协同工作,进一步拓展其功能应用场景,为老年人打造更加便捷、舒适的生活环境。

10.2 个性化

随着老龄化社会的深入发展,老年人对生活品质的追求愈发凸显,个体之间在身体状况、生活习惯等方面的差异也受到了更多关注。高龄老年人辅具优化设计的目标在于提供更贴合老年人需求的解决方案,提升其自主生活能力。辅具的个性化定制是核心目标之一[334]。在这样的背景下,满足老年人个性化需求成为老年人洗浴机器人发展的重要方向,为提升老年人的洗浴体验提供了更具针对性的解决方案。

目前,在个性化方面,部分洗浴机器人已经做出了一些初步尝试。例如,部分产品在坐椅设计上考虑到了老年人的身体曲线,提供了一定的支撑。在功能设置上,允许用户对水温、水流强度等基本参数进行简单调整,以适应不同老年人的偏好。然而,现在的个性化程度远远不能满足老年人多样化的需求。在身体差异化设计方面,大多数产品仅停留在较为基础的人体工程学设计上,对于老年人因年龄、疾病、残障等因素导致的特殊需求不能满足,如行动不便、关节疼痛、皮肤敏感等。在数据监测与个性化定制方面,虽然能够收集一些基本数据,但未能充分挖掘数据价值,根据监测结果为老年人提供高度个性化的洗浴方案。例如,即便监测到老年人的心率在洗浴过程中出现异常,也无法基于此数据对洗浴流程进行智能化、个性化的调整。在服务场景拓展方面,老年人洗浴场景过于单调乏味。目前的洗浴机器人大多仅专注于基本的清洁功能,缺乏对洗浴过程中老年人心理和情感需求的关注。在洗浴空间内没有营造出舒适、愉悦的氛围,如缺少音乐播放功能,无法让老年人在洗浴时放松身心;也没有考虑到不同老年人的文化喜好,如不能根据老年人偏好展示诗词、书画等文化元素,使洗浴过程缺乏趣味性和文化内涵。

未来,老年人洗浴机器人的个性化发展将呈现出三大关键趋势,即身体差异化设计、数据监测结果个性化定制和服务场景拓展个性化,如图10.3所示,全方位提升老年人的洗浴体验。

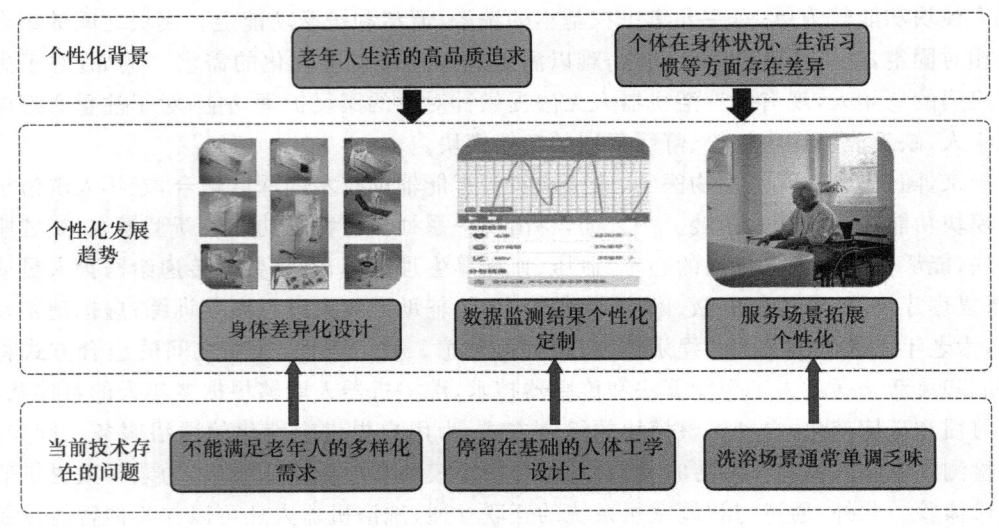

图 10.3 老年人洗浴辅具及机器人个性化趋势

10.2.1 身体差异化设计

在老龄化社会程度不断加深的时代背景下,对老年人身体机能与健康状况的研究愈发深入,人体工程学领域也取得了长足的进展。这两大因素相互交织,共同促使洗浴机器人的设计理念发生了深刻变革,其中身体差异化设计逐渐成为提升洗浴机器人适配性的关键核心与前沿方向。

在现有的研究与实践中,部分洗浴机器人已经开始关注到一般老年人的身体特征。从人体测量学的角度出发,通过对大量老年人群体身体尺寸数据的采集与分析,了解到老年人普遍存在身体机能衰退、活动范围减小等情况。基于此,在设计上做出了相应改进。例如:加大座椅尺寸,以适应老年人可能出现的体态变化,提供更宽敞的坐立空间,减少因空间局促带来的不适感;设置防滑扶手,这一设计充分考虑到老年人行动稳定性下降的特点,依据人体手部抓握力学原理,设计出合适的扶手形状、粗细及表面纹理,增强摩擦力,方便老年人在洗浴过程中抓握,有效降低滑倒风险,提高洗浴过程的安全性。然而,这些设计仅仅覆盖了老年人群体的一般性特征,对于特殊身体状况的老年人,现有设计的局限性就暴露无遗。

未来,洗浴机器人必然会朝着更为精细化、科学化的设计方向深入发展。首先,大数据与人工智能技术将在其中发挥关键作用。通过多渠道、长时间对老年人身体数据进行海量收集,包括身体各部位的尺寸参数、关节活动能力、肌肉力量分布、皮肤敏感度变化以及各类疾病的患病情况等信息,并运用先进的数据挖掘算法和机器学习模型对这些数据进行深入分析,挖掘出不同身体状况老年人的潜在需求和行为模式。同时,结合先进的 3D 建模技术,为每一位需要定制洗浴机器人的老年人构建精确的数字化身体模型。该模型能够直观地呈现老年人身体的各项特征,包括骨骼结构、肌肉分布、关节位置等信息,为后续的个性化设计提供精准的数据支持。

该部分着重介绍身体差异化设计趋势中的 3D 建模技术。3D 建模技术作为利用计算机软件基于数学算法与图形学原理,将点、线、面等基本几何元素组合构建成具有立体形态、质感、颜色及纹理特征虚拟物体或场景的技术,具有多方面的重要作用。它不仅能实现可视化设计,助力设计师将抽象概念具象化以优化设计,还能用于虚拟展示,为产品、建筑等领域提供沉浸式体验。同时,它还是动画制作与工程分析的关键基础。其发展历经起步、发展、成熟阶段,从早期主要应用于军事航空航天领域,逐步普及到工业设计、建筑设计等多领域,如今在游戏开发、影视制作、工业设计、建筑设计及医疗等众多行业广泛应用。在老年洗浴机器人领域,人体与辅具的交互过程是康复辅具设计的关键,尤其针对复杂康复系统,为了保证辅具与人体的运动协调,就需要通过各种传感器对人体运动进行监测和预测,同时还要考虑辅具与人体的相互作用,这其中的研究重点包括辅具与人体的耦合建模研究[335]。3D建模技术通过收集分析老年人身体数据实现个性化定制,根据身体尺寸、肢体活动范围等构建座椅、扶手等部件模型以适配身体特征;对内部结构建模优化,确保为老年人提供舒适且均匀的支撑;进行虚拟装配与调试,提前解决设计问题,降低成本风险;创建虚拟演示模型,为老年人及其家属提供直观的使用培训。

10.2.2 数据监测结果个性化定制

随着大数据、人工智能技术在健康领域的广泛应用,依据数据监测结果为老年人提供个性化的洗浴定制服务成为可能且极具发展潜力。目前,一些较为先进的洗浴机器人能够监测老年人在洗浴过程中的基本生理数据,如心率、血压等,但这些数据的利用仅停留在简单的记录和初步的健康风险提示层面。例如,虽然监测到老人的心率在洗浴过程中有所上升,但无法根据老人的过往健康数据和实时情况,准确判断是正常的身体反应还是潜在的健康风险,更不能据此对洗浴过程进行个性化的调整。同时,在数据的综合分析和跨领域应用方面存在严重不足,无法将洗浴数据与老年人的日常健康管理、康复治疗等进行有效结合。

未来,随着数据监测技术[336]的不断升级和数据分析算法的日益完善,洗浴机器人将能够实时、精准地收集老年人在洗浴过程中的多维度数据,包括生理指标、动作姿态、皮肤状态等。通过对这些数据的深度挖掘和分析,结合人工智能算法,为每位老人生成独一无二的洗浴健康档案。基于此档案,根据每次的数据监测结果,为老人提供高度个性化的洗浴方案。例如,如果监测到老人的血压在洗浴前偏高,机器人可以自动调整水温至适宜的范围,放慢洗浴节奏,并在洗浴过程中增加舒缓放松的按摩程序;若老人在康复治疗期间,机器人能够根据康复计划,有针对性地调整水流冲击部位和力度,辅助老人进行康复训练。这种基于数据监测结果的个性化定制,将使洗浴机器人从单纯的洗浴工具转变为老人专属的健康管理助手,为老年人提供更加科学、安全、个性化的洗浴服务。

10.2.3 服务场景拓展个性化

在科技持续赋能养老产业以及老年人对生活场景丰富度要求不断提高的形势下,拓展洗浴机器人的服务场景并实现个性化定制,成为其满足老年人多样化生活需求的新增长点。

当前,洗浴机器人的服务场景较为单一,主要集中在常规的室内洗浴空间,功能围绕基本的洗浴流程展开。有学者基于适老化的卫浴产品,提出了安全性原则、通用性原则、易操作原则,并且提出了从洗浴功能和人机交互两个方面分析适老化卫浴产品的设计理念,但是其产品使用流程未考虑对老年人洗浴完成后场景的进一步分析[337]。即便一些较为先进的产品也只是在洗浴功能的细节上进行优化,如改进喷头的出水模式,但对于洗浴场景的拓展和与其他生活场景的融合几乎没有涉及。

未来,洗浴机器人的服务场景将深度拓展。一方面,将与智能家居系统深度融合,根据不同的居家场景提供个性化服务。例如,当老人在卧室发出洗浴指令后,洗浴机器人能够提前与智能灯光系统联动,调节浴室灯光亮度至适宜状态;与智能音乐系统配合,播放老人喜爱的舒缓音乐,营造轻松愉悦的洗浴氛围。另一方面,针对不同的生活环境和特殊需求,开发特定的服务场景。对于居住在有庭院的房屋中的老人,可设计户外洗浴场景模式,在保证隐私的前提下,让老人享受在自然环境中洗浴的乐趣,同时机器人能根据户外温度、湿度等环境因素,自动调整洗浴参数。对于一些患有特殊心理疾病,如抑郁症的老人,洗浴机器人可以结合心理治疗方案,打造具有治疗效果的个性化洗浴场景,通过灯光颜色的变化、特定的香薰气味以及舒缓的水流按摩,辅助老人进行心理调节,如图10.4所示。通过这种对服务场景的拓展和个性化定制,洗浴机器人将不再局限于单纯的洗浴功能,而是融入老年人生活的各个方面,为他们创造更加丰富、个性化的生活体验。

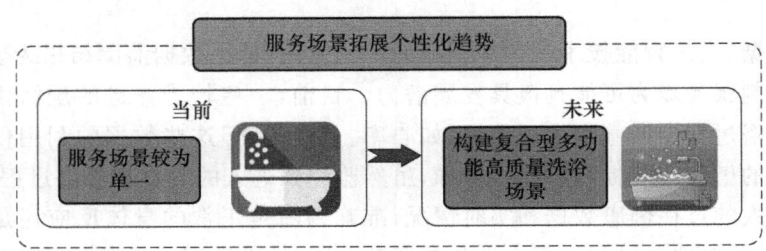

图10.4　服务场景拓展个性化趋势

10.3　家庭化

在全球老龄化程度不断加深的严峻形势下,养老格局正面临深刻变革。当前,机构养老、社区养老和家庭养老的比例因人口结构变化、资源分配不均等因素,急需进行合理重组。一方面,老年人口数量的激增使得原本有限的医疗资源愈发紧缺,医疗机构在应对大量老年患者时常常难以应对。另一方面,专业护工数量远远无法满足需求,不仅导致护工费用居高不下,还难以保证服务的质量和稳定性。在此背景下,家庭养老因其独特的优势——熟悉的环境、浓厚的亲情氛围,成为缓解养老压力的重要方向,家庭化发展也成为老年人洗浴机器人顺应时代需求的必然趋势。将洗浴机器人引入家庭,不仅能让老年人在舒适的家中享受洗浴服务,减少对外部养老资源的依赖,还能在一定程度上缓解医疗资源和护工短缺的压力。这一举措有助于重新平衡机构、社区与家庭养老的比例,构建更为合理、高效的养老体系。养老康复辅具及机器人的使用范围趋于家庭化,使得居家养老和康复成为可能[338]。

目前,部分洗浴机器人已尝试向家庭化迈进,在产品设计上做出了一定努力。例如,部分产品在体积上进行了控制,以便能在普通家庭浴室中放置。同时,产品说明书提供了基本的安装指南。然而,现有的产品在满足家庭化需求方面仍存在诸多不足。在运输与安装方面,虽然部分产品体积有所控制,但整体结构较为复杂,运输过程中容易受损,且安装步骤烦琐,需要专业人员协助,这对于普通家庭来说是一大难题。在家庭操作方面,现有的洗浴机器人操作界面不够简洁易懂,功能设置复杂,老年人难以独立操作,这大大降低了产品在家庭中的实用性和使用频率。在与智能家居生态融合方面,现有的洗浴机器人大多缺乏与其他智能家居设备的互联互通能力,无法融入家庭整体的智能生态系统。例如,不能与智能音箱联动,实现语音控制;也不能和智能灯光系统配合,根据洗浴场景自动调节灯光亮度与颜色。这使得其在家庭中的智能化体验大打折扣,难以满足现代家庭对于智能设备便捷性和整体性的需求。

未来,为更好地适应家庭环境,老年人洗浴机器人将呈现出便于运输与安装、家庭操作简易化和与智能家居生态融合三大重要趋势,如图 10.5 所示。这将有效解决当前产品在家庭应用中的痛点,让洗浴机器人真正成为家庭养老的得力助手。

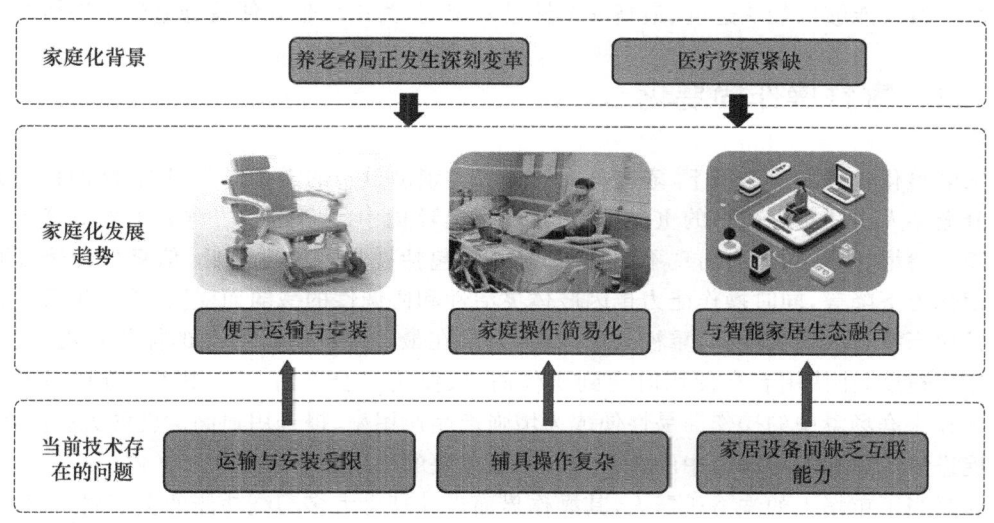

图 10.5　老年人洗浴辅具及机器人家庭化趋势

10.3.1　便于运输与安装

在当今时代,随着全球经济一体化进程的加快以及电子商务行业的蓬勃发展,物流行业呈现出前所未有的繁荣景象。与此同时,居民生活水平的显著提高促使家庭对于各类产品的便捷安装需求日益增长。在此背景下,洗浴机器人作为智能家居领域的新兴产品,如何在运输过程中确保其完好无损,并使家庭用户能够轻松进行安装,已成为产品设计领域亟待解决的关键问题。

目前,在洗浴机器人的物流运输环节,大多数产品采用整体搬运的方式。由于洗浴机器人内部构造极为复杂,集成了多种精密电子元件、机械传动装置以及各类传感器等,且部分部件材质较为脆弱,在运输过程中,不可避免地会受到震动、碰撞以及颠簸等外力因素的影响。此外,洗浴机器人的安装过程涉及专业的水电连接技术以及复杂的设备调试流程,这对于普通家庭用户而言,具有较高的技术门槛。通常情况下,家庭用户不得不等待专业人员上门进行安装服务,这不仅导致产品从购买到实际投入使用的时间周期被显著拉长,降低了用户体验,同时也增加了用户的使用成本,包括等待时间成本以及支付给专业人员的安装费用等。

未来,洗浴机器人在设计理念与技术应用方面将充分融入便于运输与安装的特性。在产品结构设计层面,模块化设计将成为主流趋势。通过将洗浴机器人巧妙拆分成若干个便于搬运的组件,每个组件均配备独立完整的防护包装,运用先进的缓冲材料与结构设计,能够有效降低运输过程中因外力作用而导致的损坏风险。与此同时,针对各组件之间的连接方式,将进行深度优化创新。采用简单易操作的快速连接结构,如插拔式、卡扣式等,这些连接方式不仅操作简便,而且具备较高的连接稳定性与可靠性。家庭用户只需严格按照清晰明了、图文并茂的安装指南进行操作,无须借助任何专业工具与技能,即可轻松完成洗浴机器人的安装工作。此外,为进一步提升用户安装体验,厂家还能利用互联网技术,提供线上安装指导视频。通过生动直观的视频演示,更加细致地帮助用户顺利完成安装的全过程,确保洗浴机器人能够以最快速度、最高安全性进入家庭,为用户带来便捷舒适的洗浴体验。

10.3.2　家庭操作简易化

在老龄化进程加速的当下,家庭养老对于各类辅助设备的需求与日俱增,洗浴机器人作为提升老年人生活自理能力的重要产品,其在家庭环境中的广泛应用意义重大。鉴于老年人随着年龄增长,认知能力出现不同程度的衰退,包括视觉敏锐度降低、信息处理速度减缓以及记忆力下降等,同时操作能力也因肢体灵活性和协调性的减弱而受限,养老辅具及机器人设计应当符合人体工程学,重视人机体验,力求在最大限度降低产品的操作难度,提高产品使用舒适度,让使用者在使用时感到操作简易、使用安全舒适[339]。因此,着重提升洗浴机器人在家庭场景中的操作简易性便成为增强产品使用率、提升用户满意度的关键所在,这对于促进该产品在老年群体中的普及具有不可或缺的作用。

纵观当下市场上的洗浴机器人,其操作界面设计理念大多围绕功能的全面展示展开,却忽视了老年用户群体的实际使用体验。具体而言,操作界面所采用的图标尺寸偏小,文字也不够醒目,这对于视觉功能逐渐弱化的老年人而言,查看极为困难。并且,功能菜单的设置存在层级过多的问题,操作流程显得烦琐复杂。老年人在使用时,往往需要耗费大量的时间和精力去学习与记忆各个操作步骤,这无疑给他们带来了沉重的负担。诸多老年人在面对如此复杂的操作时,常常感到困惑和无助,最终无奈放弃使用,使得洗浴机器人的潜在价值未能得到充分发挥。

未来,家庭化洗浴机器人的操作设计将以简易化为核心原则。操作界面将进行大幅简化,采用大字体、大图标显示,并且减少不必要的功能层级,将常用功能设置在醒目位置,实现一键操作。同时,引入更加智能化的交互方式,如语音导航操作。老年人只需说出自己的需求,如"开始洗浴""调节水温到 40 ℃"等,机器人就能快速响应并执行相应操作。此外,还可能配备操作提示灯,通过不同颜色和闪烁方式,直观地引导老年人完成各项操作,使洗浴机器人成为老年人在家中能够轻松驾驭的智能助手。另外,为进一步丰富操作方式,满足不同老年人的使用习惯,还将引入手势操作功能。通过精准的动作捕捉技术,机器人能够识别老年人简单且自然的手势动作。这些方式可极大地提升家庭使用的便捷性。

10.3.3 与智能家居生态融合

在智能家居技术蓬勃发展的当下,家庭内部各类智能设备互联互通的需求日益强烈。对于老年人洗浴机器人而言,融入智能家居生态系统,实现与其他智能设备的协同工作,将为家庭养老带来更为全面、智能的体验,如图10.6所示。

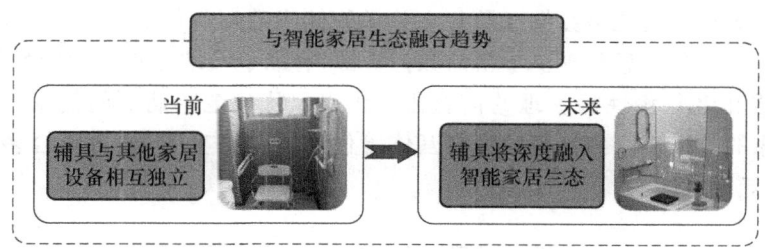

图 10.6　与智能家居生态融合趋势

目前,多数洗浴机器人仍处于相对独立的运行状态,与家庭中的其他智能家居设备几乎没有交互。即便在一些配备了智能家电的家庭中,洗浴机器人也未能与诸如智能空调、智能热水器、智能音箱等设备实现数据共享与功能联动,无法充分发挥智能家居的整体优势。

未来,老年人洗浴机器人将深度融入智能家居生态[340]。一方面,通过统一的智能平台,洗浴机器人能够与智能热水器精准对接。在老人准备洗浴前,洗浴机器人可根据老人过往的洗浴习惯,提前向智能热水器发送指令,调节水温至适宜温度,既节省等待时间,又避免水温不适对老人造成影响。另一方面,与智能音箱的联动将进一步丰富交互体验。老人在屋内的任何角落,都能通过智能音箱向洗浴机器人发出指令,如"告诉洗浴机器人十分钟后要洗澡",机器人接收到指令后,可自动完成准备工作,如调节浴室灯光亮度、启动换气扇等。此外,与智能健康监测设备的融合也至关重要。例如,智能手环实时监测老人的心率、血压等数据,当老人进入洗浴间准备洗浴时,洗浴机器人可获取这些数据,若发现老人身体指标存在异常,可及时提醒老人或通知家属,为老人的洗浴安全提供全方位保障。通过与智能家居生态的深度融合,老年人洗浴机器人将不再是孤立的设备,而是成为家庭智能养老体系中不可或缺的一环,极大地提升家庭养老的智能化水平和安全性。

10.4　信息化

在人口老龄化进程加速与数字化技术蓬勃发展的时代背景下,信息化已成为提高老年人生活质量、优化养老服务模式的核心驱动力,尤其在老年人洗浴机器人这一新兴领域,其重要性愈发凸显[322]。现阶段,信息技术在老年人洗浴辅助设备中的应用已取得初步进展,部分洗浴机器人已具备基础的数据采集功能,能够获取如水温设定参数、单次洗浴时长等简单数据。然而,从专业视角审视当前该领域的信息化水平尚处于较低层次。数据采集维度不够全面,缺乏对老年人身体状态、洗浴习惯细节等关键信息的有效捕捉;采集精度低,难以满足精准化服务需求。同时,在数据处理环节,数据分析方法较为单一,深度挖掘能力欠缺,数据的潜在价值未得到充分挖掘与利用。此外,在信息安全保护环节,信息安全保护方法较为简单,数据的安全未能得到重视和保护。

随着信息技术的持续演进,老年人智能辅具及洗浴机器人的信息化发展将呈现出质的飞跃。其进一步呈现出 3 个趋势:数据交互与共享、医疗服务信息化和信息安全保障,如图 10.7 所示。在这一过程中,数据交互与共享将发挥关键作用。老年人智能辅具物联网[341]将实现多设备深度交互融合,打破信息孤岛,让洗浴机器人能与其他智能辅具(如健康监测设备、智能家居系统等)进行高效的数据交互和共享。同时,信息云存储与跨区域共享也将不断拓展,使得老年人的洗浴数据以及与之关联的健康数据等能够在安全的环境下实现跨区域流通,为医疗服务信息化提供丰富的数据资源,有助于实现老年人健康数据与医疗系统的无缝对接,强化老年慢性病管理的信息化干预以及优化电子病历的信息化管理与查询。此外,安全可靠的数据交互与共享也为交互体验优化提供了支撑,通过整合多源数据,能够更精准地面向老年群体。

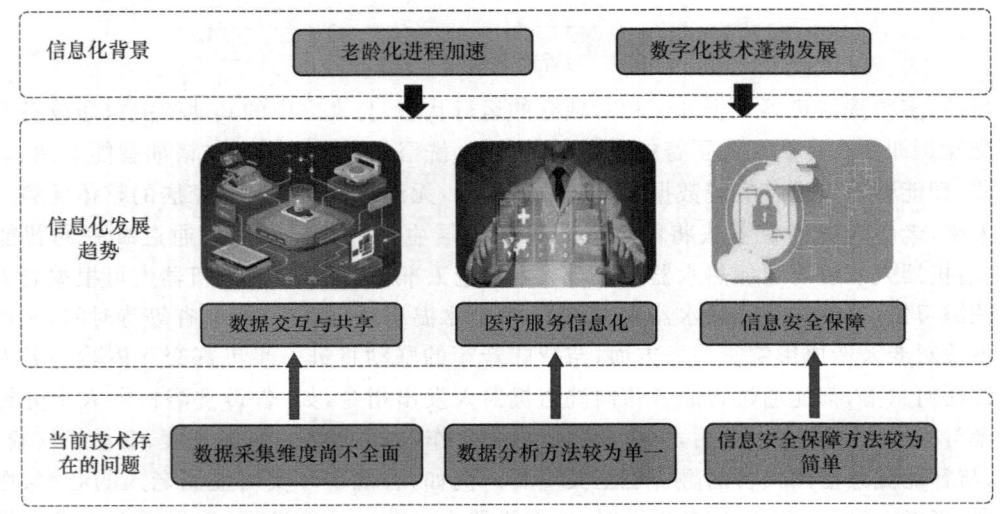

图 10.7　老年人洗浴辅具及机器人信息化趋势

10.4.1　数据交互与共享

在数字化浪潮全面渗透各行业领域,特别是养老产业与信息技术深度交融的时代背景下,构建一套完备且高效的数据交互与共享体系,已成为提升老年人生活质量、革新养老服务模式的核心要素。

当下,部分先进的老年人智能辅具及养老机器人已初步具备简单的数据交互能力。一些智能洗浴机器人能够与同品牌的温湿度传感器实现数据联动,以此自动调控洗浴室内的环境参数,为老年人营造更为舒适的洗浴环境。同时,少数高端养老社区已着手搭建基础的物联网平台,促使部分智能设备之间实现信息互通,初步呈现出数据交互与共享的态势。然而,当前的发展态势仍存在诸多局限。在设备交互维度,不同品牌、不同类型的老年人智能辅具之间缺乏统一的通信协议与数据标准,致使设备间的交互面临重重阻碍,难以达成深度融合。在数据存储与共享层面,多数设备仅支持本地存储,即便部分设备实现云存储功能,也面临存储容量受限、数据共享权限设置烦琐等问题,严重制约了信息的跨区域流通与共享。这些局限性不仅阻碍了智能辅具及机器人在老年人生活中发挥更大作用,也限制了养老服务模式的进一步创新与拓展。

未来,伴随物联网技术的持续成熟以及相关标准的逐步统一,老年人智能辅具物联网有望实现多设备深度交互融合,如图 10.8 所示。在老年洗浴机器人领域,基于物联网平台的康复治疗技术及设备在临床、社区、家庭的推广应用,以及研发基于物联网协议标准的医疗器械及健康辅具,是缓解临床康复从业人员不足现状的有效措施[342]。不同品牌、不同功能的智能辅具,如洗浴机器人、智能床垫、健康手环等,将能够在统一的物联网平台框架下,打破信息壁垒,实现高效、自由的数据交互。与此同时,信息云存储技术将不断迭代升级,存储容量大幅扩充,数据共享机制更为健全,推动信息云存储与跨区域共享的持续拓展。这不仅有助于整合老年人分散于各个设备的数据,为全方位洞悉老年人的生活与健康状况提供数据支撑,还将有力推动养老服务模式的创新变革,为远程医疗、个性化养老服务定制等提供坚实的数据基石。

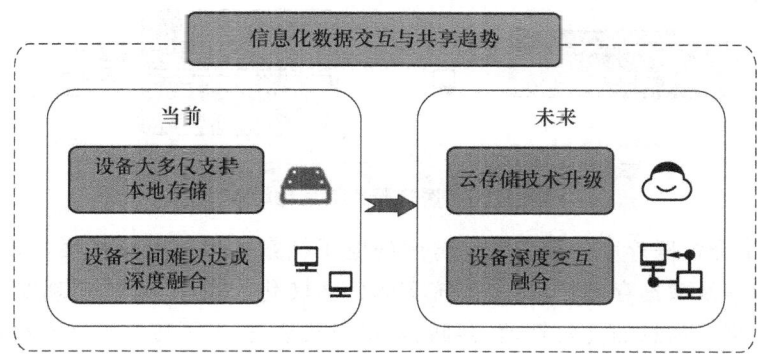

图 10.8 信息化数据交互与共享趋势

10.4.2 医疗服务信息化

随着老龄化社会的加速演进,老年人对健康管理的需求与日俱增,打造智能医疗服务离不开信息化的建设。

当前,一些前沿的智能洗浴机器人已涉足健康数据采集领域,能够在洗浴过程中收集老年人的心率、血压等基本生理数据,并通过简易算法进行初步分析,提供基础的健康风险提示。此外,部分医疗机构已开始尝试使用电子档案技术,将老年人的健康数据电子化录入,初步构建起电子病历系统,为医生的查询与诊断提供便利。但就现状而言,现有技术在实现医疗服务信息化方面仍存在显著缺陷。在数据采集环节,除洗浴机器人采集的数据有限外,其他健康监测设备的数据也难以全面、精准地接入医疗系统,致使医疗系统获取的老年人健康数据存在缺失与不完整的情况。在数据的整合与利用层面,医疗机构内部各科室之间以及医疗机构与外部养老服务机构之间,未能实现数据有效共享与协同,形成了诸多"数据孤岛"。同时,针对老年慢性病管理的信息化干预手段较为单一,缺乏系统性与个性化,难以契合老年人多样化的健康管理需求。电子病历的信息化管理虽已起步,但在查询的便捷性、数据的实时更新以及与其他医疗服务环节的衔接方面,仍存在着多问题。这些问题严重影响了医疗服务对老年人健康管理的精准度与有效性。

未来,随着大数据、人工智能等技术在医疗领域的深度应用,医疗服务信息化趋势将愈发凸显[343],如图 10.9 所示。一方面,通过技术创新与设备升级,有望实现老年人健康数据与医疗系统的无缝对接。无论是家庭环境下智能辅具及养老机器人采集的数据,还是医疗机构内产生的各类检查数据,都能够实时、准确地汇聚至统一的医疗信息平台。另一方面,针对老年慢性病管理的信息化干预将更趋精准、全面。借助大数据分析与人工智能算法,为每位慢性病老人量身定制个性化的干预方案,实现病情的实时监测与动态调整。同时,电子病历的信息化管理将进一步优化,查询更为便捷高效,医生能够通过电子病历系统迅速获取患者的全面健康信息,为诊断与治疗提供有力支撑。而在实现这一系列发展的过程中,信息安全问题至关重要,它直接关系到老年人医疗数据的可信度与安全性。

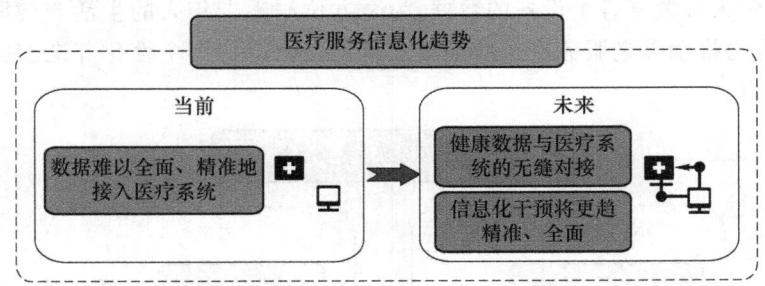

图 10.9 医疗服务信息化趋势

该部分着重介绍医疗服务信息化趋势中的电子档案技术。电子档案技术[344]综合运用计算机、网络通信及数据存储技术,将传统实体档案转化为数字形式,实现对文字、图像、音频、视频等多种格式信息的高效管理、存储、检索与共享,打破了传统档案在载体与空间上的限制。它具有诸多重要作用,不仅能节省物理空间,以数据库有序管理海量档案,提升管理效率,还能凭借先进检索算法实现精准快速查询,避免传统翻阅的烦琐。同时,通过数据备份和存储介质更新,可以保障档案长期稳定保存,降低损坏风险,并利用网络平台促进跨区域、跨部门的资源共享与业务协同。其发展历经起步阶段的早期数字化尝试,受限于当时的技术,应用范围较窄;到发展阶段,计算机性能提升与网络普及推动专门档案管理软件出现,实现基本录入、存储和简单检索;再到如今成熟与普及阶段,云计算、大数据、人工智能等技术深度融合,降低成本、挖掘数据价值、助力智能分类与精准检索。该技术广泛应用于政府部门管理政务与人事档案、企业管理财务与合同档案、教育行业管理学籍与教学资源档案、医疗领域管理病历与科研档案等场景。在养老领域,电子档案整合老人健康、服务记录及生活经历等信息,为养老机构提供个性化护理,为家属远程了解情况提供便利,还能辅助政府规划养老设施与政策,但目前存在的数据安全、系统兼容性及老年人操作接受度等问题有待解决。

10.4.3 信息安全保障

在数字化时代,信息已成为重要资产,数据安全和隐私保护成为老年人及其家人关注的重点,智能养老产品能否确保个人信息安全变得十分关键[345]。现阶段,部分智能洗浴机器人及相关智能辅具已采取一些基础的信息安全防护措施,如设置用户登录密码、对传输数据进行简单加密等。部分养老服务平台也开始重视信息安全管理,制定了相应的数据安全管理制度,在一定程度上保障了老年人信息的安全性。然而,现有的信息安全保障体系远不足以满足日益增长的安全需求。在技术层面,随着网络攻击手段的不断升级,现有的简单加密技术和安全防护措施极易被破解,难以有效抵御复杂的网络攻击。在管理层面,众多养老服务机构和设备制造商在信息安全管理方面缺乏专业的团队与完善的流程,数据访问权限设置不合理,存在内部人员违规操作导致信息泄露的风险。此外,在法律法规层面,针对老年人信息安全保护的相关法律法规尚不完善,对信息泄露的处罚力度不足,难以形成有效的法律威慑。

鉴于此,构建面向老年人的专属信息安全防护体系迫在眉睫[346]。未来,区块链技术、加密算法等新兴技术的不断发展与应用,将为信息安全保障提供更为强大的技术支撑。利用区块链技术的去中心化、不可篡改等特性,保障数据在采集、传输、存储和使用过程中的可信流通,确保数据的完整性与真实性。同时,通过完善信息安全管理制度,加强专业人才培养,建立严格的数据访问权限管理机制,从管理层面降低信息泄露风险。此外,推动相关法律法规的完善,加大对侵犯老年人信息安全行为的惩处力度,形成全方位、多层次的信息安全保障体系,切实守护老年人的信息安全。只有在确保信息安全的前提下,数据交互与共享趋势以及医疗服务信息化趋势才能得以顺利推进。

该部分着重介绍信息安全保障趋势中的加密算法技术和区块链技术。

(1) 加密算法技术

加密算法技术是运用特定数学规则与复杂运算,将原始数据(明文)转化为密文,保障信息保密性、完整性和认证性的信息安全技术体系[347]。它能在数据传输和存储时防止数据被窃取、篡改,通过数字签名确认信息发送者身份与内容完整性。其发展历经古代简单加密手段,如凯撒密码,到计算机时代的现代加密算法革新。例如,对称加密算法 DES,加密效率高但密钥管理有风险;非对称加密算法 RSA,以公钥和私钥提升安全性;哈希算法 SHA 系列,可验证数据完整性。如今,该技术广泛应用于金融、电商、医疗、政府等领域,保护资金交易、个人隐私、医疗数据、政务机密等信息安全。在洗浴机器人领域,加密算法技术用于保护用户在使用过程中产生的各类敏感数据,如洗浴习惯、健康监测数据(心率、血压等生理指标)。在从本地设备到云端服务器的数据传输环节,加密算法确保数据不被中途截获与篡改;存储在设备或云端的数据也通过加密算法得到保护,防止用户隐私泄露,保障用户使用洗浴机器人的信息安全。同时,在洗浴机器人与其他智能家居设备或医疗系统进行数据交互时,加密算法技术保证交互数据的安全性与完整性,让用户能够放心使用。

(2) 区块链技术

区块链技术是一种去中心化的分布式账本技术,通过将数据以区块的形式按时间顺序依次相连,运用密码学技术确保数据不可篡改、不可伪造,实现分布式节点间的信息共享与协同[348]。其核心作用在于构建信任机制,无须第三方中介机构,即可保证交易的安全性与可靠性。在金融领域,它能简化跨境支付流程,提高交易效率,降低手续费;在供应链管理中,它可实现产品信息的全程追溯,确保产品质量与来源的透明化;在版权保护方面,它通过记录作品的创作、传播过程,维护创作者权益。该技术的发展历程始于 2008 年比特币的诞生,其底层技术区块链首次亮相,引发了全球对去中心化技术的关注;随后该技术进入快速发展阶段,以太坊等多种区块链平台相继出现,智能合约等创新应用不断涌现,拓展了区块链的应用范围;如今,区块链技术在各行业领域的应用探索持续深入,相关标准与规范也在逐步完善。在医疗行业，区块链技术可用于存储和共享患者的电子病历，保障数据隐私与安全，实现跨机构的信息流通；在政务领域，区块链技术可优化投票系统，确保选举的公正性与透明度；在能源领域，区块链技术能实现能源交易的去中心化，提升能源分配效率。在洗浴机器人方面，区块链技术可用于安全存储和管理用户的洗浴数据。这些数据涵盖洗浴习惯、偏好设置、健康监测等方面，如洗浴过程中的心率、血压等指标。由于区块链的不可篡改特性，用户不用担心这些数据会被恶意篡改，保证了数据的可信度。

10.5 智 能 化

在科技日新月异的当下，智能化已成为推动各行业发展的关键力量，对老年人洗浴机器人领域而言，如今洗浴产品的发展越来越趋于智能化，这为老年人洗浴产品的发展提供了新机遇[349]。人工智能、传感器技术等不断突破，智能化水平不断提升，这对于提升服务质量、满足老年人多样化需求具有重要意义。

当前，老年人洗浴机器人在智能化方面已取得一定成果。部分产品能够依据预设的简单程序，自动完成调节水温、水流等基础操作，在一定程度上减轻了护理人员的负担。同时，一些简单的语音识别功能也被应用其中，老人可以通过简单的语音指令控制机器人的部分基础动作。然而，从整体智能化水平来看，仍存在诸多不足。现有的智能化功能大多基于固定的程序和模式，缺乏对老年人个体差异及复杂洗浴场景的自适应能力。在面对老年人身体状况的实时变化、特殊洗浴需求时，机器人难以做出精准且灵活的应对。而且，各传感器之间的协同工作能力较差，无法实现多维度数据的高效融合与分析，导致对环境和用户状态的感知不够全面和准确。此外，人机交互方式相对单一，主要集中在简单的语音和按键操作上，缺乏自然流畅、情感化的交互体验，难以满足老年人对人性化服务的需求。

在未来发展中，老年人洗浴机器人的智能化进一步呈现出三大显著趋势：自适应学习、多模态传感器融合以及交互体验优化，如图 10.10 所示。这三大趋势相辅相成，共同推动老年人洗浴机器人向更高水平的智能化迈进，为老年人提供更加贴心、高效、个性化的洗浴服务。

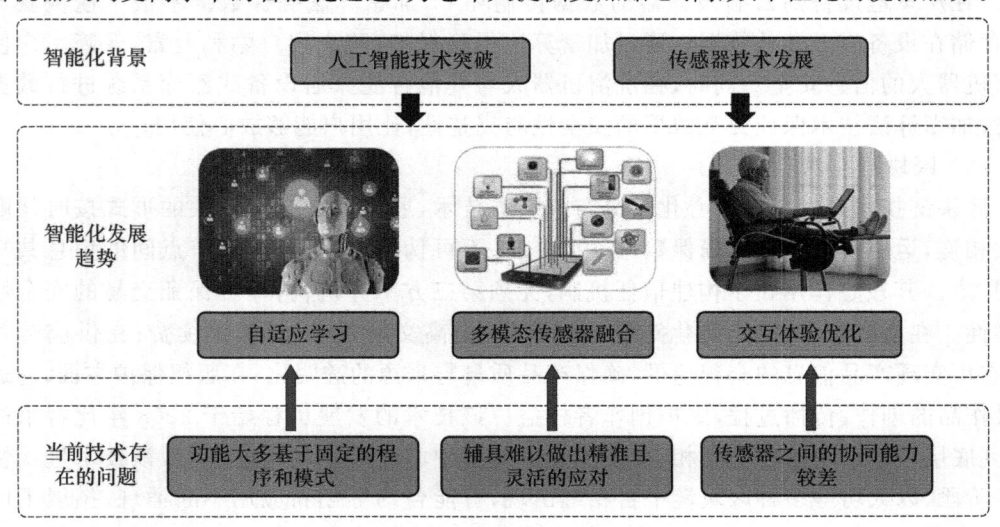

图 10.10　老年人洗浴辅具及机器人智能化趋势

10.5.1 自适应学习

在大数据与人工智能技术不断革新的背景下,为老年人洗浴机器人赋予自适应学习能力成为必然趋势。目前,随着人工智能技术不断发展,将其应用于辅具配置成为一种创新方式[350]。对有限的用户使用数据进行分析,以优化部分功能设置。例如,通过记录老年人一段时间内的洗浴水温偏好,机器人可在后续使用中自动将水温调节至相近范围。但是,现有的自适应学习能力极为有限。一方面,所收集的数据数量较少且维度单一,主要为基础的操作数据,缺乏对老年人健康状况、心理状态等多维度数据的综合考量。另一方面,算法的复杂度和精度不足,难以从有限的数据中深度挖掘出老年人多样化的需求和潜在的行为模式,导致机器人在面对复杂多变的洗浴场景时,无法做出准确及时的自适应调整。

未来,随着深度学习算法的不断优化以及数据采集技术的日益完善,洗浴机器人将具备强大的自适应学习能力[351]。它能够实时收集并分析老年人在洗浴过程中的各类数据,包括身体姿态、心率变化、皮肤湿度等,通过深度神经网络等先进算法,精准洞察老年人的个性化需求和潜在风险。例如,当检测到老人身体出现异常晃动时,机器人能够迅速做出反应,调整支撑力度或暂停洗浴操作,确保老年人的安全。同时,随着使用时间的增长,机器人不断自我学习和优化,为每位老人构建专属的洗浴服务模型,提供越来越贴合个体需求的洗浴体验。这种自适应学习能力的提升将极大地增强洗浴机器人对不同用户和复杂场景的适应性,为老年人提供更加安全、舒适、个性化的洗浴服务。

这里着重介绍自适应学习趋势中的大数据技术。大数据技术,作为一种对海量、高维、多源、快速流转的数据进行高效采集、分布式存储、智能管理、深度分析以及直观可视化呈现的前沿技术体系,凭借先进的数据挖掘算法与强大的计算能力,从复杂无序的数据中精准提取关键信息,深度剖析数据背后的模式、趋势及关联关系,为决策提供坚实的数据支撑。大数据技术的发展历经多个阶段,早期互联网的普及得数据量激增,传统数据处理技术受限,随着分布式计算技术兴起,如 Hadoop[352]、Spark[353] 等开源框架问世,实现了大规模数据并行处理,推动其进入快速发展期。如今与人工智能、云计算深度融合,持续提升智能化水平与处理效能。大数据技术在诸多领域有着广泛应用,在智慧城市建设中,整合多领域数据,助力城市管理者优化资源配置,提升城市管理与服务水平;在金融风险防控方面,实时监测分析海量金融交易数据,及时识别异常,防范风险。在老年洗浴机器人领域,大数据技术能够整合老年人的长期洗浴数据,包括洗浴时长、水温偏好、使用频率等,结合健康监测数据如心率、血压等,构建全面的个人洗浴健康模型。基于此模型,为老年人提供个性化洗浴方案,例如,根据其身体状况动态调整水温、水流强度。同时,通过对大量老年用户洗浴数据的分析,洗浴机器人制造商可优化产品设计与功能,养老服务机构也能据此制定更完善的服务策略,提升老年人洗浴服务的质量与安全性。

10.5.2 多模态传感器融合

随着传感器技术的蓬勃发展,多模态传感器融合成为提升老年人洗浴机器人智能化水平、增强环境感知能力的关键路径。目前,部分高端洗浴机器人已配备了多种类型的传感器,例如,温度传感器用于调节水温,压力传感器用于检测老人身体与座椅的接触状态等。这些传感器在各自独立的工作模式下,为机器人提供了一定的环境和用户信息。然而,当前的传感器应用存在明显缺陷。各类传感器之间缺乏有效的协同机制,数据融合度低,无法形成全面、准确的环境和用户状态感知。例如,温度传感器仅能感知水温,而无法结合湿度传感器的数据,综合判断洗浴环境的舒适度;视觉传感器在识别老人动作时,不能与压力传感器的数据相互印证,导致对老人行为的判断可能出现偏差。此外,不同传感器的数据格式和传输速率各异,数据整合与处理难度较大,限制了多传感器融合优势的发挥。

尽管现有辅助技术很多还处于研究层面,实用化和市场化程度有待提高,但可以预见,随着智能康复辅助技术研究的进一步发展,基于多模态智能信息化技术的康复训练辅助技术将会更多应用到康复训练辅具中,如图10.11所示,为促进功能障碍人士康复发挥重要作用[354]。通过先进的传感器融合算法,将视觉、听觉、触觉、温度、湿度等多种类型的传感器进行深度融合。洗浴机器人能够全方位感知洗浴环境和老人的身体状态,实现对各种复杂情况的准确判断和快速响应。例如,结合视觉传感器识别老人的手势动作,以及语音传感器接收的语音指令,机器人可以更精准地理解老人的需求,提供更加智能、便捷的服务。同时,多模态传感器融合还将增强机器人对突发情况的预警能力,如通过心率传感器和动作传感器的协同监测,及时发现老人在洗浴过程中的身体不适,为老人的安全提供全方位的保障。

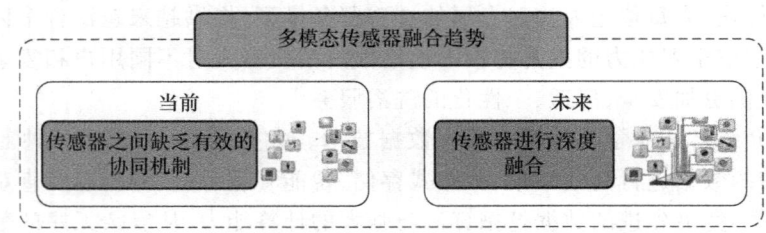

图10.11 多模态传感器融合趋势

该部分着重介绍多模态传感器融合趋势中的多模态传感器融合技术。多模态传感器融合技术[355]是指综合运用信号处理、数据挖掘、模式识别等多学科方法,将不同类型、不同功能传感器(如视觉传感器、听觉传感器、触觉传感器、温度传感器等)所采集的多源数据,依据特定的融合算法进行有机整合与协同分析,从而获取更全面、准确、可靠的信息,以实现对复杂场景或目标对象更精准感知与理解的一种先进技术体系。

其发展过程是一个不断演进与突破的历程。早期,多模态传感器融合技术主要基于简单的数据关联与加权平均算法,实现少量几种传感器数据的初步融合,应用场景也相对局限。随着计算机技术、通信技术以及传感器制造工艺的飞速发展,融合算法逐渐从简单的线性融合迈向复杂的非线性融合,例如,基于神经网络、深度学习的融合算法,能够对多源异构数据进行深度挖掘与分析。同时,传感器的种类日益丰富,精度不断提高,为多模态传感器融合技术提供了更优质的数据来源,推动其在更多领域得到广泛应用与深入发展。

在众多领域,多模态传感器融合技术均发挥着关键作用。在智能交通领域,将摄像头、毫米波雷达、激光雷达等多种传感器数据融合,实现对道路状况、车辆及行人的精准识别与定位,为自动驾驶提供可靠的环境感知信息[356]。在工业自动化中,通过融合视觉传感器、力传感器等,机器人能够更精确地操作与控制,提高生产过程的灵活性与可靠性[357]。在虚拟现实/增强现实(VR/AR)领域,融合多种传感器数据为用户提供更逼真、沉浸式的交互体验。在老年洗浴机器人方面，多模态传感器融合技术的应用极大地提升了其服务质量与安全性。通过视觉传感器捕捉老年人的身体动作与位置，结合压力传感器感知其身体在洗浴座椅或浴缸中的姿态，能够实时调整机器人的操作，避免碰撞与意外发生。同时，利用温度传感器和湿度传感器监测洗浴环境的温湿度，配合水流传感器调节水流大小，为老年人营造舒适的洗浴环境。此外，声音传感器结合语音识别技术，不仅能接收老年人的语音指令，还能通过分析其语音语调判断情绪状态，在必要时及时发出警报或提供相应关怀。借助多模态传感器融合技术，老年洗浴机器人能够全方位感知老年人的需求与状态。

10.5.3 交互体验优化

在老龄化程度不断加深且人们对生活品质追求日益提高的大背景下，解决老年人操作洗浴机器人困难的问题，打造更加人性化、便捷的交互体验，已成为提升老年人洗浴机器人实用性与接受度的关键命题。

现阶段，老年人洗浴机器人的交互方式主要依赖简单的语音指令和按键操作。部分产品能够识别一些常见的语音指令，如开始洗浴、调节水温等，按键操作则用于设置基本的洗浴参数。尽管这些交互方式在一定程度上实现了人机互动，但在实际应用中暴露出诸多问题。对于老年人而言，操作洗浴机器人存在较大困难。许多老人由于身体机能衰退，手部灵活性和视力下降，难以准确操作按键，经常出现误触或无法顺利找到对应按键的情况。同时，语音识别功能也面临诸多挑战，环境噪声、老人口音的多样性以及发音清晰度的变化，都极大地影响了语音指令的识别准确率，导致机器人无法正确执行老人的意图，降低了使用体验。

未来，随着人工智能和人机交互技术的持续创新，洗浴机器人的交互体验将迎来全面革新。智慧交互可以让用户轻松发出控制指令，便捷智能化的操控让洗浴变得轻松舒适[358]。在语音交互方面，通过引入先进的语音识别引擎和语义理解技术，能够对老年人带有口音、模糊不清的语音指令进行精准识别与解析[359]。不仅如此，借助情感分析技术，机器人能够感知老人语音中的情绪波动，以温和、耐心且富有情感的语音回应，给予老人贴心关怀。例如，当老人因操作困难而语气焦急时，机器人会用轻柔舒缓的语调引导老人逐步完成操作，营造出亲人陪伴般的感受。

除了语音交互的优化，还将涌现出更多易于操作的交互方式。例如，采用手势识别技术[360]，老人只需做出简单、自然的手势动作，如挥手、握拳等，机器人就能准确理解并执行相应功能，如启动洗浴、调整喷头角度等。此外，脑机接口技术也有望在未来应用于洗浴机器人。通过佩戴轻便的脑电设备，老人仅需通过大脑思维活动，就能控制机器人的运行，这对于那些行动不便的老人来说，无疑是一种极具创新性和便利性的交互方式。为了进一步提升交互体验，还可以结合虚拟现实和增强现实技术，为老人创造更加沉浸式的交互环境[361]。例如，在洗浴过程中，老人可以通过VR设备欣赏美丽的风景，放松身心，仿佛置身于舒适的自然环境中享受洗浴的乐趣。同时，AR技术能够在现实环境中为老人提供可视化的操作引导，将操作步骤以直观的图形、文字形式呈现在眼前，极大地降低操作难度，使老人能够轻松上手。通过这些创新的交互方式，老年人洗浴机器人将从难以操作的工具转变为贴心、易用的生活助手，为老人带来更加愉悦、温馨、便捷的洗浴体验，切实提高老年人的生活质量。

　　该部分着重介绍交互体验优化趋势中的人机交互技术。人机交互技术[362-363]作为一门研究人与计算机等智能设备之间信息交换方式、交互过程以及交互界面设计的交叉学科技术,旨在通过优化人与设备之间的交互体验,提升信息传递效率与准确性,实现更加自然、高效、便捷的互动。其发展历程丰富且具有阶段性。早期,人机交互主要以命令行界面为主,用户需通过输入特定指令与计算机进行交互,这种方式对用户的专业知识要求较高,操作相对复杂且不够直观。随着图形用户界面(GUI)的出现,人机交互迎来了重大变革,用户可通过鼠标、键盘等设备,以直观的图形化方式与计算机进行交互,大大降低了操作难度,提高了用户的使用体验。此后,随着传感技术、人工智能技术的发展,人机交互方式不断拓展,从传统的键鼠交互逐渐发展到语音交互、手势交互、体感交互等多种自然交互方式[362]。如今,人机交互技术正朝着多模态交互方向发展,融合多种交互方式,以适应不同场景下用户的多样化需求。人机交互技术在众多领域有着广泛应用[363]。在消费电子领域,智能手机、智能手表等设备通过优化的触摸交互界面、语音助手等功能,使用户能够便捷地操作设备,实现各种功能。在游戏领域,体感交互技术让玩家能够通过身体动作与游戏进行自然交互,增强游戏的趣味性与沉浸感[364-365]。在工业控制领域,操作人员通过直观的图形化界面和便捷的交互方式,对复杂的工业设备进行监控与控制,提高生产效率与安全性。

　　在老年洗浴机器人中,人机交互技术起到关键作用。语音交互技术使老年人无须进行复杂操作,通过简单的语音指令即可控制洗浴机器人,如调节水温、启动或停止洗浴程序等,极大地方便了老年人对洗浴机器人的使用。同时,借助触摸交互技术,在洗浴机器人的操作面板上设置简洁易懂的图标和操作区域,方便老年人通过触摸进行操作。此外,为适应部分行动不便的老年人,可引入手势交互技术,使他们能够通过简单的手势动作来控制机器人,进一步提升操作的便捷性。通过这些人机交互技术的应用,老年洗浴机器人能够更好地满足老年人的实际需求。

本章小结

　　本章围绕老年人智能辅具及洗浴机器人的发展趋势展开深入探讨,总结了当前洗浴机器人相关技术取得的成就及存在的问题,并进行了未来发展趋势的预测。

　　展望未来,智能辅具及洗浴机器人的发展趋势主要包括信息化趋势、智能化趋势、个性化趋势、家庭化趋势以及模块化趋势。信息化将实现数据深度交互共享、医疗服务高效信息化以及信息安全全方位保障;智能化将通过自适应学习精准把握需求,利用多模态传感器融合全面感知状态,借助交互体验优化提升使用感受;个性化将达成身体差异化精细设计、数据监测结果个性化定制和服务场景多元化拓展;家庭化趋势表现为实现便于运输与安装、操作简单易用以及与智能家居深度融合;模块化将做到模块易于维护和更换、3D打印技术广泛应用和功能拓展组合创新。这些趋势将全方位推动老年人智能辅具及洗浴机器人的发展,为老年人带来更优质的生活体验,助力养老产业的升级转型。

参考文献

[1] 新华网.中共中央关于制定国民经济和社会发展第十四个五年规划和二〇三五年远景目标的建议[EB/OL].(2020-10-29)[2024-12-3]. http://m.toutiao.com/group/6890865775175795214/.

[2] United Nations. World Population Ageing 2019: Highlights (ST/ESA/SER. A/430)[R]. New York: United Nations, 2019.

[3] 国家统计局.中华人民共和国2023年国民经济和社会发展统计公报[EB/OL].(2024-2-29)[2024-12-3]. http://www.china-cer.com.cn/news/2024022927263.html.

[4] 杜鹏,王红漫.中国人口老龄化现状与趋势[J].人口研究,2020,44(6):3-15.

[5] 蔡昉.人口转变、人口红利与刘易斯转折点[J].经济研究,2010,45(4):4-13.

[6] 李玲,陈秋霖.人口老龄化与医疗卫生服务需求[J].中国卫生政策研究,2012,5(4):55-60.

[7] 曾毅.中国人口老龄化的特点、影响及应对策略[J].人口研究,2018,42(5):3-14.

[8] 王桂新.中国人口城镇化转移与空间分布变化趋势[J].人口研究,2013,37(6):35-44.

[9] 李长安.人口老龄化对劳动力市场的影响及应对策略[J].人口学刊,2019,41(1):33-41.

[10] 李军,刘生龙.人口老龄化对经济增长的影响:理论与实证分析[M].北京:中国社会科学出版社,2017.

[11] 郑功成.中国社会保障改革与发展战略[M].北京:人民出版社,2011.

[12] 银纯泉.我国老年消费市场现状及发展趋势[J].宏观经济管理,2018(5):67-70.

[13] 穆光宗.家庭养老面临的挑战以及社会对策问题[J].中州学刊,2000(6):58-61.

[14] 丁华,徐永德.我国社会养老服务体系发展现状、存在问题及对策建议[J].人口学刊,2014,36(4):40-46.

[15] 杨菊华.文化反哺与老年群体的社会适应[J].社会科学战线,2016(10):172-180.

[16] 贺雪峰.代际关系论:兼论代际关系的价值基础[J].社会科学研究,2015(6):104-112.

[17] 邢华燕,史艳萍,胡华,等.老年人跌倒相关因素分析及综合干预[J].中国老年学杂志,2013,33(19):4860-4861.

[18] 李淑杏,张盼,陈长香,等.老年人认知功能减退与感觉功能的相关性研究[J].中

国全科医学,2012,15(10):1128-1130.

[19] 吴海云,王鲁宁.老年人心血管系统老化及其对健康的影响[J].中华老年医学杂志,2010,29(4):353-355.

[20] 王大华,申继亮,彭华茂,等.老年人认知功能与心理健康的关系研究[J].中国临床心理学杂志,2003,11(2):120-122.

[21] 蔡文琴,王敬诚.神经生物学[M].北京:人民卫生出版社,2002.

[22] 陶涛,孟琛.老年人认知功能减退的相关因素分析[J].中华老年医学杂志,2005,24(10):787-789.

[23] Owsley C. Aging and vision[J]. Optometry and vision science: official publication of the American Academy of Optometry, 2011, 88(6): 604-610.

[24] Weale RA. The aging eye[M]. London: H. K. Lewis, 1982.

[25] 刘丞,卜行宽,邢光前,等.老年人听力减退和耳疾流行病学调查研究[J].中华耳鼻咽喉头颈外科杂志,2006,41(9):661-664.

[26] Doty R L, Shaman P, Applebaum S L, et al. Smell identification ability: changes with age[J]. Science, 1984, 226(4684): 1441-1443.

[27] Gibson S J, Farrell M. Age-related differences in pain perception and report[J]. Clinical Journal of Pain, 2004, 20(3): 153-160.

[28] Riggs B L, Melton L J. The prevention and treatment of osteoporosis[J]. The New England journal of medicine, 1992, 327(8): 620-627.

[29] Felson D T. Osteoarthritis: new insights. Part 1: the disease and its risk factors[J]. Annals of internal medicine, 2006, 144(5): 356-363.

[30] Lexell J, Taylor C C, Sjöström M. What is the cause of the ageing atrophy? Total number, size and proportion of different fiber types studied in whole vastus lateralis muscle from 15-to 83-year-old men[J]. Journal of neurology, neurosurgery, and psychiatry, 1988, 51(8): 1050-1056.

[31] 周成超,楚洁,徐晓超,等.老年人孤独感与家庭结构及社会支持的关系[J].中国公共卫生,2010,26(12):1498-1500.

[32] 伊密,万巧琴,尚少梅,等.退休老年人社会角色转变与心理适应的质性研究[J].中华护理杂志,2018,53(2):137-142.

[33] 明艳.老年人精神需求"差序格局"[J].南方人口,2000(2):56-60,65.

[34] 邵南.浅谈当代老年人的精神需求与精神赡养[J].南平师专学报,2006(1):136-138.

[35] 戴秀英.全社会要重视老年人的心理健康[J].宁夏社会科学,2000(2):40-42.

[36] 胡先进,张红洲.老年人常见心理活动过程和行为特点与对策[J].中国老年学杂志,2005(12):1578-1579.

[37] 许佃兵.当代老年人心理发展的主要矛盾及特点[J].江苏社会科学,2011(1):43-46.

[38] 王静,尹世玉,张凌慧.老年人心理健康的研究现状[J].现代护理,2006(28):2671-2672.

[39] 孔子.论语·为政[M].北京:中华书局,2016.

[40] 王莉莉.中国老年人社会参与的理论、实证与政策研究综述[J].人口与发展,2011,17(3):35-43.

[41] 栾文敬,杨帆,串红丽,等.我国老年人心理健康自评及其影响因素研究[J].西北大学学报(哲学社会科学版),2012,42(3):75-83.

[42] 徐慧兰.老年人生活满意度及其影响因素研究[J].中国心理卫生杂志,1994(4):160-162,189.

[43] 李建民.老年人消费需求影响因素分析及我国老年人消费需求增长预测[J].人口与经济,2001(5):10-16.

[44] 李甲森,马文军.中国中老年人抑郁症状现状及影响因素分析[J].中国公共卫生,2017,33(2):177-181.

[45] 胡静,刘亚飞,黄建忠.中国农村贫困老年人的潜在医疗需求研究——基于倾向评分匹配的反事实估计[J].经济评论,2017(2):127-137.

[46] 徐晓茹,柴静,胡志,等.国内外老年人群多维健康评估研究进展[J].南京医科大学学报(社会科学版),2018,18(4):287-291.

[47] 张文宏,于宜民.居民自评健康的社会影响因素研究[J].东岳论丛,2019,40(9):31-41.

[48] 张文宏,张君安.社会资本对老年心理健康的影响[J].河北学刊,2020,40(1):183-189.

[49] 苑宇轩.家庭结构变化视角下的精神养老困境与对策分析[J].家政学研究,2024,(1):1-16.

[50] 王丽敏,陈志华,张梅,等.中国老年人群慢性病患病状况和疾病负担研究[J].中华流行病学杂志,2019,40(3):277-283.

[51] 高晶晶,朱逸杉,王霞.抑郁倾向对中国中老年群体劳动参与的影响——基于charls面板数据的实证分析[J].劳动经济研究,2018,6(1):63-80.

[52] 陈功,刘岚,郑晓瑛.我国社会化养老机构未来发展策略[J].中国老年学杂志,2008(28):412-414.

[53] 北京青年报.基层医疗卫生服务能力如何提高?他把调研结果带上两会[EB/OL].(2024-03-08)[2025-01-24]. https://news.qq.com/rain/a/20240308A026LZ00.

[54] 梁新颖.家庭养老社会化问题探路[J].社会科学辑刊,2018(4):46-48.

[55] 洪国栋.中国的人口老龄化问题与对策思考[J].人口研究,1997,21(4):44.

[56] 中国老年医学学会老年内分泌代谢分会,国家老年疾病临床医学研究中心(解放军总医院),中国老年糖尿病诊疗措施专家共识编写组.中国老年2型糖尿病诊疗措施专家共识(2018年版)[J].中华内科杂志,2018,57(9):626-641.

[57] 中华医学会糖尿病学分会.中国糖尿病学会糖尿病诊疗指南[J].中华医学杂志,2025,17(1):16-139.

[58] 国家老年医学中心,中华医学会老年医学分会,中国老年保健协会糖尿病专业委员会.中国老年糖尿病诊疗指南(2021年版)[J].中华糖尿病杂志,2021,13(1):14-46.

[59] 中华医学会糖尿病学分会. 中国血糖监测临床应用指南（2021年版）[J]. 中华糖尿病杂志, 2021, 13(10): 936-948.

[60] 国家老年医学中心, 中华医学会老年医学分会, 中国老年保健协会糖尿病专业委员会. 中国老年糖尿病诊疗指南（2024版）[J]. 中华老年医学杂志, 2024, 43(2): 105-147.

[61] 中华人民共和国国家卫生健康委员会. 成人糖尿病食养指南（2023年版）[J]. 全科医学临床与教育, 2023, 21(5): 388-391.

[62] 国家老年医学中心, 中华医学会糖尿病学分会, 中国体育科学学会, 等. 中国2型糖尿病运动治疗指南（2024版）[J]. 中国全科医学, 2024, 27(30): 3709-3738.

[63] 国务院办公厅. (2015). 关于推进医疗卫生与养老服务相结合的指导意见[Z]. 国办发〔2015〕84号.

[64] 国务院办公厅. (2016).《关于加快发展康复辅助器具产业的若干意见》[Z]. 国办发〔2016〕60号.

[65] 国务院办公厅. (2017).《关于制定和实施老年人照顾服务项目的意见》[Z]. 国办发〔2017〕52号.

[66] 全国人民代表大会常务委员会. (2018).《中华人民共和国老年人权益保障法》[L].

[67] 中共中央、国务院. (2019).《国家积极应对人口老龄化中长期规划》[Z].

[68] 国家卫生健康委等多部门. (2020).《关于建立完善老年健康服务体系的指导意见》[Z].

[69] 中共中央、国务院. (2021).《关于加强新时代老龄工作的意见》[Z].

[70] 国家卫生健康委等多部门. (2022).《"十四五"健康老龄化规划》[Z].

[71] 民政部等多部门. (2023).《积极发展老年助餐服务行动方案》[Z].

[72] 国务院办公厅. (2024).《关于发展银发经济增进老年人福祉的意见》[Z].

[73] 民政部等多部门. (2025).《关于深化养老服务改革发展的意见》[Z].

[74] 张园. 高质量发展背景下养老服务机构效率测度、空间网络结构特征及其影响因素[J]. 社会保障评论, 2024, 8(1): 107-125.

[75] 王乳燕. 产教融合视域下高校如何培养养老服务与管理专业人才[J]. 四川劳动保障, 2024(7): 40-41.

[76] "家国计·科技适老"清华大学计算机系赴云南实践支队. 养老：哪些观念是鸿沟[J]. 大学生, 2023(2): 44-45.

[77] 张媛. 基于银发经济的城市养老产业多元化发展模式探究[J]. 四川劳动保障, 2024(12): 84-85.

[78] 曾慧婷. 探析养老服务智能化的需求和实现策略[J]. 国际公关, 2024(21): 37-39.

[79] 许丹. 标准化引领养老产业链高质量发展的策略研究[J]. 商展经济, 2025(2): 122-125.

[80] 崇玉萍, 于沁, 李文. 新质生产力赋能社区老年"体医养融合"健康服务困境与纾解[J]. 体育学研究, 2024, 38(4): 33-42.

[81] 梁宏姣. 生活方式跃迁：从数字技术嵌入到智慧养老适应的实践逻辑[J]. 哈尔滨工业大学学报（社会科学版）, 2025(1): 74-81.

[82] 袁梦. 社区照顾模式在城市独居老人社区互助养老中的应用研究[D]. 吉安：井冈山

大学,2024.

[83] 余佳琦.积极老龄化视域下农村抱团养老研究[J].农村.农业.农民,2024(4)：50-52.

[84] 曹思琪,江彦谚,丁星宇,等.乡村振兴背景下旅居养老模式探究[J].合作经济与科技,2024(4)：175-177.

[85] 高帅,李昕.日本养老服务体系探究[J].国际公关,2024(9)：49-51.

[86] 赵玉峰.北欧居家养老服务的经验与启示[J].中国国情国力,2016(4)：67-70.

[87] 苏炜杰.美国居家养老服务政府责任：核心内容、运行机制及经验借鉴[J].美国问题研究,2024(1)：204-230,294-295.

[88] 钱宇,谭文倩,周纹萱.养老服务市场规模需求预测与市场研究[J].智能城市,2023,9(7)：108-110.

[89] 夏杰长,王文凯.发挥好财税政策支持养老服务业高质量发展的作用[J].中国税务,2024(12)：56-58.

[90] 林芝仪.人口老龄化背景下体育产业与养老产业融合发展研究——以长三角地区为例[J].价值工程,2024,43(28)：1-3.

[91] 张颖熙.科技创新助力银发经济高质量发展的路径与对策研究[J].江西社会科学,2024,44(11)：29-37.

[92] 全国残疾人康复和专用设备标准化技术委员会.GB/T 16432—2016 康复辅助器具分类和术语[S].2016.

[93] 世界卫生组织.世卫组织重点辅助器具清单[EB/OL].(2016-1-1)[2025-01-20].http://www.who.int/phi/publications/assistive-products/zh/.

[94] 朱图陵."辅具"史话[J].中国残疾人,2007(12)：49-51.

[95] Loïc Garçon, Khasnabis C, Walker L, et al. Medical and Assistive Health Technology: Meeting the Needs of Aging Populations: Table 1 [J]. The Gerontologist, 2016, 56(Suppl 2): S293-S302.

[96] 李军.日本的老年福利政策[J].社会福利,2011(4)：51.

[97] Ottobock. Ottobock-mobility for people [EB/OL].(2014-11-8)[2024-11-8]. https://www.ottobock.com.

[98] 张晓玉.我国智能辅助器具科技创新的现状与发展[J].中国康复理论与实践,2013,19(5)：401-403.

[99] 赵彦军,李剑,苏鹏,等.我国康复辅具创新设计与展望[J].包装工程,2020,41(8)：14-22.

[100] 李剑,李辉,李立峰,等.康复辅具安全设计探析[J].包装工程,2012,33(6)：65-68.

[101] Mukai T, Hirano S, Nakashima H, et al. Development of a nursing-care assistant robot RIBA that can lift a human in its arms[C]//2010 IEEE/RSJ International Conference on Intelligent Robots and Systems. Taipei, Taiwan: IEEE, 2010: 5996-6001.

[102] SUNG H C, CHANG S M, CHIN M Y, et al. Robot-assisted therapy for

improving social interactions and activity participation among institutionalized older adults: a pilot study[J]. Asia Pac Psychiatry, 2015, 7(1): 1-6.

[103] 中国机器人网. 腾讯最新研发成果人居环境机器人"5号"正式亮相![EB/OL]. (2024-10-2)[2024-11-23]. https://news.qq.com/rain/a/20241002A01SSK00.

[104] 喻向阳. 具备七大健康陪护功能"湘江1号"人形机器人长沙问世. (2025-01-19)[2025-01-25]. https://news.qq.com/rain/a/20250119A058TI00.

[105] Priti T, Sandeep T, Tanima B, et al. Blockchain and artificial intelligence technology in e-Health [J]. Environmental science and pollution research international, 2021, 28(38): 52810-52831.

[106] Guo Q, Chen P. Construction and optimization of health behavior prediction model for the elderly in smart elderly care[J]. arXiv preprint arXiv: 2412.02062, 2024.

[107] Xie Y, Lu L, Gao F, et al. Integration of artificial intelligence, blockchain, and wearable technology for chronic disease management: a new paradigm in smart healthcare[J]. Current Medical Science, 2021, 41(6): 1123-1133.

[108] Shaik T, Tao X, Higgins N, et al. Remote patient monitoring using artificial intelligence: Current state, applications, and challenges [J]. Wiley Interdisciplinary Reviews: Data Mining and Knowledge Discovery, 2023, 13(2): e1485.

[109] Dai L, Sheng B, Chen T, et al. A deep learning system for predicting time to progression of diabetic retinopathy[J]. Nature Medicine, 2024, 30(2): 584-594.

[110] Fu Z, Zhao T Z, Finn C. Mobile ALOHA: Learning bimanual mobile manipulation using low-cost whole-body teleoperation[C]//8th Annual Conference on Robot Learning. Munich, Germany: 2024.

[111] Wu W, Sabharwal S, Bunker M, et al. 3D printing technology in pediatric orthopedics: a primer for the clinician[J]. Curr Rev Musculoskelet Med, 2023, 16(9): 398-409.

[112] Fang Y, Chen F, Wu HR, et al. Progress in the application of 3D printing technology in ophthalmology[J]. Graefes Arch clin Exp Ophthalmol, 2023, 261(4): 903-912.

[113] Bisht B, Hope A, Mukherjee A, et al. Advances in the fabrication of scaffold and 3D printing of biomimetic bone graft[J]. Ann Biomed Eng, 2021, 49(4): 1128-1150.

[114] 北京大学医学部科学研究处. 科技创新助推高质量发展 北京大学第三医院多项科技成果发表[EB/OL]. (2022-4-21)[2024-12-5]. https://research.bjmu.edu.cn/kydt/28942c12f57a487c8aeed699a4569663.htm.

[115] 王辞晓, 李贺, 尚俊杰. 基于虚拟现实和增强现实的教育游戏应用及发展前景[J]. 中国电化教育, 2017(8): 99-107.

[116] Arlati S, Colombo V, Spoladore D, et al. A Social Virtual Reality-Based

Application for the Physical and Cognitive Training of the Elderly at Home[J]. Sensors(Basel), 2019, 19(2): 261.

[117] Mugueta-Aguinaga I, Garcia-Zapirain B. Is technology present in frailty? Technology a back-up tool for dealing with frailty ian the elderly: a systematic review[J]. Aging Dis, 2017, 8(2): 176-195.

[118] Tang Z, Liu X, Huo H, et al. The role of low-frequency oscillations in three-dimensional perception with depth cues in virtual reality[J]. NeuroImage, 2022, 257: 119328.

[119] Huo H, Liu X, Wu Z, et al. Design of robot-assisted task involving visuomotor conflict for identification of proprioceptive acuity[J]. IEEE Transactions on Instrumentation and Measurement, 2021, 70: 1-10.

[120] Dong Y, Liu X, Tang M, et al. A haptic-feedback virtual reality system to improve the box and block test (BBT) for upper extremity motor function assessment[J]. Virtual Reality, 2023, 27(2): 1199-1219.

[121] Zhao X, Xiao W, Wu L, et al. Intelligent city intelligent medical sharing technology based on internet of things technology[J]. Future Generation Computer Systems, 2020, 111: 226-233.

[122] 光明网. 科技赋能智慧养老的国际趋势[EB/OL]. (2024-9-19)[2024-12-18]. http://www.ciia.org.cn/news/25837.cshtml.

[123] GUO K, LIU C, ZHAO S S, et al. Design of a millimeter-wave radar remote monitoring system for the elderly living alone using WIFI communication[J]. Mdpi Ag, 2021, 21(23): 7893.

[124] Li J, Meng Y, Ma L, et al. A federated learning based privacy-preserving smart healthcare system[J]. IEEE Transactions on Industrial Informatics, 2021, 18(3): 2021-2031.

[125] IFR Statistical Department. World Robotics 2020 Service Robots[DB]. 2020.

[126] 陈殿生, 叶强, 胡木华, 等. 助老助残机器人综合应用展示平台——展示全方位科技养老[J]. 机器人技术与应用, 2013(1): 2-7.

[127] 国务院. 国务院关于加快发展康复辅助器具产业的若干意见[EB/OL]. (2016-10-23)[2025-1-3]. http://www.gov.cn/zhengce/content/2016/10/27/content_5125001.htm.

[128] Broadbent E, Stafford R, MacDonald B. Acceptance of healthcare robots for the older population: review and future directions[J]. International journal of social robotics, 2009, 1(4): 319.

[129] Goeldner, Moritz, Tietze, et al. The emergence of care robotics-A patent and publication analysis[J]. Technological forecasting and social change, 2015, 92: 115-131.

[130] PR Newswire. ROPET is showcasing AI-powered robot companion at CES 2025 [EB/OL]. (2025-1-8)[2025-1-22]. https://www.morningstar.com/news/pr-

newswire/20250107cn89366/ropet-is-showcasing-ai-powered-robot-companion-at-ces-2025.

[131] Ishak D. Staving off Loneliness, with a Social Robot? [J]. Generations, 2020, 44 (3): 1-9.

[132] 搜狐. 小京安心:活力百岁健脑操[EB/OL]. (2022-7-1)[2024-12-18]. https://www.sohu.com/a/562790476_121075034.

[133] 北京市科学技术研究院. 北科院智慧养老所研发一款便携式老年人步态稳定性评估设备[EB/OL]. (2023-7-17)[2025-1-10]. https://www.bjast.ac.cn/kjcx/cxjz/828081148e08ab62018e08ae50d41f22.shtml.

[134] Rafique S, Rana S M, Bjorsell N, et al. Evaluating the advantages of passive exoskeletons and recommendations for design improvements [J]. Journal of Rehabilitation and Assistive Technologies Engineering, 2024, 11: 1-13.

[135] 关鑫宇,季林红,王人成. 无动力储能式截瘫助行外骨骼弹簧刚度优化[J]. 清华大学学报(自然科学版), 2017, 57(11): 1179-1184.

[136] 袁野. 辅助喂饭机器人: CN308310373S[P]. 2023-11-07.

[137] Li X, Zhang X, Li X, et al. BEAR-H: An intelligent bilateral exoskeletal assistive robot for smart rehabilitation [J]. IEEE Robotics & Automation Magazine, 2021, 29(3): 34-46.

[138] 王天. 一种下肢康复训练用外骨骼机器人: CN215193457U[P]. 2021-12-17.

[139] 厦门尔泰康科技有限公司. 马桶电动助力起身器: CN308818499S[P]. 2024-09-03.

[140] 焦宗琪,孟巧玲,邵海存,等. 上肢康复训练与生活辅助机器人的设计与研究[J]. 中国康复医学杂志, 2022, 37(9): 1219-1222.

[141] Di S, Wuxiang Z, Wei Z, et al. Human-centred adaptive control of lower limb rehabilitation robot based on human-robot interaction dynamic model [J]. Mechanism and Machine Theory, 2021, 162: 104340.

[142] Sui M, Ouyang Y, Jin H, et al. A soft-packaged and portable rehabilitation glove capable of closed-loop fine motor skills[J]. Nature Machine Intelligence, 2023, 5 (10): 1149-1160.

[143] Tamburella F, Tagliamonte N L, Pisotta I, et al. Neuromuscular controller embedded in a powered ankle exoskeleton: Effects on gait, clinical features and subjective perspective of incomplete spinal cord injured subjects [J]. IEEE transactions on neural systems and rehabilitation engineering, 2020, 28(5): 1157-1167.

[144] Ministry of Economy. Trade and Industry (METI, Japan): Joint Press Release with the Ministry of Health, Labour and Welfare Revision of the Four Priority Areas to Which Robot Technology is to be Introduced in Nursing Care of the Elderly[EB/OL]. (2025-2-5)[2025-2-8]. http://www.meti.go.jp/english/press/2014/0203_02.html.

[145] 科技工作者之家. 世界主要国家机器人研发投入情况[DB]. https://homest.org.cn/article/detail?id=2581933. Home for science and Technology workers.

[146] SILVER: Supporting Independent LiVing for the Elderly through Robotics[DB]. https://www.silverpcp.eu.

[147] National Science Foundation. A Roadmap for US Robotics From Internet to Robotics, 2016 Edition[R]. United States, 2016.

[148] 中华人民共和国中央人民政府. 十五部门关于印发《"十四五"机器人产业发展规划》的通知[DB]. https://www.gov.cn/zhengce/zhengceku/2021-12/28/content_5664988.htm.

[149] Tsukahara A, Hasegawa Y, Sankai Y. Standing-up motion support for paraplegic patient with Robot Suit HAL [C]// IEEE International Conference on Rehabilitation Robotics. Kyoto, Japan: IEEE, 2009: 211-217.

[150] Hara H, Sankai Y. HAL equipped with passive mechanism[C]// 2012 IEEE/SICE International Symposium on System Integration (SII). Fukuuoka, Japan: IEEE, 2012: 1-6.

[151] Suzuki K, Mito G, Kawamoto H, et al. Intention-based walking support for paraplegia patients with Robot Suit HAL[J]. Advanced Robotics, 2007, 21(12): 1441-1469.

[152] Onishi M, Luo Z W, Odashima T, et al. Generation of Human Care Behaviors by Human-Interactive Robot RI-MAN[C]// 2007 IEEE International Conference on Robotics and Automation. Rome, Italy: IEEE, 2007: 3128-3129.

[153] Nicola, Davies. Can robots handle your healthcare [J]. Engineering & technology: E&T: IET engineering & technology, 2016, 11(9): 59-61.

[154] Baisch S, Kolling T, S Rühl, et al. Emotional robots in a nursing context: Empirical analysis of the present use and the effects of Paro and Pleo[J]. Zeitschrift Fur Gerontologie Und Geriatrie, 2018, 51(1):16.

[155] Inoue K, Sakuma N, Okada M, et al. Effective application of PALRO: A humanoid type robot for people with dementia[C]// International Conference on Computers for Handicapped Persons. Springer, Cham: 2014: 451-454.

[156] Tamura T, Yoshimura T, Sekine M, et al. A Wearable Airbag to Prevent Fall Injuries[J]. IEEE transactions on information technology in biomedicine: a publication of the IEEE Engineering in Medicine and Biology Society, 2009, 13(6): 910-914.

[157] Jeong Y, Ahn S, Kim J, et al. Impact Attenuation of the Soft Pads and the Wearable Airbag for the Hip Protection in the Elderly[J]. International Journal of Precision Engineering and Manufacturing, 2019, 20(2): 273-283.

[158] Soyama R, Ishii S, Fukase A. 8 Selectable Operating Interfaces of the Meal-Assistance Device "My Spoon"[M]. Springer Berlin Heidelberg, 2004.

[159] Ogata K, Matsumoto Y. Whole body sensing dummy of the elderly to evaluate

robotic devices for nursing care[J]. Advanced Robotics, 2021, 35(8): 504-515.

[160] Jeon H, Yang K M, Park S, et al. An ontology-based home care service robot for persons with dementia[C]// 2018 27th IEEE International Symposium on Robot and Human Interactive Communication (RO-MAN). Nanjing, China: IEEE, 2018: 540-545.

[161] Talaty M, Esquenazi A, Jorge E. Briceño. Differentiating ability in users of the ReWalk(TM) powered exoskeleton: an analysis of walking kinematics[C]// 2013 IEEE 13th International Conference on Rehabilitation Robotics. Seattle, WA, USA: IEEE, 2013: 1-5.

[162] Walsh C J, Endo K, Herr H. A quasi-passive leg exoskeleton for load-carrying augmentation[J]. International Journal of Humanoid Robotics, 2007, 4(3): 487-506.

[163] Elwaly A, Abdellatif A, El-Shaer Y. New Eldercare Robot with Path-Planning and Fall-Detection Capabilities[J]. Applied Sciences, 2024, 14(6): 2374.

[164] Hans M, Graf B, Schraft R D. Robotic home assistant Care-O-bot: past-present-future[C]// Proc IEEE International Workshop on Robot & Human Interactive Communication. Berlin, Germany: IEEE, 2002: 380-385.

[165] Graf B, Hans M, Schraft R D. Care-O-bot II—Development of a Next Generation Robotic Home Assistant[J]. Autonomous Robots, 2004, 16(2): 193-205.

[166] Hans M, Graf B. Robotic home assistant care-O-bot 3[J]. Springer Tracts in Advanced Robotics, 2005, 14: 371-384.

[167] Kittmann R, T Fröhlich, J Schäfer, et al. Let me Introduce Myself: I am Care-O-bot 4, a Gentleman Robot[C]// In: Pielot M, Diefenbach S, Henze N (ed.) Mensch und Computer 2015-Tagungsband. Berlin, München, Boston: De Gruyter: 2015: 223-232. .

[168] Lafaye J, Aldebaran, Gouaillier D. Linear model predictive control of the locomotion of Pepper, a humanoid robot with omnidirectional wheels[C]// IEEE-RAS International Conference on Humanoid Robots. Madrid, Spain: IEEE, 2015: 336-341.

[169] Tröbinger M, Jähne C, Qu Z, et al. Introducing garmi-a service robotics platform to support the elderly at home: Design philosophy, system overview and first results[J]. IEEE Robotics and Automation Letters, 2021, 6(3): 5857-5864.

[170] Ribeiro T, Gonçalves F, Garcia IS, et al. CHARMIE: A Collaborative Healthcare and Home Service and Assistant Robot for Elderly Care[J]. Applied Sciences, 2021, 11(16): 7248.

[171] Krüger N, Fischer K, Manoonpong P, et al. The smooth-robot: a modular, interactive service robot[J]. Frontiers in Robotics and AI, 2021, 8: 1-22.

[172] Naranjo-Campos F J, De Matías-Martínez A, Victores J G, et al. Assistance in picking up and delivering objects for individuals with reduced mobility using the

TIAGo Robot[J]. Applied Sciences, 2024, 14(17): 1-18.

[173] Mora A, Prados A, Mendez A, et al. ADAM: a robotic companion for enhanced quality of life in aging populations[J]. Frontiers in Neurorobotics, 2024, 18: 1662-5218.

[174] CyberDaily. NEURA 发布 4NE-1 人形机器人新动态: 离进入家里似乎越来越近[EB/OL]. (2024-9-11)[2025-1-12]. https://news.qq.com/rain/a/20240911A05AW300.

[175] Jang R, Lee S, Kim B, et al. Development of a Side Impact Crash Using Integrated System[C]// 26th International Technical Conference on the Enhanced Safety of Vehicles (ESV): Technology: Enabling a Safer Tomorrow. Eindhoven, Netherlands: 2019 (19-0229).

[176] Frey M, Colombo G, Vaglio M, et al. A novel mechatronic body weight support system.[J]. IEEE Transactions on Neural Systems & Rehabilitation Engineering A Publication of the IEEE Engineering in Medicine & Biology Society, 2006, 14(3): 311.

[177] Lünenburger L, Colombo G, Riener R, et al. Biofeedback in gait training with the robotic orthosis Lokomat[C]//The 26th Annual International Conference of the IEEE Engineering in Medicine and Biology Society. 2005, 7: 4888-4891.

[178] Riener R, Lünenburger L, Maier I C, et al. Locomotor training in subjects with sensori-motor deficits: an overview of the robotic gait orthosis lokomat[J]. Journal of Healthcare Engineering, 2010, 1(2): 197-216.

[179] Sorbera C, Portaro S, Cimino V, et al. ERIGO: a possible strategy to treat orthostatic hypotension in progressive supranuclear palsy? A feasibility study[J]. Functional neurology, 2019, 34(2): 93-97.

[180] El-Shamy S, Alsharif R. Effect of virtual reality versus conventional physiotherapy on upper extremity function in children with obstetric brachial plexus injury[J]. Journal of musculoskeletal & neuronal interactions, 2017, 17(4): 319.

[181] Nef T, Mihelj M, Colombo G, et al. ARMin-robot for rehabilitation of the upper extremities[C]// IEEE International Conference on Robotics & Automation. Orlando, FL, USA: IEEE, 2006: 3152-3157.

[182] Mihelj M. ARMin II-7 DoF rehabilitation robot: mechanics and kinematics[C]// IEEE International Conference on Robotics & Automation. Rome, Italy: IEEE, 2007: 4120-4125.

[183] Nef T, Guidali M, Riener R. ARMin III-arm therapy exoskeleton with an ergonomic shoulder actuation[J]. Applied Bionics & Biomechanics, 2009, 6(2): 127-142.

[184] Hesse S, Uhlenbrock D. A mechanized gait trainer for restoration of gait[J]. Journal of Rehabilitation Research & Development, 2000, 37(6): 701.

[185] Schmidt H, Werner C, Bernhardt R, et al. Gait rehabilitation machines based on

programmable footplates[J]. Journal of Neuro Engineering and Rehabilitation, 2007, 4(1): 2.

[186] Anliker U, Ward J A, Lukowicz P. AMON: A wearable multiparameter medical monitoring and alert system[J]. IEEE Transactions on Information Technology in Biomedicine, 2008, 8(4): 415-427.

[187] Stoian V, Vladu I C, Vladu I, et al. Locomotion solution for stair climbing wheelchair with er fluid based control[C]// 2019 20th International Carpathian Control Conference (ICCC). Krakow-Wieliczka, Poland: IEEE, 2019: 1-6.

[188] Morales R, Gonzalez A, Feliu V, et al. Environment adaptation of a new staircase-climbing wheelchair[J]. Autonomous Robots, 2007, 23(4): 27.

[189] Krebs H I, Ferraro M, Buerger S P, et al. Rehabilitation robotics: pilot trial of a spatial extension for MIT-Manus [J]. Journal of Neuroengineering & Rehabilitation, 2004, 1(1): 1-15.

[190] Burgar C G, Lum P S, Shor P C, et al. Development of robots for rehabilitation therapy: the Palo Alto VA/Stanford experience[J]. Journal of Rehabilitation Research & Development, 2000, 37(6): 663.

[191] Burgar C G, Lum P S, Scremin A, et al. Robot-assisted upper-limb therapy in acute rehabilitation setting following stroke: Department of Veterans Affairs multisite clinical trial[J]. Journal of Rehabilitation Research & Development, 2011, 48(4): 445-458.

[192] Banala S K, Agrawal S K, Scholz J P. Active Leg Exoskeleton (ALEX) for Gait Rehabilitation of Motor-Impaired Patients[C]// 2007 IEEE 10th International Conference on Rehabilitation Robotics. Noordwijk, Netherlands: IEEE, 2007: 401-407.

[193] Winfree K N, Stegall P, Agrawal S K. Design of a minimally constraining, passively supported gait training exoskeleton: ALEX II [C]//IEEE International Conference on Rehabilitation Robotics, Zurich, Switzerland: IEEE, 2011: 1053-1058.

[194] Zanotto D, Stegall P, Agrawal S K. ALEX III: A novel robotic platform with 12 DOFs for human gait training[C]// IEEE. 2013 IEEE International Conference on Robotics and Automation, Karlsruhe, Germany: IEEE, 2013: 3914-3919.

[195] Li J, Li H, Zhang X, et al. The design and implementation of lower limb rehabilitation robot based on BWSTT[C]// 2012 12th International Conference on Control Automation Robotics & Vision (ICARCV). Guangzhou, China: IEEE, 2012: 1558-1562.

[196] Morozovsky N, Bewley T. Stair climbing via successive perching[J]. IEEE/ASME Transactions on Mechatronics, 2015, 20(6): 2973-2982.

[197] Chuo Y, Marzencki M, Hung B, et al. Mechanically Flexible Wireless Multisensor Platform for Human Physical Activity and Vitals Monitoring[J].

IEEE Transactions on Biomedical Circuits & Systems, 2010, 4(5): 281-294.

[198] Mireles C, Sanchez M, Cruz-Ortiz D, et al. Home-care nursing controlled mobile robot with vital signal monitoring[J]. Medical & Biological Engineering & Computing, 2023, 61: 399-420.

[199] Turgeon P, Dubé M, Laliberté T, et al. Mechanical design of a new device to assist eating in people with movement disorders[J]. Assistive Technology, 2020, 34(2): 170-177.

[200] Park D, Kim H, Kemp C C. Multimodal anomaly detection for assistive robots[J]. Autonomous Robots, 2019, 43(3): 611-629.

[201] Malik A A, Masood T, Brem A. Intelligent humanoids in manufacturing to address worker shortage and skill gaps: Case of Tesla Optimus[J]. arXiv preprint arXiv:2304.04949, 2023.

[202] Zipeng Fu, Tony Z Zhao, Chelsea Finn. Mobile ALOHA: learning bimanual mobile manipulation with low-cost whole-body teleoperation[J]. ArXiv, 2024, abs/2401.02117.

[203] Broadbent E, Garrett J, Jepsen N, et al. Using robots at home to support patients with chronic obstructive pulmonary disease: pilot randomized controlled trial[J]. Journal of medical Internet research, 2018, 20(2): e45.

[204] Jayawardena C, Kuo I H, Broadbent E, et al. Socially assistive robot healthbot: Design, implementation, and field trials[J]. IEEE Systems Journal, 2014, 10(3): 1056-1067.

[205] 赵彦军, 李剑, 苏鹏, 等. 我国康复辅具创新设计与展望[J]. 包装工程, 2020, 41(8): 14-22.

[206] 李辉, 刘琦, 李剑. 基于形态体验的老年康复辅具设计[J]. 包装工程, 2018, 39(20): 152-158.

[207] 姜茜, 刘静华, 陈殿生. 基于"逐层深入"系统的 e-Bed 功能定位与创意构思[J]. 图学学报, 2013, 34(3): 85-89.

[208] 王卫群. 未来, 康复机器人或许能帮你站起来丨人工智能+医疗, 中科院之声[EB/OL]. (2019-8-13)[2025-1-12]. https://mp.weixin.qq.com/s?__biz=MjM5NzIyNDI1Mw%3D%3D&mid=2651761659&idx=1&sn=b8be3134cc37eda5f14022a7d17a2617&scene=45#wechat_redirect.

[209] 潘瑶瑶. 用科技之灯重燃生命激情——清华大学季林红教授与他的神经康复机器人研究[J]. 中国高校科技与产业化, 2010(1): 86-87.

[210] 李庆玲. 基于 sEMG 信号的外骨骼式机器人上肢康复系统研究[D]. 哈尔滨: 哈尔滨工业大学, 2009.

[211] 周海涛. 下肢外骨骼康复机器人结构设计及控制方法研究[D]. 哈尔滨: 哈尔滨工业大学, 2015.

[212] 王源. 外骨骼上肢机器人运动康复虚拟现实训练与评价研究[D]. 上海: 上海交通大学, 2013.

[213] 张杰. 脑卒中瘫痪下肢外骨骼康复机器人的研究[D]. 杭州：浙江大学，2007.
[214] 李剑，张秀峰，潘国新. 减重步行康复训练机器人的设计及其临床应用[J]. 医用生物力学，2012，27(6)：681-686.
[215] Li J, Chen D S, Tao C J, et al. Synthesis and experiment of a lower limb exoskeleton rehabilitation robot[J]. Industrial Robot: An International Journal, 2017, 44(3): 264-274.
[216] 文耀锋. 一种实时的跌倒姿态检测和心率监护系统的研究[D]. 杭州：浙江大学，2010.
[217] 陶春静，晏箐阳，马俪芳，等. 残疾人智能移动助行器的发展现状及趋势[J]. 科技导报，2019，37(22)：37-50.
[218] 伊蕾，张立勋，于彦春. 助行康复机器人助力行走控制研究[J]. 华中科技大学学报：自然科学版，2014(12)：41-46.
[219] 陈豫生，张琴，熊蔡华. 截瘫助行外骨骼研究综述：从拟人设计依据到外骨骼研究现状[J]. 机器人，2021，43(5)：585-605.
[220] 边辉，刘艳辉，梁志成，等. 并联2-RRR/UPRR踝关节康复机器人机构及其运动学[J]. 机器人，2010，32(1)：6-12.
[221] 林杉. 智慧健康养老机器人管家，为老人安全"保驾护航"[N]. 新华日报，2024-10-14(007).
[222] 文汇. 傅利叶发布通用人形机器人GR-2：一年间长高了变强了，还能与人"通感"[EB/OL]. (2024-9-26)[2025-1-12]. https://news.qq.com/rain/a/20240926A02VVS00.
[223] 刘京运. 市场需求潜力大，创新应用活力强我国服务机器人产业前景可期[J]. 机器人产业，2022，5：36-42.
[224] 机器之心. 会颠勺的国产机器人来了：大模型加持，家务能力满分[EB/OL]. (2024-4-26)[2025-1-15]. https://www.jiqizhixin.com/articles/2024-04-26-5.
[225] 汪森. 仅25公斤，国内首台超轻量级人形机器人"贡嘎一号"(Konka-1)发布[EB/OL]. (2024-10-28)[2025-1-12]. https://www.ithome.com/0/805/747.htm.
[226] Christopher M, Werner K, Brigit G, et al. World Robotics 2024 Service Robots[R]. Germany: VDMA Services GmbH, 2024.
[227] 中商产业研究院. 《2024—2029年中国智能康养机器人产业分析及发展战略研究预测报告》[R]. 北京：中商产业研究院，2024.
[228] 王志成. 抑郁症的自然疗法[J]. 江苏卫生保健，2020(9)：54-55.
[229] 穆琳琳. 洗浴中心建筑设计研究[D]. 哈尔滨：哈尔滨工业大学，2007.
[230] 孙丽丽. 沐浴：古人的情趣生活[J]. 文史博览，2020(4)：2.
[231] 尧优生. 家用卫浴产品适当设计研究[D]. 南昌：南昌大学，2007.
[232] 陈星. 基于非物质文化遗产保护视野下的江苏地区历史文化街区复兴与发展研究[D]. 西安：西安建筑科技大学，2016.
[233] 刘笑辉. 日本温泉旅游的传统文化体验探析[J]. 当代旅游，2021，19(15)：23-24,40.
[234] 唐晴. 日本温泉旅游研究[D]. 上海：上海师范大学，2014.
[235] 沈安娜. 土耳其浴从洁体到文化[J]. 百科知识，2018(2)：56-59.

[236] 尤雅丽. 神秘的古印度按摩法[J]. 家庭医药. 快乐养生, 2017(7): 65.

[237] 朱凤娟. 卫浴产品中的肤觉体验设计研究[D]. 无锡: 江南大学, 2010.

[238] 张强, 刘萍, 张敏. 低频电刺激联合氪光照射治疗颈肩腰背部急慢性疼痛的疗效观察[J]. 中华物理医学与康复杂志, 2013, 35(9): 3.

[239] 中国老龄科学研究中心. 中国城乡老年人口状况一次性抽样调查数据分析[M]. 北京: 中国标准出版社, 2003.

[240] Myles B, Katie O, Aileen T, et al. The Unmet Supportive Care Needs of Long-term Head and Neck Cancer Caregivers in the Extended Survivor Ship Period[J]. Journal of Clinical Nursing, 2016, 25: 11-12.

[241] Abujarad F, Swierenga S, Edwards C. Building Digital Health Tools for Older Adults With Disabilitie[J]. Innovation in Aging, 2020, 4(Supp): 861.

[242] Fong J, Kok Z. Does subjective health matter? Predicting overall and specific ADLdisability incidence[J]. Archives of Gerontology and Geriatrics, 2020, 90: 1-7.

[243] 李然, 支锦亦, 王江平, 等. 针对中国家庭失能老人洗浴椅的研究与设计[J]. 包装工程, 2019, 40(12): 151-156.

[244] DIN EN ISO 9999-2011, 残疾人用辅助产品. 分类及专业术语(ISO 9999-2011)德文版本 EN ISO 9999-2011[S].

[245] 迟春晓. 半失能老年人用多位姿洗浴椅造型设计[D]. 哈尔滨: 东北林业大学, 2021.

[246] 韩征峰. 个人卫生护理机器人测控系统研究[D]. 洛阳: 河南科技大学, 2014.

[247] 张建国, 周亮, 薛强, 等. 升降式移乘洗浴装置的机构设计及运动仿真[J]. 机械设计与制造, 2011(7): 30-32.

[248] 李爽, 关天民, 王会容. 基于人机工程学的老年人用担架式洗澡车的设计研究[J]. 医疗保健器具, 2007(7): 29-30.

[249] 林峰, 吕虹漫, 沈通, 等. 面向失能老人的助浴浴缸设计研究[J]. 设计, 2023, 36(4): 130-133.

[250] 刘建明. 升降式洗浴辅具设计研究[D]. 天津: 天津科技大学, 2015.

[251] 韩征峰, 尚振东, 胡志刚, 等. 超声波技术在个人卫生护理机器人中的应用[J]. 机电工程, 2011, 28(9): 1098-1101, 1105.

[252] 李海驻. 个人卫生护理机器人建模及仿真研究[D]. 洛阳: 河南科技大学, 2014.

[253] 童强. 残障人辅助洗浴器具声控系统的研究与开发[D]. 武汉: 华中科技大学, 2011.

[254] 陈小霞. 智能洗浴辅具中的语音识别技术研究[D]. 武汉: 华中科技大学, 2013.

[255] Zhang, D C, Xie M, Yang, J Y, et. al. Multi-Sensor Graph Transfer Network for Health Assessment of High-Speed Rail Suspension Systems [J]. IEEE Transactions on Intelligent Transportation Systems, 2023, 24(9): 9425-9434.

[256] Zhang J F, Gong K F, Wang X C, et. al. Learning to Augment Poses for 3D Human Pose Estimation in Images and Videos[J]. IEEE Transactions on Pattern

Analysis and Machine Intelligence, 2023, 45(8): 10012-10026.

[257] Hino M, Muramatsu H. Periodic/Aperiodic Hybrid Position/Impedance Control Using Periodic/Aperiodic Separation Filter[C]//2021 IEEE International Conference on Mechatronics (ICM). Kashiwa, Japan: IEEE, 2021: 1-6.

[258] Xu Y X, Guo X, Li J, et. al. Impedance Iterative Learning Backstepping Control for Output-constrained Multisection Continuum Arms Based on PMA[J]. Micromachines,2022,13:1532.

[259] Xu Y X, Guo X, Tan Y L, et. al. Research on Robot-Assisted Bathing Based on Impedance Iterative Learning Sliding Mode Control Algorithm[C]//The 12th IEEE International Conference on CYBER Technology in Automation, Control, and Intelligent Systems. Changbai Mountain, Jilin, China: IEEE, 2022: 1106-1111.

[260] Ali A, Marcus S, Chris M, et al. Robot Curiosity in Human-Robot Interaction (RCHRI)[C]//2022 17th ACM/IEEE International Conference on Human-Robot Interaction (HRI). Japan: IEEE, 2022: 1231-1234..

[261] 贾计东, 张明路. 人机安全交互技术研究进展及发展趋势[J]. 机械工程学报, 2020, 56(3): 16-30.

[262] Klaassen M, Schipper D J, Masen M A. Influence of the relative humidity and the temperature on the in-vivo friction behavior of human skin[J]. Biotribology, 2016, 6: 21-28.

[263] Dennerlein K, Jagere T, Goen T, et al. Evaluation of the effect of skin cleaning procedures on the dermal absorption of chemicals[J]. Toxicology in Vitro, 2015, 29(5): 828-833.

[264] Hirohisa H. Robotic devices for nursing care project[J]. Journal of the Robotics Society of Japan, 2016, 34(4): 228-231.

[265] 日本酒井医疗株式会社. PAO 淋浴浴房[EB/OL]. (2017-1-12)[2024-10-18]. https://www.sakaimed.co.jp/product/pao/.

[266] 日本酒井医疗株式会社. CET-C100 升降浴缸[EB/OL]. (2020-2-7)[2024-10-18]. https://www.sakaimed.co.jp/cn/elevatebath.html.

[267] 董琪, 苗新刚. 躺椅式洗浴机器人的改进研究[J]. 机器人技术与应用, 2017(4): 28-32.

[268] 张菲菲. 老年人家庭洗浴无障碍设计研究[D]. 保定: 河北大学, 2018.

[269] 日本酒井医疗株式会社. Araeru 淋浴房[EB/OL]. (2022-2-7)[2025-1-4]. https://www.sakaimed.co.jp/cn/araeru.html.

[270] Papageorgiou X S, Tzafestas C S, Vartholomeos P, et al. ICT-supported bath robots: design concepts[C]//17th International Conference on Social Robotics (ICSR 2015). Paris, France: Springer, 2015: 1-7.

[271] Dometios A C, Papageorgiou X S, Tzafestas C S, et al. Towards ICT-supported bath robots: Control architecture description and localized perception of user for

robot motion planning [C]//24th Mediterranean Conference on Control and Automation (MED). Athens, Greece: IEEE, 2016: 713-718.

[272] Xanthi S P, Georgia C, Athanasios C D, et al. Human-centered service robotic systems for assisted living [C]//23rd International Conference on Robotics in Alpe-Adria-Danube Region (RAAD). Patras, Greece: Springer, 2018, 67: 132-140.

[273] 深圳作为科技有限公司. 便携式智能洗浴机器人[EB/OL]. (2022-3-30)[2024-11-22]. http://www.zuowei.com/article/150/4.html.

[274] 杭州中民银创科技有限公司. 便携助浴宝[EB/OL]. (2021-4-22)[2024-11-22]. http://www.yintangw.com/list-66-1.html.

[275] 何泰. 基于人性关爱的老年人沐浴椅设计研究[D]. 武汉：湖北工业大学, 2018.

[276] Peng Z, Chen D, Zhao L, et al. Control system design for multi-functional bath chair [C]//2016 IEEE International Conference on Robotics and Biomimetics (ROBIO). Qingdao, China: IEEE, 2016: 981-986.

[277] 何琳, 胡志刚, 张晓兰. 自动洗浴机器人生命体征监护装置的研制[J]. 医药前沿, 2014(32): 349-350.

[278] 李丰丰. 老年人无障碍洗浴产品设计研究[D]. 哈尔滨：哈尔滨理工大学, 2021.

[279] 韩征峰. 个人卫生护理机器人测控系统研究[D]. 洛阳：河南科技大学, 2014.

[280] 陈雅. 洗浴辅助机器人的擦洗结构设计及其清洁效果评价[D]. 杭州：浙江大学, 2021.

[281] 赵鑫杨. 半失能老年人洗浴辅具设计研究[D]. 哈尔滨：哈尔滨理工大学, 2023.

[282] 李晓龙. 老年洗浴产品创新设计[D]. 北京：北京理工大学, 2015.

[283] Qi C R, Su H, Mo K, et al. PointNet: Deep learning on point sets for 3D classification and segmentation [C]//IEEE Computer Society. Proceedings of the IEEE Conference on Computer Vision and Pattern Recognition. Honolulu: IEEE, 2017: 652-660.

[284] Zhu H, Zuo X, Wang S, et al. Detailed human shape estimation from a single image by hierarchical mesh deformation [C]//IEEE Computer Society. Proceedings of the IEEE/CVF Conference on Computer Vision and Pattern Recognition. Long Beach: IEEE, 2019: 4491-4500.

[285] Mirjalili S. Evolutionary algorithms and neural networks: theory and applications [M]. Switzerland: Springer, 2019.

[286] Xue J K, Shen B. A novel swarm intelligence optimization approach: Sparrow Search Algorithm [J]. Systems Science and Control Engineering, 2020, 8(1): 22-34.

[287] Imamoglu E, Kaltofen E L. On computing the degree of a Chebyshev polynomial from its value [J]. Journal of Symbolic Computation, 2021, 104: 159-167.

[288] 周鹏, 董朝轶, 陈晓艳, 等. 基于阶梯式Tent混沌和模拟退火的樽海鞘群算法[J]. 电子学报, 2021, 49(9): 1724-1735.

[289] Chen T, Guestrin C. XGBoost: A scalable tree boosting system[DB/OL]. (2016-6-10). https://doi.org/10.48550/arXiv.1603.02754

[290] 李想. 基于 XGBoost 算法的多因子量化选股方案策划[D]. 上海：上海师范大学, 2017.

[291] Chen T, Guestrin C. XGBoost: A Scalable Tree Boosting System[C]//Proceedings of the 22nd ACM SIGKDD International Conference on Knowledge Discovery and Data Mining. San Francisco, CA, USA: ACM, 2016: 785-794.

[292] 张一飞. 基于 MVC 模式的实验能力测试系统研究与实现[D]. 西安：西安电子科技大学, 2023.

[293] 蒋东玉. 基于 MVC 模式的养老服务管理平台的设计与实现[J]. 电子技术与软件工程, 2021(13): 134-135.

[294] Ballard L A, Sabanovic S, Kaur J, et al. George charles devol, jr. [history][J]. IEEE Robotics & Automation Magazine, 2012, 19(3): 114-119.

[295] 侯增广, 赵新刚, 程龙, 等. 康复机器人与智能辅助系统的研究进展[J]. 自动化学报, 2016, 42(12): 1765-1779.

[296] 宋巧玲. 面向老年护理的家用服务机器人研究现状[J]. 医疗卫生装备, 2023, 44(11): 100-106.

[297] Zlatintsi A, Dometios A C, Kardaris N, et al. I-Support: A robotic platform of an assistive bathing robot for the elderly population[J]. Robotics and Autonomous Systems, 2020, 126: 1-20.

[298] 李连伟. 服务机器人机械安全装置的设计与分析[J]. 现代制造技术与装备, 2024, 60(5): 196-198, 211.

[299] Robert M J, Brangier E. Prospective ergonomics for the design of future things. [J]. Ergonomics, 2024, 67: 1-18.

[300] 庄瑞莲. 人机工程学在工业产品设计中的应用研究[J]. 现代工业经济和信息化, 2022, 12(12): 178-180.

[301] 赵占西, 王小妍, 于洽. 人机工程学应用研究综述[J]. 人类工效学, 2009, 15(4): 69-71.

[302] Taylor F W. The principles of scientific management[M]. NuVision Publications: LLC, 1911.

[303] 林鸿, 姚洋, 陈江. 设计安全发展综述研究[J]. 包装工程, 2020, 41(12): 9-15.

[304] 翟敬梅, 苏子晴. 人机接触运动交互中人体舒适感知的测量方法[J]. 包装工程, 2024, 45(12): 176-182, 232.

[305] 刘慧莹. 基于人机工程学的老年智能轮椅设计研究[J]. 设计, 2022, 35(19): 119-121.

[306] 李嘉佳, 易茜, 冯毅雄, 等. 人本智造单元中人-智能系统协同双智能体工作机制研究[J]. 机械工程学报, 2025, 61(3): 105-118.

[307] 华鑫鹏, 张辉宜, 张岚. 多传感器数据融合技术及其研究进展[J]. 中国仪器仪表, 2008(5): 40-43.

[308] 王军，苏剑波，席裕庚. 多传感器集成与融合概述[J]. 机器人，2001(2)：183-186，192.

[309] 熊刚，朱俊义，孙磊，等. 大型医用设备预警系统的设计与应用[J]. 中国医疗设备，2019，34(2)：54-58，66.

[310] 杨丽，陈雪，王子涵，等. 基于激光诱导石墨烯的柔性超疏水温度传感器研究[J]. 电工技术学报，2023，38(S1)：257-266.

[311] 陈相洪，史凡萍，杨鹏，等. 基于高精度数字温度传感器测试系统及建模仿真[J]. 电子测量与仪器学报，2023，37(7)：42-52.

[312] 刘熠，王军华，霍鹏，等. 面向气象探空的微型热敏电阻设计及性能研究[J]. 仪器仪表学报，2023，44(8)：258-264.

[313] 文波，孟令军，张晓春，等. 基于增量式PID算法的水温自动控制器设计[J]. 仪表技术与传感器，2015(12)：113-116.

[314] 陆玲霞，汪雄海. 基于模糊控制的电磁水热系统研究[J]. 浙江大学学报（工学版），2008(4)：598-601.

[315] 尚振东，张晓兰，付东辽，等. 自动搓背装置的智能控制方法[J]. 测控技术，2015，34(9)：92-94，110.

[316] King C H, Chen T L, Jain A, et al. Towards an assistive robot that autonomously performs bed baths for patient hygiene [C]//2010 IEEE/RSJ International Conference on Intelligent Robots and Systems. IEEE, 2010：319-324.

[317] Dometios A C, Papageorgiou X S, Tzafestas C S, et al. Towards ICT-supported bath robots: Control architecture description and localized perception of user for robot motion planning[C]//2016 24th Mediterranean Conference on Control and Automation (MED). IEEE, 2016：713-718.

[318] Mazlish B. The fourth discontinuity: The co-evolution of humans and machines [M]. Yale University Press, 1993.

[319] 陈殿生，叶强，胡木华，等. 助老协残机器人综合应用展示平台——展示全方位科技养老[J]. 机器人技术与应用，2013，1：1-7.

[320] 许健，黄剑，陶春静，等. 重障者智能辅助洗浴器具控制系统设计[J]. 计算技术与自动化，2013，32(1)：37-40.

[321] 宋亚辉. 重障者洗浴辅具人机创新设计[D]. 天津：天津科技大学，2014.

[322] 刘建明. 升降式洗浴辅具设计研究[D]. 天津：天津科技大学，2015.

[323] 朱图陵. ICF与ISO9999辅助产品分类法[J]. 中国康复理论与实践，2006，12(1)：88-90.

[324] 李霄阳. 基于无障碍理念的养老机构洗浴设施设计研究[D]. 天津：河北工业大学，2015.

[325] 马昂. 基于视觉引导的洗浴机器人轨迹生成与柔顺控制算法研究[D]. 北京：北京邮电大学，2024.

[326] 吴瑜. 人机交互设计界面问题研究[D]. 武汉：武汉理工大学，2004.

[327] 董琪,苗新刚.躺椅式洗浴机器人的改进研究[J].机器人技术与应用,2017,4:28-32.

[328] 何泰.基于人性关爱的老年人沐浴椅设计研究[D].武汉:湖北工业大学,2018.

[329] 琚媛媛,顾辰璐,吴琼.基于KJ法的适老化卫浴产品设计研究[J].工业设计,2023(4):25-27.

[330] 王明杰.重障者辅助洗浴器具的分析与设计[D].天津:天津科技大学,2013.

[331] 黄群,陈宇祥.基于Kano模型的下肢外骨骼康复辅具产品设计研究[J].包装与设计,2024(6):90-91.

[332] 吴涛,黄志强,杨柳,等.基于3D打印踝足矫形器计算机辅助设计及有限元分析[J].材料科学与工程学报,2024,42(4):602-607.

[333] 任伟华.基于居家养老模式的高龄老人辅具优化设计分析[J].智慧健康,2024,10(22):148-151.

[334] 刘程林,郝卫亚,霍波.运动生物力学发展现状及挑战[J].力学进展,2023,53(1):198-238.

[335] 王瑞.基于WSN和神经网络的老人行为监测技术研究[D].桂林:桂林理工大学,2018.

[336] 于广洋.适老化浴后身体烘干产品设计研究[D].北京:北京化工大学,2024.

[337] 毛斌,李怡,杨旸.帕金森康复辅具设计综述[J].包装工程,2020,41(8):23-29.

[338] 曹康,郑欣沂.基于供需匹配的上海康复辅具产业高质量发展研究[J].上海城市管理,2024,33(4):32-42.

[339] 黄超.智能家居系统安全方案的技术研究[J].数字通信世界,2022(7):43-46.

[340] 黄群,庄原.医疗物联网下病患群体可穿戴辅具的设计研究[J].设计艺术研究,2017,7(1):17-21.

[341] 刘霞.居家养老智慧物联网健康监测产品与服务系统设计研究[D].武汉:湖北工业大学,2024.

[342] 王玥.医疗信息化为健康中国建设增添动能[N].中国家庭报,2024-11-04(003).

[343] 杨剑云.人工智能技术赋能电子档案单轨制管理与实践研究[J].高科技与产业化,2024,30(12):79-81.

[344] 励威达,章莉丽,陈维娅,等.基于患者就医体验的高效入院服务模式构建[J].中国医院,2025,29(2):94-97.

[345] 郑文明,李浩.医院信息安全防护体系建设和实践[J].网络安全技术与应用,2024,(11):103-105.

[346] 谌骅,曹睿成.计算机网络安全中数据加密技术的应用研究[J].科技资讯,2024,22(20):51-53.

[347] 靖海,吴进国,袁嘉骏.改进区块链的数据库信息可搜索加密算法研究[J].电子设计工程,2025,33(2):145-148,153.

[348] 李晓英,熊晨昕.基于介助老人需求的无障碍洗浴产品设计研究[J].包装工程,2024,45(14):137-148.

[349] 张小雪,陶静,张腾宇.我国康复辅助器具配置服务信息化的现状和发展[J].中国康

复医学杂志,2024,39(10):1542-1547.
[350] 翟雪倩,江励,郑昊辰,等.机器人强泛化性运动技能学习与自适应变阻抗控制方法[J].机床与液压,2024,52(23):37-44,50.
[351] 甘博.云计算环境下 Hadoop 集群性能优化的实证研究[J].中国信息化,2024,(12):82-83.
[352] 赵艳花.Spark 大数据智能分析平台设计研究[J].信息记录材料,2025,26(2):76-78,84.
[353] 李增勇,谢晖,徐功铖,等.康复训练辅助技术研究进展[J].科技导报,2019,37(22):8-18.
[354] 吴德帅.多模态融合康复信息系统关键技术研究[D].柳州:广西科技大学,2023.
[355] 代振钊.面向自动驾驶的多模态融合感知技术研究[D].北京:北方工业大学,2024.
[356] 王玉珏.工业物联网中的多模态数据融合方法研究[D].武汉:华中科技大学,2022.
[357] 2024 中国家电行业半年度报告[J].家用电器,2024(10):20-42.
[358] 荀晓茹.基于多模态的 AI 语音识别及人机交互系统研究[J].自动化与仪器仪表,2024(12):159-162,167.
[359] 李雯,程旭,胡晓宇.基于多头注意力与多尺度空洞卷积的动态手势识别方法[J].中国电子科学研究院学报,2025,20(1):83-91.
[360] 吴昊.虚拟现实技术在养老产业的应用与提升[D].南昌:华东交通大学,2022.
[361] 陈铭.多模态感知交互的数据手套系统设计[D].浙江:浙江理工大学,2023.
[362] 张雨舒.人机交互技术在工业设计中的应用分析[J].数字技术与应用,2024,42(7):146-148.
[363] 李深森.3D 建模技术在元宇宙建筑设计与仿真中的应用[J].办公自动化,2024,29(16):72-74.
[364] 段鹏,朱雨晴.基于脑机接口的人机交互方式演进与人机传播研究[J].厦门大学学报(哲学社会科学版),2025,75(1):137-146.
[365] Li J, Mo Y D, Jiang S J, et al. Bathing assistive devices and robots for the elderly[J]. Biomimetic Intelligence and Robotics,2025,5(2):1-13.